Car Body Maintenance

알기쉬운

차체정비 공학개론

| 권영신 · 김운섭 · 유창배 · 이윤기 |

KIHANJAE 기한재
www.kihanjae.com

눈으로 보는 바디 수리의 실제 Ⅰ

외부 분석

1. 라케 판넬과 힌지 필라가 만나는 지점에서 봤을 때 전면부를 제외하고는 별 이상이 없다.

2. 반대편은 쿼터 판넬에서 루프까지 찌그러져 있고 문 쪽의 측면부는 별 이상이 없다.

내부 분석

계측기를 거치하기 위해서 사용할 데이터는 아래와 같다.

액센트

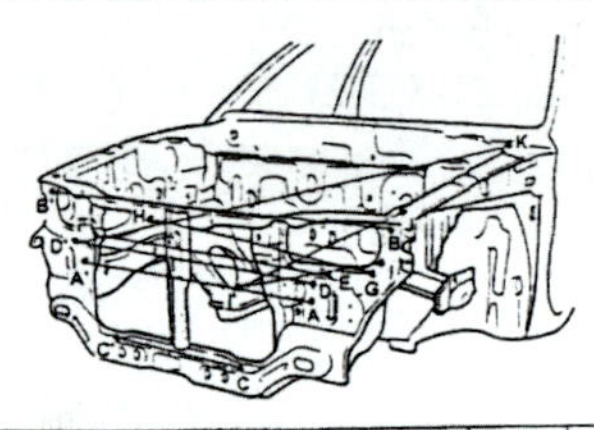

Point symbol	A-A'	B-B'	C-C'	D-D'	E-F	G-H	I-I'	J-I'
Length (mm)	830	1222	500	970	1053	942	670	1197
Point symbol	K-D'							
Length (mm)	1345							

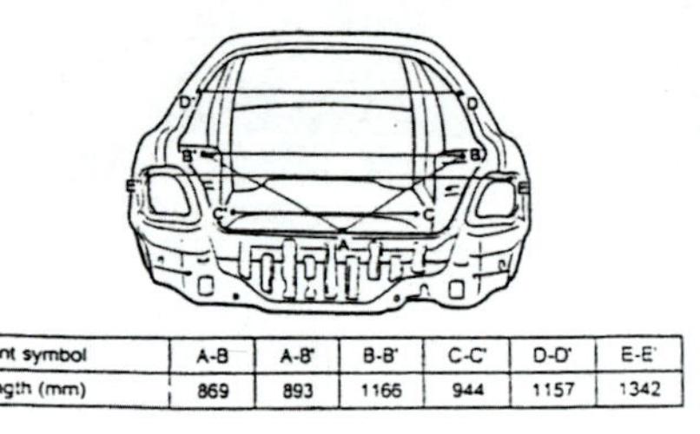

Point symbol	A-B	A-B'	B-B'	C-C'	D-D'	E-E'
Length (mm)	869	893	1166	944	1157	1342

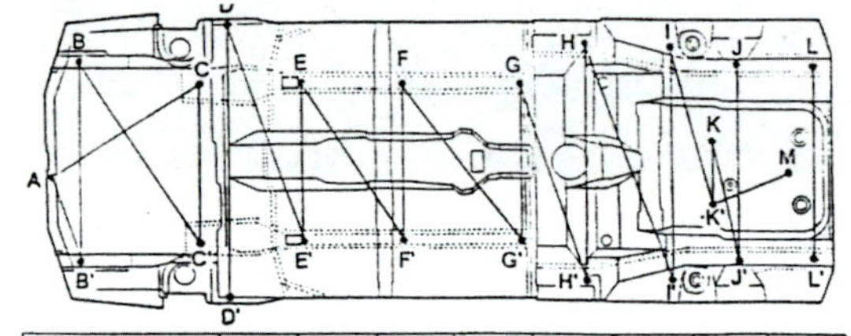

Point symbol	A-B'	B-B'	A-C	B-C'	C-C'	D-D'	C-D'	E-E'
Length (mm)	490	928	760	957	558	1350	1065	744
Point symbol	D-E'	F-F'	E-F'	G-G'	F-G'	H-H'	G-H'	I-I'
Length (mm)	1054	720	933	720	852	1091	947	981
Point symbol	H-I'	K-K'	I-K'	J-J'	K-J'	L-L'	J-L'	M-K'
Length (mm)	1093	300	689	950	651	929	1051	539

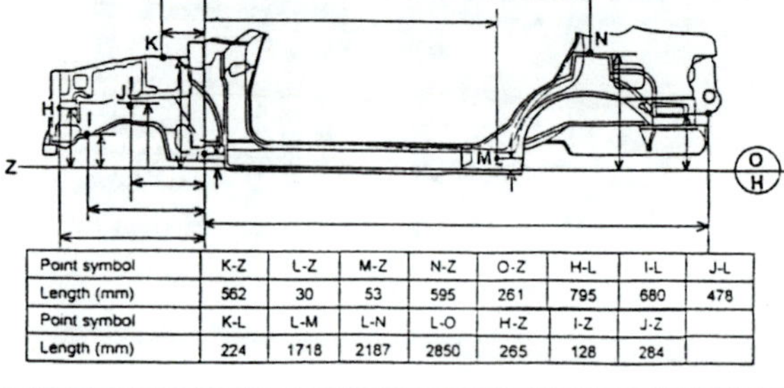

Point symbol	K-Z	L-Z	M-Z	N-Z	O-Z	H-L	I-L	J-L
Length (mm)	562	30	53	595	261	795	680	478
Point symbol	K-L	L-M	L-N	L-O	H-Z	I-Z	J-Z	
Length (mm)	224	1718	2187	2850	265	128	284	

3. H 지점, L 지점, M 지점, O 지점(맥퍼슨 타워)에 계측기를 거치하였다.

4. 중앙부 두 곳을 거치하여 본 결과 변형이 없다는 것을 느낄 수 있었다.

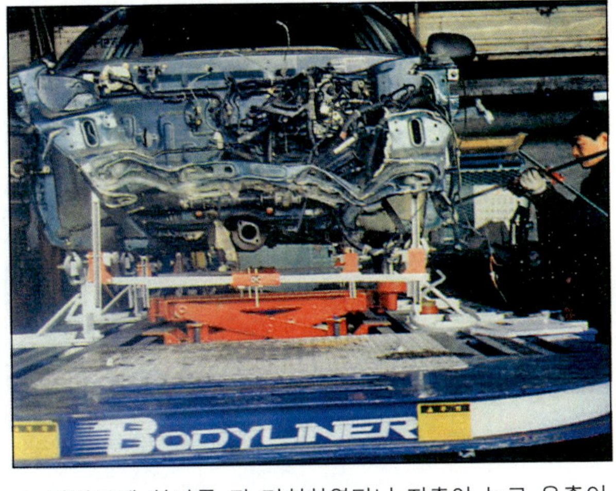

5. 전면부에 하나를 더 거치하였더니 좌측이 높고 우측이 낮아 센터 핀은 우측으로 이격이 되니 것을 볼 수가 있다.

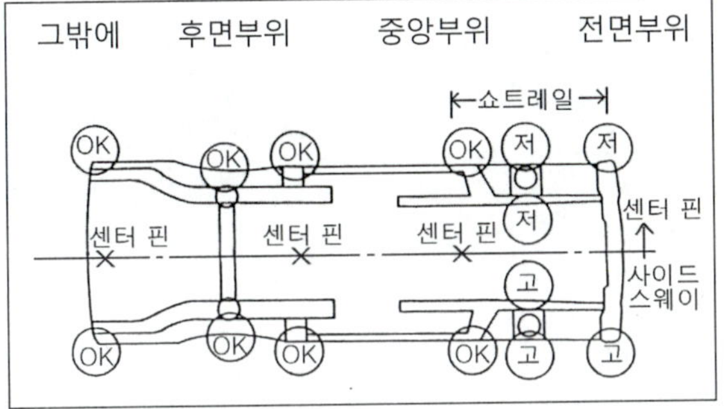

6. 파손 유형은 쇼트레일, 킥업, 사이드 웨이 순이다.

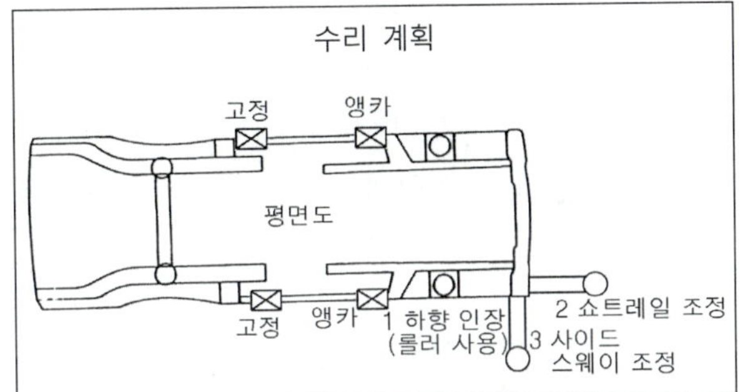

7. 앵카를 카울지역의 4군데를 물린다. 풀링타워에 롤러를 하단으로 거치를 한 이유는 상향으로 올려진 차체를 하단으로 내리기 위해서이다.

인장 작업 및 타워거치(클램프 설치)

8. 킥업에 해당하는 부위를 교정해주기 위해서 체인과 롤러를 거치 작업하고 있다. 이때 레벨과 사이드 웨이가 동시에 교정된다.

9. 먼저 쇼트레일을 교정하기 위해 사진과 같이 체인을 걸었으며 트램 게이지를 참조 지점에 놓고 맞을 때까지 작업하고 있다.

10. 교정이 어느 정도 되었다.

11. 레벨 상태가 교정되고 일부 사이드 웨이가 남았다.

12. 그 상태에서 측면으로 타워를 거치하여 사이드 웨이의 교정을 해준다.

13. 찌그러진 부위를 가스 용접기로 열을 가해 인장이 쉽도록 한다(중성 불꽃 채택).

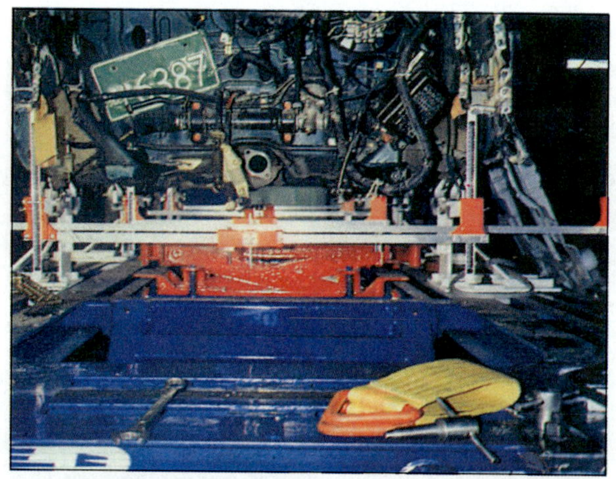

14. 맥퍼슨 계측기를 거치하여 레벨이 맞는지를 확인한다. 레벨이 맞았다.

15. 트램 게이지로 길이 측정 및 대각선 측정을 마치고, 센터 핀과 수평 바를 확인한 결과 맞았다.

눈으로 보는 바디 수리의 실제 Ⅱ

차체수리의 정리

1. 파손 차량의 파손 부분을 육안으로 면밀히 분석하여야 한다.
2. 파손 차량의 계측 작업을 합리적으로 하여야 한다.
3. 파손 차량의 파손 분석(1, 2)에 따른 계획을 주도면밀하게 수립한다.
4. 계획에 따른 인장 작업을 실시한다.
5. 차량이 부식되지 않게 끝마무리를 잘 처리해야 한다.

1. 차체가 트위스트인 상태이며 전면에서 좌측 사이드 멤버에 응력 집중 현상으로 응력을 해소해 주어야 하며, 이를 위해 본네트(후드)를 제거하여야 한다.

2. 전면 크로스 멤버 지역에 센터링 계측기를 걸어봤는데 좌측이 낮고 우측이 높은 트위스트가 형성되었다.

3. 여러 가지 상향 인장 방법이 있으나 이동식 램을 받혀 상향 압축하는 방법을 채택하였다.

4. 원하는 형태로 교정이 일부 된다.

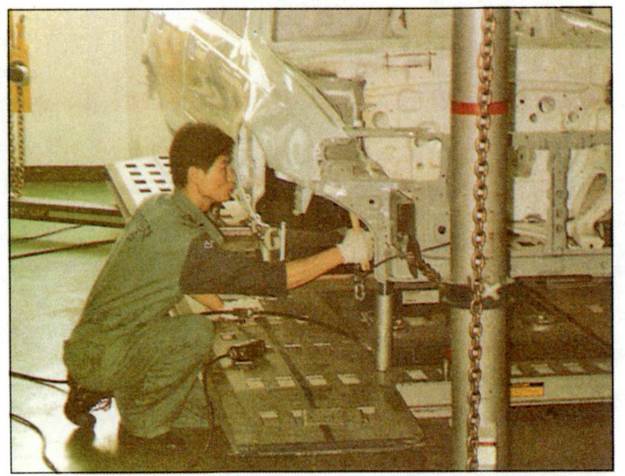

5. 바깥쪽에서 해머링해줘서 응력을 해소한다(팬더 에이프롱 부위).

6. 다시 완전히 계측자를 거치해 보면 센터핀이 우측으로 약간 돌아갔다. 이는 센터라인 정렬이 더 필요하다는 것을 알 수 있다.

7. 사이드 멤버 및 맥퍼슨 타워를 완전히 갈아야 할 경우로 간주하고 교환 작업을 하는 공정. 플라즈마 절단기로 절단 작업을 한다.

8. 맥퍼슨 타워 뒷부분과 카울 판넬 사이를 절단하는데 약간의 여유를 두는 것이 중요하다. 펜더 리인포스먼트 방향으로 절단한다.

9. 라디에이터 서포트를 램프가 들어갈 구멍 부위에서 임의로 자른다.

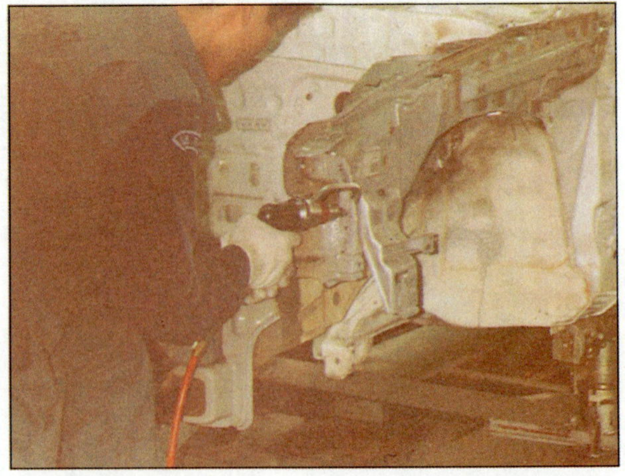

10. 스포트 용접 제거 드릴로 차체 고유의 점용접된 부위를 제거한다.

11. 해당 부품의 미그 용접을 위해 펀치기로 플러그 용접 구멍을 뚫는다.

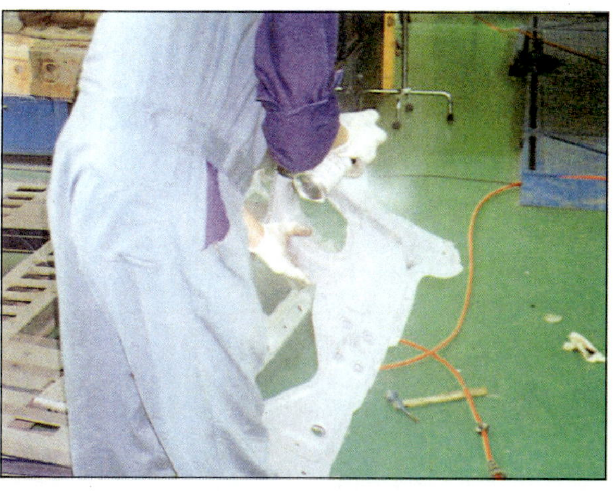

12. 용접하기 전에는 방청제를 뿌린다.

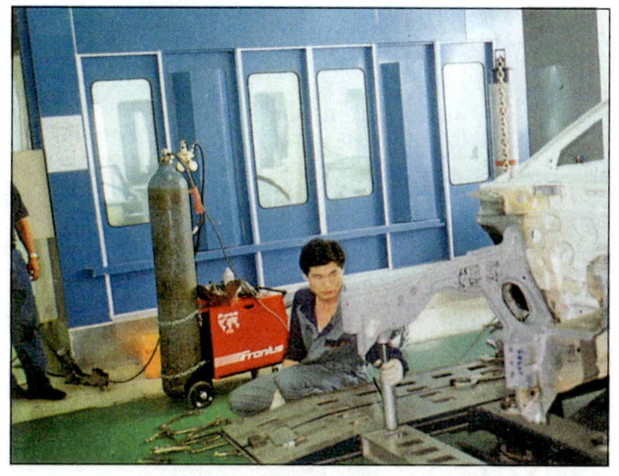

13. 사이드 멤버를 데시 판넬과 카울 판넬 전반에 걸쳐 접촉을 한다. 수평을 정확히 유지하기 위해 유압램을 하단에 거치한다.

14. 트램 게이지로 폭의 측정치와 비교한다(데이터 북을 반드시 참조해야 함).

15. 미그 용접을 실시한다.

16. 유격이 있는 부위를 망치로 조정한다.

17. 대략적인 용접 후 바이스 그립을 제거하고 트램 게이지로 측정한다(데이터 북을 참조해야 하며 길이 부분을 측정).

18. 데시 판넬 하단에서 카울 판넬까지 미그 용접을 실시한다.

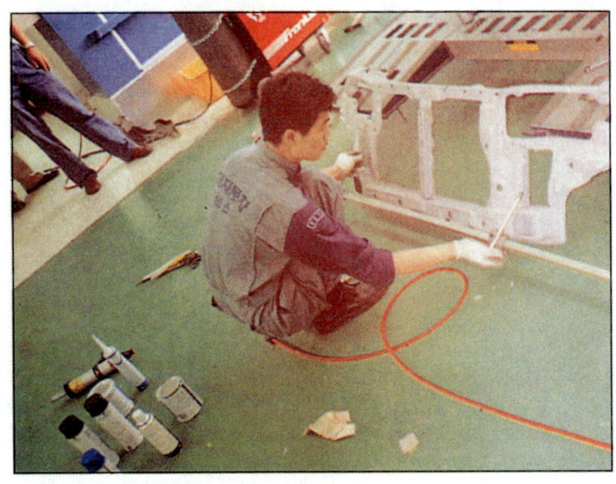

19. 라디에이터 서포트와 프레임 혼(사이드 멤버 끝부분)의 접촉 부위를 트램 게이지로 비교 확인한다.

20. 라디에이터 서포트를 사이드 멤버에 끼운다.

21. 다시 트램 게이지로 대각선을 측정한다.

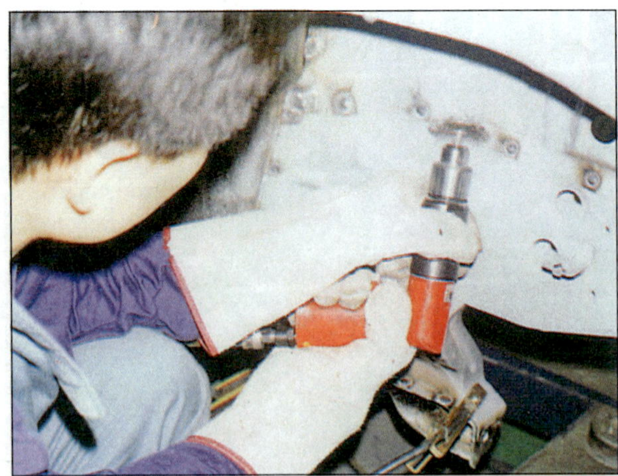

22. 용접 부위를 다시 손질한다(와이어 브러쉬를 드릴에 연결해서 사용).

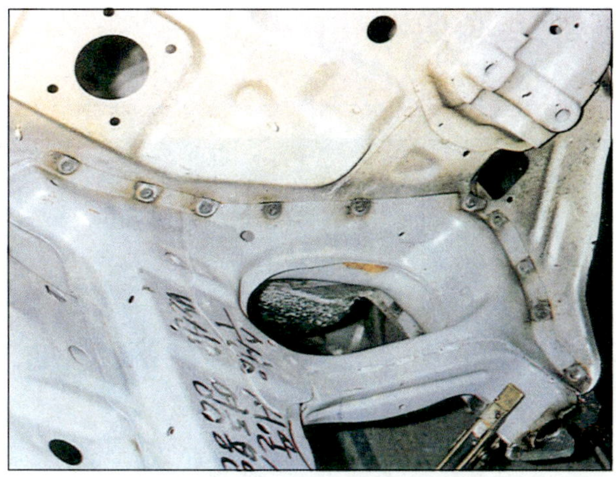

23. 데시 판넬과 사이드 멤버의 용접한 상태. 물론 이후에 아연계 방청 안료 등을 뿌려서 방청처리 해야 한다.

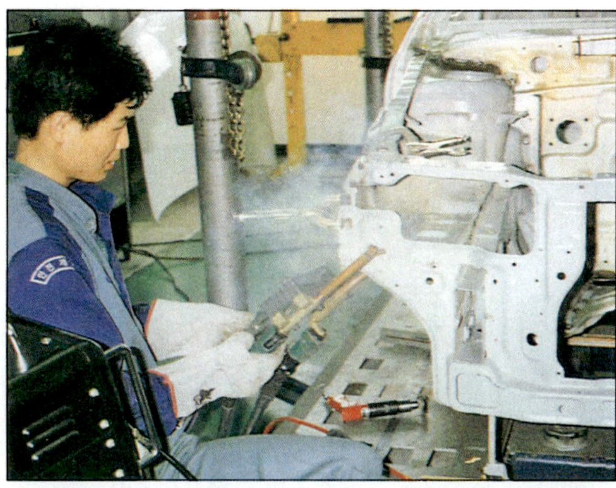

24. 다음은 라디에이터 서포트와 각 부품 접촉부를 전기 저항 용접기로 스포트 용접을 한다.

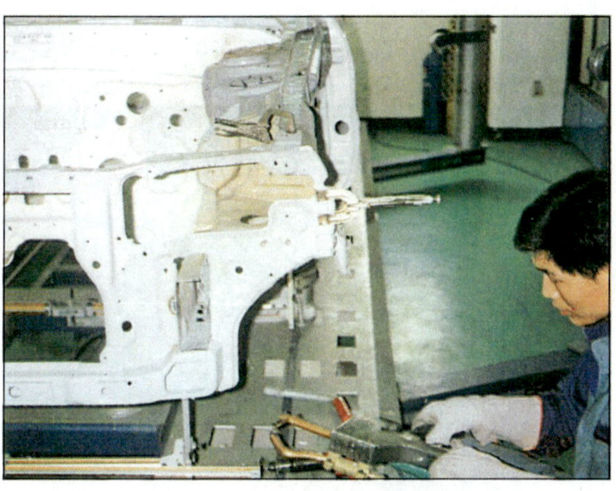

25. 다음은 우측 부위를 스포트 용접한다.

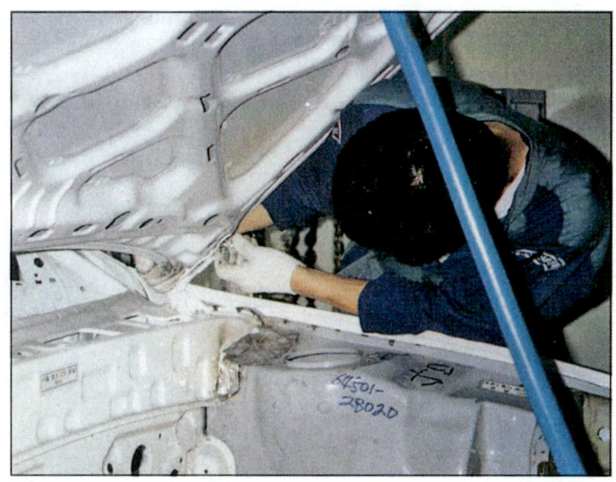

26. 펜더와 본네트를 부착한다.

27. 우측 본네트와 펜더의 틈.

28. 모든 작업이 끝났을 때 센터링 계측기를 다시 걸어 레벨, 센터 라인, 데이텀 라인 및 대각선, 길이의 정렬 상태를 점검한다.

눈으로 보는 플라스틱 범퍼의 수리

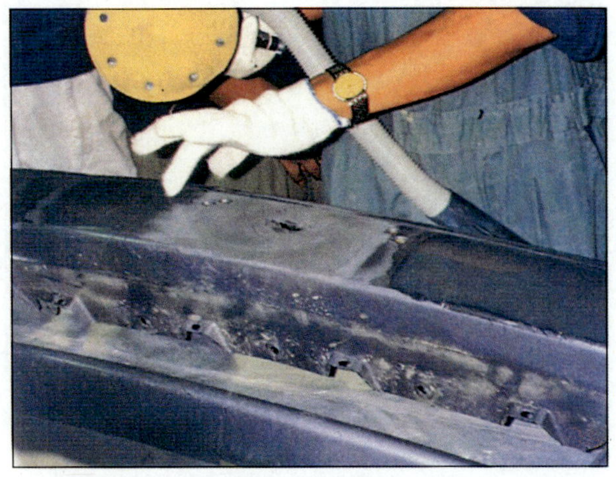

1. 페인트 구 도막을 원형 센터로 제거한다.

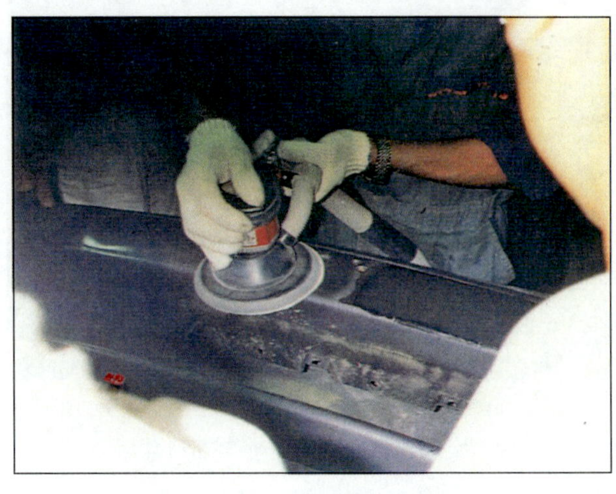

2. 원형 센터로 페인트 구 도막을 깨끗히 제거하여 준다.

3. 구멍 단면을 경사지게 한 후 압축 공기를 불어서 청소해준다.

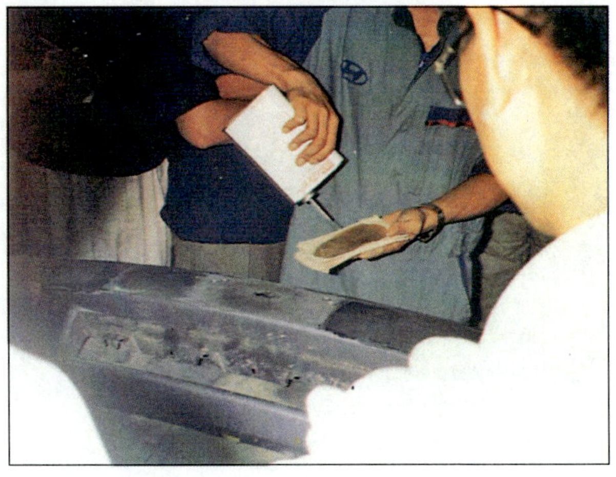

4. 표면을 솔벤트로 닦는다(주의 : 솔벤트를 자연 건조되기 전에 다른 헝겊이나 종이로 닦아낸다).

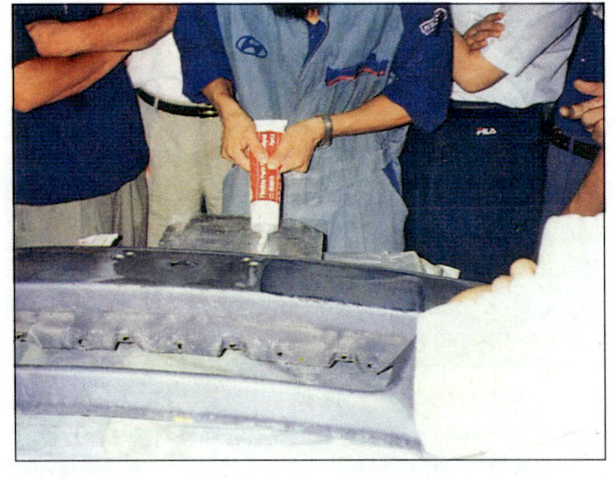

5. 플라스틱 범퍼 수리용 에폭시(Epoxy)를 준비한다.

6. 합성용 접착제를 똑같은 비율로 짜낸다(검은색, 흰색).

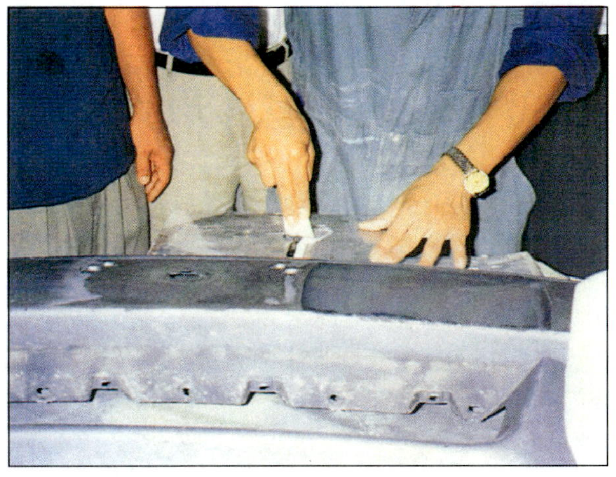

7. 기포가 생기지 않도록 잘 섞는다.

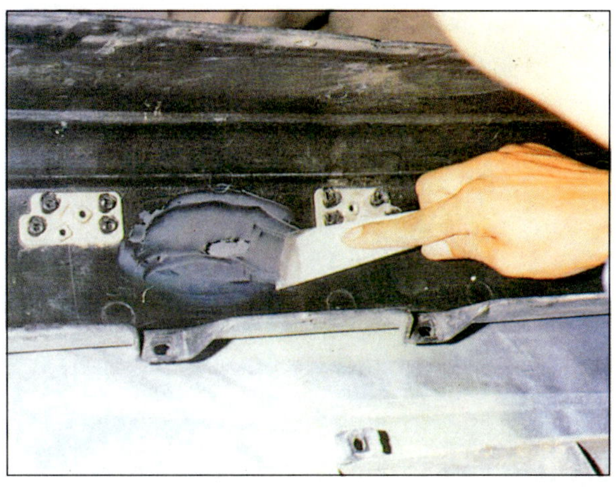

8. 먼저 범퍼 뒷면에 잘 섞은 접착제(Epoxy)를 주걱으로 바른다(주의 : 기포가 생기지 않도록 치밀하게 바른다).

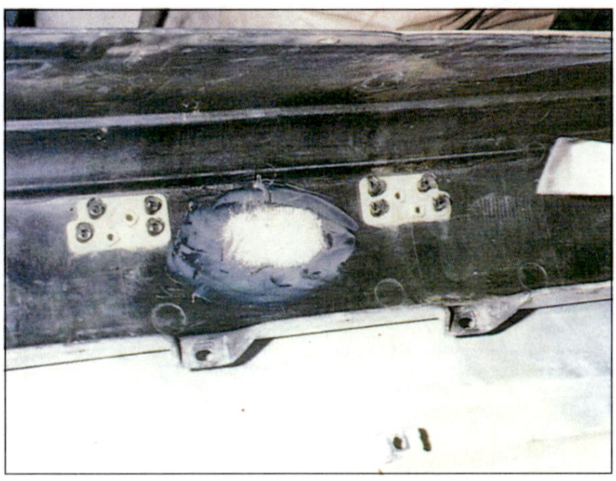

9. 유리섬유 조각을 여유있게 잘라서 붙인다.

10. 표면 귀퉁이가 먼저 붙도록 접착제를 바른다.

11. 그 위에 접착제를 너무 두껍지 않게 완전히 덮는다.

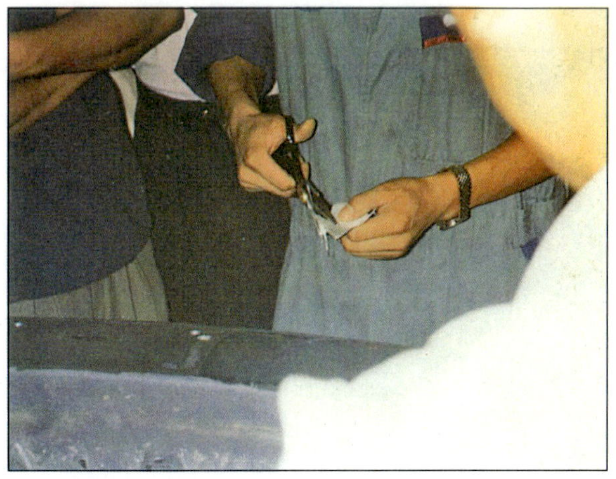

12. 범퍼를 앞면으로 돌려놓고 다시 유리섬유를 적당히 여유있게 자른다.

13. 먼저 범퍼 전면 표면 위에 구멍 주위로 에폭시를 바른다.

14. 그 위에 잘라놓은 유리섬유 조각을 붙인다.

15. 그 위를 접착제로 완전히 덮고 그 주변까지 바른다.

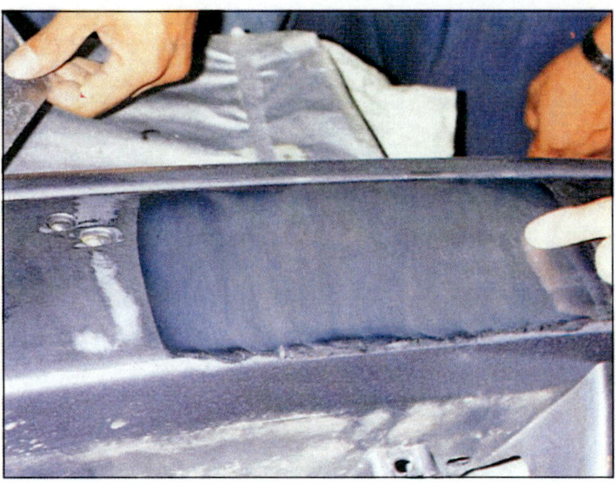

16. 주걱으로 표면을 곱게 다듬은 후 건조될 때까지 기다린다.

17. 완전히 마른 면을 센더(#120번)를 갈고 도장 공정으로 들어간다.

문명이 발달하고 경제가 발전됨에 따라 우리들의 생활에서 자동차가 차지하는 비중은 점점 더 커져가는 현실이며 언제부터인가 생활필수품으로 자리매김한 자동차는 기술적인 발전을 거듭하여 좀 더 우리들에게 편리함과 안락함을 제공해 주고 있습니다.

본서는 자동차 차체정비에 입문하는 공학도를 비롯하여 현장 실무자를 대상으로 누구나 쉽게 기술을 습득할 수 있습니다.

우리나라 정비업계에 차체 수리의 중요성이 보편화된 지도 10년 세월이 흘렀습니다. 그럼에도 불구하고 지금의 상태에는 그에 대한 개념 정립이 전혀 안된 상태이며 교육 체제는 아예 전무한 실정이 오늘날의 현실입니다.

어느 단체 한곳에서의 노력만으로는 차체 정비의 체계가 정립되지 않고, 상호간 협력을 이루어야 한다는 생각에 자동차 선진국에서 시행되고 있는 차체 수리의 자료와 국내 현장에서의 그 이론을 실제 시험한 결과들을 모아서 이 교재를 집필하게 되었습니다.

이 도서의 내용을 살펴보면

제1장 자동차 차체구조

제2장 충돌의 법칙

제3장 파손 분석

제4장 바디 수정의 기본

제5장 차체 패널 교환

제6장 패널 수정

제7장 자동차 유리, 플라스틱 알루미늄

제8장 내장, 트림, 몰딩

제9장 조향과 현가 얼라이먼트

로 되어 있습니다.

여러 차체정비 기술자와 교수님들의 조언과 경험이 어우러져 이 교재를 집필했고, 우리나라의 차체 정비 체제에 일각의 역할을 해줬으면 하는 바람입니다.

끝으로 출판을 위해 수고해 주신 주변 기술자, 교수님 등 많은 분들께 감사드리며 부족한 점은 계속하여 보완해 나갈 것을 약속드립니다.

감사합니다.

저자 드림

www.바디라이너.com

제5장 차체 패널 교환/137

제6장 패널 수정/207

[제 1 장]

자동차 차체 구조

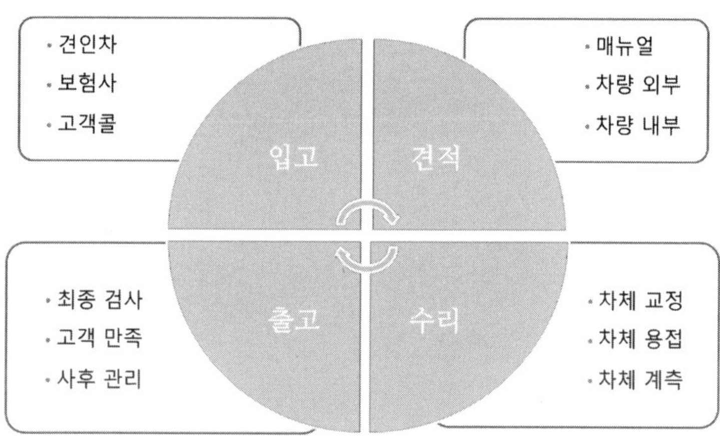

• 견인차
• 보험사
• 고객콜
• 매뉴얼
• 차량 외부
• 차량 내부
입고
견적
출고
수리
• 최종 검사
• 고객 만족
• 사후 관리
• 차체 교정
• 차체 용접
• 차체 계측

1.1 자동차 차체 구조

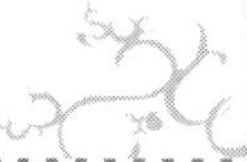

1.1.1 자동차 바디의 역사

자동차 차체 정비의 역사는 자동차가 탄생하기 이전부터 교통의 주역이었던 마차에서 출발한 것으로서 그 초기에는 목재 차체였다고 할 수 있다.

그 후 목재의 테두리에 강판을 붙인 보강형태로 변하였고, 1930년대에 이르러 프레스 및 용접 기술의 발달로 자동차의 제조 기술이 비약적으로 발전하였으며 차체 전체가 강판으로 구성된 차체가 개발되어 지금에 이르렀다.

그동안 자동차의 사용목적, 사회의 요구변화에 의해서 다양한 형식의 차체가 개발되었지만 특히, 1960년대 후반 이후의 차체의 신개발은 안전, 연비절감, 수명연장 등 그 시대의 사회정세를 반영하여 현재도 차체 신기술이 계속 개발 중에 있다.

1) 안전대책

자동차가 급증하면 이에 병행하여 자동차의 사고가 증가한다는 것은 피할 수 없는 현실이기 때문에 자동차의 안전대책은 대단히 중요한 기술적 과제로 되어 있다.

자동차의 안전대책의 예로서는 다음과 같은 것이 있다.

① 사고방지 대책

특하 운전자의 시야를 확보하기 위한 대책으로서

- 프런트 윈드 실드의 확대
- 프런트 필러의 세형화-프런트 필러 상단부분을 가늘게 만듦으로서 시야확보
- 프런트 바디의 경사화
- ABS 브레이크 등

② 충돌 사고시의 안전대책

- 충돌 및 추돌시의 충격으로부터 차실내의 승객을 보호하기 위한 대책으로 차체의 구조를 충격 흡수 구조로 한다.
- 차체 재료의 변화로 고장력 강판에서 초고장력 강판, 기가 스틸 강판 등을 적용
- 충돌사고 시 객실을 최대한 보호할 수 있도록 레인포스먼트(보강재)의 부착
- 시트벨트의 부착
- 머리 지지대의 장착
- 에어백의 설치 등

③ 충돌 후의 안전대책

충돌 후에 예상되는 화재방지를 위해 연료탱크의 위치나 주입구 배치의 적정화, 더욱이 만일의 경우 화재가 발생한 경우 피해를 최소한으로 줄일 수 있는 연소가 어려운 내장 재료의 채용 등이 추진되고 있다.

2) 연료 절감 대책

1973년에 일어난 석유파동을 계기로 하여 자원절감, 에너지 절약운동이 보편화되어 자동차의 차체에도 경량화 등 설계상의 고려가 대두되고 있다.

그 예를 보면 다음과 같은 것이 있다.

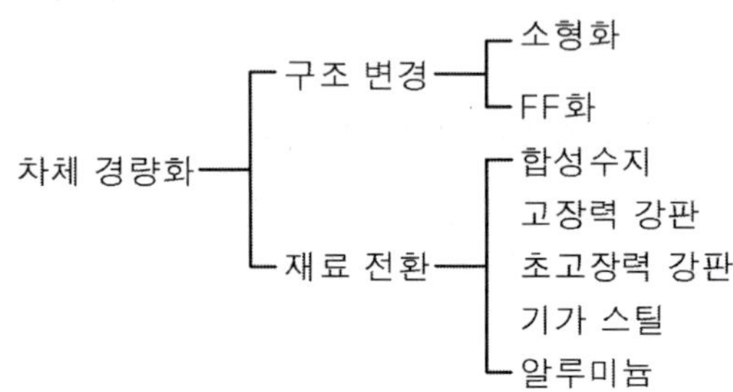

3) 수명 연장 대책

석유파동을 계기로 한 경제의 저 성장시대에서의 자동차 라이프 사이클에 대응하기 위해 차체의 방청대책이 다루어지고 있다.

이들은 다음과 같이 3가지로 크게 나누어 생각하고 있다.

① 차체에 사용하는 강판을 내식성이 높은 표면처리 강판을 사용한다.
② 주행 중 외부로부터 흙 먼지나 염분이 침입하여 축적되지 않는 구조로 한다.
③ 내식성도장의 사용, 추가도장, 겹침 도장을 한다.

차체수리 시 이상의 예와 같은 사회적 요구에 의한 자동차 차체의 변화 등을 평소에 연구하여, 보다 정확하고 확실한 정비가 이루어지도록 연구해야 할 필요가 있다.

1.1.2 자동차의 구조와 프레임

판금 기술자는 바디만 알고 있으면 된다는 것은 옛날이야기이다. 표면적으로 긁힌 상처만 취급하는 것이 아니라 어느 정도 이상의 사고 손상을 받은 자동차를 수리하기에는 자동차 전반의 지식을 빼놓을 수 없기 때문이다.

판금 기술자는 판금 기술을 알기 전에 먼저 자동차의 기본적인 구조를 이해해야 한다. 한 대의 자동차에는 수많은 부품이 모여서 만들어진다. 때문에 부품 각각의 역할에 따라 나누어 보면 엔진, 새시, 바디, 전장 비품 네 가지로 분류할 수 있다. 이중에 새시라는 것은 자동차가 달리기 위해 필요한 장치를 모아 놓은 것으로 구체적으로는 클러치, 변속기, 디퍼렌셜, 드라이브 샤프트 등의 동력 전달 장치, 서스펜션, 타이어, 휠 등의 현가 장치, 제동 장치(브레이크), 조향 장치(스티어링) 등이 포함된다. 예전 자동차는 이러한 새시 관계 부품을 기본 틀에 붙여 왔다. 이 기본 틀은 새시 부품과 엔진, 전장비품, 차량, 화물 등의 무게를 지지하고 또한 달리고 있을 때 도로로부터 가해지는 충격을 받기도 한다. 또한 바디는 기본 틀에 부착되고 사람과 화물을 둘러싸는 역할을 한다.

자동차를 생산할 경우 엔진, 새시 등을 부착한 프레임과 바디는 제작자가 다른 경우가 많았고 수리도 따로 하는 것이 일반적이었다. 그러나 이러한 프레임 부착 구조의 자동차는 지금은 트럭과 지프 타입의 4륜구동 자동차에 사용되고 승용차에는 극소수를 사용하고 있을 뿐이다.

요점 정리

- 자동차는 엔진, 새시, 바디, 전장비품에 의해 구성된다.
- 새시는 엔진 이외의 주행에 필요한 모든 장치를 포함한다.
- 독립된 프레임이 없는 자동차의 무게와 힘은 바디가 지지한다.
- 입고부터 출고까지의 작업 공정을 바디 수리라고 한다.

1.1.3 조합형 프레임

조합형 프레임의 차체들은 몸체, 현가장치, 조향 장치 요소들이 볼트로 프레임에 고정되며 이러한 형태의 조합형 프레임은 사다리형 프레임과 페리미터 프레임 두 가지 형태가 있다.

1) 사다리형 프레임(Ladder type frame)

최초 자동차가 생산되면서부터 사다리형 프레임이 주류로 활약했던 이유는 이 형태의 프레임이 마차의 프레임으로 사용했기 때문이다. 앞에서 뒤까지 연결된 두 개의 평행한 사이드 레일과 몇 개의 크로스 멤버로 연결된 모양으로 튼튼하고 생산성이 좋지만 차량의 중량이 무거워지고 차체도 프레임 위에 조립된 상태로 차체 전체가 높아서 승차감이 떨어지는 것이 단점이다. 현재 승용차에는 거의 사용이 되지 않고, 보통 픽업 트럭, 미니 버스에 주로 사용된다.

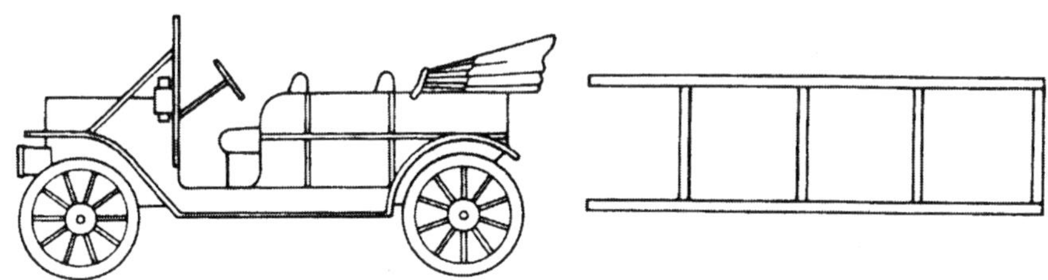

그림 1-1 구형 사다리형 프레임

2) 페리미터 프레임(perimeter frame)

고급 대형 승용차에 많이 쓰이며 대표적으로 미국산 "포드-크라운 빅토리아"나 "시보레-카프리", 일본산 "도요다-크라운" 등이 좋은 예이다. 고급 차에 많이 쓰이는 이유는 차 실내 부분에 닿는 프레임의 폭을 넓히고 낮게 만들어 좌우를 연결하는 크로스 멤버를 쓰지 않고 있기 때문이다. 모노코크 바디가 보급되고 있는 현재까지도 프레임 부착 구조를 선택하는 이유는 프레임과 바디 사이에 고무를 끼워 놓기 때문에 엔진과 노면으로부터의 진동이 차 실내와 전달되지 않아 사용되고 있는 것이다.

요점 정리

- 조합형 프레임의 승용차는 한정되어 있다.
- 프레임의 원조는 사다리형 프레임으로 현재는 트럭에 가장 많이 사용되고 있다.
- 페리미터 프레임은 승용차에 사용된다(역시 소수이다).

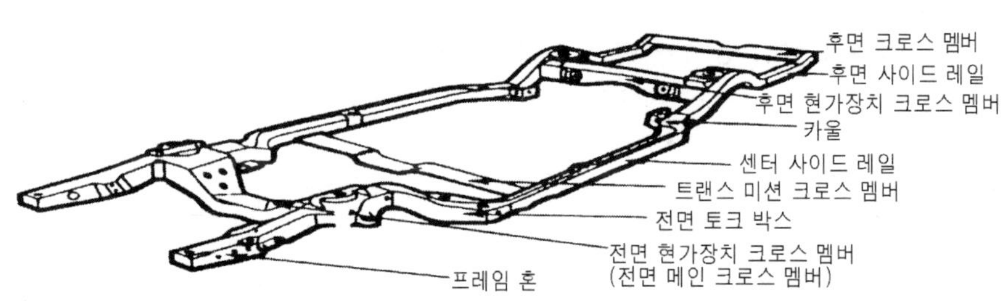

그림 1-2 페리미터 프레임

1.1.4 플레트 폼 프레임(plat form frame)

모노코크 프레임과 다른 종류로 엔진 및 현가장치 부분을 강도 높게 받치고 있고 프레임과 차체 사이는 고무 쿠션이 있어서 모노코크 프레임보다 승차감이 우월하다. 대표적인 예로서 "폭스바겐의 비틀"이 있으며 이 설계는 스포츠카인 카마로, 콜벳, 미니 밴인 아스트로에 사용된다. 여기서 X프레임에다 넓은 철판을 붙인 형이다.

그림 1-3 플레트 홈 프레임

1.1.5 스페이스 프레임

파이프 프레임이라고도 불려 지며 강철제 파이프를 용접하여 만든 프레임으로 파이프 조립 상태에 따라 부분적인 강도, 경량화의 변화가 가능하고 설계 단계에서 자유롭지만 대량 생산에는 맞지 않기 때문에 양산 자동차에 사용되는 경우는 별로 없다. 그래서 "페라리"와 같은 고급 스포츠카에 사용되고 있다. 또 예전에는 레이스 카에도 이 프레임을 중심적으로 사용해 왔으나, 지금은 모노코크 구조와 파이프만을 이용한 서브 프레임을 붙인 형식이 주류를 이루고 있다.

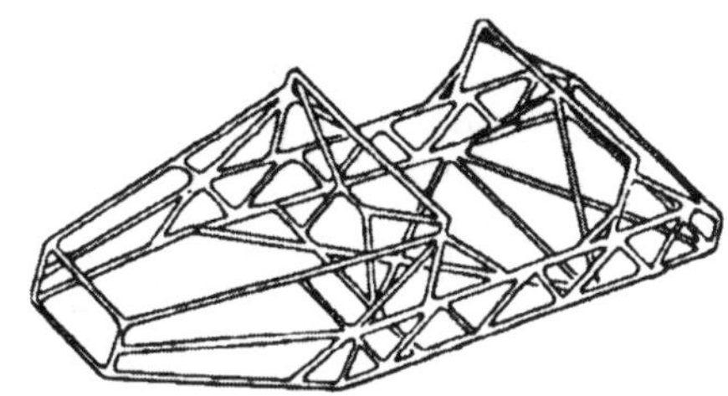

그림 1-4 스페이스 프레임

1.1.6 X-프레임(백본(back bone) 프레임)

백본(back bone)이란 영어로 척추라는 뜻이다. 의미 그대로 척추가 되는 구조체가 전체를 지지하고 있다. 여러 가지 형태가 있으나 가장 많이 쓰이고 있는 것은 속이 비어 있고 직경이 큰 파이프를 중심으로 해서 전후로 Y자형 프레임을 늘여 엔진과 서스펜션을 붙이는 방식이다.

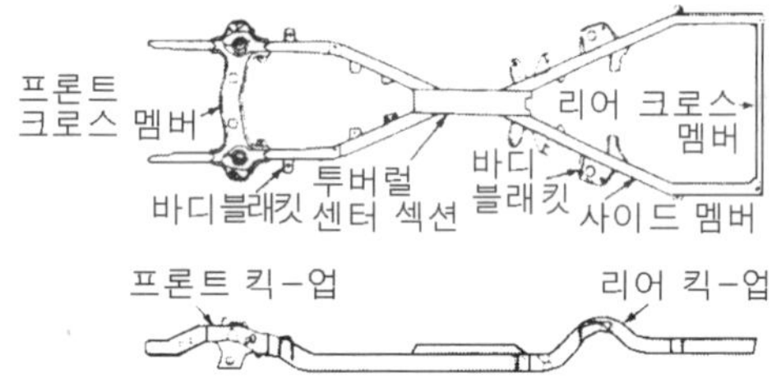

그림 1-5 X-프레임

1.2 모노코크 바디 구조

1.2.1 모노코크 바디의 프레스 가공

1) 가공경화

강판에 외력을 가하여 구부린 경우 구부러진 부위는 가공 전의 상태보다 더욱 강하고 단단하게 되어 연신율이 떨어진다.

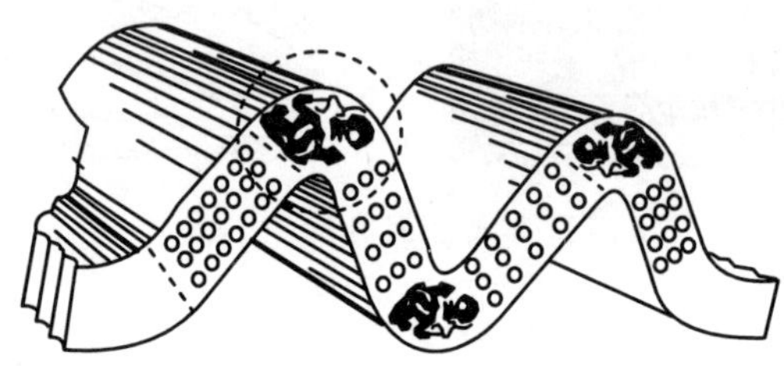

그림 1-6 가공경화

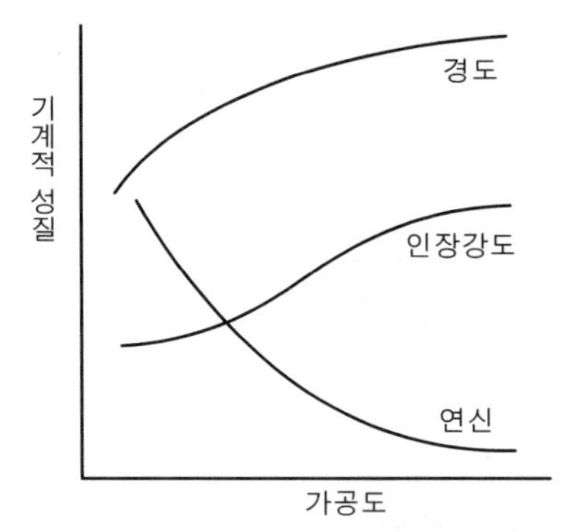

그림 1-7 가공경화와 기계적 성질의 관계

2) 프랜징

평판을 거의 직각으로 구부리는 가공법으로서, 구부러진 부분은 다른 부분보다 더욱 강도가 높아진다.

적용 예) 프론트 펜더의 휠 아치, 사이드 멤버 등

그림 1-8 프랜징

3) 비이딩

성형되어 있는 재료의 일부에 보강과 장식의 목적으로 돌기 또는 요철을 추가하는 프레스 가공법이다.

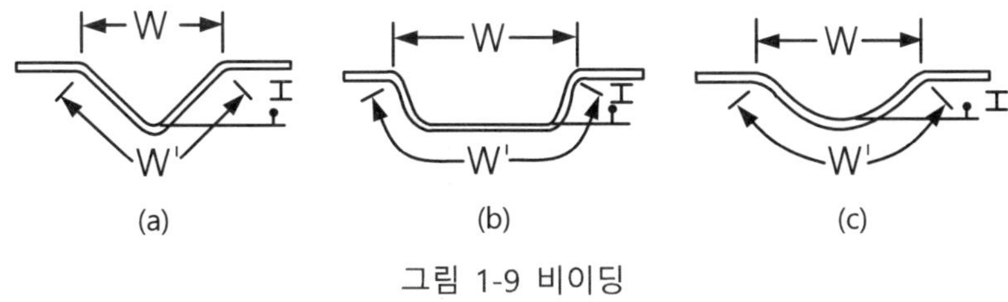

그림 1-9 비이딩

4) 바아링

도어 패널 등 물 빼기 홀 등의 주의에 채용하는 프레스 가공법, 홀 주위가 길게 빠져 나오는 모양으로 성형하면 이 부분의 강도가 증가하게 된다.

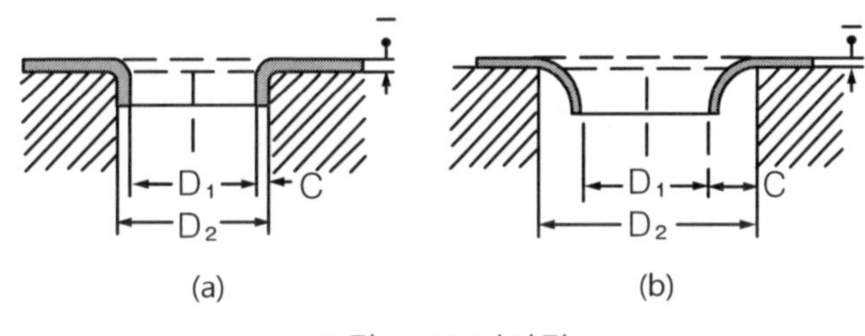

그림 1-10 바아링

5) 헤밍

도어 및 후드, 리어 패널 휠 아치 등의 아웃터 패널과 인너 패널을 조립하기 위한 프레스 가공법이다.

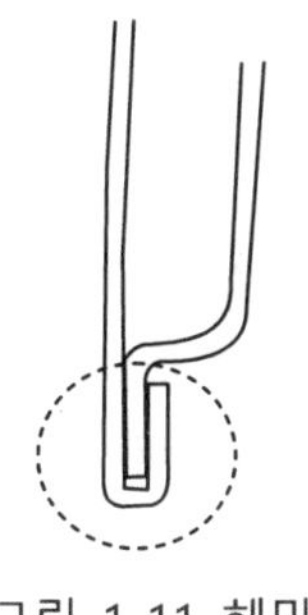

그림 1-11 헤밍

6) 크라운

패널 등의 곡률을 의미하는 것으로서 완만한 곡면이나 급격한 곡면을 만들어 전체적인 강성을 유지하는 프레스 가공법이다.

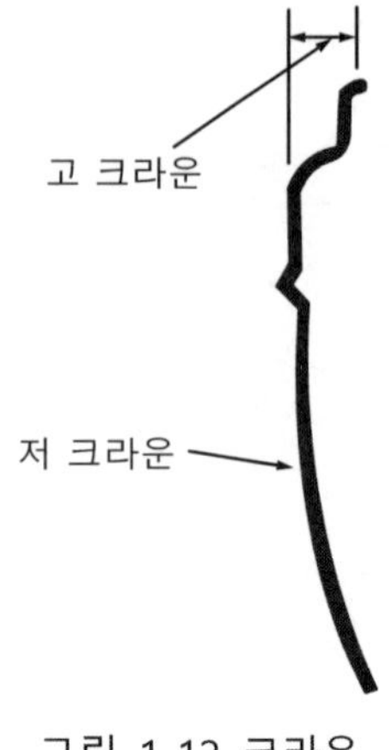

그림 1-12 크라운

1.2.2 자동차의 모노코크 바디 구조

모노코크 바디는 지난 60년대 이후부터 지속적으로 사용되어 왔다. 그 이유는 조합형 프레임이 무거워서 연비 효율이 떨어지기 때문에 그 특성을 살려서 가벼운 모노코크 형태가 된 것으로 70, 80년대에 일반화되어 현재는 대부분의 승용차는 모노코크 바디 구조다.

모노코크 바디는 얇고 가벼운 강철판을 대부분 용접 접합으로 형성된 구조라도 할 수 있다. 모노코크 바디 구조의 강성은 계란과 같은 기하학적 설계와 강철판의 강도, 용접한 부위의 접합력에 의해 결정된다.

모노코크 바디 구조는 패널 각개 부품들을 볼트 등으로 기계접합 조립한 것이 아니라 각개 패널을 차체 구조에 따라 스포트 용접 등 용융접합 구조로 되어 있다.

그래서 승용차의 차체 구조가 모노코크(일체형)란 이름이 붙여진 것이다.

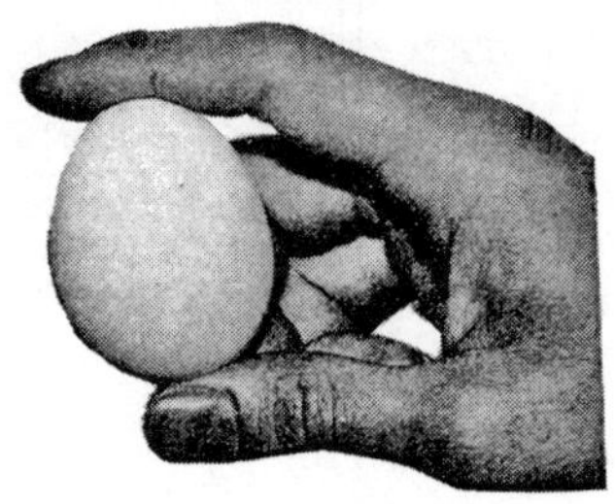

그림 1-13

자동차에는 후드, 도어, 트렁크, 전.후의 윈도우 등 열리는 부분이 많기 때문에 계란 껍질과 같은 균일한 구조로는 되지 않는다. 따라서 승용차의 차체는 개구부가 있어 완전한 모노코크 구조라고는 할 수 없다. 차종에 따라 다른 차이는 있지만 전면부 주변의 엔진을 지지하는 부분은 사다리형 프레임 같은 사이드 멤버와 크로스 멤버가 배합되고 차 실내부는 튼튼한 플로어 패널과 상자의 단면과 같은 전면부와 센터 필러, 사이드 멤버에는 라커 패널이 측면구조를 유지하고 있다.

후면부분도 전면부 주변과 같이 도어 플로어에 용접된 사이드 멤버와 크로스 멤버가 주요 구조로 되어 있다. 더욱더 자세히 살펴보면, 코너부와 서스펜션 부착부, 사이드 레일과 데시 패널의 공급부 등에는 보강용 패널도 용접되어 있다.

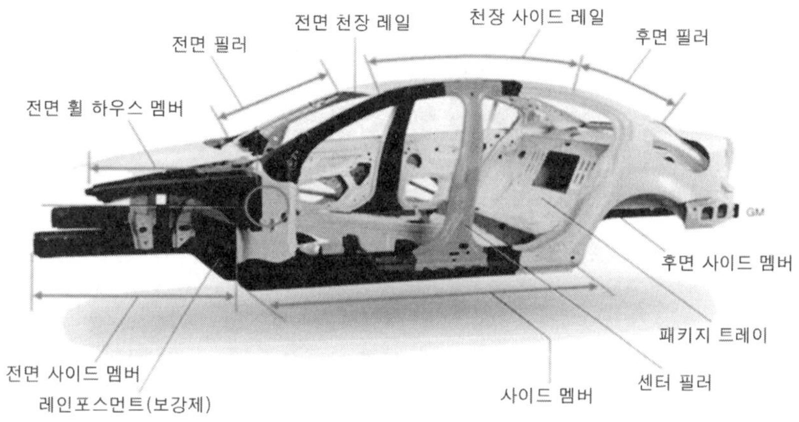

그림 1-14 모노코크 바디의 구성

- HSS : 고장력강(180~280MPa)
- VHSS : 초고장력강(280~380MPa)
- EHSS : 초초고장력강(380~800MPa)
- UHSS : 울트라 고장력강(800MPa 이상)

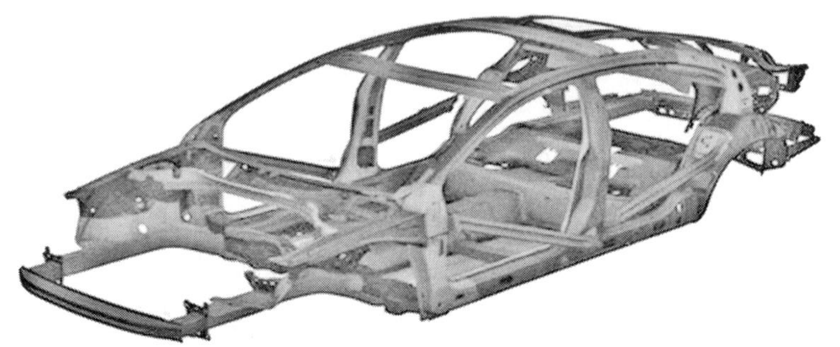

그림 1-15 자동차 바디는 필러, 멤버 등으로 보강 구조

이와 같이 자동차의 경우는 모노코크 구조라 해도 실제로는 형태를 조화한 라멘 구조에 가깝다고 볼 수 있다.

라멘구조는 여러 종류의 멤버(부재)를 강하게 접속하여 외력에 저항하는 구조로 되어 있지만 여기에서 말하는 강접(剛接)은 변형 전과 변형 후의 접합부 각도가 변하지 않는 모양을 한 접합 방법을 말한다.

다음 그림과 같이 문(門)의 상부에서 외력이 가해진 경우에, 상부 보의 변형은 좌, 우 기둥과의 접합이 강접(점용접)되어 있어서 접합각도가 불변하고 구조체가 일체로 되어 저항을 받기 때문에 점선 모양으로 변형이 이루어진다.

모노코크 바디의 기본은 다음 그림과 같이 개구부가 몇 개 안되게 접합된 것이라고 할 수 있다.

그러나 자동차의 바디는 엔진 룸, 도어, 트렁크 룸 등 개구부가 많아 이러한 개구부의 보강을 위해 강성을 필요로 하는 부분에는 차체재료 전환과 보강제(레인포스먼트)를 추가 부착하여 차체의 강성을 증가시켜 준다.

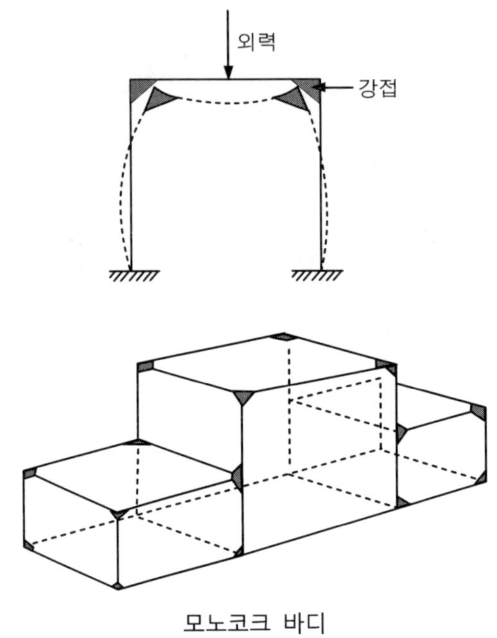

모노코크 바디

그림 1-16 라멘 구조와 모노코크 바디의 개념

모노코크 바디의 특징

장점

- 일체구조로 구성되어 있기 때문에 경량(輕量)이다. 강성이 높은 강판을 여러 가지 형상으로 프레스 성형하여 스포트 용접에 의해 성형화 시키면 차체 자체를 경량화하면서 큰 강성을 얻을 수 있다.
- 단독 프레임이 없기 때문에 차고를 낮게 하고, 차량의 무게중심을 낮출 수 있다. 모노코크 바디는 독립된 프레임이 아니기 때문에 바닥을 낮게 하여 객실 공간을 넓게 할 수 있고, 또한 차량의 무게중심이 낮아짐으로써 주행 안정성이 좋다.

- 정밀도가 높고 생산성이 좋다. 작업성이 좋은 박판 가공과 열 변형이 거의 없는 스포트 용접으로 가공이 가능, 자동차 생산 라인에서는 멀티 풀 스포트 용접(자동 동시용접)을 많이 사용함으로서 생산성을 현저히 향상시킬 수 있다.
- 충돌 시 충격에너지 흡수효율이 좋고 안전성이 높다. 박판으로 조립되어 있기 때문에 충돌에 의해 큰 외력이 가해진 경우 국부적인 변형이 크고, 객실부위의 영향은 적다.

단점

- 소음이나 진동의 영향을 받기 쉽다. 엔진이나 서스펜션 등이 직접적으로 차체에 부착되어 진동, 소음이 직접 바디에 전달되기 쉽기 때문에 방진, 방음대한 충분한 대책이 필요하다.
- 일체구조이기 때문에 충돌에 의한 손상의 영향의 복잡하여, 복원수리가 비교적 어렵다.
- 박판강판을 사용하고 있기 때문에 노면에 가까운 부품은 부식으로 인한 강도의 저하 등에 대한 충분한 대책이 필요하다.

  * 모노코크 바디는 프론트 바디, 사이드 바디, 언더 바디 및 리어 바디로 구성되어 있다.

요점 정리

- 승용차의 바디는 모노코크 구조가 주종이다.
- 모노코크 구조는 일부에 가해진 힘을 전체로 흡수하는 구조이다.
- 승용차는 열리는 부분이 많기 때문에 힘이 확산되는 것도 불균일하므로 완전한 모노코크 구조가 아니다.

1.2.3 모노코크 바디의 충격 흡수

자동차의 바디가 약하면 승객과 화물을 실을 수 없을 뿐만 아니라 속력도 낼 수 없고 브레이크도 잘 듣지 않는다. 그렇다고 해서 바디를 튼튼하게만 만들면 자동차 충돌 사고 경우 자동차의 손상은 경미하나 큰 충격으로 승객은 중상을 입게 된다.

현재의 승용차는 바디에 일정한 위치에 약한 부분을 만들어 충격을 받았을 때 그 부분이 파손 변형되면서 힘이 흡수되도록 되어 있다.

즉 승차하고 있는 승객에게 충격을 조금이라도 적게 받기 위해서 충격 흡수 바디를 만들었는데 구체적으로는 사이드 레일, 레인포스먼트(reinforcement)를 급각도로 굽히기, 패널 두께의 변화, 패널에 구멍 가공 등 다양한 방법으로 차체충돌에 대비한 충돌 흡수 구조를 형성하고 있다.

승용차도 전 · 후면 카울(cowl) 주변이 변형되기 쉽고 이것들이 충격을 흡수하는 구조로 되어 있다.

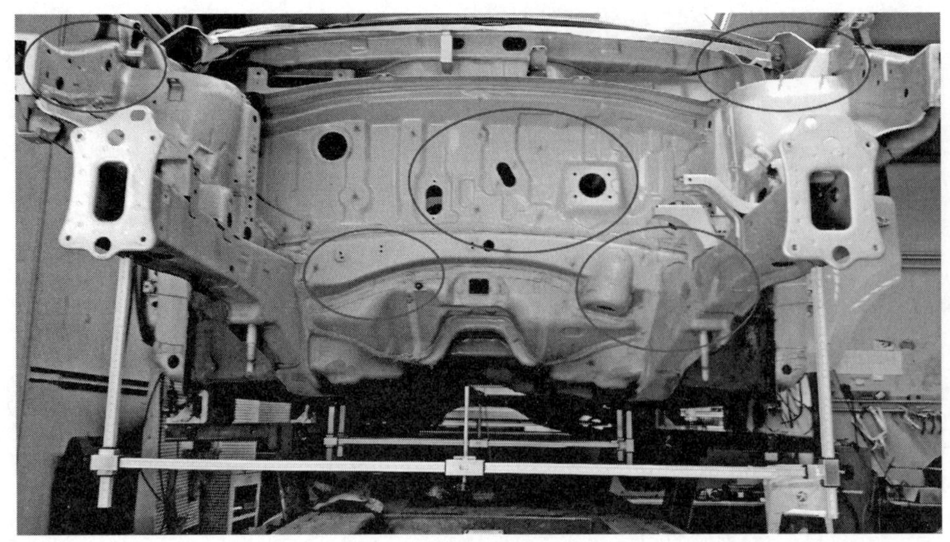

그림 1-17 충격 흡수 부분

충격흡수구역 승객 보호구역 충격흡수구역

그림 1-18 충격 흡수 구조

위 그림에서와 같이 충돌 시 충격에너지를 차체의 전후에서 잘 흡수하도록 하기 위해서 차체의 앞부분과 뒷부분을 사이드 멤버의 형상변화나 단면형상 등의 변화 등을 주어 충격에너지를 잘 흡수하도록 설계하였고 한편으로는 차체의 중간부분인 객실은 견고하게 설계하여 충돌 시 승객의 생존공간을 최대한 확보할 수 있는 구조로 설계되어 있다.

1.3 바디 각부의 구조와 특징 I

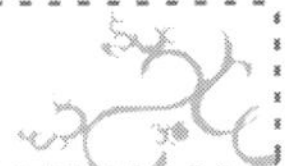

1.3.1 전면부 바디의 특징과 구조

자동차의 전면부는 엔진, 변속기, 각종 보완 기계류 등의 중량물이 탑재되어 있는 것을 비롯하여 프론트 서스펜션이 부착되어 주행 중에 전륜으로부터 가해지는 힘을 흡수하기 때문에 '井(우물 정)' 형태에 멤버를 배합한 튼튼한 구조로 되어 있다. 전륜 구동 자동차는 동력 전달 장치, 구동축의 무게, 구동력까지 가중되기 때문에 차체 지지가 더욱 필요하다. 그래서 후륜 구동 자동차에 비해 사이드 레일이 좀 더 두껍고 차 실내 아래 측에 크게 돌려져 있다.

후드(본 네트) 레치부, 프론트 서스펜션 부착부, 데시 패널, 라디에이터 서포트와의 결합부등에 보강용의 적은 패널이 추가되어 있다. 전면부의 기본 골격은 전륜 구동차, 후륜 구동차 모두 같으며 차 실내와 엔진룸은 데시 패널과 그 좌우 휠 하우스에 부착된 후드 레치와 사이드 레일이 하나로 되어 있고 상부에는 레인포스먼트(reinforcement)가 통과하고 있다.

후드 레치 앞의 울타리가 되는 라디에이터 서포트 패널은 하부에, 어퍼 서포트는 크로스 멤버 상부에 붙여지고 중앙부분은 라디에이터의 통풍을 위해 비어 있다. 이러한 것으로 전면부 바디는 상하 이중의 '井'형 구조로 되어 있음을 알 수 있다(그림 1-15 참조).

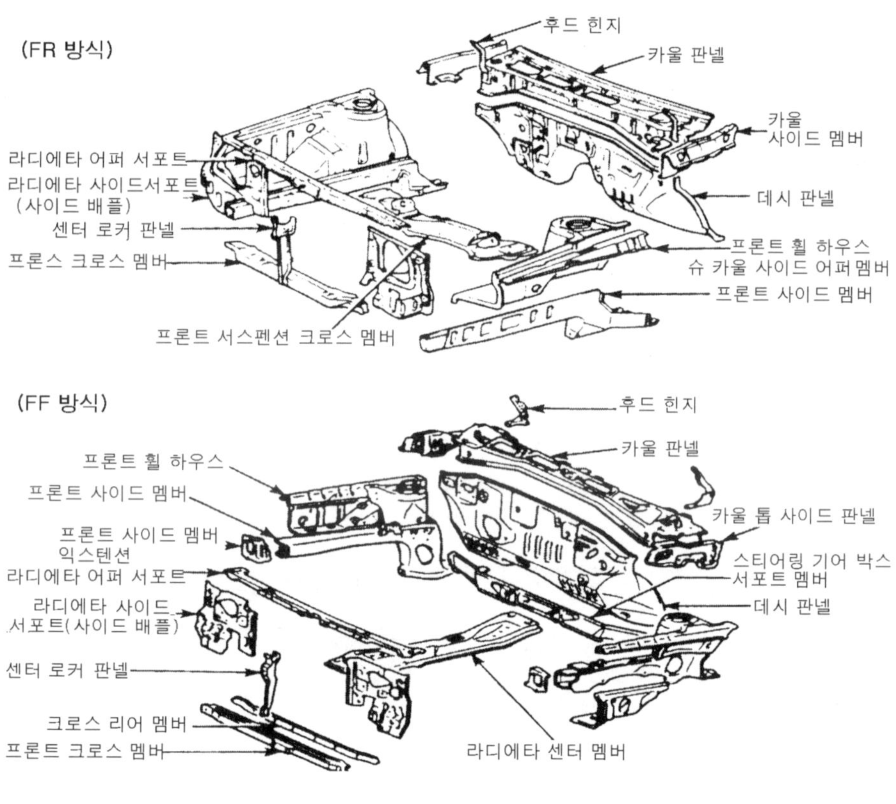

그림 1-19

요점 정리

- 전면 부분 바디는 멤버와 레인포스먼트에 따라 상하 이중의 '井'형 구조로 되어 있다.

- 울타리 부분의 데시 패널, 후드 렌치, 라디에이터 서포트들은 구동 방식이나 엔진 위치에 따라 일부 다르다.
- 전면부 바디는 충격 흡수 구조를 갖고 있다.

1.3.2 전면 부분 바디의 충격 흡수 구조

차체가 튼튼한 것만이 전면 바디가 갖추어야 할 사항은 아니다. 사고 등에 충격을 그대로 받는 곳이기 때문에 힘을 흡수하기 위한 구조가 갖추어져야만 한다.

구체적으로 후드 레지 레인포스먼트의 구멍이나 사이드 레일이 크게 굽어져 있는 것 등이 그 이유이다(횡력을 상하 수직력으로 변화시켜 승객을 보호한다.).

유럽에는 폭스바겐 골프(VW golf)와 같이 사이드 레일의 앞부분이 곤충의 배모양을 하고 있는 것도 있다. 충격 시에는 이러한 부품에 힘이 집중적으로 가해진다.

1.3.3 전면 부분 바디 주변의 볼트 온(bolt-on) 패널

자동차 차체 패널은 대부분 용접 패널로 모노코크 바디 구조의 골격으로써 갖가지 힘을 흡수한다. 그러나 실제 자동차에서는 패널 바깥에 한 장 더 부착된 패널이 있다.

이것은 볼트로 조립된 패널로 "외장 패널", "볼트 온 패널"이라고 불려진다. 차종에 따라서 다르겠지만 앞에 설명한 라디에이터 서포트 패널이 볼트로 고정으로 되어 있는 것을 알 수 있다.

전면 부분 바디 주변 볼트 온 패널은 후드레지의 외측이 프론트 펜더, 엔진룸의 덮개가 되는 본네트, 본 네트와 전면 창 사이의 카울 탑 패널(cowl top-panel)과 본 네트와 그릴 사이를 막는 프론트 마스크 패널(front mask-panel)이 있다. 프레임 부착 승용차에서는 라디에이터 서포트, 후드 레지(프론트 펜더 에프론) 등은 전부 볼트 고정으로 되어 있다.

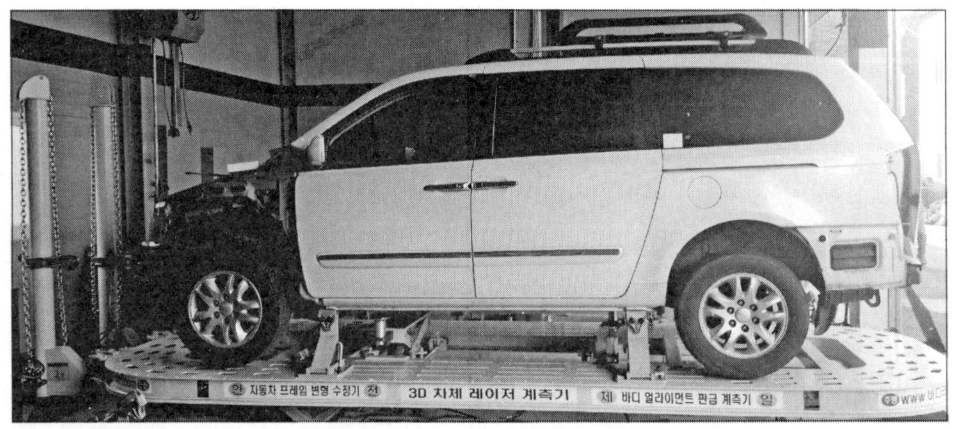

그림 1-20 바디 볼트 온 패널 탈착, 부착 사례

1.4 바디 각부의 구조와 특징 II

1.4.1 중앙부 바디의 구조

승용차의 중앙부 바디는 차 실내, 즉 승객이 타는 곳이 된다. 때문에 가능하면 넓은 공간을 확보하도록 설계되어 있고, 전후의 윈도우, 좌우의 도어 등이 열리는 부분도 넓게 확보되어 있다. 기본적인 구조는 데시 패널을 전면에, 측면은 필러와 로커 패널, 루프 사이드 레일에 의한 골격이 도어가 열리는 부분을 둘러싸고, 상면은 한 장의 루프, 하면은 복잡한 형태를 갖춘 플로어 패널(프레임)이 승객과 시트 등의 내장 중량을 지지하고 있다.

플로어 패널(프레임)은 전면부와 중앙부로 분할되어 있고 중앙부는 앞에서 뒤까지 터널 형태로 가공되어 있어 FR자동차는 추진축과 배기관, FF자동차는 배기관, 변속기의 모드 컨트롤 와이어 등이 터널 내부를 통과하고 있다. 차종에 따라 플로어 패널(프레임) 아래에 전면 부분 와이어의 사이드 멤버를 연결하는 플로어 멤버가 용접되어 있지만 대부분의 차종은 이 부분을 라커 패널이 지지하고 있다. 또 루프가 없는 오픈 카 혹은 컨버터블은 전면 부분 필러와 데시 패널, 라커 패널의 접속 부분, 후면 측의 필러 하부에 보강 패널이 접합되어 있다.

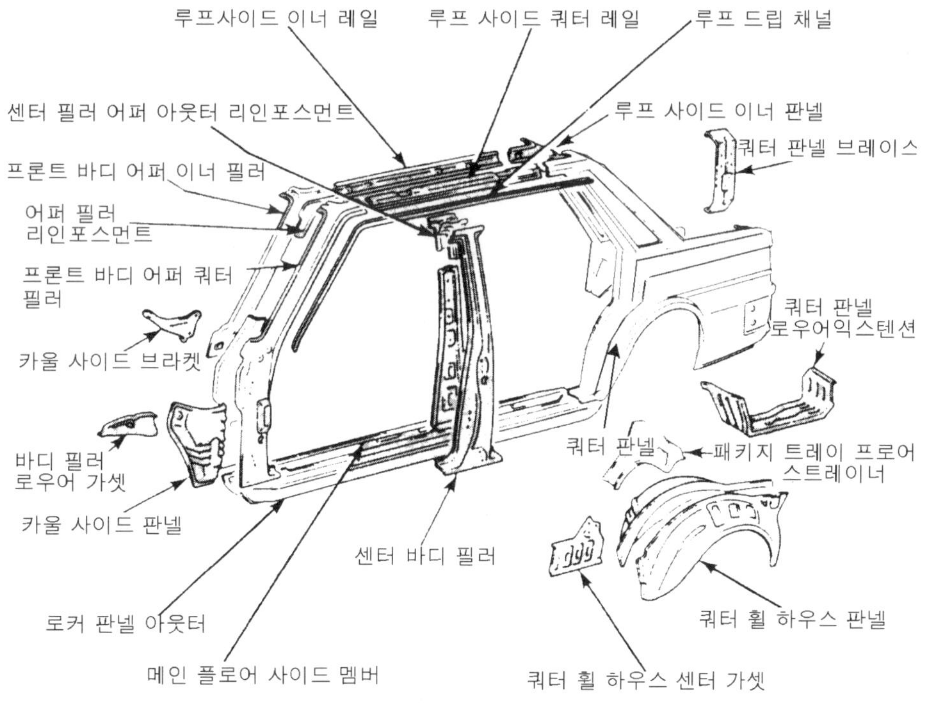

그림 1-21 중앙부 바디 구조의 일반적 명칭

요점 정리

- 중앙부 바디는 필러, 라커 패널과 루프, 플로어 패널(프레임), 데시 패널로 구성되어 자동차 실내를 형성한다.
- 후면 바디는 쿼터(리어) 패널, 후면 끝 패널, 후면 플로어 패널로 이루어지지만 트렁크가 붙어 있는 차와 밴 타입은 조금 다르다.
- 1(one) box차는 전면 끝에 대형 패널을, 사이드 레일은 앞에서 뒤까지 이어져 있다.

1.4.2 후면 부분 바디의 구조

독립된 트렁크 박스를 갖는 차종과 테일 게이트를 갖춘 해치백, 밴 타입의 차종과는 구조가 조금 다르지만, 일반적인 승용차는 후면 부분 필러 부분부터 이어지는 쿼터(리어) 패널과 그 좌우를 연결하는 후면 쉘프(shelf), 후면 부분 백 패널(back panel), 트렁크 룸 바닥이 되는 후면 플로어 패널, 그 아래 면의 후면 사이드 멤버와 후면 크로스 멤버로 구성되고 있다.

밴 타입은 쿼터 패널의 면적도 넓지만 쿼터 패널의 윈도우 테일 게이트의 열림부가 보강되어 강도를 유지하고 있다.

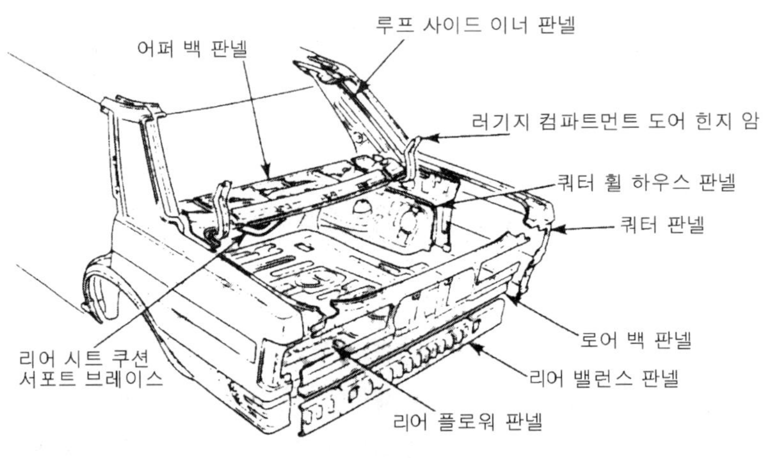

(a) 리어 바디의 구성 부품(세단)

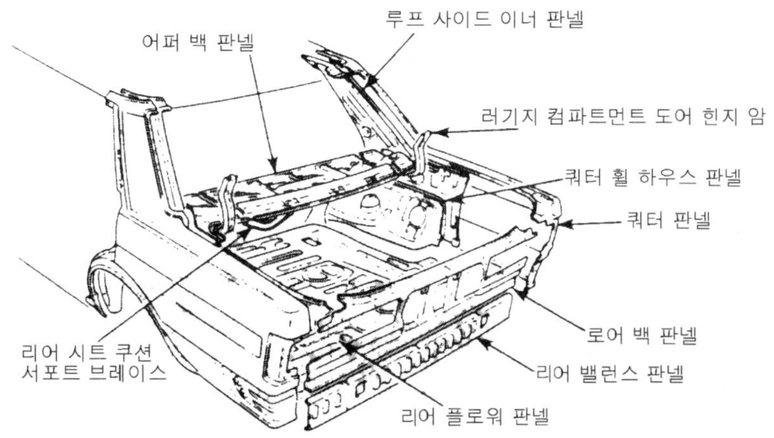

(b) 리어 바디의 구성 부품(밴)

그림 1-22 후면 부분 바디의 구조와 일반적 명칭

1.5 바디 수리란?

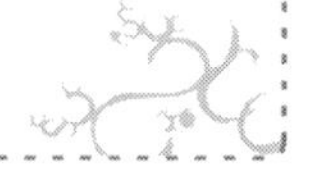

현재 자동차 구조의 주류는 독립된 프레임을 갖지 않고, 엔진과 새시 등이 바디에 직접 또는 부분적인 프레임을 사용하여 조립하는 형태이고, 주행 중에 승객과 화물에 가해지는 힘의 전부를 바디가 지지하고 있다. 프레임이 있고 없음에 따라 바디의 구조, 강성이 달라지며 엔진과 새시 부품이 프레임에 부착되어 있기 때문에 바디를 수리할 때는 자동차에 대한 전반적인 지식이 필요하다.

차체수리 하는 정비공장에서 일상적으로 행해지는 차체수리 작업공정을 보면 차체손상 체크, 수리 금액의 견적, 엔진 및 서스펜션의 탈착 · 조정, 패널 수정, 차체 수정, 패널 교환, 도장, 세차까지 사고 자동차 수리 전 과정에서 사후관리까지 책임있는 수리를 해야 한다.

이 중에서 옛날 차체 수리 수준은 패널 수정 정도였으나, 현재의 차체수리 기술자는 견적과 도장 등의 일은 하지 않아도, 넓은 범위의 작업을 소화해 낼 필요가 있다.

1.6 바디 수리의 작업 공정

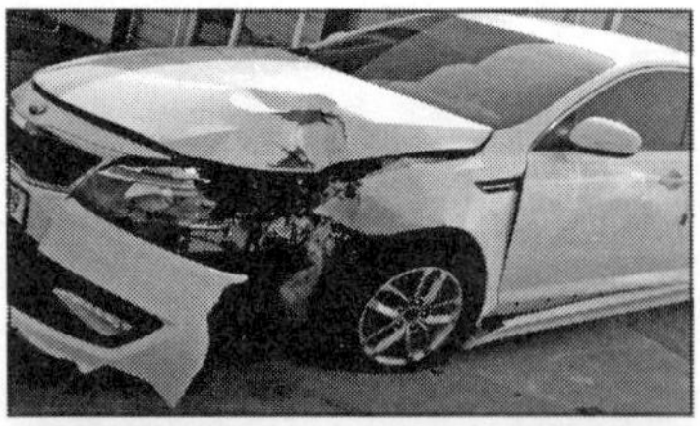

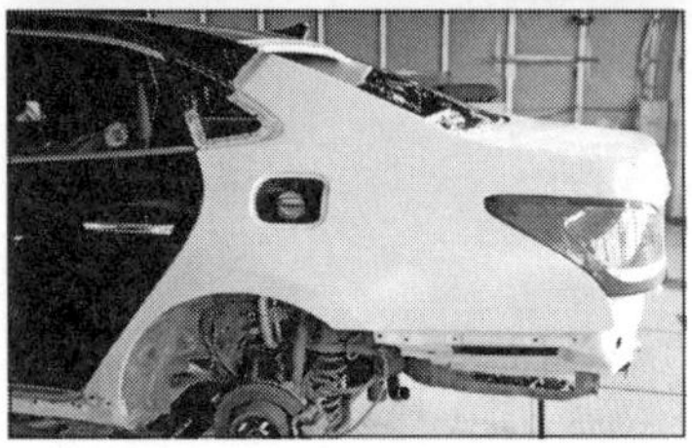

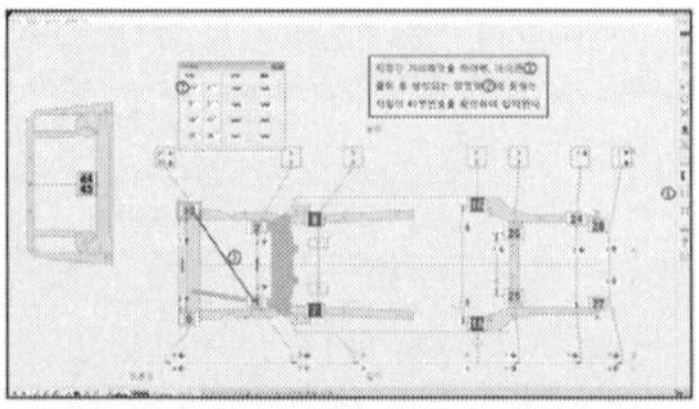

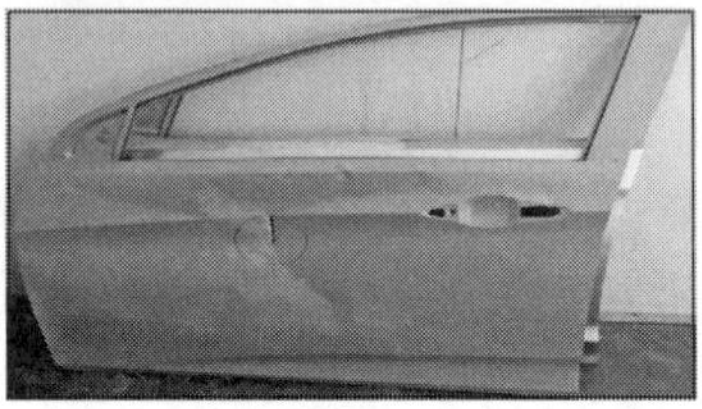

파손 차량 입고
↓
손상의 분석(견적)
↓
차체 수리 계획(인장 계획에 대한 결정)
↓
기계 요소 및 부품의 탈착
↓
차체 교정(프레임 수정기 사용)
↓
바디 얼라이먼트 측정 및 수정
↓

판넬 교환
↓
부품 및 바디측 전처리
↓
가조립작업(가용접)
↓
바디치수도에 의한 계측작업
↓
조립작업(본 용접)
↓
바디 얼라이먼트 측정 및 수정

판넬 수리
↓
기계 요소의 수리(엔진, 섀시)
↓
부식 방지 처리
↓
도장 공정
↓
기계적인 요소와 부품의 부착
↓
완전 조립
↓
휠 얼라이먼트 측정 및 수정
↓
최종 검사
↓
출고

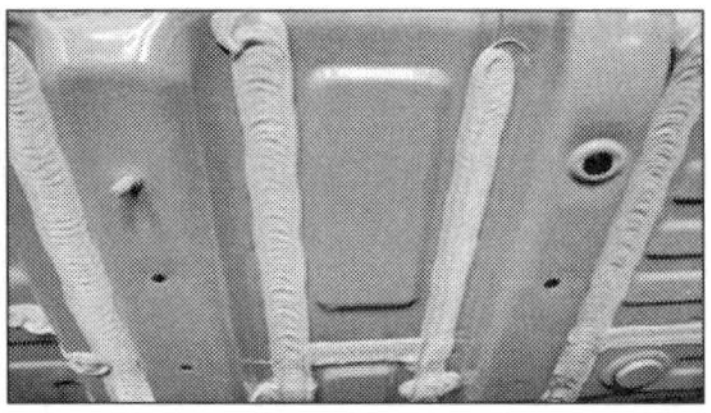

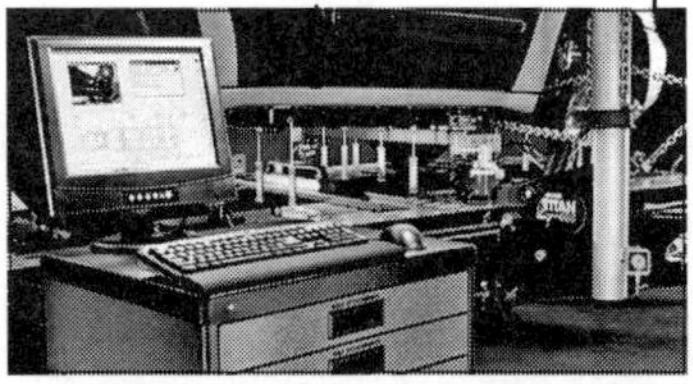

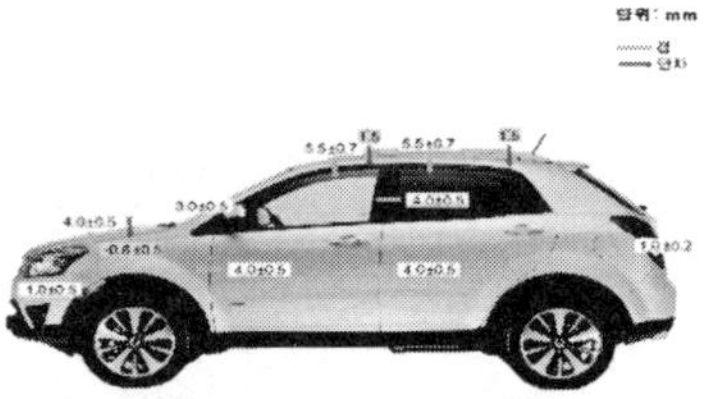

- 작업 순위는 상황에 따라 바뀔 수 있다.
- 차체수리 기술자는 제조사의 차체수리 매뉴얼의 차체수리 공정을 준수해야 한다.

[제 2 장]

충돌의 법칙

2.1 충돌의 법칙

충돌의 법칙은 차체 수리에 있어서 충격력의 분석으로 차체 파손을 유발시키는 원초적인 충격력과 차체수리 기술자가 파손 차체를 원상 복원에 필요한 힘 둘 다 고려해야 한다. 충격력에서 고려되어야 할 사항은 충돌이 있는 동안 예상되는 반응이다. 그래서 사고 시 자동차의 속도, 운전자 반응, 부딪친 물체 등의 정보는 알아야 한다.

충돌 이론의 목적은 충돌로 인해 발생되는 차체파손을 포함해서 힘의 관계를 이해하는 것이다. 이러한 이해를 기본으로 차체수리 기술자는 근본적으로 변형을 일으킨 충격력을 차체 원상 복원할 수 있는 반대 힘을 적용할 수 있다. 이 힘을 원복력이라 한다.

2.1.1 충격력

충격력이란, 한 물체가 다른 물체를 충돌 접촉으로 가하는 순간의 압력이다. 이때 충격력은 한 물체가 그 위치를 고수하려고 하고 이때 반력이 생기는데 이 반력에 의해 관성이 생성된다. 그래서 차체 파손 분석을 할 때는 충돌 시 작용하는 관성을 이해해야 한다.

따라서 충격력(F=m · v/t)은 같은 운동량이라도 정지하기까지의 시간이 짧을수록 크며 차체 손상도 크게 발생한다.

2.1.2 충돌에 대한 이해

충돌에는 두 개의 물체가 서로 접촉하는 현상이다. 다시 말하면 충돌은 두 개의 물체가 접촉하는 순간에 물체들의 움직이는 힘의 변화와 동시에 속도 변화가 발생한다. 어떤 충돌에 있어서는 한 개의 힘이 고정된 경우 예를 들면 나무, 벽, 혹은 주차중인 차량 등이다.

그냥 고정된 상태에도 불구하고 이 힘들은 움직이는 힘에 저항하는 관성의 힘을 갖고 있다. 그래서 충돌은 항상 두 개의 힘들이 서로 저항하며 또한 두 개의 움직이는 힘, 혹은 한 개의 움직이는 힘과 한 개는 고정되는 힘으로 표현할 수 있다.

만약, 추가적인 힘들이 합성되는 연쇄적인 충돌 상태가 있다면 예를 들어 두개의 차체들이 부딪쳐서 한 차가 회전을 하고 또 다른 차와 충돌을 했을 때, 또는 차가 굴러서 몇 번을 돌았을 때 지표면과 차가 부딪치고 다른 물체와 부딪쳤다면 차가 구를 때마다 충돌의 경우를 분리해야 하고 힘의 추가적인 합성을 고려해야 한다.

2.1.3 관성의 이해

충격력에 의해 파손 변형이 생기는 것은 각 차체의 갑작스런 위치의 변화에 의해서이다. 관성이란 물체가 움직이지 않으면 계속 움직이지 않는 성질이며, 물체가 움직이면 계속 움직이려는 성질이다. 간단히 말하자면, 모든 물체는 움직일 때 처음에는 움직임에 저항하려 한다.

관성력은 실질적으로 힘은 아니지만 마치 힘과 같이 작용을 한다. 이때 급작스럽게 변화가 형성되면 될수록 그 힘은 더욱 강해진다. 이렇게 관성력은 충돌 사고와 같이 순간적으로 일어 날 때는 차체에 심각한 영향을 준다. 실제적으로 충돌 사고가 있고 차체가 파손되어 정지하는 데는 1초도 안 걸린다. 그래서 그 파괴력은 대단하다.

이렇게 짧은 시간에 위치의 이동 및 변형이 형성되면 극도로 강한 힘이 이 관성에 의해 형성된다.

2.1.4 차체에 있어서 관성에 의한 효과

관성의 효과는 아래 두 가지이다.

① 차체가 움직이면 움직이는 방향 그대로 움직이는 성질의 힘이 있다.

② 차체는 움직이지 않고 있을 때도 그대로 움직이지 않으려는 성질의 힘이 있다.

차체 전체의 중량에서 자동차가 가만있든지, 움직이든지 충돌에서 관성이 파괴력으로 작용한다.

2.1.5 충격력의 분산

충돌하는 동안 힘은 차체 전반에 걸쳐 여러 각도로 분산되므로 파손 변형이 복잡해진다. 당연히 이것의 원상복원 작업도 역시 복잡하다.

하단부의 강성을 수평력에 대해 증대시키기 위해서 프레임과 차 바닥의 설계를 힘이 분산되도록 했다. 하단 부분 구조가 차체의 끝에 있는 현가장치에서 꺾여 올라가면 수직적인 힘의 분산이 일어난다. 특히 전후 면의 충돌 시 수평력은 상하로 힘의 분산이 일어난다(그림 2-5 참조).

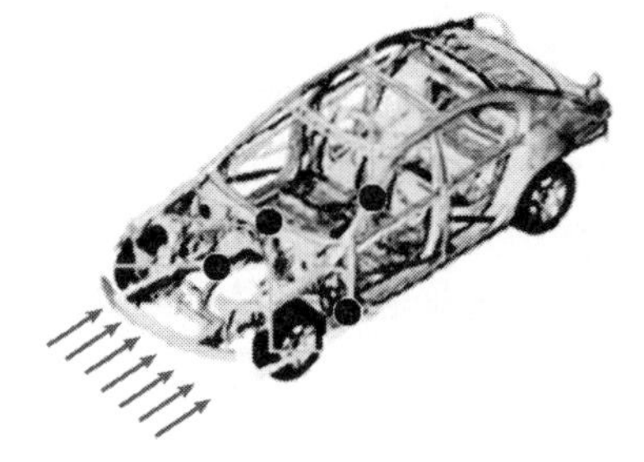

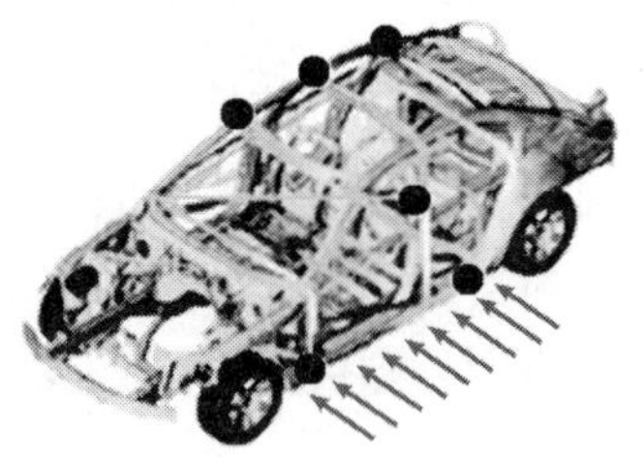

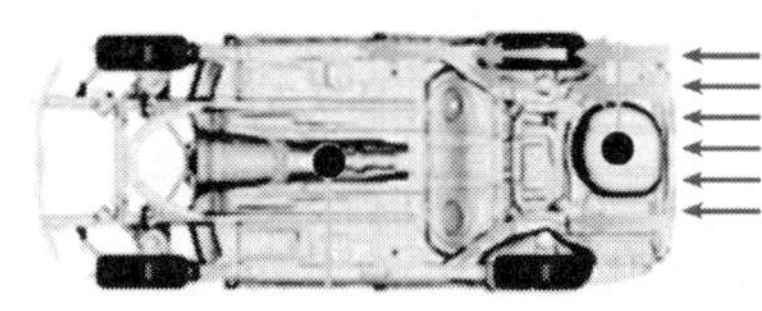

그림 2-1 충격력의 분산

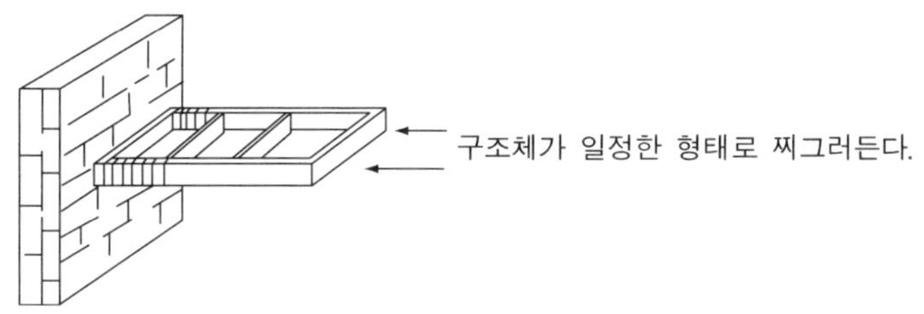

그림 2-2 단순한 충격

충격력의 분산을 쉽게 이해하기 위해서 먼저 단순한 차체를 예를 든다. 사다리형의 구조물을 일정 방향으로 충격을 가하면 아코디온 처럼 찌그러든다(그림 2-2 참조).

이런 단순 변형을 수리하려면 한쪽 끝을 고정하고 다른 한쪽만 인장하면 된다.

이때 원상복원 시키는 힘은 충격이 가해진 방향의 반대이다. 만약 모든 충격 파손이 간단하다면 그에 대한 원상복원 수리도 간단해진다. 그러나, 차체의 구조는 그림과 같이 간단한 구조체가 아니고 충격의 방향도 여러 각도이기 때문에 충격력이 분산되어 파손 변형도 복잡해진다.

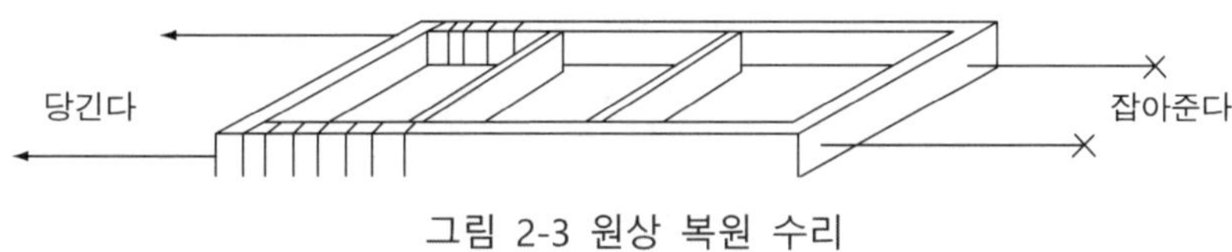

그림 2-3 원상 복원 수리

2.1.6 파손 변형의 경계

자동차 차체의 충돌 형태 따라 파손 변형의 경계가 발생한다.

① 직접 충격 파손 : 충돌 지점 근처의 파손으로써 구조체의 휨과 꺾임이 생긴 충돌이나 직접 충격 지점과 같은 섹션 내의 파손 변형이다.

② 간접 충격 파손 : 충격이 일어난 그 밖의 지역에서 일어난 파손 변형인데, 직접 충격 섹션 외의 변형이다.

이 두 가지 힘의 경계를 이해하면 차체수리 과정을 용이하게 수립할 수 있다. 차체수리 과정을 이루자면 직접 파손 변형은 그 지점을 직접 걸어서 인장함으로써 교정이 가능하고 간접 파손 변형은 물림과 받침을 정확히 차체 변형 해당하는 지점에 실시함으로써 자동 교정된다.

이 차체수리 과정은 직접 및 간접 파손을 동시에 교정하는 방법이다.

또한 이 과정은 차체 전체의 평형을 유지하고 파손 변형을 교정하는데 소요되는 차체 수리 작업 시간을 훨씬 줄일 수 있다.

2.2 차체에 미치는 실질적인 힘의 효과

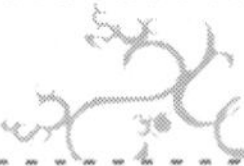

2.2.1 전면 충돌

그림 2-4에서는 고정 벽에 주행 중 차체의 충돌 상태를 설명한다. 주행 중인 자동차에서외부 충격력이 작용하면 차체의 위치 변형이 있고 난 후 차체가 정지한다. 차체의 외부 힘이 남아 있을 때 그 힘이 소모될 때까지 같은 방향으로 진행하는데, 이때 내부의 잔여 관성의 힘이 간접적인 충격으로 차체를 계속 파손 변형시킨다.

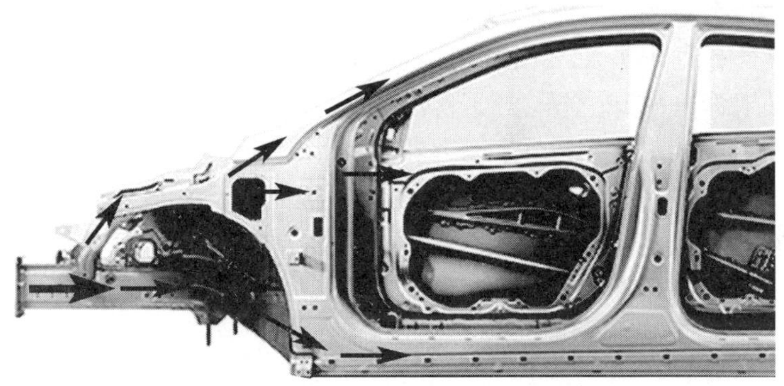

그림 2-4 전면 충돌의 충격력의 경로

이러한 충돌 과정이 계속 전개되면서 파손 변형이 더 형성되며, 힘의 분산이 차체 전방에서 계속 형성된다. 외부 힘과 직접 접촉이 있는 부위는 정지하며 나머지는 계속 움직이고 있다. 그림에서처럼 차체의 중앙면 및 후면은 계속 진행하려는 관성의 힘이 잔존해 있는 것을 볼 수 있다(그림 2-5 참조).

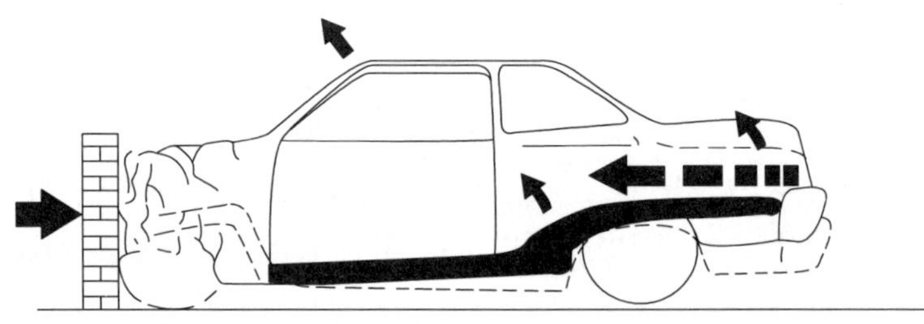

그림 2-5 후면 부분 관성의 힘 작용 방향

차체 하부의 강성은 중앙부(센터 섹션 : center section)에서 찌그러지는 외력에 저항한다. 그래서 차체의 중앙 및 후면부는 상향으로 변형하고 전면부에 있는 카울도 상향으로 변형하려 한다. 그리고 도어는 열려서 닫히지 않는다. 이때 도어에 일어나는 두 가지 현상이 있다. 힌지 필러는 외부 힘의 영향으로는 변형이 없고 문짝이 중앙부(센터 섹션 : center section) 및 후면부에서 힘의 분해에 의해 조금 아래로 쳐진다.

> 주의 : 차체 하부의 강성은 상층부(휀더, 문짝, 지붕 등)로 힘을 분산 전달시킨다. 이렇게 생긴 변형이 차체 중 약한 지점에서 변형이 생겨 문이 열린 채로 있다.

만약 차체에 가해진 힘이 강하다면 중앙부(센터 섹션 : center section)가 정지하고도 후면부(리어 섹션 : rear section)가 상향으로 변형되어 도어는 약간의 틈이 상층부에 생기고 겨우 닫히기는 한다(그림 2-6 참조).

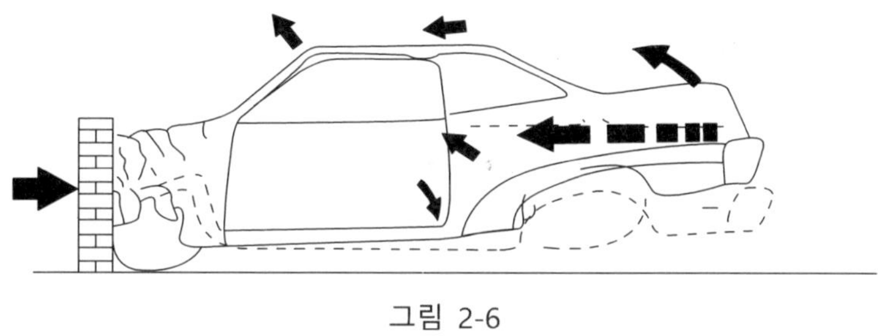

그림 2-6

이 작용은 도어에 대한 변형을 증가시킬 뿐 아니라 계속적으로 지붕을 앞과 위로 이동시키고, 윈드 쉴드(전면부 유리)도 앞과 위로 이동시키게 하는 역할을 한다. 그래서 지붕에 꺾이는 부분이 생긴다.

> 주의 : 힘의 상하 분산은 차체 하부의 찌그러드는 것을 막는 역할을 한다. 특히 후륜 구동 모노코크 바디의 경우 후면부(리어 섹션 : rear section)에서 이러한 현상이 발생하는데 그 이유는 후륜 구동은 현가 장치가 후면부로 집중되기 때문이다.

2.2.2 후면 충돌

그림 2-7은 차체가 가만히 서 있는 상태에서 후면에서 차가 충돌을 한 예이다. 앞의 차체는 외부 힘이 가해져서 뒤에서 밀기 때문에 앞으로 움직인다. 이때 관성력은 움직이는 에너지에 반해서 움직이지 않으려고 한다.

> 주의 : 대부분 차체는 전면부에서 차체의 대부분의 무게를 전달한다. 특히 전륜 구동 모노코크 차체는 전면부에서 더더욱 그러하다. 이것이 후면 충돌에서 굉장한 파괴력을 일으킨다.

차체는 후면부 충돌에 의해 앞으로 움직이고 동시에 찌그러짐이 발생한다. 그것은 외부 힘이 뒤에서 밀기 때문에 형성된다. 후면 레일과 차 바닥이 찌그러지자마자 힘의 분산이 상향으로 형성된다. 동시에 제일 뒷면인 지점에서 분산이 하향으로 형성된다(그림 2-8 참조). 또한 관성력이 충격력에 반력으로 작용한다.

그림 2-7

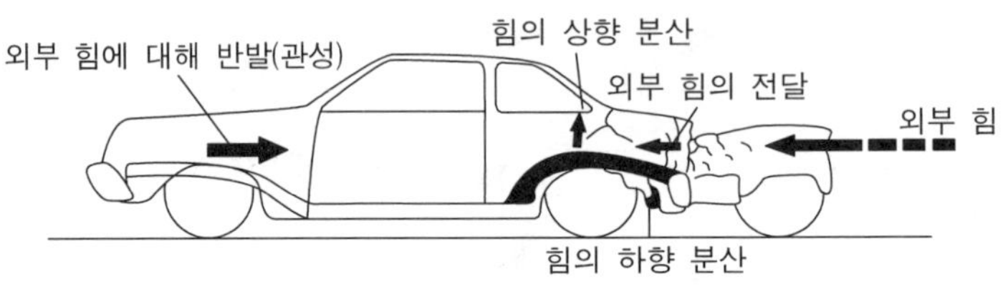

그림 2-8

충돌이 진행되면서 차체 후면에서 추가적인 변형과 힘의 분산이 형성된다. 그러면서 중앙부와는 별개로 후면부가 전방으로 움직이는 힘이 있는 데 중앙부의 응력이 찌그러드는 응력에 저항하면서 A 지점이 상향으로 변형한다(그림 2-9 참조). 관성력은 차체 전면부를 상향으로 변형되는 것을 방지하려고 B 지점에 하향 힘을 형성시킨다. 이때 도어가 변형이 있어 잘 열리고 닫히지 않는다. 아울러 도어는 조금 아래로 처진다.

이 충돌 에너지가 다 떨어 질 때까지 충돌 현상은 계속된다. 반응은 그림 2-9와 거의 같이 계속된다. 그리고 마지막 결과는 차체 전체에 여러 군데 변형을 일으킨다(그림 2-10 참조).

지붕은 윈드 쉴드 포스트에서 전방 및 상향으로 변형을 일으킨다. 그래서 지붕에서 꺾임이 나타난다.

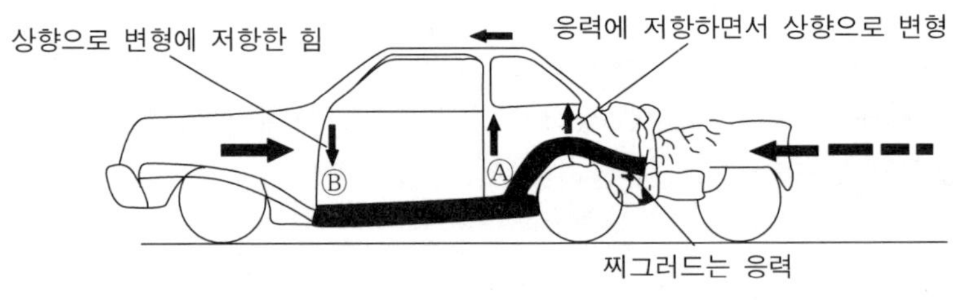

그림 2-9

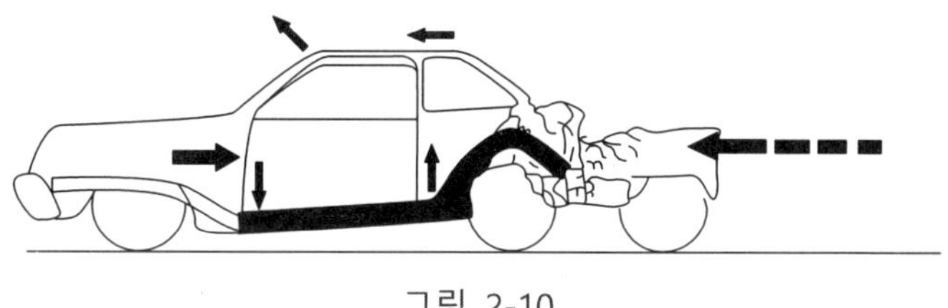

그림 2-10

2.2.3 측면 충돌

측면 파손 변형은 주행하는 차가 다른 차의 측면을 충돌했을 때나 어떤 물체와 지나치면서 부딪쳤을 때 형성된다. 충돌 힘을 설명하기 위해 상황을 정지 차량에 다른 차량이 측면으로 충돌한 경우를 예로 들겠다.

① 충돌하는 순간에 차체는 측면 외부 힘이 밀려옴에 따라 찌그러지기 시작한다. 이때 차의 전체 무게가 외부 힘에 반발하는 역할을 한다(그림 2-11 참조).

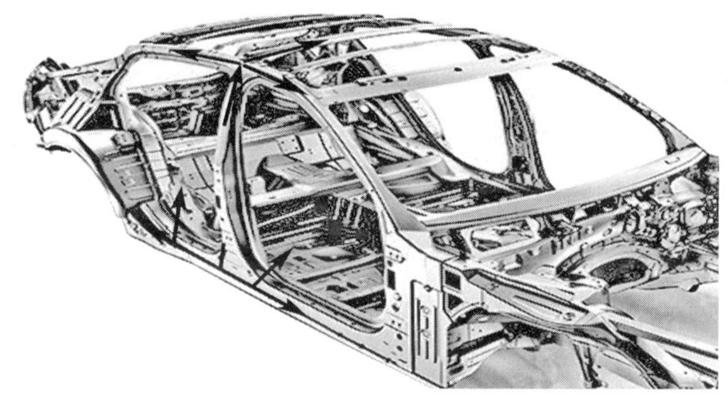

그림 2-11

② 차체의 측면은 외부 힘이 밀면서 계속 찌그러들기 시작한다. 이때 차체의 중앙부는 계속적으로 같은 방향으로 움직이기 시작한다. 관성은 동일 방향으로 외부 힘에 저항한다(그림 2-12 참조).

③ 충돌이 계속되면서 추가적으로 차체 측면이 변형되는데 차체의 중앙부는 더 빠르게 움직이기 시작하며 중앙부를 제외하고 후면부 전면부는 계속적으로 충격에 반발한다. 내부 힘이 더욱 강해져서 차체 전체가 중앙부 사이드웨이(Side Way)를 형성시킨다. 그래서 부딪친 쪽은 사이드 레일이 짧아진다.

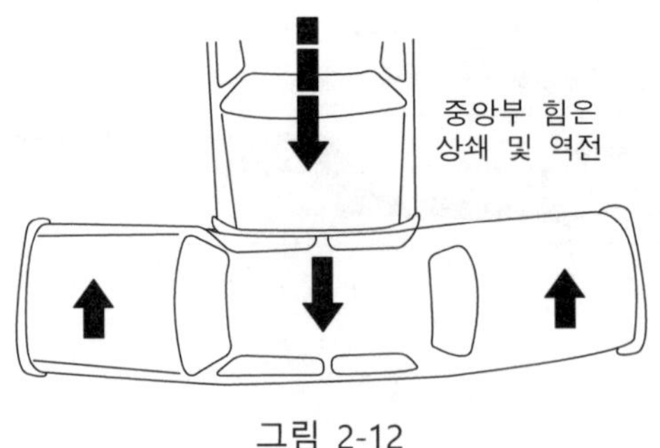

그림 2-12

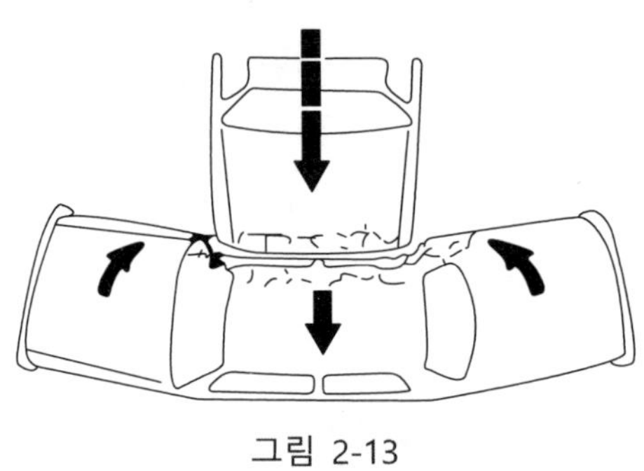
그림 2-13

2.2.4 축 방향 충돌

힘의 확산에서 차체 충돌 방향이 정방향에서 조금만 틀리면 축방향 변형(사이드 웨이side sway)이 생긴다. 두 대의 차가 부딪쳐 그 방향에 따라 축방향 변형이 생긴 것을 볼 수 있다(그림 2-14). 이때 충돌력의 분산이 두 차체 내에서 확산되고 축방향 변형이 일어난다. 이때 차체의 위치가 정방향에서 이격되므로 충돌시 변형이 일어난다(그림 2-15).

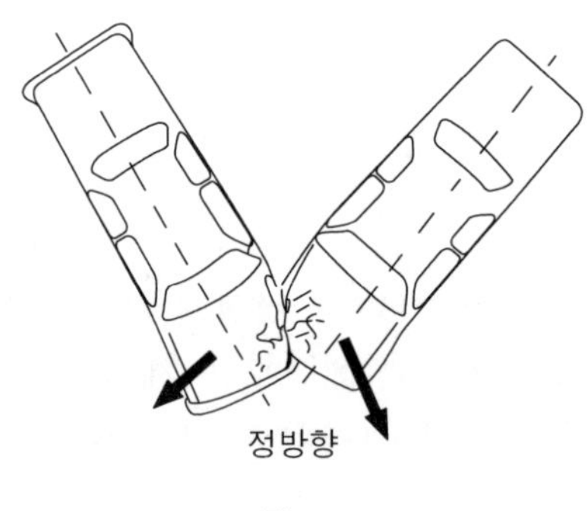

그림 2-14

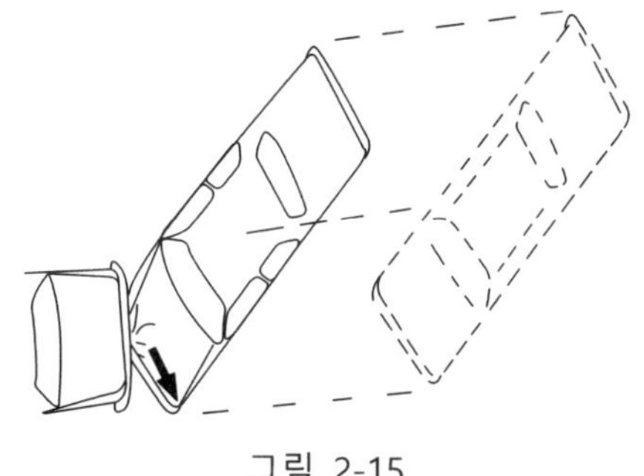

그림 2-15

2.2.5 전복 충돌

자동차 전복 때 다수의 충격을 연속적으로 받은 관계로 회전할 때마다 파손 분석을 다시 해주어야 한다. 각 회전 시 지면과 그 밖의 물체에 부딪쳐서 충격을 더하거나 전체를 다시 변형시킨다. 이때 혼돈을 방지하기 위해 한 예를 들어보겠는데 딱 1회전만 굴러버린 차체를 선정하여 설명해 보자.

① 자동차 전복 때 지붕은 땅에 부딪히고 윈드 쉴드 필라의 전면 귀퉁이가 땅에 부딪힌다. 그 지역에서 지붕의 귀퉁이, 윈드 쉴드 및 힌지필라 및 중앙부의 코너 등이 위치가 변하면서 그 내부 힘은 땅쪽으로 계속 움직이려 한다.

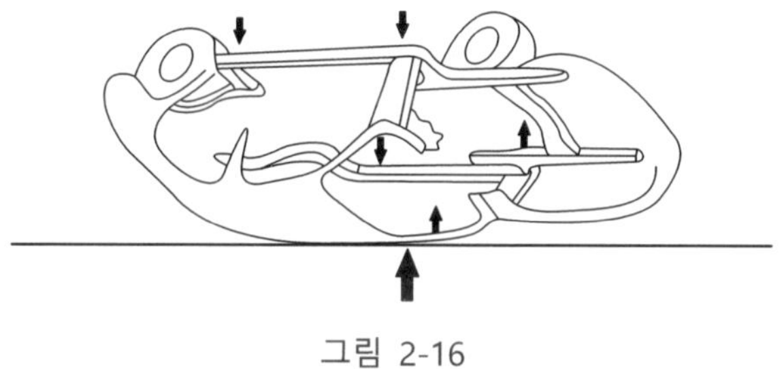

그림 2-16

② 여기서 관성 때문에 차체가 지면과 닿은 부분은 움직이지 않으려 하고 나머지 부분은 움직이려 한다. 그 결과로 상층부 차체의 파손이 극심해진다. 그러나, 윈드 쉴드 필라 및 윈드 쉴드 필라 어셈블리의 높은 강성 때문에 하중이 상층부를 통해 하단 구조물로 전달이 된다(그림 2-17 참조).

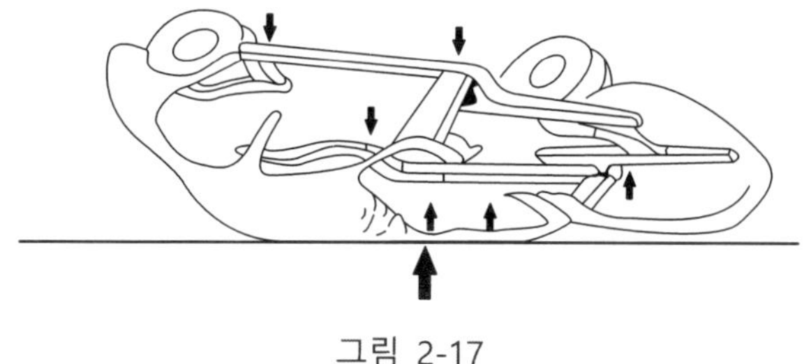

그림 2-17

③ 상층부 바디가 현저하게 파손 변형되었다 하더라도 프레임에 변형이 형성되어 있다. 그래서 실질적으로 수리해 줘야 할 부분이 사이드 멤버이다. 이 사항을 이해하는 것은 대단히 중요하다. 사이드 멤버의 상향 변형을 반드시 교정해 주지 않으면(그림 2-18 참조) 차체 수리 및 휠 얼라인먼트가 불가능해진다.

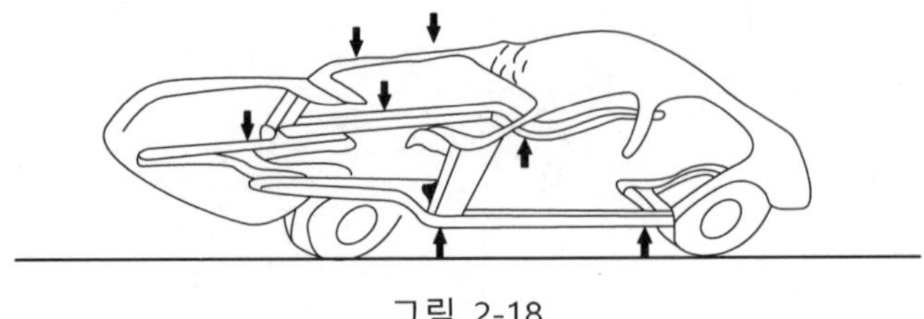

그림 2-18

제 3 장

파손 분석

3.1 파손 분석

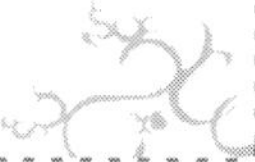

3.1.1 이미지 트레이닝의 효과

만약 자동차 바디가 어디든지 같은 강도라면 손상은 힘이 가해진 부분이 가장 심하고, 거기에서 떨어져 갈수록 약해진다. 그러나 실제 바디의 구조는 부위에 따라 강도나 강성이 다르기 때문에 그렇게 단순하지 않다. 힘이 어느 장소에 작용하는 것에 따라 손상을 분석하는 방식도 달라진다.

처음에 힘을 받은 곳은 어딘가, 그리고 그 힘이 어떻게 전달되어 어느 부분까지 변형되어 있는가를 육안으로 분석 후 3D 차체 계측기를 이용해서 차체 정밀 파손 분석까지 차체수리 작업을 실시하기 전에 파손 자동차를 보아가면서 충분하게 생각한다.

사고 당사자 또는 현장 처리를 한 사람 등의 이야기를 들어보는 것도 좋을 것이다. 그리고 차체수리 체크 리스트를 작성하면서 수정 작업을 생각해 본다. 이렇게 해서 작업 순서가 정리되면 수정 작업은 끝난 것과 다름이 없다. 경험이 부족한 사람에게 작업 순서를 생각하게 하는 것은 무리한 일인 것 같지만 차체에 작용하는 힘의 원리나 차체강판의 성질, 바디 구조에 대하여 이해하고 숙지하면 차체수리 기술자는 비로소 바디 수정 작업의 포인트가 쌓여서 차체수리 기술자의 몸이 반응 할 것이다. 이러한 경험을 많이 축적하기 위해서는 사고 자동차의 파손을 차체수리 매뉴얼기준으로 여러 가지 각도에서 분석과 3D 차체 계측장비 활용으로 차체 정밀 파손 분석까지 할 수 있는 능력을 습득하여야 한다.

3.1.2 파손의 분석(외부)

1) 콘(뿔)의 원리(cone principle)

충돌 파손 자동차는 사고가 처음이냐 재발이냐의 판정을 함으로써 파손을 구분 짓는다. 이때 콘의 원리가 작용하는데 그 원리는 충돌 지점에서 그 힘이 퍼져 나가는 형태가 뿔과 같다는 것이다.

모노코크 바디는 충돌된 힘을 흡수하도록 차체 구조 설계 되어 있다. 충돌로부터 형성된 힘의 흡수가 좋도록 흡수 면적을 넓게 차량 전체를 일체로 만들어서 힘이 통과하게 한다. 충격의 방향은 콘의 센터 라인(center line)을 따라간다. 힘이 차체를 지나간 방향은 콘의 깊이와 콘의 확산을 조사하면 알 수 있다. 모노코크 차체들은 한 조각의 금속의 조립에서부터 전체까지 일체로 되어 있다. 그래서 충돌력는 차체의 직접 접촉 지점에서 충격력을 많이 흡수가 된다. 그 다음 차체 전체로 퍼져 나가는데 이를 2차원 파손이라 부른다. 반면 직접 접촉 파손된 변형을 1차원 파손이라 부른다.

자동차 차체는 승객의 안전성을 고려해서 모노코크 바디에는 크러쉬 존(crush zone)을 만들었다. 이 크러쉬 존은 앞에서 설명한 응력 흡수 부위이다. 면밀히 분석하려면 콘의 센터라인을 따라서 살펴보고, 또 이 크러쉬 존을 파악해서 파손 부위를 잘 분석해야 한다.

파손 조사 영역

존 1. 1차 파손
존 2. 2차 파손
존 3. 엔진, 새시분야 파손
존 4. 전장비품의 파손
존 5. 외관 부품 파손

그림 3-1 콘(뿔)의 원리

파손된 차체에서 부분(section)별로 나누어서 분석하면 차체 분석을 쉽게 할 수 있다. 존(zone)의 개념은 차체 파손 분석을 쉽게 하기 위해 5개 존으로 나눈다. 존들은 자동차 파손을 부분별로 구분하여 논리적이고 연속성 있게 파손 분석과 차체수리 작업을 할 수 있는 것이다. 분석을 할 때는 반드시 충돌 지점부터 시작해야 한다. 따라서 차체수리 작업은 차체 파손 분석에 따라 정밀하게 차체 원상 복원 수리하도록 한다.

존 1은 차체의 직접 충돌로 생긴 파손 부위의 분석을 말하는데 이것을 1차 파손이라고 한다(primary damage). 존(zone) 1에서 찾은 파손은 눈에 띄기 쉽고 현저하게 구분된다. 예로 그림 3-1을 파손 분석을 하면 범퍼나 패널, 도어, 휀더, 본 네트 등은 존 1의 분석으로 직접적인 파손에 포함된다.

존 2는 충돌의 간접적인 파손이다. 이는 엄연히 충돌에 의한 것인데, 2차 충돌에서 찾아낸 파손은 1차 충돌보다 파손 부분을 파악하기가 상당히 어렵기 때문에 3D 차체 계측기를 사용해서 쉽게 분석할 수 있다. 움푹 들어간 패널이나 지붕, 금간 유리 혹은 충돌 지점 반대편 측면의 비틀어진 문틀은 존 2에서 찾아내는 파손 분석의 예이다.

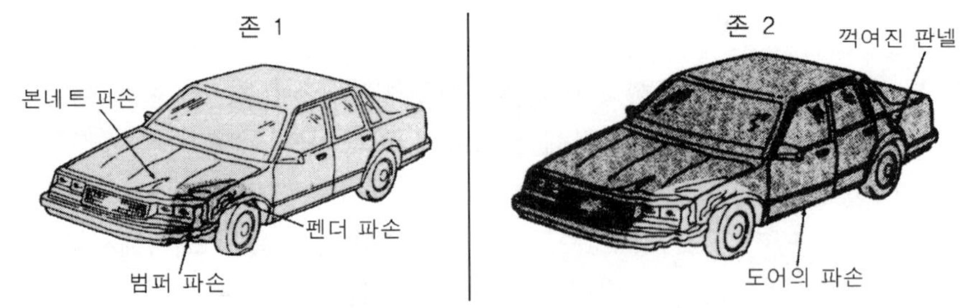

그림 3-2 1차 파손과 2차 충돌 파손

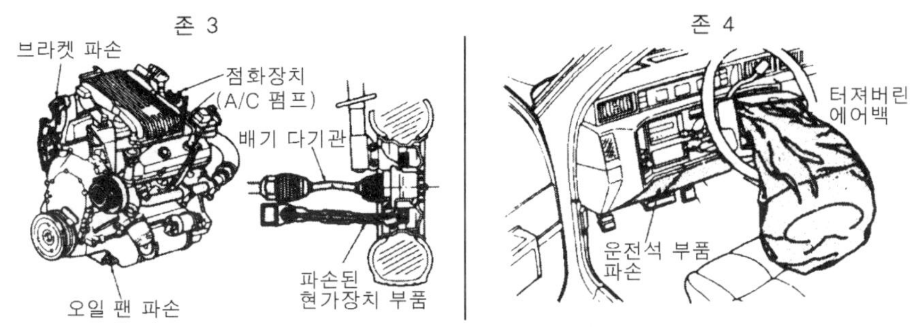

그림 3-3 엔진 새시 파손과 차량 운전석 파손

존 3은 엔진, 트랜스엑슬, 리어엑슬, 어셈블리 등의 파손이다. 존 3의 조사는 어떤 기계적인 부품의 파손에 관한 것이다. 파손된 엔진 블록, 트랜스 엑슬 케이스, 드라이브 샤프트 혹은 에어백 센서들이 존 3의 한 예이다.

존 4는 차량의 승객석과 전장비품의 파손이다. 이는 차체 인테리어에 관한 파손이 주류이다. 운전대의 파손, 전기, 전자 장치의 파손, 인테리어 패널의 헐거움, 장식용 데쉬 보드의 파손 등이 존 4의 예이다.

존 5는 외관(exterior)에 관여된 부품의 분석이다. 잃어버린 휠 커버나 찢어진 장식용 스티커 혹은 라이트 커버의 파손, 몰딩의 파손, 벗겨진 페인트 등이 존 5의 예이다.

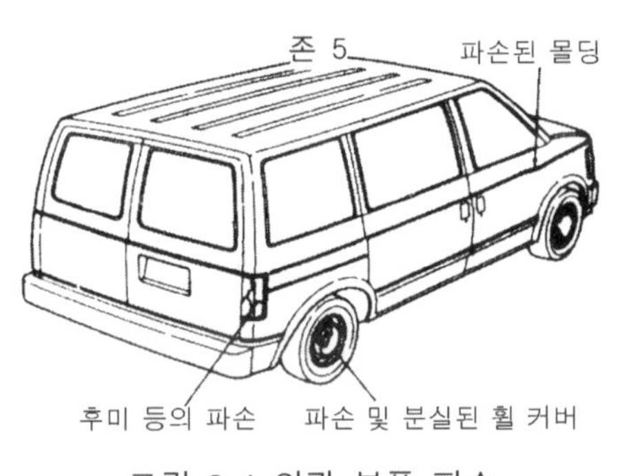

그림 3-4 외관 부품 파손

3.1.3 파손의 분석(내부)

사고 자동차의 프레임 내부 파손 분석은 차체 수리 과정에서 굉장히 중요한 부분이다. 반드시 어떤 수리를 할 것인가 결정하기 이전에 파손 지점에서 차체 전반의 힘의 확산을 추적한다. 육안으로 차체 파손 파악이 안 되는 차체 내부 변형 분석은 상당히 중요하다. 내부 변형은 차체수리 매뉴얼을 기준으로 트램 게이지, 센터라인 게이지, 3D 차체 계측기 등을 사용해서 정밀하게 분석함으로 차체수리 과정에서의 2차적인 변형을 예방할 수 있다. 충돌 지점에서는 반드시 잘 보이지 않는 차체 변형 분석이 중요하다.

차체 수리 작업 전에 모든 파손을 파악하고 차체 구조 장치별로 구분해야 정밀하게 원상 복원하는 시간 단축으로 차체수리 작업 효율을 높일 수 있다. 차체 수리 매뉴얼의 기준에 준수하지 않고 수리를 하면 잘못된 차체 수정이 되어 엔진, 각종 센서, 조향 및 현가장치 등의 부작용으로 기계류의 오작동 특히 휠 얼라이먼트의 부정확으로 주행의 불안전으로 2차사고를 유발할 수 있는 원인을 제공하는 경우가 발생한다.

그림 3-5는 힘의 확산이 영향을 미치는 차체 하부 프레임의 변형 파손의 형태로는 사이드 웨이, 새그, 쇼트레일, 트위스트, 다이아몬드 변형으로 총 5가지 차체변형은 대표적인 차체하부 및 프레임 변형의 파손형태이다.

파손된 프레임에는 각 부품마다 변형이 있고 또 파손 지점을 포함해서 다른 곳에도 영향을 미친다. 그러므로 수리 영역을 설정하고 연속적으로 점검하는 것이 필요하다.

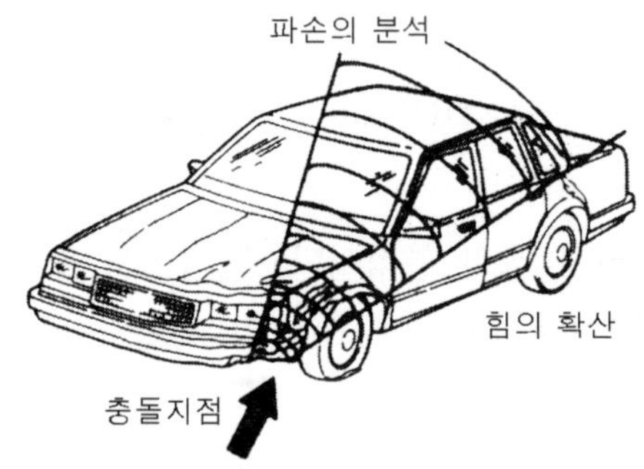

그림 3-5 힘의 확산

	사이드 웨이
	새그
	쇼트레일
	트위스트
	다이아몬드

그림 3-6 파손 형태

특히 차체수리 작업장의 지그레일 경우 차체 하부 프레임 분석의 애로 사항이 많아서 차체수리 현장에서는 기술자가 별로 중요하게 생각하지 않는 경우가 종종 있다. 이런 애로사항을 해소하기 위해 일부 차체 수리 작업장에서는 프레임 수정기 바디라이너를 설치 3D 차체 계측기 활용해서 올바른 차체수리 작업에 적용하여 정확한 바디 얼라이먼트를 측정 완벽한 차체 복원을 수행하고 있다.

차체수리 과정에서 바디 얼라이먼트는 차체의 참조점의 길이, 높이, 넓이를 측정하는 것으로 차체 변형이 사이드 웨이 그리고 트위스트 등 많은 상황에서 복합적으로 차체수리 할 수 있는 경우가 발생함으로 차체수리 기술자는 여러 가지 작업방법을 강구하는 것이 중요하다.

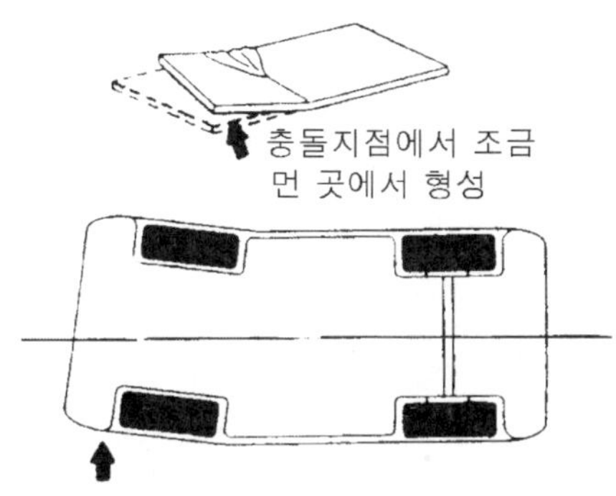

그림 3-7 사이드 웨이

사이드 웨이는 CL(센터 라인)을 중심으로 좌측 혹은 우측으로 휘어진 경우이다. 일반적으로 전방측면, 후방측면에 일어난다. 충돌 지점에서 좀 떨어진 지점에서 변형이 생긴다.

새그는 사이드 레일의 상단표면에 두드러지게 나타난다. 새그는 데이텀 라인으로부터의 변형이다. 상하 방향으로 정렬이 되지 않고 휜 것인데 사이드 레일의 두 면이 똑같이 휘어지면 이러한 상태를 킥업(kick up)이라 한다. 아래로 휘어지면 킥다운(kick down)이라 한다.

쇼트레일은 때때로 매쉬(mash)라고도 하는데 프레임 구조 혹은 하부의 한 부분이 충돌에 의해 프레임이 짧아진 상태를 말하는 것이다(그림 3-8 참조).

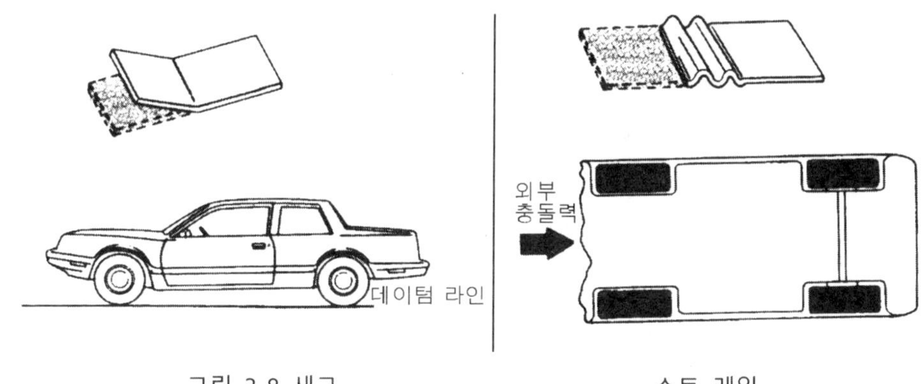

그림 3-8 새그 쇼트 레일

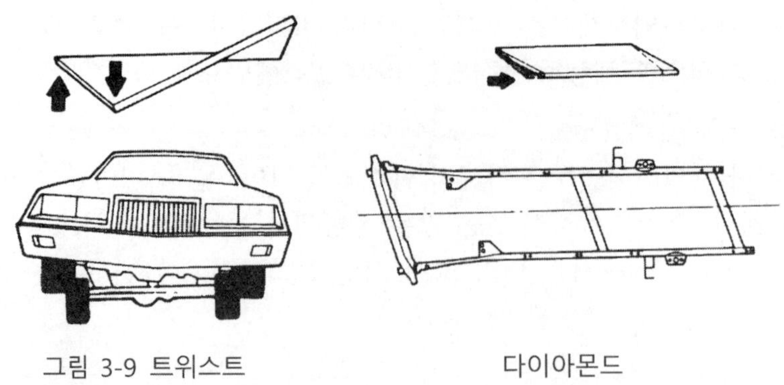

그림 3-9 트위스트 다이아몬드

트위스트는 프레임면의 데이텀 라인이 평행하지 않은 상태이다. 수평이 맞지 않으므로 상, 하향 인장이 필요하다.

다이아몬드 상태는 프레임 한쪽 면이 전방이나 후방으로 밀려난 것이다. 그래서 차체의 사각형이 다이아몬드형으로 변형된 것이다. 이러한 현상은 대부분이 차체 전체에 일어난다. 다이아몬드 상태는 차체의 한 코너에 충격력이 작용하여 일어나는데 이 현상은 비교적 심각한 파손이라 한쪽의 사이드 레일을 바꾸거나 라커 패널을 바꾸어야 할 정도이다(그림 3-9 참조).

통상 다이아몬드 현상은 모노코크 바디에서는 아주 희귀하다. 하지만 조합형 프레임, R. V차체에서는 종종 일어나는 현상이다.

3.2 바디 파손의 분석

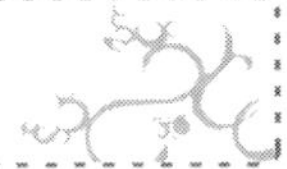

3.2.1 육안 파손 분석의 중요성

"바디의 어느 부분이 어떻게 손상되고 있는가." 이것을 정확하게 파악하는 것은 바디 수정 작업에서 빼놓을 수 없다. 그것은 단지 '육안인데…'라고 생각할지도 모르지만 복잡한 바디 구조에서 생각하지도 않는 곳에 변형이 나타나기도 하므로 눈으로 보는 것만으로 알 수 없는 바디는 차체 계측기의 사용해서 넓은 범위까지 분석해야 한다.

3.2.2 파손이 형성되기 쉬운 장소

바디의 부품 재료는 그 위치에 따라 강도가 다르고, 충격 흡수 구조에 따라 파손하기 쉬운 부분도 있다. 그러므로 일정 범위에 충격을 받았을 경우 손상이 나타나기 쉬운 부위가 있다. 이러한 곳을 점검함으로써 차체 손상이 어디까지 전달되어 있는지를 알 수 있다. 이것은 바꾸어 말하면 응력이 집중하기 쉬운 곳이다. 예를 들어 뚫린 구멍 주변, 코너부분, 멤버나 레인포스먼트

(reinforcement)의 두께가 변화된 곳, 패널이 연결된 부분 등이 있다.

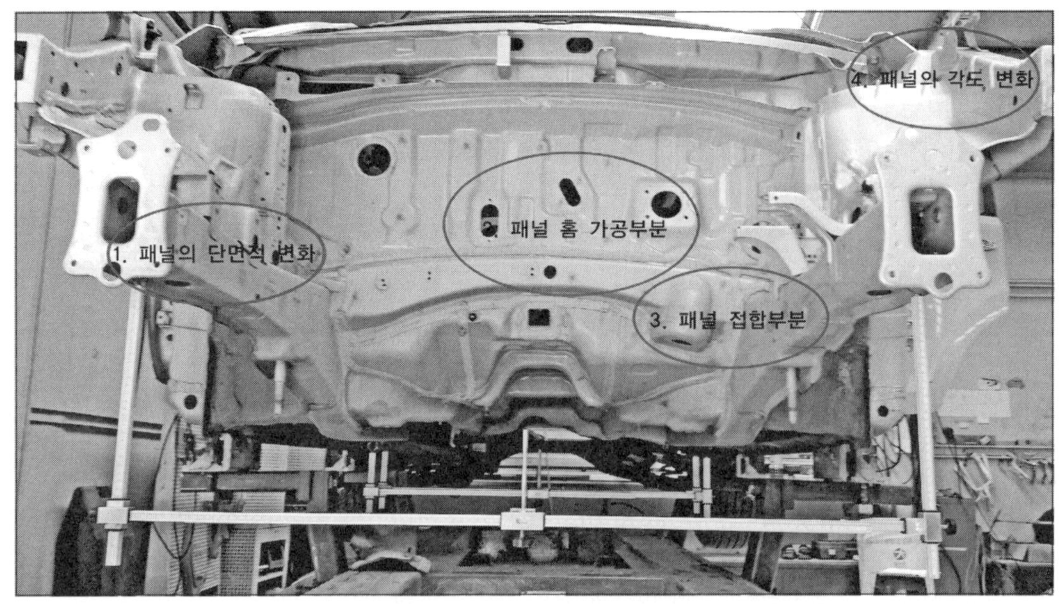

그림 3-10 손상이 나타나기 쉬운 장소

3.2.3 바디 상층부의 파손 변형

자동차를 가까이에서 보면 혼돈을 초래하므로 바디 상층부를 멀리 떨어져서 관찰하는 것이 요령이다. 바디라는 것은 패널의 조합이며, 일정한 틈을 가지고 서로서로 접합한 것이다.

상층부를 수정하기 위해 어디를 시작점으로 할 것인가를 결정하고 또 작업을 물 흐르듯이 매끄럽게 하는 것이 중요한 것처럼 파손 분석에 신중하지 못하면 아직도 변형이 차체에서 남아 있는데 차체 수리작업을 마무리하는 경우로 차체 수리 품질 저하의 원인을 제공한다.

 요점 정리

- 파손 분석 확인은 바디 수정의 첫 단계이다.
- 응력이 집중된 장소에 손상이 나타나기 쉽다.
- 패널의 틈새를 확인함으로 차체수리의 정확도를 알 수 있다.
- 충격을 받은 장소에 가깝다고 손상이 크지만은 않다.
- 멤버의 변형은 내측에 주름이 발생한다.
- 사람, 화물에 의한 2차 손상도 발생된다.

3.2.4 패널 부착 상태 점검

도어나 본 네트와 인접 패널과의 간격을 점검하면 바디의 변형을 알 수 있다. 예를 들어 휀더와 도어의 간격이 거의 없고 전후 도어끼리의 간격이 정상이라면 프론트 필러 이후에 손상이 미치지 않았다고 판단할 수 있다. 이것이 반대라면 도어 열림 부분까지 변형되어 있다. 또 패널 간격 간의 높이에 차이가 있다면 그만큼이 차체의 변형이 있다고 할 수 있다.

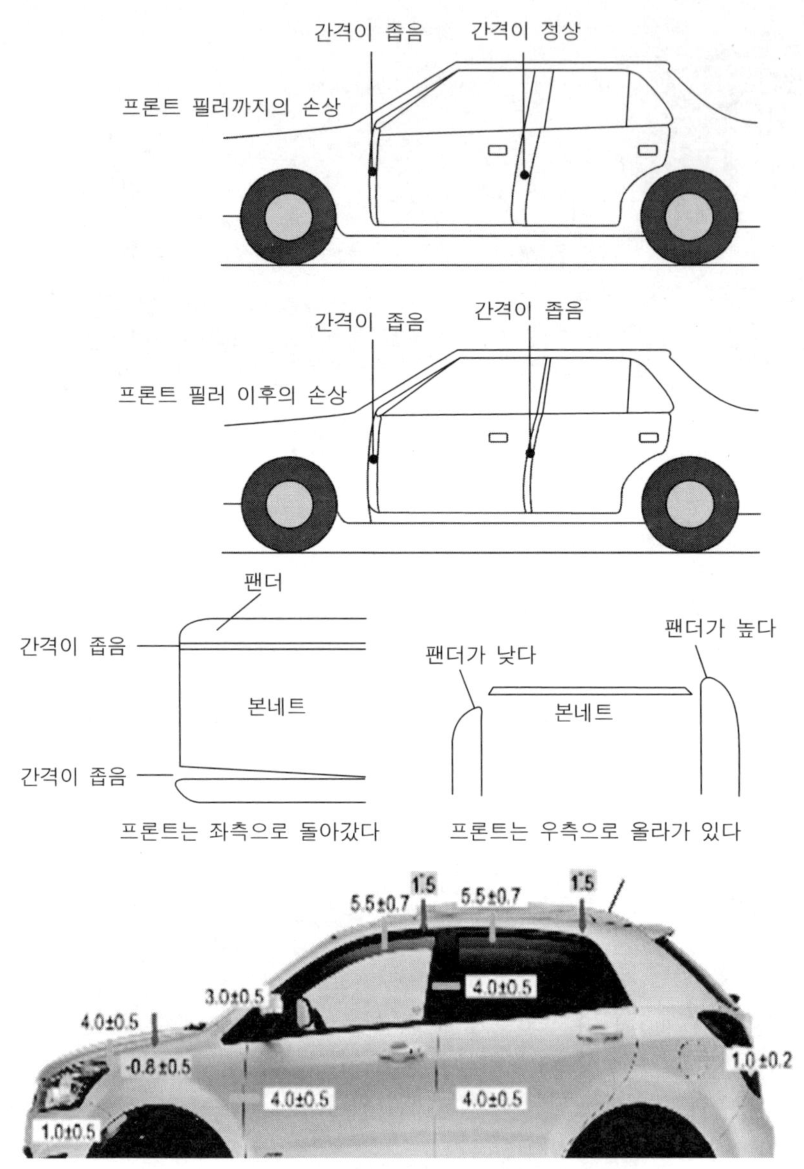

그림 3-11 패널 간격과 단차

차체 패널의 점검은 차체수리 기술에서 가장 기본이 된다. 차체수리 매뉴얼의 패널 간격을 기준으로 간격 게이지를 사용해서 인접 패널과의 간격을 측정 점검하면 된다.

파손 분석에서 패널간격 측정은 차체 변형을 범위를 파악하는데 중요한 자료가 되며 차체수리 후에 패널 간격 점검은 차체수리 품질을 결정하는데 중요한 자료가 된다. 어떤 차체 파손 분석이나 원상복원 바디 얼라이먼트 정렬은 바로 패널과 패널의 간격에서 시작한다고 볼 수 있다 (그림 3-11 참조).

3.2.5 바디 구조와 손상 범위

못을 박을 때 조금이라도 기울어져 있으면 못이 굽어버리지만 똑바로 박으면 잘 들어가듯이 사이드 멤버에 똑바르게 힘이 가해지면 멤버의 손상은 적은데 부착부가 데시 패널이 깊숙이 박히는 것처럼 되어있을 때가 있다.

보통은 충격 지점에 가까울수록 손상은 심하고 멀어져감에 따라 약한 것이므로, 약한 파손이라도 보지 못하고 작업을 진행하면 아무리 노력해도 바디는 복원은 되지 않고, 멤버를 교환하여도 맞지 않는다. 즉 패널에 충격력의 지점과 방향에 따라 차체에 미치는 힘의 범위는 다양하며 광범위하게 전달된다.

그림 3-12는 충격력 멤버에 가해지는 방향 각도에 따라 같은 충격력이라도 패널의 손상은 큰 차치를 나타내고 있다. 멤버나 필러 등 상자 구조로 되어있는 패널은 충격력을 받으면 패널 외측은 변형 구분이 어렵고 패널 내측의 주름진 부분의 손상 변형이 나타난다. 눈으로 보아 똑바로 보여도 어딘가에 주름이 있으면 그 멤버는 주름이 있는 방향으로 굽어 있는 것을 알 수 있다.

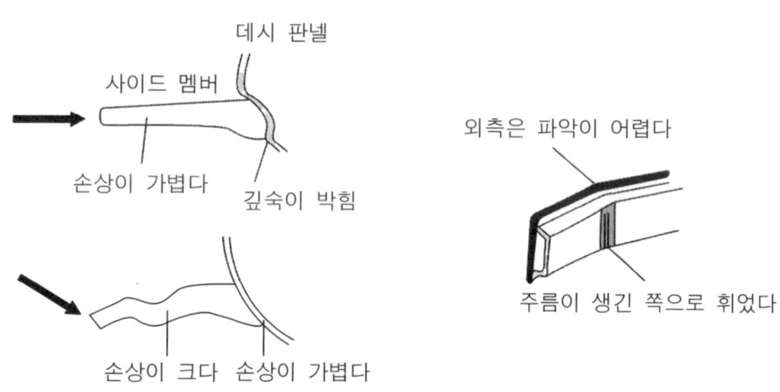

그림 3-12 힘의 방향과 손상이 나타나는 형태와 멤버류의 손상

3.2.6 2차적 충격에 의한 패널 손상

자동차는 사람이 타지 않고 주행을 할 수 없기 때문에 사고 시에 사람, 화물의 이동으로 일어나는 손상도 빼놓을 수 없다.

핸들, 데시포트, 프론트 유리, 트렁크 룸 등은 충격 시에 사람, 화물에 의해 2차 손상이 발생한다. 엔진은 고무마운트를 사용하기 때문에 원래대로 돌아오지만 쉬프트 레버의 부착 위치나 엔진 마운트가 손상을 받고 있는 경우도 있기 때문에 확인을 해 주는 것이 좋다. 물론 육안 파손 분석만으로는 손상 확인이 충분하지 않으므로 차체수리 매뉴얼의 기준으로 정밀 계측 2차 파손 분석을 위해서는 차체 계측기를 사용해서 정확한 손상 분석과 판단을 해야 한다.

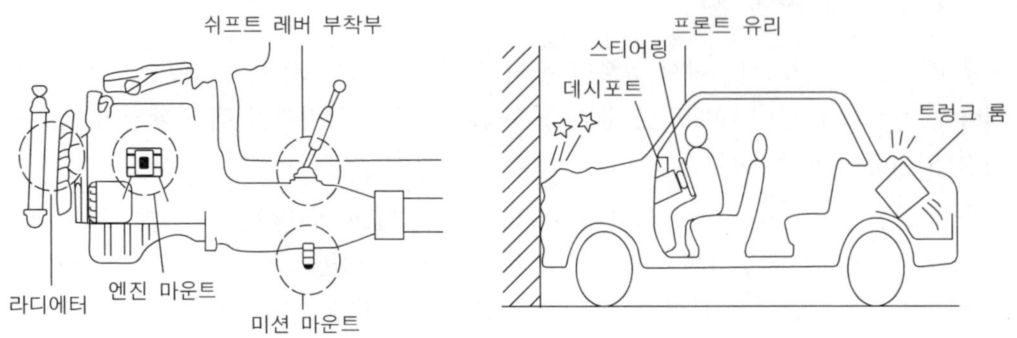

그림 3-13 엔진 이동에 따른 손상과 사람, 화물에 의한 2차 손상

3.2.7 차체의 파손을 육안으로 점검하기 위한 절차

차체의 상하 변형에 대한 분석은 상층부 패널의 틈새를 확인하면 간단하다.

아래는 정밀한 분석을 하는데 중요한 절차이다.

① 힌지 필라와 라커 패널의 정렬이 잘 되었는가를 점검한다.

② 도어와 프론트 휀더와의 정렬 상태를 점검한다. 그래서 도어와 휀더의 간격를 비교해서 부정렬 상태를 알아낸다.

③ 쿼터 패널과 도어의 간격을 보고 부 정렬이 있는지를 확인한다.

④ 윈드 쉴드 필라와 도어 상층부의 간격을 확인하여 점검한다.

바디 파손의 분석은 반드시 프론트 도어 하단으로부터 상향으로, 프론트 도어 하단으로부터 바깥 방향으로 실시해야 한다.

> 주의 : 이때 기준이 되는 도어는 될 수 있는 대로 파손되지 않은 쪽을 사용하거나 점검의 기준이 되게 최대한 잘 맞추어 놓아야 한다.

만약 바디 파손이 심각할 때는(예 : 차체 전복) 바디에서 사이드 웨이가 있는지를 반드시 점검해야 한다. 왜냐하면 차체 전복 같은 것은 수직측면의 변형만이 보일 경우가 많아서 축방향 변형(사이드 웨이)도 별도 점검을 해야 한다.

여기서는 X형 점검 방법에 대해 알아보기로 한다. 이 과정에서 지금까지 이야기했듯이 중앙부에서 변형을 먼저 파악해야 한다. 이 "X" 측정은 바닥 하층부에서 창문 하단까지 측정하고 창문 하단에서 지붕까지 측정한다.

이 X자 측정은 바디 길이 방향으로 "사이드 웨이"의 수정을 위하여 다른 지역에서 반복 행해져야 한다(그림 3-14 참조).

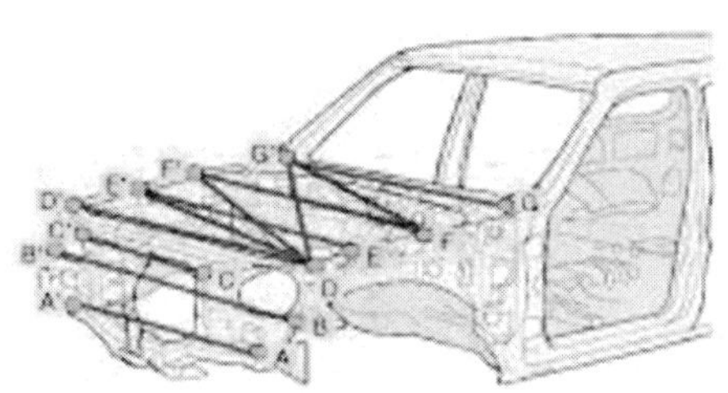

그림 3-14 X자 측정

차체 상층부 센터 측정은 스트럿(맥퍼슨) 타워 게이지로 바디 상층 부위의 점검에 이용한다. 카울과 라디에이터 지역과 같은 지점에서 스트럿 타워 게이지는 센터 라인 게이지와 함께 사용하여 상층부 센터와 차체 좌우 레벨을 동시 점검할 수 있다(그림 3-15 참조).

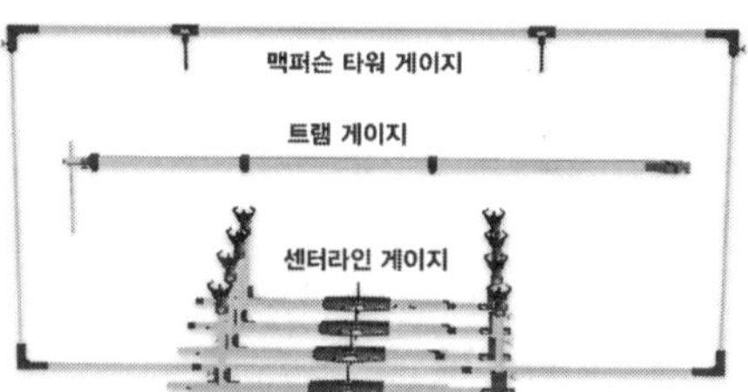

그림 3-15 맥퍼슨 타워 게이지

3.3 정확한 계측의 필요성

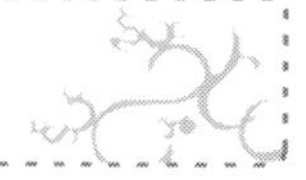

골격부위까지 충격이 미친 손상차량을 복원 수리할 경우 관찰이나 실물을 맞추어보는 등, 외관만을 수리할 경우, 안전, 쾌적한 주행을 할 수 없는 경우가 있다.

모노코크바디에서는 앞에서 배운 바와 같이 차를 지지하는 서스펜션 기구는 차체에 직접 부착되어 있다. 현가장치의 부착위치의 치수가 정확히 수리되지 않으면 올바른 휠 얼라이먼트는 기대할 수 없어 주행 중 핸들이 떨림 현상과 타이어의 편 마모 등의 이상이 발생한다.

더욱이 필러 부분의 손상은 외판 패널의 조립에도 영향이 있으며 도어 각부의 개폐상태의 불량과 단차 및 간극 발생, 누수, 소음 등의 원인이 발생한다.

따라서 골격부위손상 차량은 이러한 트러블을 미연에 방지하기 위해서도 프레임 수정 작업 과정에서 바디 얼라이먼트를 정밀하게 측정하는 것이 중요하다.

현재, 각 메이커에서는 생산하는 전 차량에 대해서 차형별, 차종별로 차체 수리 매뉴얼을 기준으로 차체 치수도를 기초로 해서 차체수리 작업에 활용하고 있다. 차체수리 작업을 실시할 때 손상 파악은 육안으로 불충분함으로 반드시 차체 계측기기를 사용해서 손상을 알기 쉬운 수치로 바꾸어 파악함으로써 완벽한 차체 복원수리 작업을 실시할 수 있다.

3.3.1 바디 변형을 계측으로 판단

사람의 눈은 착각을 하기 쉽다. 같은 길이의 봉이 달라 보이거나, 똑바로 선이 휘어 있는 것처럼 보일 때도 있다. 그러나 계측을 해보면 파손상태를 바로 알 수 있다. 그러나 바디는 선이나 봉과 같이 단순한 형태도 아니고 입체물이기 때문에 여러 가지 형태의 계측 기기가 사용된다.

3.3.2 계측을 위한 기준

차체 측정은 프레임 수정기 바디라이너 등과 같은 차체 수정기에서 사고 자동차의 차체 파손 및 충격력의 확산 여부를 결정하는데 많은 도움을 준다. 차체수리 매뉴얼의 바디 치수도의 바디 기준값과 측정지점의 측정값을 비교하여 차체 파손 분석을 확인하고 측정 지점의 길이, 넓이 높이 값들은 바디 수정하는데 꼭 필요로 한다.

참조점들은 차체수리 매뉴얼의 바디 치수도에서 도면에 표시되어있고 참조점(R. P)은 차량 구조를 체크할 때 사용된다. 센터 라인은 가상 수직면으로써 차체의 중심을 가로지르는 테이텀 길이이다. 센터 라인은 차량의 데이텀 면의 중심을 가로지르는 선이다. 센터 라인(center line)의 기호는 CL이다. 데이텀(datum)이라는 것은 차체 하부 및 프레임에 평행되는 가상 면으로서 이를 기준으로 높이의 치수를 측정할 수 있다. 그리고 능숙한 차체수리 기술자는 높이 치수를 조정할 수 있다. 곧 데이텀 라인을 상황에 따라 조절할 수 있는 것으로 임의로 데이텀 라인을 정해서 그 만큼 더하거나 감할 수 있다.

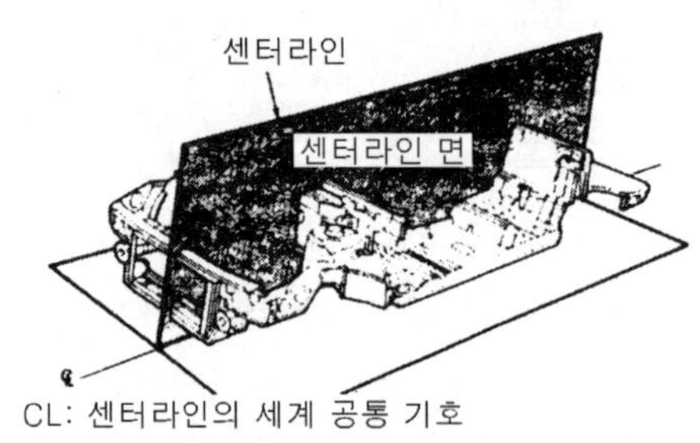

그림 3-16 센터라인 면

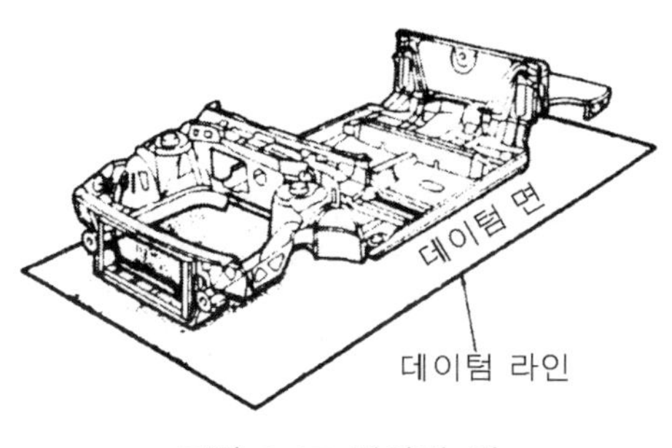

그림 3-17 데이텀 면

요점 정리

- 바디의 변형을 정확하게 알기 위해서는 계측이 필요하다.
- 트램 게이지는 대각선 부위의 치수를 간단히 계측할 수 있다.
- 센터라인 게이지는 하부 프레임의 전체 참조점 좌우 센터, 수평을 측정 즉 바디 센터를 본다.
- 3D 차체 레이저 계측기는 실시간으로 바디 얼라이먼트를 측정한다.
- 지그는 설치에 다소 번거로움이 있다.
- 수평으로 확실하게 고정, 어긋남이 없는 계측기기, 치수자료의 활용을 정확히 하는 것이 계측의 조건이다.

3.3.3 트램 게이지에 의한 계측

차체수리 매뉴얼의 바디 치수도의 참조점의 기준값을 확인하여 측정 지점의 대각선이나 차체 전후 길이, 차체 넓이의 길이는 트램 게이지를 사용하면 정확하게 차체 치수를 측정할 수 있다.

바디 치수 자료가 없는 자동차의 경우 무 변형 차체의 측정 지점의 대각선 등의 길이를 비교 측정으로 바디 상태, 특히 엔진룸, 윈도우 부분 등의 개구부 변형을 알 수 있다. 단, 좌우 대칭이 아니거나 바디가 뒤틀어져 있으면 정확하게 계측할 수 없다.

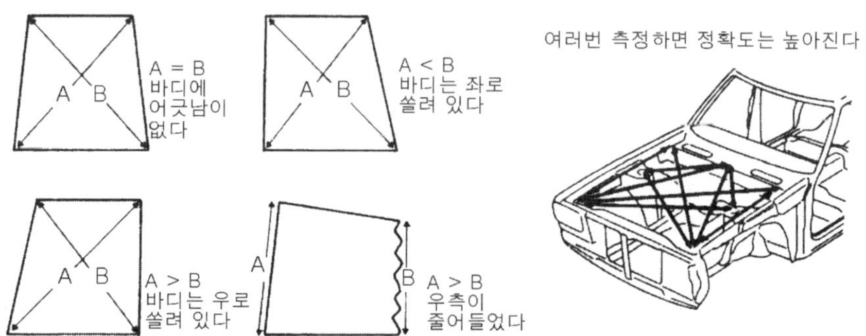

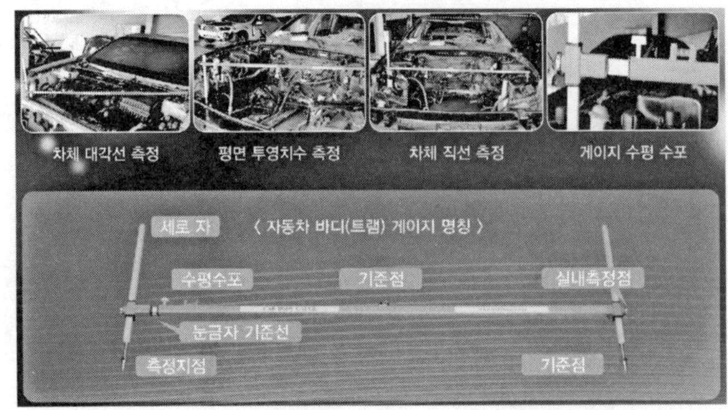

그림 3-18 트램 게이지에 의한 계측

3.3.4 길이의 의미

1) 길이

차체수리 매뉴얼의 바디 치수도의 길이 치수들은 통상 점과 점 사이의 거리 길이를 말한다. 그러나 차체수리 매뉴얼의 바디 치수도의 트램 길이 혹은 센터 라인 길이 치수가 기록되어 있다. 그래서 단순 치수의 의미와 트램 길이, 센터 라인 길이대한 개념을 이해해야 한다.

2) 직선거리치수(점과 점의 길이)

점과 점의 측정은 길이의 종류인데 이 치수는 두 점간의 단순 직선거리이다.

3) 평면투영치수(트램의 길이)

트램 길이 치수는 데이텀 라인과 평행한 두 개의 치수이다. 이 두 가지는 A, B점과 점의 길이는 통상 A, B의 트램 길이보다 길다. 왜냐하면 A, B의 트램 길이는 데이텀 라인과 평행 길이로 A, B의 직선거리를 투영한 치수이다. A, B의 직선거리는 데이텀 라인과 이루는 각이 있기 때문이다.

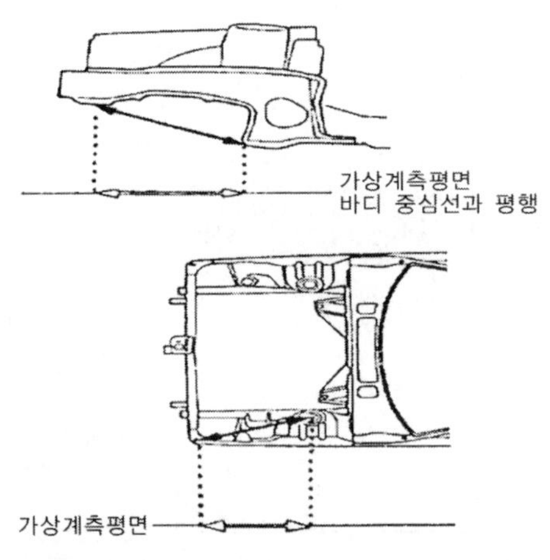

그림 3-19 점과 점의 길이와 트램의 길이

3.4 계측 시스템에 의한 계측

어떤 계측 시스템을 사용을 한다는 것은 차체 수리를 단순 작업에서 합리적인 작업으로의 전환이다. 앞에서는 여러 번 언급하였지만, 차체 수리를 하기 이전에 반드시 파손의 분석이 이루어져야만 한다. 파손 분석부터 계측기를 이용하는 것이 1단계이다.

이 장에서는 직접 계측기를 사용하여 파손 분석을 하기 위한 기본 개념을 소개한다.

3.4.1 계측 시스템을 이용한 파손의 분석

차체 계측기를 판독과 차체 파손의 분석을 배우기 전에 차체수리 기술자는 프레임과 차체 정렬에 영향을 미치는 모든 파괴력의 요소를 실질적으로 알아야 한다. 그리고 차체 계측기 측정 절차는 이론을 알아야 하는데 이것을 실제 적용을 하지 못하면 아무런 가치가 없다. 그리고 차체 수리 기술자들이 실제 판독을 하면서 작업의 기준을 명백하게 하기 위하여 차체 계측기를 사용한다.

또한 모든 차체는 구조적인 강성이 대부분 프레임과 차실 바닥 부분에 있다. 그래서 이 부분에 파손 변형이 있다면 프레임을 바로잡기 전에는 다른 차체 패널을 수리할 수가 없다.

충돌 파손 분석은 반드시 프레임의 파손 분석을 기초로 하여야 한다. 이러한 사항을 충분히 이해하고 작업하는 것이 그리 쉽지는 않다. 하지만 이해를 완벽하게 하지 않거나 기타 측정할 부위를 제대로 측정하지 않으면 혼동 및 시간의 손실을 초래해서 결국 작업시간이 더 연장되어 차체수리 작업 효율이 떨어지는 원인을 제공한다.

1) 파손 분석의 기본적인 방법

계측기로 손상의 분석을 할 때는 통상 아래의 두 단계로 이루어진다.

a. 차체 계측기로 프레임의 휨 상태를 전체적으로 파악한다.
b. 차체 수리 매뉴얼의 차체 치수도를 활용하여 정밀한 측정을 한다.

측정이란 쉽게 표현하자면 한 점에서 다른 점까지의 거리를 측정하는 것이다. 그래서 차체수리 기술자는 수년 동안 차체 계측기를 사용한 결과로는 차체의 파손 변형 분석을 파악하는 것이 궁극적 목적으로 한다.

차체수리 기술자는 빨리 차체 파손을 정확히 파악하고 어떤 작업을 해야 할 것인가 판단하기 위하여 차체 수리 과정에서 바디 얼라이먼트 측정이 매우 중요하다는 것을 인식해야 한다. 자동차의 차체와 프레임 구조는 간단한 구조물들의 복합체로 각각 구조물의 정렬 조합 상태로 표현할 수 있다(그림 3-20 참조).

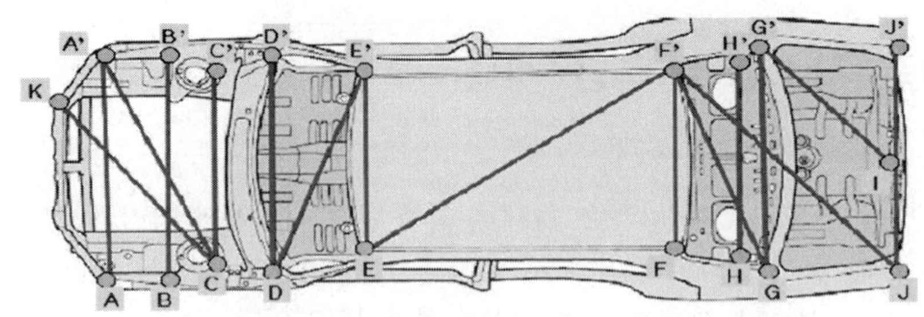

그림 3-20 차체 정렬 상태의 개념

차체 계측기는 차체수리 과정에서 파손 차체를 원상 복원에 필요한 바디 얼라이먼트 측정에 그 목적이 있다. 즉 사고 자동차의 차체를 사고 전 차체상태로 원상 복원하는데 있다. 여기서 센터 라인과 레벨의 개념을 이해할 필요가 있다.

센터라인은 차체의 넓이의 기준이 되는 가상선이다. 데이텀 라인은 차체 각 부위의 높이의 기준이 되는 가상선이다.

2) 파손 분석 4개 기본 요소

게이지 판독과 파손 분석은 4개의 기본적인 중요 요소가 있는데 센터 라인, 레벨, 데이텀 및 트램 게이지 측정이다.

a. 센터 라인(center line)

센터 라인은 차량 전후 축 방향에서의 가상적인 중심축이다. 센터 라인을 잘못 지정하면 차량 전ㆍ후 축 자체를 잘못 선정하는 실수가 일어난다(그림 3-21 참조)

b. 레벨(Level)

레벨은 차체의 각 부분들이 수평한 상태에 있는가를 고려하는 파손 분석의 요소이다. 레벨은 센터링 게이지의 수평 바의 관측에 의하여 파악할 수 있다. 그림 3-22는 레벨이 정상, 비정상의 관계를 나타낸다. 이것은 높이와 관련된 데이텀 라인과 혼돈하면 안 된다. 레벨은 단지 수평의 유지여부만 고려한다.

그림 3-21 센터 라인

그림 3-22 레벨의 상태

Note : 여기서 레벨이라 함은 각 중요 지점의 수평 상태를 뜻한다. 그러나 꼭 땅으로부터 수평을 의미하지는 않는다. 이 센터라인 게이지의 측정 작업은 차체 내에서 행해지므로 바디 수정기 또는 바닥식 작업장의 표면을 기준으로 하지 않고 게이지들이 이루는 평면을 상호 비교한 수평 상태를 파악한다.

c. 데이텀(DATUM)

데이텀은 수직적 높이의 측정을 위하여 만든 기본 가상축이다(그림 3-23). 측정은 차체 치수도에 나와 있는 높이 수치를 게이지에 장입 및 조정하여 설치하면 데이텀 라인 상태를 알 수 있다.

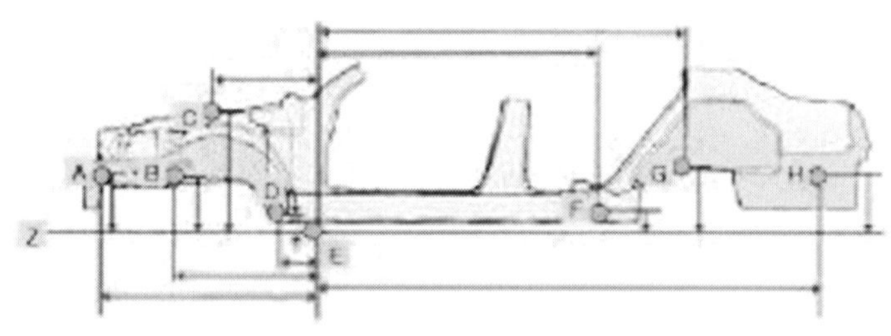

그림 3-23 Z선 데이텀 라인

d. 트램 게이지 측정(critical measurements)

트램 게이지를 사용한 측정이다. 결국 센터 라인이나 레벨, 데이텀 면만으로는 각 지점간의 길이를 알 수 없다. 특히 대각선 치수의 확인 등에 길이를 측정하는 경우가 많다. 이때 트램 게이지를 사용하면 정확한 길이를 알 수 있다.

3.4.2 기본 구조 정렬의 이해

1) 차체 3부분 구조

차체는 승용차를 주된 예로 보여줄 수 있는데 이전에 언급했듯이 차체를 3단계로 구분해서 파손상황을 파악해야 한다(그림 3-24). 여기서 그림 3-25는 차체의 센터라인과 게이지의 센터핀

상태와 센터라인이 그리는 면을 볼 수 있다.

그림 3-26은 데이텀 라인이 차체 하면에서 이루는 상태를 알 수 있고 그림 3-27은 차체에 있어서 수평 상태를 고려해야 할 부분을 보여주고 있다(회색면).

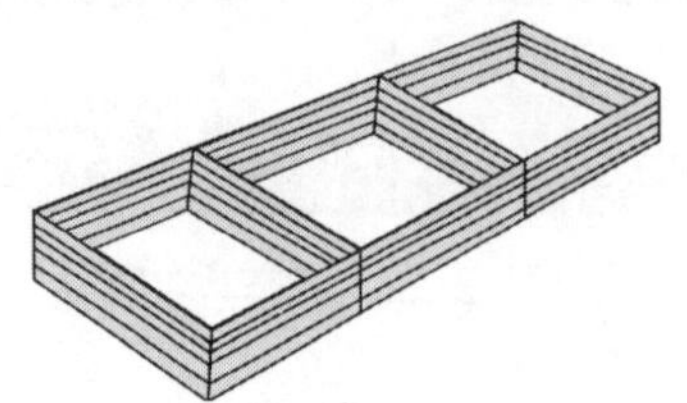

그림 3-24 근본적인 3부분 구조

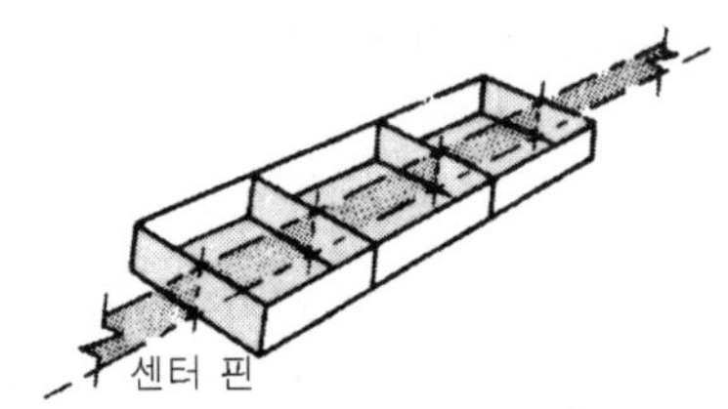

그림 3-25 센터 라인 또는 센터면

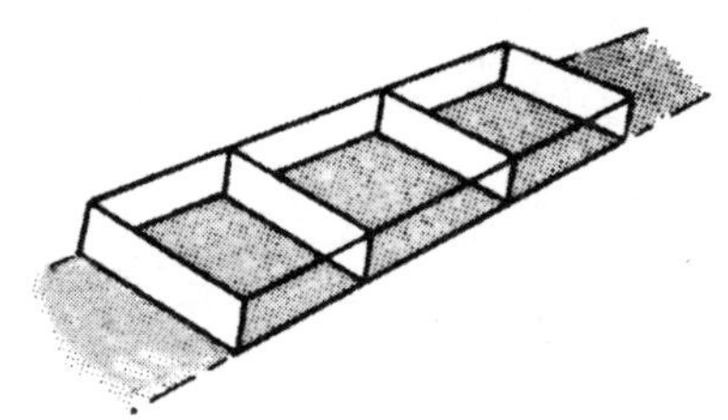

그림 3-26 데이텀 라인 또는 데이터 면

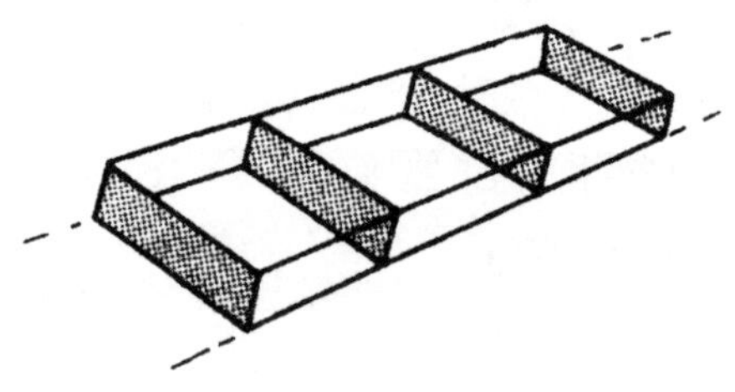

그림 3-27 레벨(고려해야 할 곳은 회색면)

2) 센터 라인 변형

그림 3-28은 사각형 구조물의 올바른 센터 라인 또는 센터 면을 나타낸다. 그림 3-29는 수평

이 맞지 않을 때 센터 라인은 어떻게 변하는가를 보여준다.

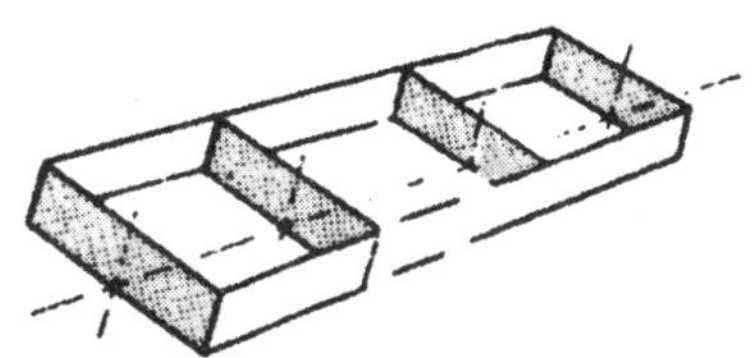

그림 3-28 올바른 센터 라인

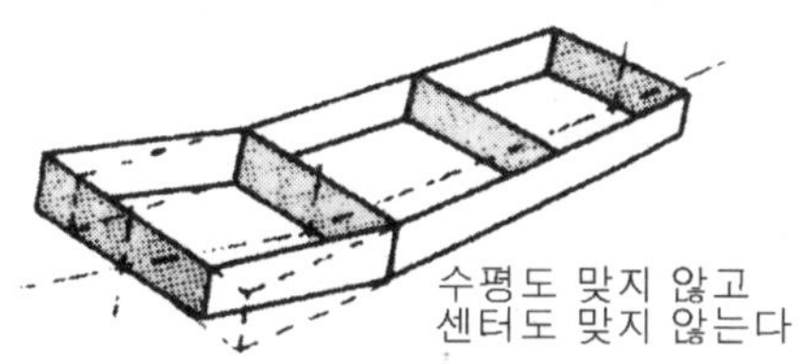

그림 3-29 변형된 센터 라인

3) 데이텀 라인 변형

그림 3-30은 올바른 데이텀 면을 나타낸다. 그림 3-31은 상향 변형과 그것의 결과인 올바르지 못한 데이텀 라인을 보여준다.

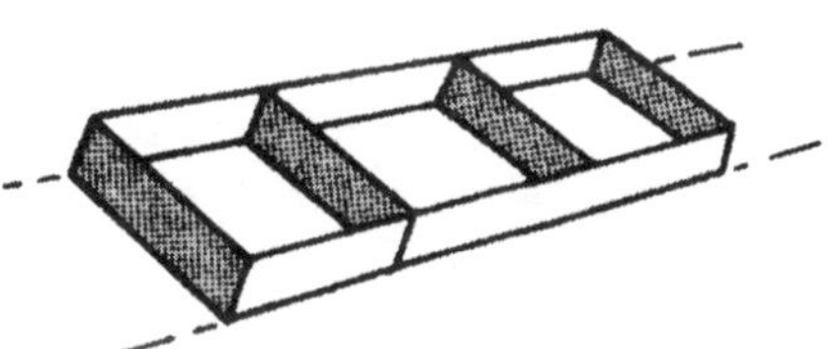

그림 3-30 올바른 데이텀 라인

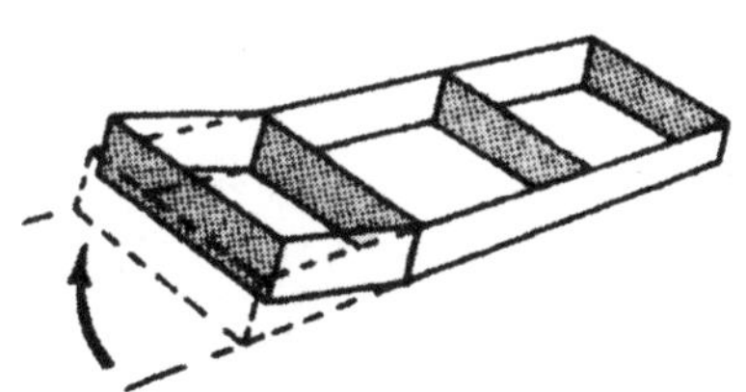

그림 3-31 변형된 데이텀 라인

4) 레벨의 변형

그림 3-32는 높이와 수평 둘다 변형이 되어 있다. 높이와 수평 두 가지가 동시에 변형이 있는

경우에는 차체 기술자는 어떤 것을 먼저 작업할 것인가 우선순위를 설정해야 한다. 그래서 실제 현장에서는 수평을 먼저 잡아야 한다. 그림 3-33은 수평에 관련된 여러 가지 형태의 구조적인 변형의 그림이다. 이와 같은 여러 가지 변형 상태에서 바디 치수를 이용하여 측정하기 전에 반드시 프레임 전체를 통틀어 가상의 수평 상태를 파악해야 한다. 그리고 중요 부분은 중점적으로 수평을 확인한다.

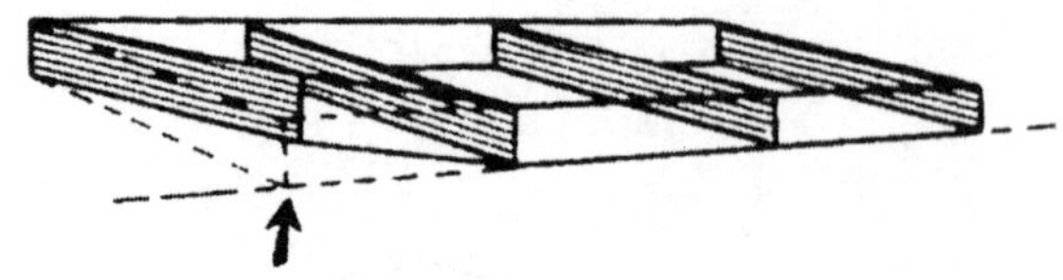

그림 3-32 레벨 변형

그림 3-33은 레벨에 있어서 심각한 변형의 상황이고 그림 3-34는 레벨이 맞지 않지만 차체 전체가 완만한 변형이 있는 경우이다.

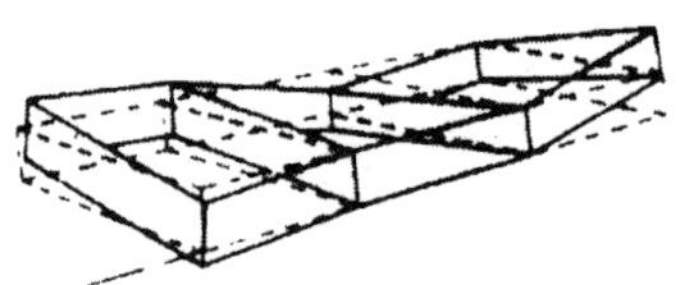

그림 3-33 변형된 레벨

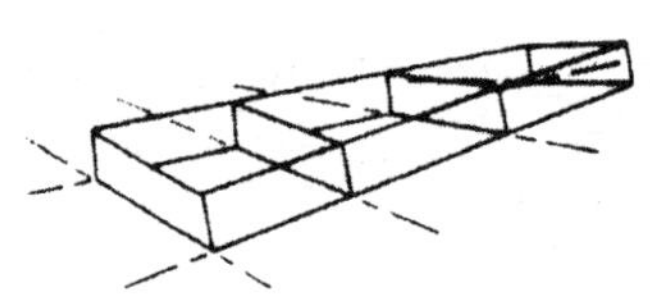

그림 3-34 완만한 트위스트 상태

위로 치솟았거나 아래로 꺼진 변형은 수직계통으로만 변형이 형성되므로 그다지 어려운 것은 아니다. 트위스트 된 것과 수평의 변형은 교정술에서 알아보기로 한다. 그림 3-34는 완만한 트위스트 상태이다.

Note : 모든 교정이나 변형은 센터 섹션(center section)에서 우선적으로 이루어진다. 왜냐하면 센터 섹션에서 변형이 있으면 전후면까지 영향을 미친다.

5) 치수 변형

그림 3-35와 그림 3-36은 폭과 길이가 변형되었다. 이런 현상은 반드시 매뉴얼의 치수의 기준값을 확인하여 치수 측정하여 차체 변형정도를 알아야 한다. 그래서 차체 수리 매뉴얼의 차체

치수도에서 직선거리치수와 함께 평면투영치수인 트램 길이의 측정이 필요하다.

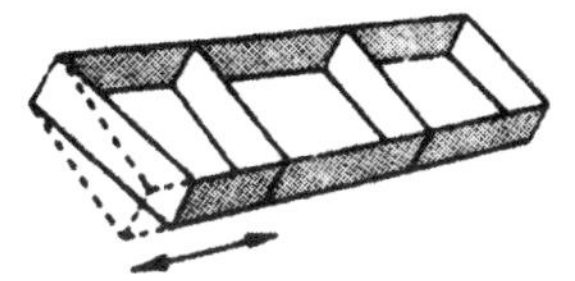

그림 3-35 전면부에서의 길이 변형

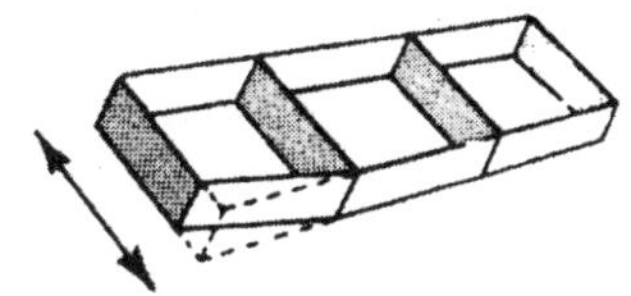

그림 3-36 전면부에서의 폭 변형

3.4.3 차체 계측기 판독의 기초

차체계측기를 설치하기 전에 계측기의 측정 기본 기술을 완벽하게 이해하고 작업에 들어가야 한다. 이것은 계측기의 적정 위치 설치와 정밀성, 효율적 판독을 하는데 도움을 준다. 바디 수정을 완료하기 위해서는 세 가지의 매우 중요한 원리가 있으며 반드시 이해를 한 후에 사용해야 한다.

a. 차체를 전면부, 중앙부, 후면부(3부분 분할)로 나눌 것
b. 차체 계측기를 설치 지점을 설정
c. 중앙부를 기준으로 하여 계측기 설치

이러한 단계의 순서를 바꾸면 안 되며 엄격히 준수해야 한다.

1) 차체를 3부분으로 분할

그림 3-37의 설명은 계측기 사용 방법을 위해서 분할하는 부위이다. 세 부분의 차체 구분에 의한 개념은 차체 계측기 측정 작업을 시작하기 위한 하나의 법칙이다. 특수한 바디의 프레임(스페이스 프레임, 백본 프레임 등)은 계측기 설치 지점이 차이가 날수도 있으나 이 차체의 3부분 구분의 원리는 별 차이가 없다.

3부분 구분 원리는 충돌 시 그 충격력에 저항하도록 설계를 한 것이다. 육안으로 보아도 중간 부분이 상당한 강성이 있도록 설계된 것을 알 수 있다.

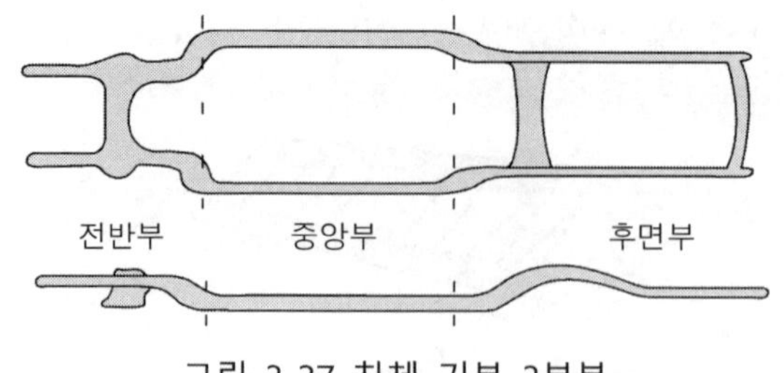

그림 3-37 차체 기본 3부분

2) 차체 계측기를 설치할 중요 조정 지점과 조정 지역

그림 3-38은 바디 수정에 있어서 고정하고 인장 작업을 하기 위한 주요 조정 지점의 설명이다. 이들 지점은 계측기를 설치하는 참조점으로 사용할 수 있다. 어떤 차체 설계에서는 추가적으로 조정지점을 갖추고 있는 것도 있다. 한 예로서 대부분의 프레임들은 그림 3-38에서 보는 것처럼 사이드 레일(side rails)과 메인 크로스 멤버가 결합되어 있다. 프레임은 무거운 크로스 멤버가 앞쪽에 위치하고 있다(포드 프레임과 같은 종류). 그러므로 두개의 추가 조정 지점이 생기는 경우가 있지만 자동차 회사마다 다르다(그림 3-38 참조).

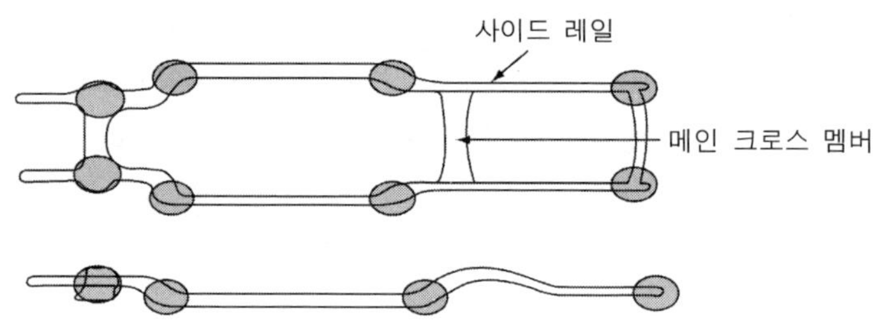

그림 3-38 게이지를 걸 중요 조정 지점

충돌로 차체 변형의 범위는 충격력에 의해 인접 패널로 힘이 전달되도록 차체는 설계되어 있다. 그 지점을 손상확인을 하고 또 차체 계측기를 설치하여 변형 분석을 한다. 그것을 고정, 인장, 계측 작업으로 바디 수정이 완성된다. 차체 구조에 따라 계측기 추가 설치 조정지점이다(그림 3-39). 작업을 위한 핵심적인 위치 설정이며 두개의 조정 지점 사이를 조정 지역이라 한다. 그림 3-40은 4개의 조정 지역이며 같은 부위로 간주할 수 있다.

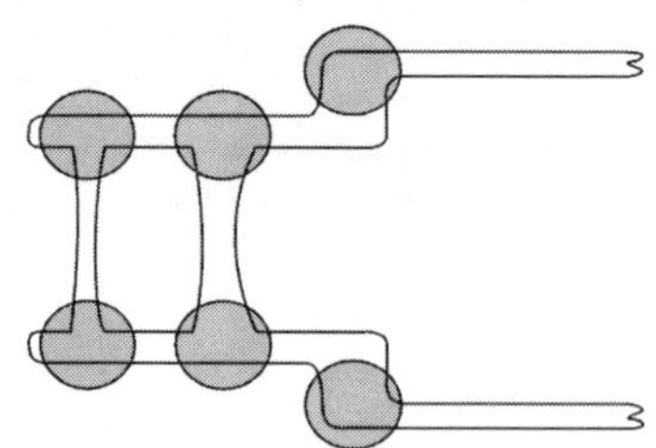
그림 3-39 추가적인 조정 지점

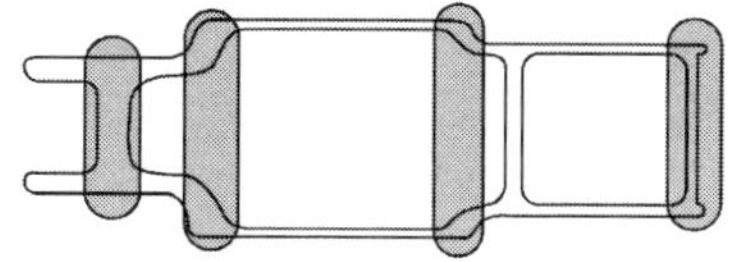

그림 3-40 조정 지역

게이지의 측정 첫 단계는 중앙부(센터 섹션)에서 시작하는 것이 대부분이다. 이를 베이스의 게이지 설치지점 확보라 한다. 그림 3-41은 베이스 확보된 상태의 그림이다.

이 부분에 설치된 게이지는 통상 카울(cowl) 지역에 걸거나 앞 토오크 박스 근처에 걸어주며, 이들 베이스의 확보는 전면부분(프론트) 및 후면부분(리어) 부위에 걸어줄 센터라인 게이지의 기준이 된다.

이 베이스를 기준으로 모든 게이지를 비교 판독하며, 때때로 센터라인 게이지의 하나는 생략할 수 있다. 베이스 센터라인 게이지를 한번 설치하면 게이지는 차체의 후면부분(리어), 전면부분(프론트) 어느 곳이든 걸어서 베이스와 비교할 수 있다(그림 3-42 참조). 차체의 양쪽 끝은 항상 베이스 확보에 기준하여 게이지 설치하여 바디의 변형을 분석한다.

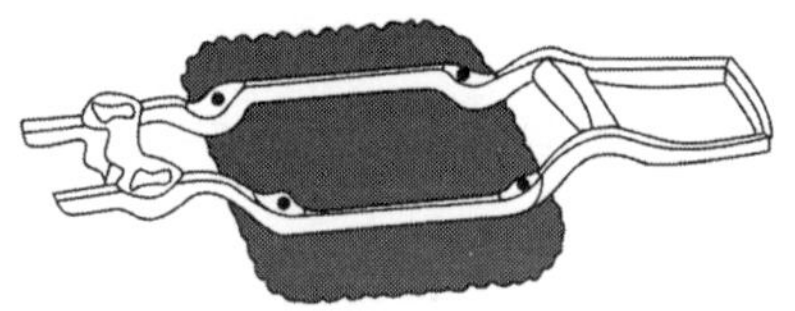

그림 3-41 베이스 부분 게이지 설치

그림 3-42 전·후면 게이지와 베이스 게이지와의 관계

3.5 바디 얼라이먼트 기초

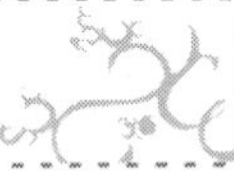

3.5.1 바디 치수도의 개념

자동차 메이커가 바디 수리에 중요성을 알면서 자동차 바디에 관계되는 자료가 많이 발행되고 있다. 바디 치수도가 그 중의 하나이다. 지금까지 수치 없는 대각선의 비교 측정이나 교환 부품의 맞춤에 의지했던 바디 복원기술을 기본으로 하여 차체수리 작업을 수행되어 왔다.

이런 부족한 점들을 보안하기 위해서 어떤 편리한 도구를 활용해서 차체수리 매뉴얼의 바디 치수를 사용하여 차체수리 작업을 정확하고 완벽한 차체 복원을 하기 위해서는 바디치수도 즉 바디 얼라이먼트의 개념을 확실히 이해하고 사용하는 것이 차체수리 기술자에게는 매우 중요하다.

바디 얼라이먼트에 표기된 치수는 일정한 기준으로써 중요하지만 수리 복원 자동차와 치수를 비교하여 분명하게 다르면 그것에 얽매일 필요는 없다. 그러나 모든 수치가 다르다는 것은 있을 수 없기 때문에 주변의 치수와의 비교, 손상의 유무로 충분히 판단할 수 있다. 또 바디 얼라이먼트는 차명, 형식, 바디 타입 등을 정확하게 구별하여 차체수리 매뉴얼의 기준 바디 치수를 참고로 측정하여야 할 것이다.

트램 게이지는 치수가 부착된 게이지를 꼭 사용해서 바디 얼라이먼트 측정에 사용한다. 줄자를 사용할 수 없는 것은 아니지만 부정확해지기 쉽기 오차 발생 확률이 매우 높다. 계측 시스템 종류에 따라서는 바디 얼라이먼트 측정을 보다 정확하고 편리하고 쉽게 측정할 수 있는 계측기를 차체수리 기술자가 선택해서 사용하면 최상의 차체수리 품질을 얻을 수 있다.

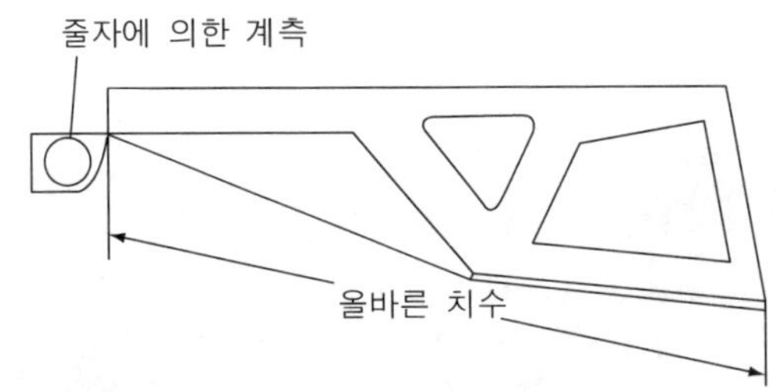

그림 3-43 계측에 줄자를 사용하면 부정확하기 쉽다.

요점 정리

- 바디 얼라이먼트는 복원 작업의 기준이 되는 수치가 기록되어 있다.
- 바디 얼라이먼트는 차종, 바디 타입 등의 구별을 정확하게 한다.

- 차체 수리 기술자는 다양한 계측기를 사용할 수 있어야 한다.
- 데이텀 및 센터라인 길이와 점과 점 직선거리를 구별한다.
- 차체수리 매뉴얼의 계측 기준 위치의 지시를 지킬 것

3.5.2 평면 투영 치수(트램 및 센터 라인 길이)와 직선 거리(점과 점의 길이) 치수

바디 얼라이먼트의 치수에는 두 가지 계측 방법이 이용되고 있다.

첫째는 평면 투영 방법으로 참조점과 참조점 사이의 길이에 대해 평평한 수평, 또는 수직의 벽에 빛을 이용한 그림자 길이의 치수이다. 그러므로 측정 참조점의 규정 높이의 좌우의 차이 즉 일정한 평면에서 수평을 이룰 때의 참조점 간의 길이 치수를 평면 투영 치수라고 한다.

단순 직선길이 측정으로는 계측 오차가 나오기 쉽기 때문에 정확한 기준 평면의 설정 가능한 계측 시스템을 이용하는 것이 원칙이다. 자동차 바디의 센터 라인 길이나 트램 길이 측정은 트램 게이지로 정확한 계측이 가능하다.

평면 투영 치수와 직선 거리 치수는 같은 장소에서도 그 수치가 다르다. 그러므로 두 가지를 구별하지 않으면 정확한 바디 얼라이먼트 측정이 불가능하다.

(1) 실제거리 측정
측정 기준점간의 실측치수를 나타낸다(탐침의 높이는 같다.).

(2) 평면투영 치수
바디의 기준점(높이 등이 다른 경우도 있다)을 평면상에 투영할 때의 치수를 나타낸다.

(3) 측정 지점
홀의 중심에서 측정한다.

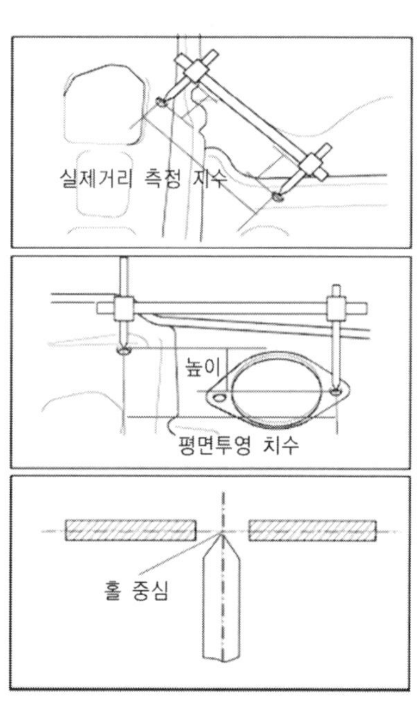

그림 3-44 직선거리 치수와 평면 투영 치수

3.5.3 바디 얼라이먼트 계측 기준

참조점에서 다른 참조점까지 측정할 것인가의 기준위치가 틀리면 바디얼라이먼트가 이상한 것

은 당연하다. 특히 차체 부분도가 없고, 말로만 계측 기준 위치를 기입하고 있는 것은 더욱 틀리기 쉽다. 차체 기준 위치에는 계측용이나 부품 부착용 구멍을 이용하고 있는 경우와 패널 이음매가 지정되어 있는 경우가 있다.

구멍의 경우에는 중심에서 측정할 것인지, 끝에서 측정할 것인가를 확인해 한다. 또 몇 개가 같은 구멍이 밀집되어 있어 혼동하기 쉬울 때는 구멍의 직경이나 참조점 측정지점의 표시된 것을 확인 하는 것이 중요하다. 예를 들어 부착 구멍이라고 해도 그 부품을 부착하기 위한 구멍인지, 부착을 위한 볼트 구멍인지에 따라 다른 점이 있다.

패널 이음매, 플랜지 끝 등이 계측 기준 위치로 되어 있으면 차체 부분도 없이는 알기 어렵다. 대부분은 플랜지의 제일 바깥 끝이나 패널의 프레스 라인의 끝 부분등 으로 바디 얼라이먼트의 측정 참조점을 잘 파악할 수 있도록 한다.

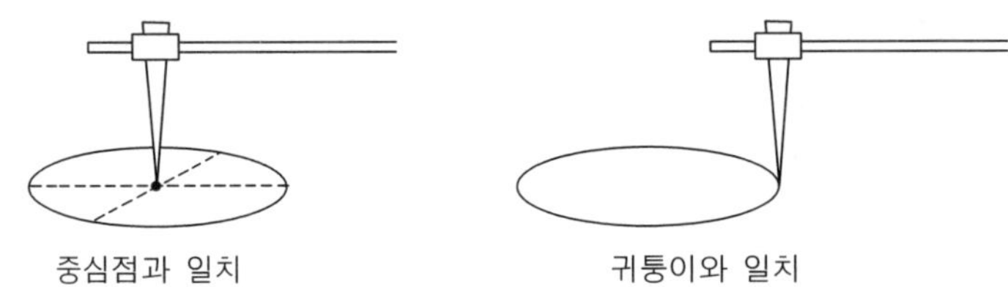

그림 3-45 기준 위치는 구멍의 중심인가 구멍 바깥인가를 확인한다

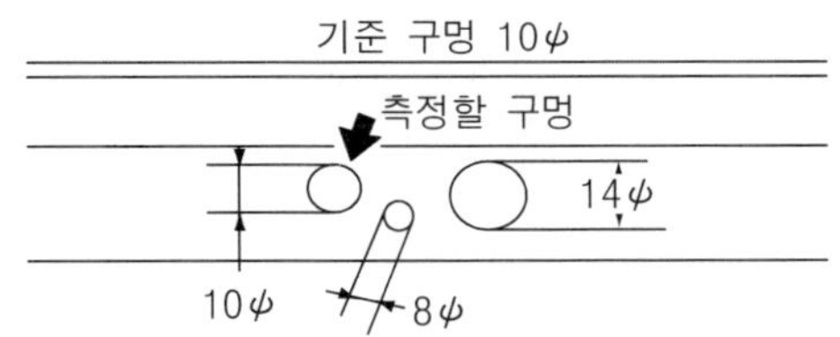

비슷하여 혼동하기 쉬운 구멍이 있을 때는 직경을 재어 본다
φ=직경을 나타내는 기호

그림 3-46 기준 위치가 비슷하여 혼동될 때

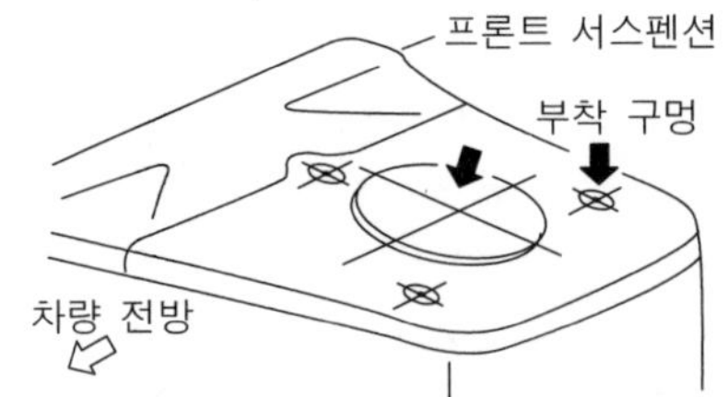

같은 명칭이라도 다른 위치를 나타내고 있는 경우가 있다.

그림 3-47 같은 명칭의 기준 위치라도 다른 위치를 나타내는 경우가 있다

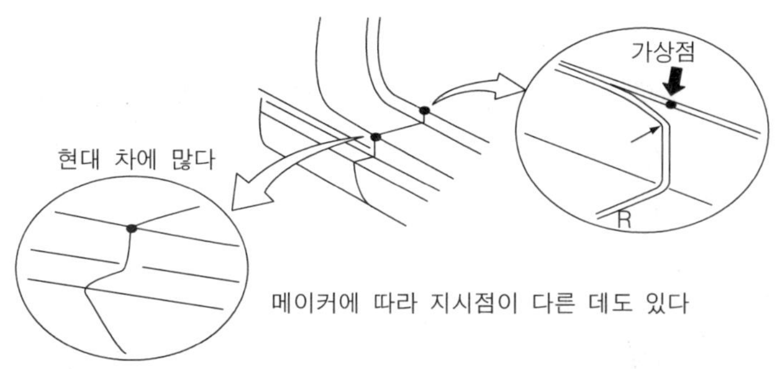

그림 3-48 패널 플랜지가 기준 위치인 경우

3.5.4 바디 얼라이먼트 활용

파손 자동차를 분석에서 원상복원까지 바디 얼라이먼트 측정은 필수이며 바디 얼라이먼트를 잘 적용하면 복잡 다양한 파손 차체 복원에서도 차체수리 기술자가 바디 수정 작업을 쉽고 정확하게 파손차체를 원상 복원할 수 있다.

차체 수리 기술자는 반드시 이해해야 할 것은 아래와 같다.

a. 바디 수정을 하는 동안 바디 얼라이먼트의 기능이 무엇인가?
b. 언제 바디 얼라이먼트를 측정 사용되는가?

위 a, b의 사항을 알려고 하는 목적은 차체의 정렬상태를 판독해주는 것이다. 바디 얼라이먼트는 자동차의 차체 길이, 넓이, 높이를 차체수리 매뉴얼의 기준 고유 치수의 개념이다.

1) 바디 수정에서 바디 얼라이먼트의 기능

바디 수정 작업에서 바디 얼라이먼트를 정확히 측정한 다음으로 패널을 차체에 부착해서 최종적으로 확인을 해봐야 한다. 즉 패널과 패널 사이의 간격, 단차, 수평, 프레스 라인선 등을 점검을 해야 한다.

대부분의 차체에서, 프레임(frame)의 주된 기능은 현가장치, 패널, 범퍼(bumper) 등을 지탱하기 위한 것이다. 이것은 바디 얼라이먼트 측정이나 제원을 고려하지 않고서 차체의 기능을 할 수 없으므로 차체 수리작업에서는 바디 얼라이먼트를 기준으로 차체수리 작업을 수행해야 한다.

그림 3-49를 보면 바디 얼라이먼트를 알 수 있다. 차체 측정 참조점의 높이는 패널의 가상 기준면에서 각각의 참조점의 높이가 차체수리 매뉴얼의 기준 수치를 나타낸다.

자동차 프레임 수정기 바디라이너 3D 차체 레이저 계측기

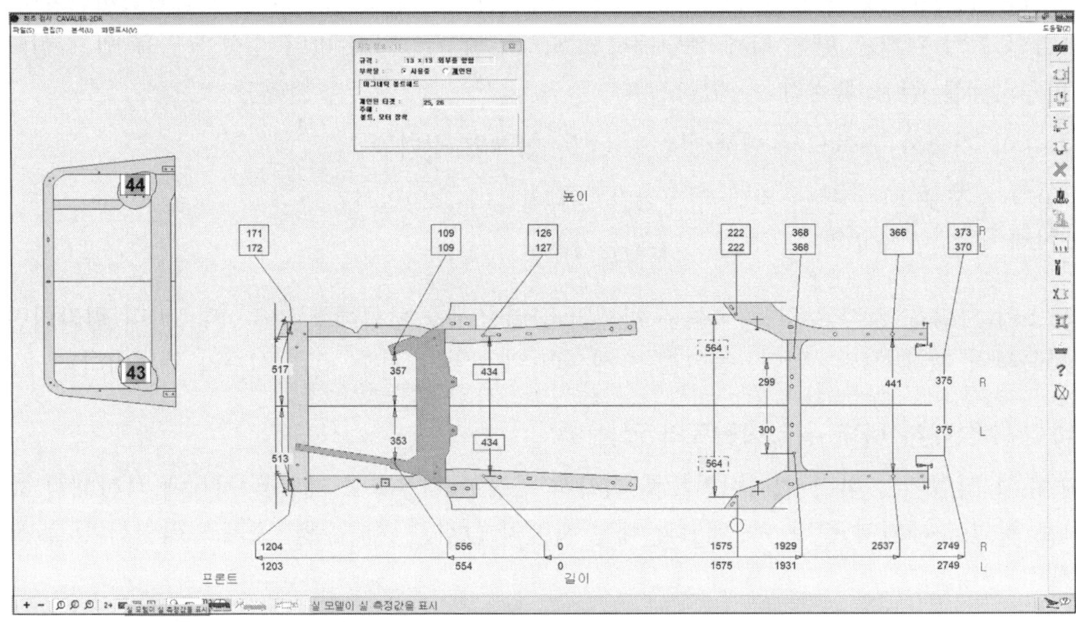

그림 3-49 바디 얼라이먼트 측정값

2) 언제 바디 얼라이먼트 적용

바디 수정 작업에서 바디 얼라이먼트는 파손 패널의 제거 전에 프레임 수정 작업 때, 패널 교환 작업 시 용접 전, 중, 후에 적용한다. 조합형 프레임 패널 등이 다 제거되었을 때 프레임 끝의 높이를 정할 때 바디 얼라이먼트를 사용한다.

몇몇의 상황에서는 전면 현가장치의 높이 즉 휠 얼라이먼트를 정하는데도 필요하다. 리어 패널과 도어의 간격을 맞추기 위해 프레임의 뒷부분을 수리할 경우에는 바디 얼라이먼트가 필요하다.

바디 얼라이먼트에서 ± 오차를 제시하면 차체수리 기술자는 차체 수리 매뉴얼의 패널 간의 간격이 정확한 위치에 있는지 확인을 한다.

Note : 차체수리 기술자의 의욕적으로 계측기와 바디 치수를 사용해야 정확한 차체수리 작업을 할 수 있다. 그리고 작업 시간 단축의 목적으로만 계측기를 사용하지 말라. 전체적인 작업 공정을 고려할 때 계측기를 사용하면 결국 시간절약, 정밀성 확보, 작업의 합리화 즉 차체수리 품질향상을 추구할 수 있다.

3.6 센터라인 게이지의 개념 전반

차체수리 현장에서 센터라인 게이지를 보지 못해서 원하는 목적을 달성하지 못하는 경우가 많다. 센터라인 게이지는 사이드 멤버의 좌우대칭 기준 참조점에 설치하면 자동적으로 바디의 중심선을 나타내어 준다. 차체수리 매뉴얼의 치수도에 표시된 위치 차체 중앙, 앞 또는 뒤에서 4~5개의 센터라인 게이지를 설치해서 바디의 변형을 분석할 수 있다.

취급과 측정 방법이 간단하고 어느 부분이 어느 정도 차체 변형이 있는지는 정확하게 알 수 있다. 하지만 보는 눈의 위치에 따라 판독을 잘못할 수 있기 때문에 측정절차를 준수해야 한다.

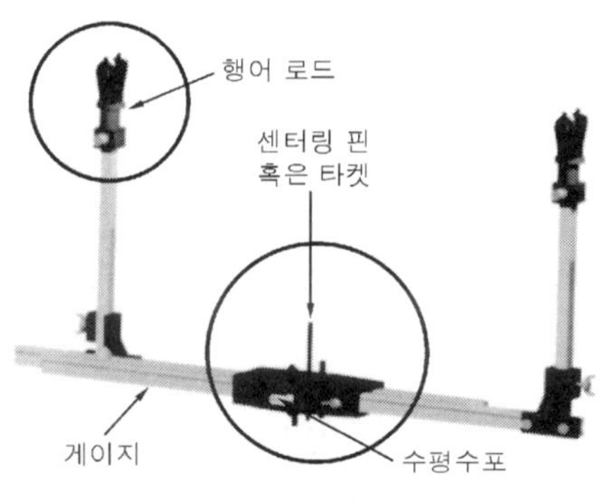

그림 3-50 센터라인 게이지

3.6.1 차체수리 매뉴얼의 치수도 활용법

정확한 차체 치수를 판독하기 위해 센터라인 게이지에 치수 장입은 해당 차종의 차체 치수도에서 찾아본다. 이 치수도의 치수를 찾아 참조점의 데이텀 높이 치수를 센터라인 게이지 세로자에 치수로 기입한다. 차체 중앙부분의 변형이 없는 참조점에 기준되는 센터라인 게이지 2개를 설치한다. 나머지 모든 게이지가 이루는 면이 하나의 면으로 형성되었을 때 그 프레임은 정상이고, 변형된 프레임은 데이텀 라인에서 벗어난다(그림 3-51 참조).

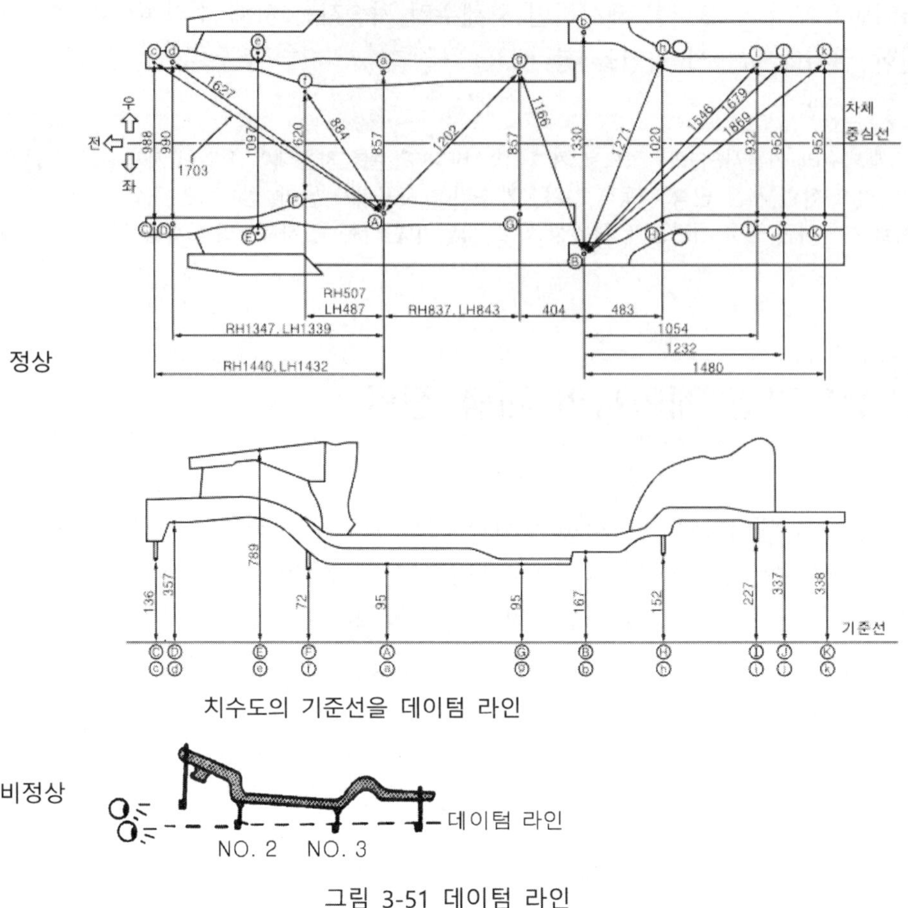

그림 3-51 데이텀 라인

데이텀 라인 판독에 있어서 또 다시 강조하지만 중앙 부분은 다른 게이지의 기준이 되는 것이다. 여기서 중심선을 나타내는 게이지를 제일 먼저 걸어야 하고 이 책에서는 이것을 센터라인 게이지 NO.2, NO.3 게이지로 명명한다.

다른 센터라인 게이지는 차체 치수도에서 지정하는 치수를 세로자에 장입 후 참조점에 설치하여 두 개의 기준 게이지 NO.2, NO.3와 비교해서 변형을 분석한다(그림 3-52 참조).

기준 게이지 NO.2, NO.3을 제외하고 차체의 변형이 없는 센터라인 게이지를 이동해서 차체 변형이 발생한 곳에 추가적으로 설치하여 차체 변형을 세부적으로 비교 분석할 수 있다.

> Note : 작업장 바닥이나 프레임 수정기의 바닥 등 절대 외부요소를 기준으로 하지 말 것, 항상 차체를 기준으로 바디 치수도에서 지정하는 참조점과 치수를 사용하여야 한다.

3.6.2 데이텀 라인을 높이 조절방법

센터라인 게이지에 차체 치수도의 치수를 장입하고 차체의 참조점에 샌터라인 게이지를 설치했을 때 프레임 수정기의 바닥 면에 간섭이 발생할 수 있다. 이때는 일정 비율로 데이텀 라인의 높이를 조절하면 된다(그림 3-52, 그림 3-54). 그림 3-52는 차체의 치수도 원본이며, 그림 3-54는 수정된 데이텀 라인을 보여준다.

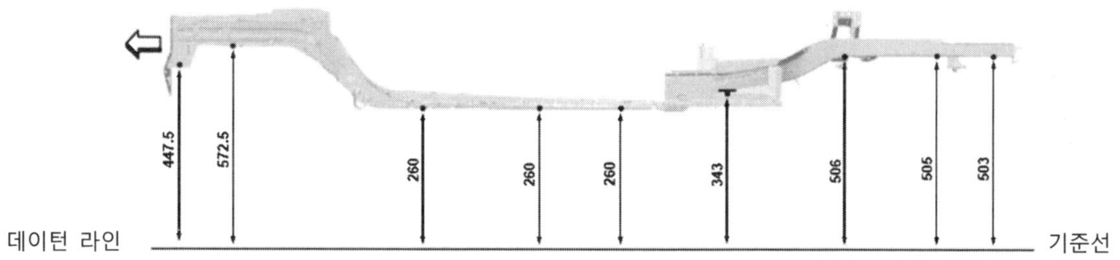

그림 3-52 차체 치수도의 높이 기준선인 데이텀 라인

그림 3-53 프레임 수정기와 차체 하부 사이에 데이텀 라인 설정

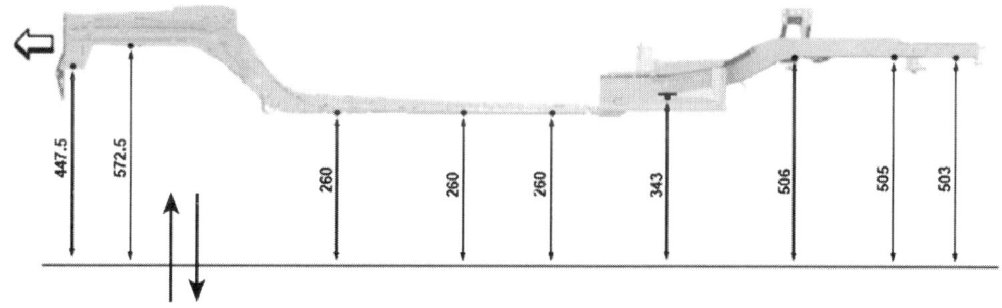

그림 3-54 데이텀 라인 변경

3.6.3 차체 내부 변형의 종류

1) 사이드 스웨이(side sway)

그림 3-55는 전형적인 사이드 스웨이의 파손 차체이다. 가운데 1점 쇄선을 차체 센터 라인이라

고 했을 때, 센터라인을 중심으로 좌우측으로 변형되었다. 이러한 사이드 스웨이는 센터라인 상의 변형이라고 한다.

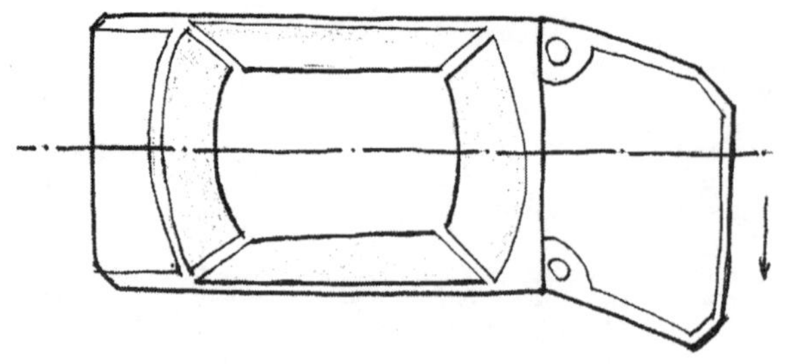

그림 3-55 사이드 스웨이 변형

그림 3-56에서는 사이드 스웨이가 이루어진 차체에 센터라인 게이지를 설치했을 때 변형 분석도를 나타낸다.

그림 3-56 사이드 스웨이 변형에 센터라인 게이지 설치

2) 새그(sag)

그림 3-57은 전형적인 새그의 파손 형태이다. 1점 쇄선을 데이텀 라인이라고 가정했을 때 데이텀 라인 상향으로 변형되었다. 이러한 새그를 데이텀 라인 상의 변형이라고 한다.

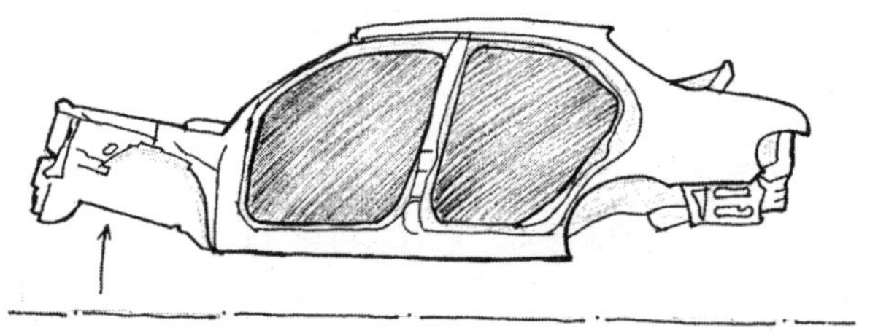

그림 3-57 새그 변형

그림 5-58에서는 새그가 일어난 차체에 센터라인 게이지를 설치했을 때 변형 분석도를 나타낸다.

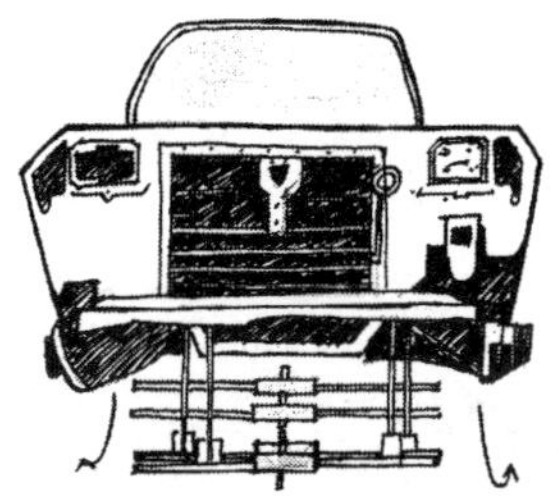

그림 3-58 새그 변형에 센터라인 게이지 설치

3) 쇼트 레일(short rail)

차체의 길이가 짧아진 경우를 쇼트 레일(short rail)이라 하는데 아래 그림인 경우이다. 이 현상은 사이드 스웨이 및 트위스트, 새그의 경우에도 나올 수 있다. 차체 길이가 짧아지면 쇼트 레일이다.

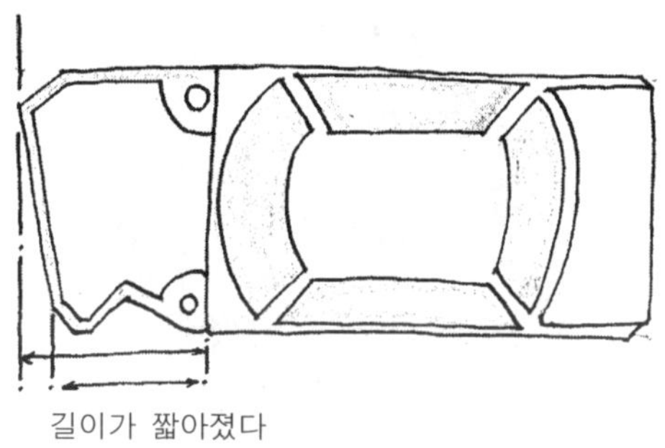

그림 3-59 쇼트 레일 변형

쇼트 레일 변형은 센터라인 게이지로는 알 수가 없다. 트램 게이지로 측정하여 차체수리 매뉴얼의 정확한 길이 치수를 알아서 차체 변형을 파악해야 한다.

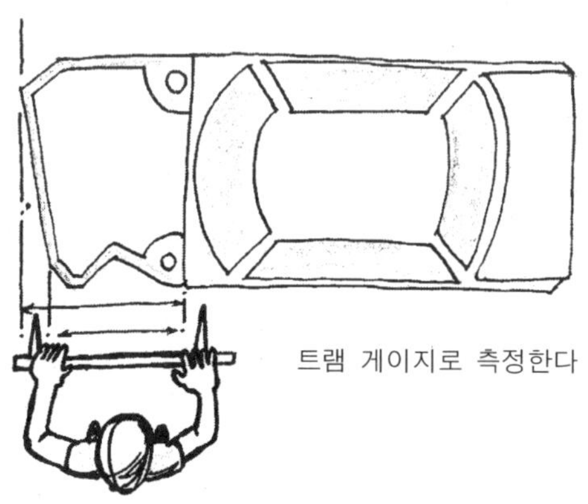

그림 3-60 트램 게이지로 쇼트레일 변형 분석

4) 트위스트(twist)

트위스트는 그림 3-61의 차체처럼 전.후면이 꼬인 차체 파손 변형이다.

그림 3-61 트위스트 변형

그림 5-62에서는 트위스트가 일어난 차체에 센터라인 게이지를 설치했을 때 변형 분석도를 나타낸다.

그림 3-62 트위스트 변형에 센터라인 게이지 설치

5) 다이아몬드(diamond)

다이아몬드는 조합형 프레임 차체에서는 비교적 흔히 볼 수 있지만 승용차에서는 거의 볼 수가 없다. 간혹 다이아몬드가 형성 될 때는 아래 그림과 같다. 중앙부에서는 다이아몬드가 형성되어서 그 영향이 전 · 후면에서 사이드 스웨이가 발생한다.

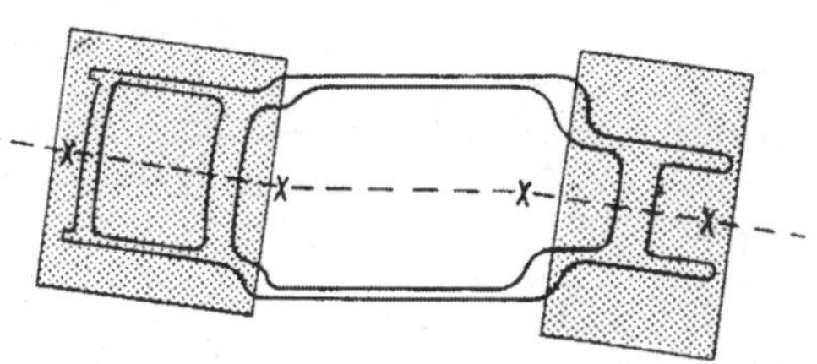

그림 3-63 다이아몬드 변형

센터라인 게이지를 설치하면 그림 3-64와 같이 보인다.

다이아몬드 변형은 트램 게이지로 대각선 측정하여 변형을 분석한다.

그림 3-64 다이아몬드 변형에 센터라인 게이지 설치

그림 3-65처럼 대각선의 다이아몬드 체크에서 반드시 고려해서 차체 길이 · 넓이까지 측정해야 한다. 대각선 점검에서 줄자를 사용하면 측정 큰 오차 발생과 방해물이 있을 때는 측정이 불가능하므로 차체 대각선 측정은 트램 게이지를 사용해서 정확하게 측정해야 한다(그림 3-66).

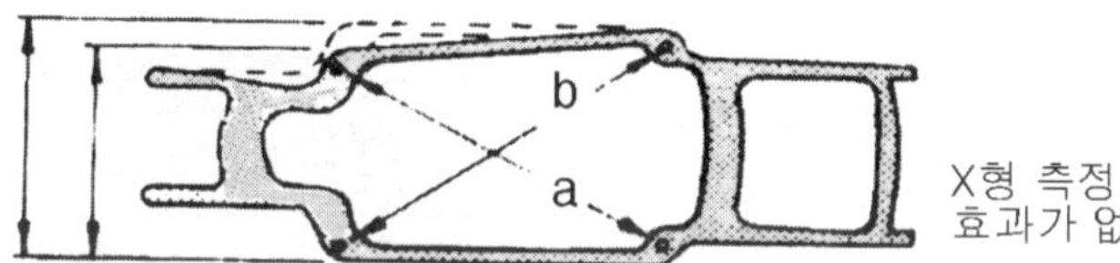

그림 3-65 차체 길이 · 넓이 · 대각선 3요소 측정

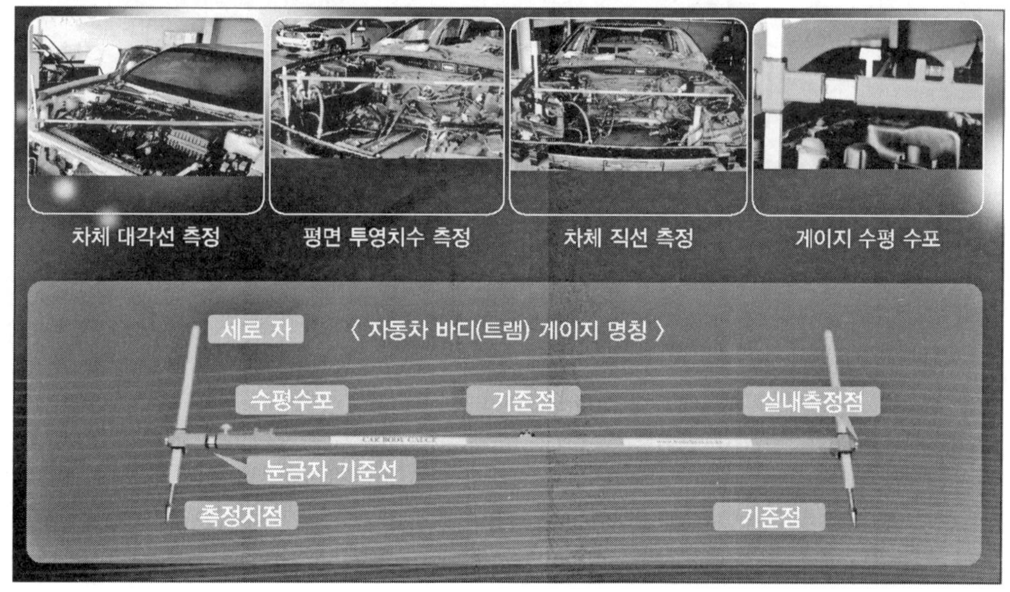

그림 3-66 트램 게이지 측정

3.6.4 맥퍼슨 스트럿 타워 게이지

아래의 그림은 맥퍼슨 스트럿 타워 게이지를 설치한 장면을 보여 준다. 데이터 수치를 스케일에 맞추어 걸면 아래의 그림처럼 볼 수가 있다. 이때 다른 센터라인 게이지와 수평 및 센터라인이 다 맞아야 한다(그림 3-67).

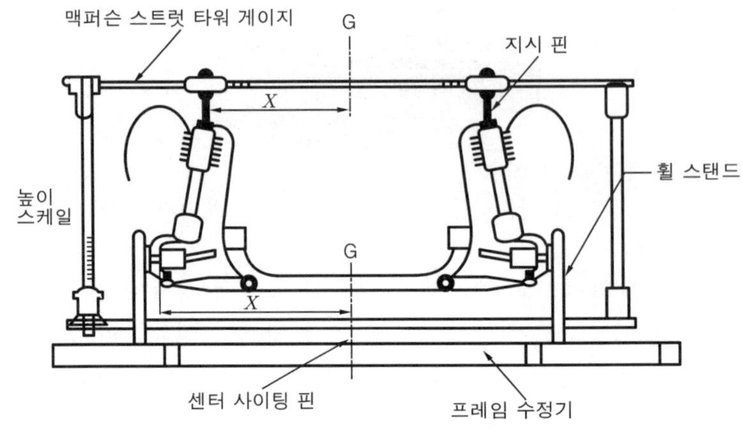

그림 3-67 맥퍼슨 스트럿 타워 게이지의 설치

3.6.5 맥퍼슨 스트럿 타워 게이지

아래의 그림은 센터라인 게이지, 트램 게이지, 맥퍼슨 스트럿 타워 게이지를 설치한 장면을 보여 준다. 차체수리 매뉴얼의 치수를 세로자, 가로자에 치수를 입력해서 참조점에 설치한다. 변형 분석으로 다른 센터라인 게이지와 비교 측정으로 차체 상측부분의 수평 및 센터라인을 측정 파손 분석한다(그림 3-68).

그림 3-68 맥퍼슨 스트럿 타워 게이지, 센터라인 게이지, 트램 게이지

1) 수평

수평 상태를 읽는 방법

맥퍼슨 스트럿 타워 게이지 하단 가로자와 기준 센터라인 게이지 가로자와 수평 상태를 비교한다.

2) 넓이(Width)

맥퍼슨 스트럿 타워 게이지의 넓이는 상단 가로자의 측정값이 차체수리 매뉴얼의 기준 치수를 입력해서 맥퍼슨 스트럿 타워의 넓이를 측정 비교한다.

3) 센터 라인(Center line)

맥퍼슨 스트럿 타워 게이지 하단 세로자의 센터 핀과 센터라인 게이지의 센터 핀과 차체 센터를 비교해서 파손 분석한다.

4) 데이텀 라인(Datum line)

맥퍼슨 스트럿 타워 게이지의 세로자에 치수를 입력하여 게이지를 설치하여 센터라인 게이지와 비교 파손 분석한다.

3.6.6 센터라인 게이지 시스템의 결론

파손 자동차를 프레임 수정기를 사용해서 차체 수리 매뉴얼의 기준에 차체를 원상복원 수리가 완료되면 센터라인 게이지를 설치를 하면 그림 3-69와 같이 차체의 대각선, 넓이, 길이, 좌우 수평상태, 차체 전체 센터 핀의 정렬 상태가 완벽해야 한다.

즉 파손 자동차는 바디 얼라인먼트를 측정 다음에 휠 얼라이먼트를 측정해야 한다.

그림 3-69 정상적인 차체에 센터라인 게이지가 부착된 상태

3.7 3D 차체 레이저 계측기

3.7.1 차체수리작업에서 계측작업 시기

현재 현장에서 사용하고 있는 차체 수정기에 어느 종류의 3D차체계측기를 다 적용을 해서 차체를 측정할 수 있으며 어느 특정 3D차체계측기에 한정해서 차체 수정기에 적용해야 한다는 것은 무리가 있다고 봅니다. 즉 차체 수정기와 3D차체계측기는 차체 수정기의 종류에 무방하게 호환성 있게 사용할 수 있어 차체수리 기술자의 현명한 판단이 필요하다고 할 수 있다.

차체계측작업 시기는 차체수리 전 과정으로 파손 분석에서 마무리 점검까지 측정을 실시하여야 한다.

첫째 사고 자동차를 파손 분석에서 소 손상에서 대 손상까지 차체 내부 변형을 정밀하게 분석할 때 계측작업을 한다.

둘째 인장 장치를 사용해서 변형된 프레임을 매뉴얼의 규정값 기준에 맞게 프레임 교정 작업할 때 계측작업을 한다.

셋째 패널 교환 작업으로 용접 작업 전에, 용접 작업 중에 수시로, 용접 작업 후에, 용접 작업후 용접으로 차체 변형을 교정 작업할 때 계측작업을 한다.

넷째 차체 수리 작업 후 자동차가 주행 중 이상 현상이 발생할 경우 차체 기술자가 판단해서 차체 계측작업을 한다.

다섯째 기본적으로 견적서 작성할 때 계측작업을 한다.

따라서 충돌 사고 자동차의 바디라이너 3D 차체 레이저 계측기로 정확한 파손 분석으로 수리 계획에 따라 완벽하게 차체 원상복원 수리가 가능하고 수리 후 주행안전성을 확보할 수 있다.

그림 3-70 바디라이너 3D 차체 레이저 계측기

차체 계측기는 트램 게이지, 센터라인 게이지, 맥퍼슨 타워 게이지, 3D 차체 레이저 계측기 등으로 요즘 현장에서 대두되고 있는 3D 차체 레이저 계측기 사용법을 알아보려고 한다.

모든 3D 차체 계측기는 컴퓨터 본체 화면에 차체 측정 폴더를 클릭한다.

과제 선택화면에서 필요 항목을 선택하여 클릭한다.

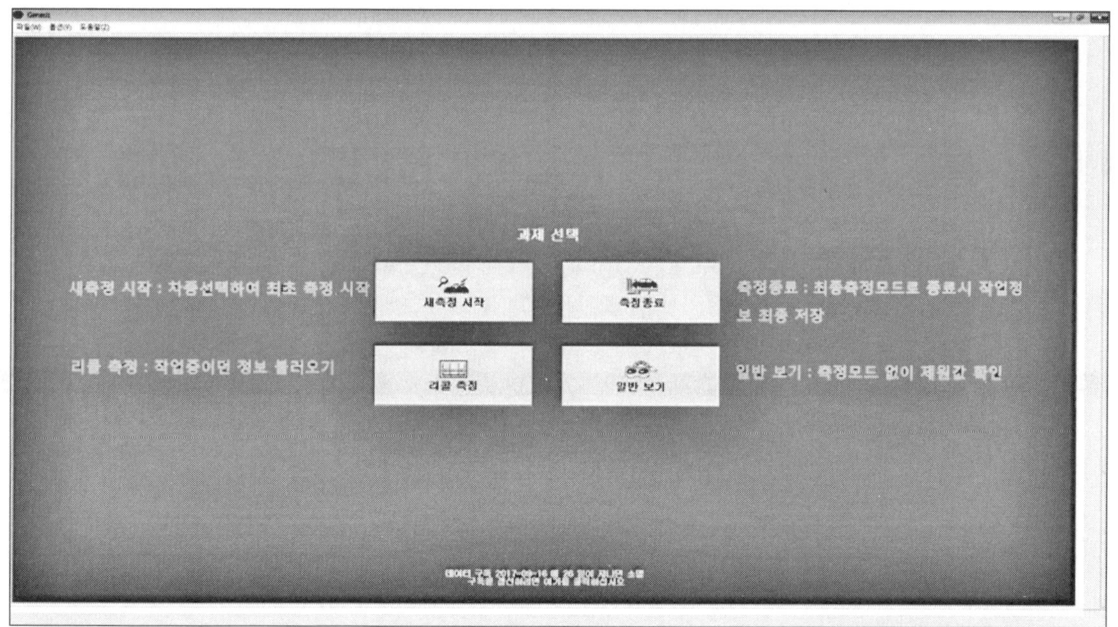

그림 3-71 바디라이너 3D 차체 레이저 계측기 측정화면

• 차체 측정 자동차의 연식, 모델 등을 선택하고 측정시작을 클릭한다.

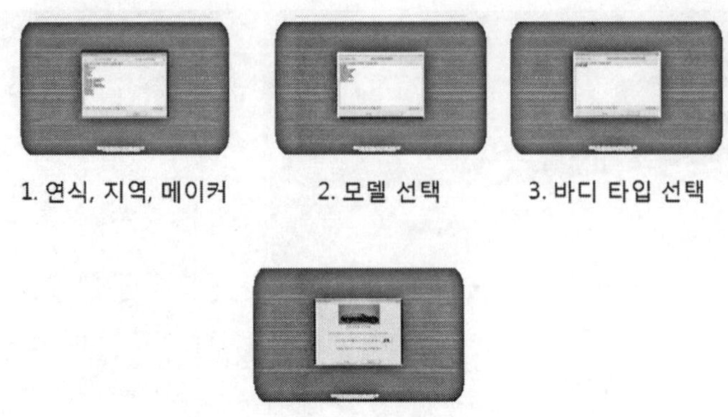

그림 3-72 바디라이너 3D 차체 레이저 계측기 측정시작

• 고객 정보, 차대번호, 주행거리 등 필요한 정보를 입력

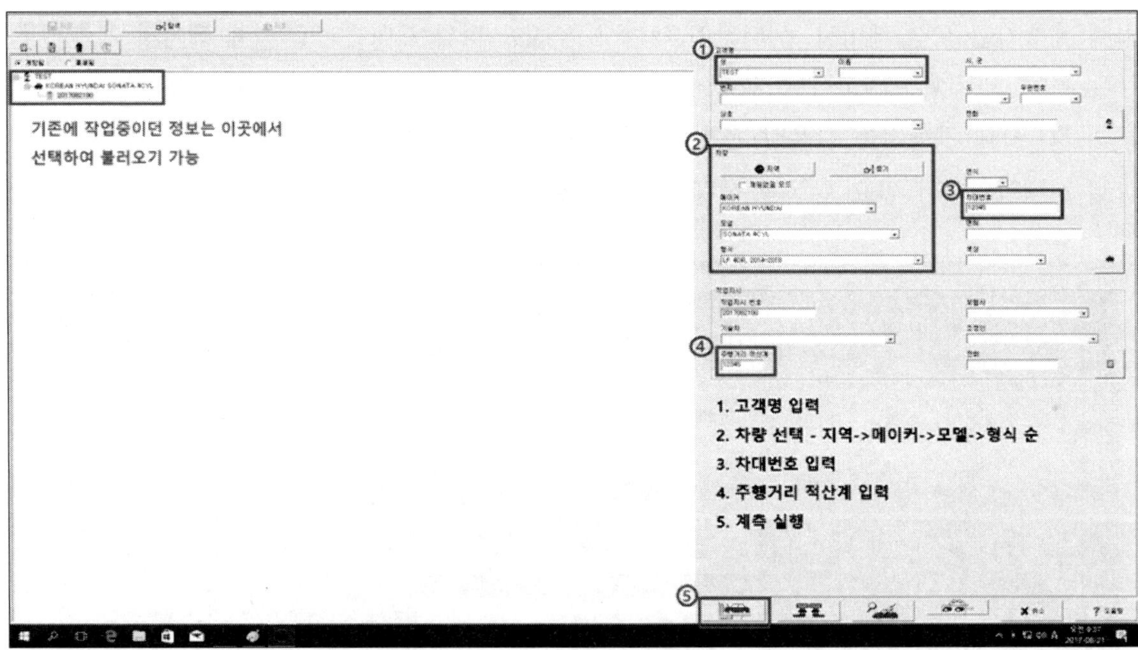

그림 3-73 사고 자동차 정보입력

• 3D 차체 레이저 계측기 화면 및 아이콘의 기능에 대한 설명

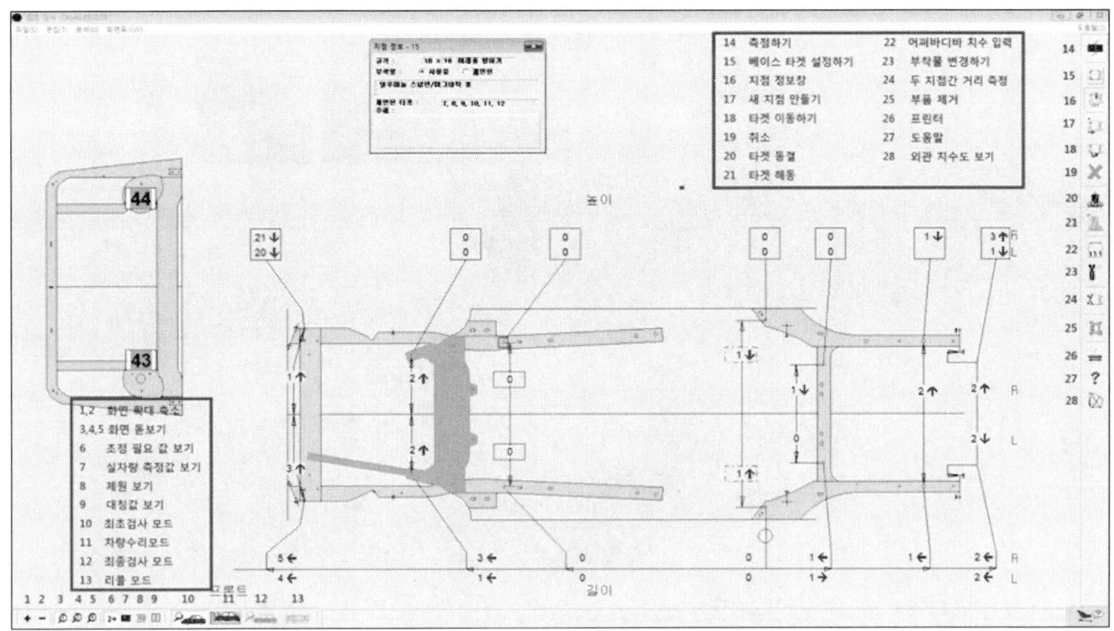

그림 3-74 바디라이너 3D 차체 레이저 계측기 아이콘 기능

• 차체 측정지점의 정보와 센서 부착지점을 확대해서 표시

• 예시는 차체 측정 도면 좌 상단 8번 지점의 정보를 표시

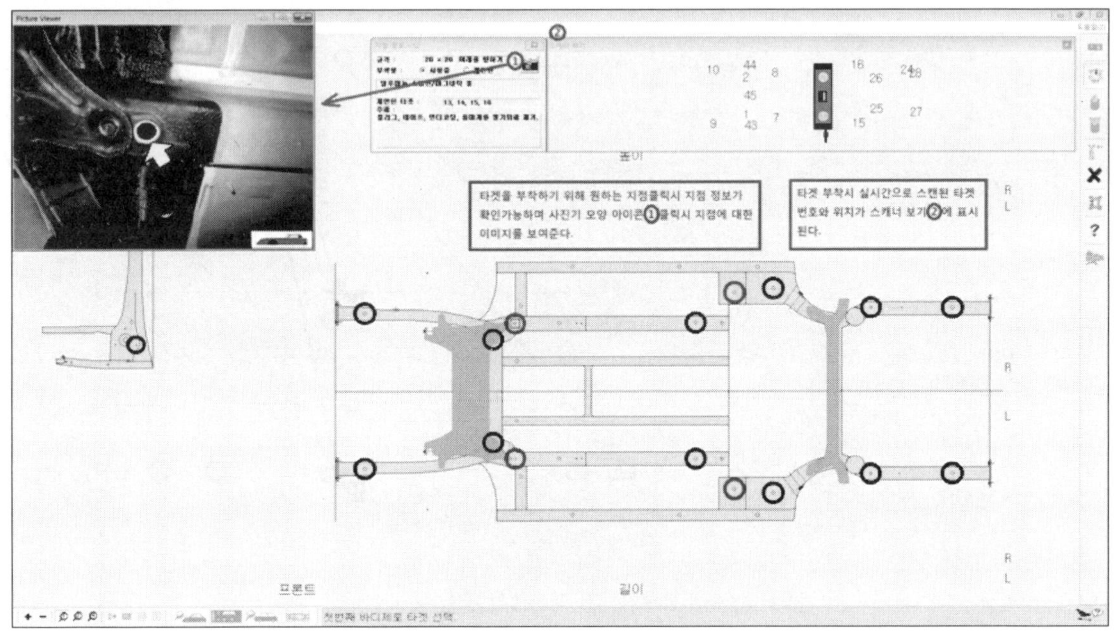

그림 3-75 사고 자동차 바디의 측정지점 정보

• 차체 구조에 따라 센서 부착물을 선택을 해서 센서를 설치한다.

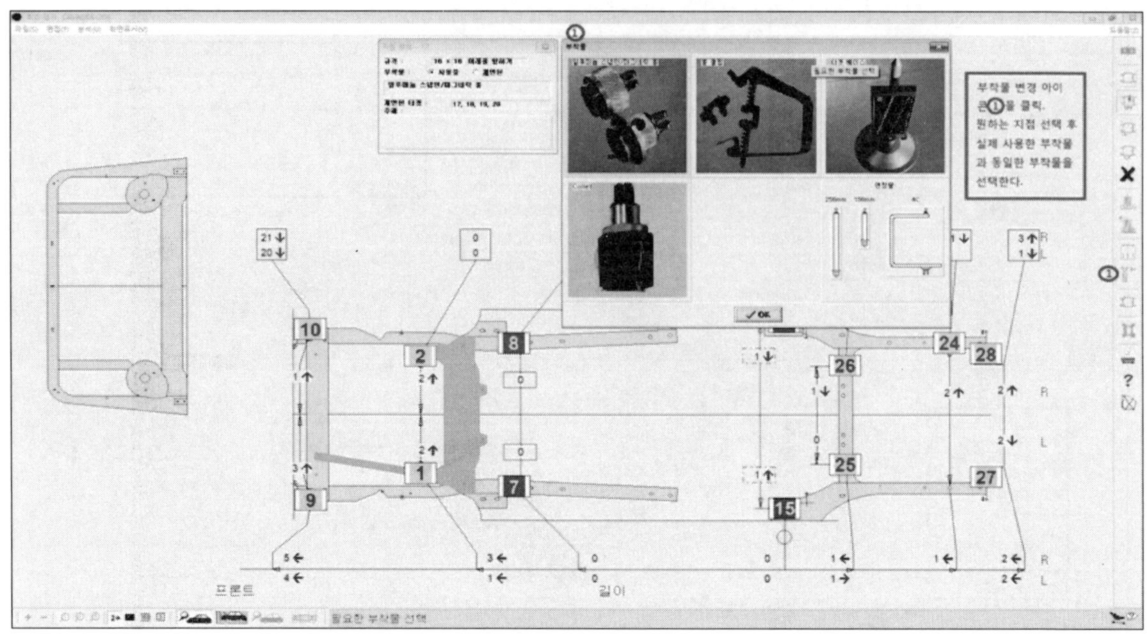

그림 3-76 사고 자동차 바디의 센서 부착물 정보

• 차체 계측의 기준 4포인트에 센서를 7, 8, 15, 16번을 설치

• 차체 파손 형태에 따라 3포인트로 측정 기준을 설정할 수 있는 기능

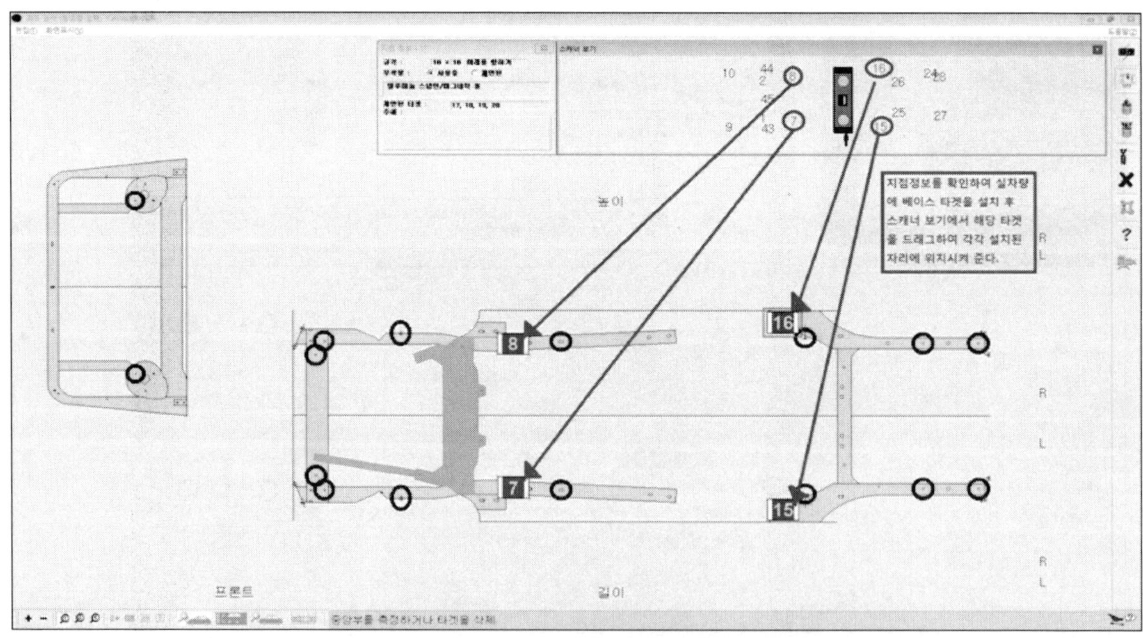

그림 3-77 바디라이너 3D 차체 레이저 계측기 기준 4포인트 선정

- 차체 변형 측정지점에 센서를 모두 설치
- 43. 44, 45 차체 엔진 룸 상부 측정 지점을 표시

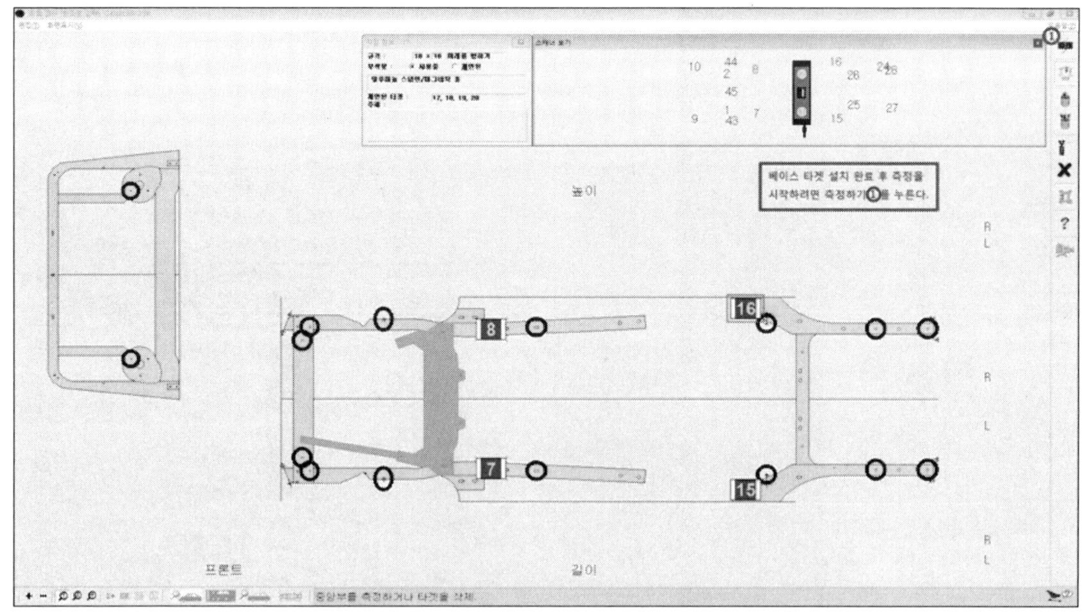

그림 3-78 바디 변형 측정 지점 센서 위치 선정

- 각 측정지점의 측정값 높이, 넓이, 길이를 표시
- 각 각의 측정 지점을 선택을 하면 기준 치수와 측정치수를 표시❷

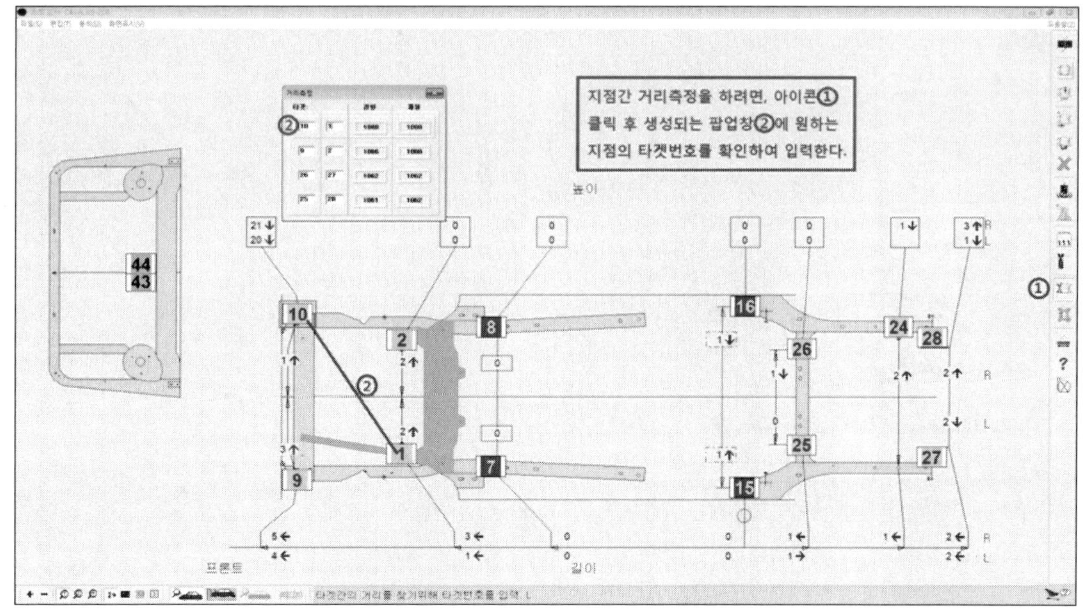

그림 3-79 포인트에서 포인트까지 길이, 대각선 측정

• 특정 지점의 치수를 비교 측정해서 차체변형을 분석하는 기능

• 타원형 부분으로 좌우 대칭인 지점의 측정값 표시

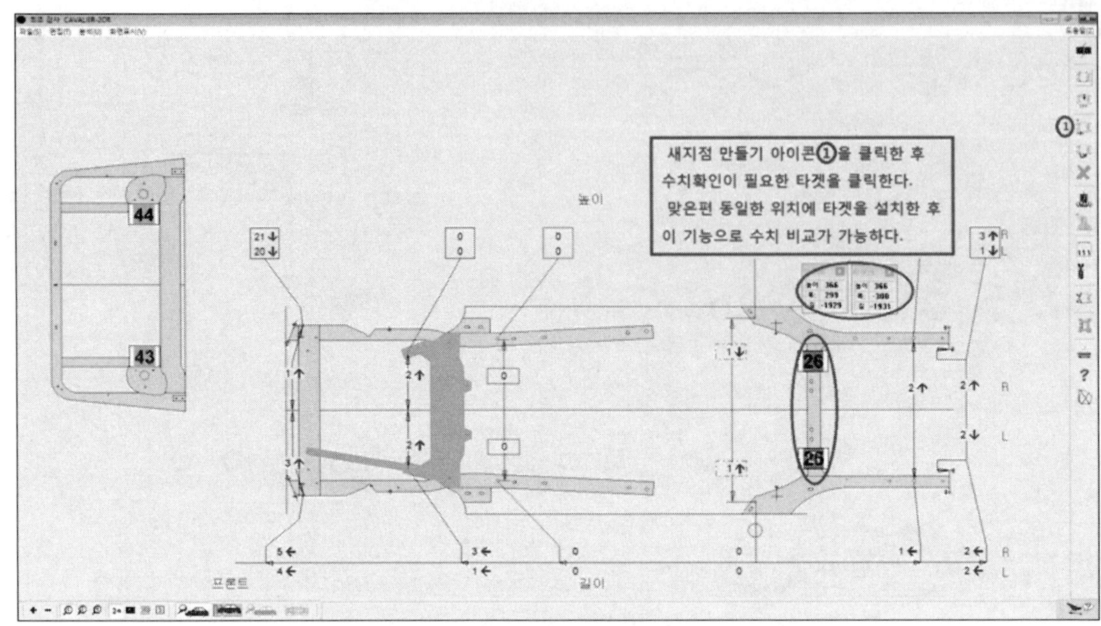

그림 3-80 바디 측정 지점 비교 측정

• 차체 개구부분에 대한 차체 치수도- 트램 게이지로 측정

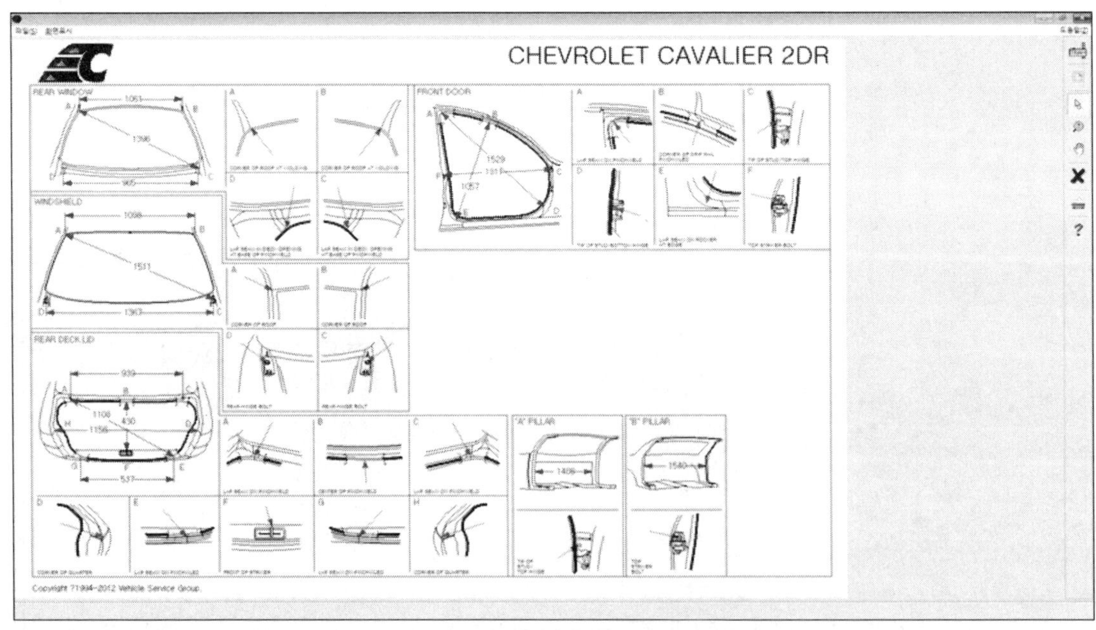

그림 3-81 바디 개구부분을 트램 게이지 측정 데이터

• 3D 차체 레이저 계측기 - 변형 계측 출력물

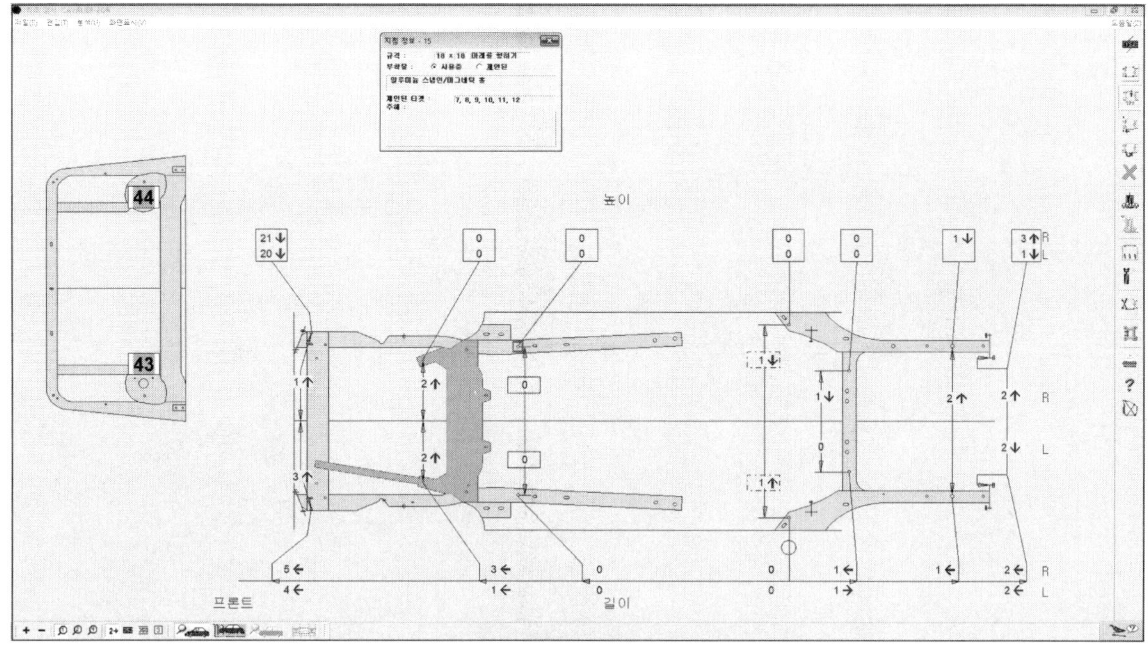

그림 3-82 바디 변형 측정 데이터 출력물

차체계측은 사고 파손 자동차를 최우선적으로 계측작업을 실시하여 차체 변형을 정확히 분석한 후에 차체수리 견적서를 작성해야 한다.

일반적인 상식을 벗어나 경미한 손상이라도 차체 변형이 발생할 수 있다는 것을 판단하여 차체 내부 변형을 바디라이너 3D차체 레이저 계측시스템으로 정확한 측정만이 바른 차체 정비의 기본 필수 요소라고 할 수 있다.

제 4 장

바디 수정의 기본

4.1 수정 작업은 입체적으로 생각한다

패널 수정이 한장 한장의 패널을 복원하는 작업이라면, 바디 수정은 바디의 넓은 범위의 변형을 원래대로 복원하는 것이 된다. 양쪽 다 강판에 힘을 가해 당기거나 누르는 것은 변형을 제거하여 변형 전의 상태로 원상복은 하는 것으로 패널 수정은 주로 평면상으로 생각하는 것에 비해 바디 수정은 입체적인 이미지를 갖고 원상 복원 작업을 하면 된다.

바디 수정은 패널 수정과 같이 감각으로 작업을 하면 작업 시간만 소비하고 원상 복원이 되지 않고 정상적인 바디 부품의 변형을 유발 시킬 수도 있다. 특히 모노코크 바디는 용접된 패널의 조합 구조물로 바디 일부에 가해진 힘은 넓은 범위로 확산되어 바디 변형에 영향을 준다.

이것은 손상을 받을 때도 수정 작업을 할 때도 같다. 그러므로 바디 변형 복원에 필요한 부분에 필요한 만큼의 힘이 작용해야 한다.

만일 불필요한 바디 부분에는 원상복원의 힘이 전달되면 바디가 2차적인 변형이 유발되므로 바디 수정에서 바디고정, 바디인장이 중요한 요소라고 할 수 있다.

요점 정리

- 바디 수정은 평면적 감각으로는 작업이 잘 진행되지 않는다.
- 바디에 전달되는 힘의 범위를 차체 계측기를 사용해서 확인한다.
- 힘의 성질, 강판의 성질, 바디의 구조와 특성을 이해해 둔다.
- 작업 전에 작업 순서는 체크 리스트를 활용한다.
- 바디 수정은 고정, 인장, 계측 작업의 기준을 준수해야 한다.

그림 4-1 패널 수정과 바디 수정의 차이

4.2 바디 수정 장치

4.2.1 바디 수정 장치의 조건

자동차 충돌 사고에 의해 크게 변형된 바디는 큰 해머를 사용해도 고칠 수 없다. 그래서 바디 수정 장치는 인간이 낼 수 없는 큰 힘으로 자동차가 움직이지 않게 고정하고 변형되어 버린 골격을 복원한다. 그리고 원상 복원이 되었는가를 점검하기 위한 차체 계측기를 사용하여 차체수리 매뉴얼의 기준을 점검한다.

바디 수정 장치의 기본적인 기능은 앞에서 나열한 세 가지 목적을 달성하기 위하여 기능들을 조합하여 '인장 장치', '고정 장치', '계측 장치'가 균형이 잘 잡혀 있어야 하는 것이다. 그리고 눈에 보이지 않는 또 하나의 요소가 있는데, 기술자가 바디 수정장비의 사용 방법을 숙지 기능들을 응용 활용하지 못하면 바디 수정의 효과를 발휘하지 못하는 것처럼 바디 수정 장치는 기술자의 기술 능력에 따라 작업효율은 매우 큰 차이가 있다. 예를 들어 컴퓨터의 사용은 많은 일처리에 사용되는 것은 누구나 아는 사실이다. 하지만 컴퓨터를 움직이는 것은 소프트웨어라고 불리어지는 프로그램이 없으면 고철 덩어리에 불과하다. 바디 수정 장치도 이와 같다. 그리고 컴퓨터의 메이커가 다르면 소프트웨어도 공용할 수 없는 것과 같이 바디 수정 장치에도 어떤 장비의 기능을 어떻게 합치는가에 따라 다른 적용 기술이 필요하며 차체수리 기술자는 모든 바디 수정 장치의 모든 기능을 습득해서 용도에 맞게 활용, 적용할 수 있는 기술을 익혀야 한다.

■ 벤치 및 플랫폼 수정기와 바닥 수정기의 비교

구분	벤치 및 플랫폼 수정기	바닥 수정기
구입가격	같지 않으면 바닥식이 약간 싸다. 단 국산인가, 수입인가, 부속품은 어느 정도 포함되어 있는가, 등에 따라 차이는 있다.	
판매 형태	원칙적으로 풀 시스템, 리프트는 옵션일 경우가 많다.	분할하여 필요한 것만 구입하는 일도 가능
작업성	새시 점검과 계측이 편리, 리프트가 부착이 되어 있으며 자동차의 높이를 선택할 수 있으므로 작업도 원활하게 할 수 있다.	고정 높이에 따라 부위마다 작업성은 다르다.
인장 방향	자유	자유
리프트의 병용	수정기 종류에 따라 가능하다.	작업 중에는 사용
작업의 준비	별로 필요 없다.	고정 장치, 당김 공구는 분리되어 있다. 그래서 따로 준비해야 한다.
작업 공간 효율	수정기 종류에 따라 다르다.	사용하지 않을 때도 이용 가능
계측 기준	차체 계측기의 특성에 따라 다르다	차체 계측기의 특성에 따라 다르다

※ 표는 일반적 경향을 정리한 것이며 상세한 것은 기종에 따라 다를 수 있으며 바디 수정기의 A/S 처리 능력, 기능 부품들의 호환성 및 경제성도 고려해야 한다.

요점 정리

- 바디 수정 장치는 사용 방법, 기능 응용에 따라 작업 효율은 차이가 크다.
- 바디 수정 장치는 고정 장치, 인장 장치, 계측 장치 3요소 필수로 구비되어야 한다.
- 바닥 수정 장치는 중앙에 리프트를 설치 기술자의 피로감소 효과가 있다.

4.2.2 바디 수정 장치의 분류

바디 수정 장치는 바닥 타입과 벤치 및 플랫폼 타입으로 나눌 수 있다. 바닥 타입은 각종 기능을 하는 도구가 독립되어 있고 각각 별도로 판매되고 있기 때문에 여러 기능의 조합으로 가격면, 능력 면에서 수정 장비의 기능이 떨어진다. 이것에 대해 벤치 및 플랫폼 타입은 고정, 계측, 인장 작업에 사용되는 도구가 일체화되어 있지만 수정장비의 기능에 따라 차체수리 작업효율은 큰 차이가 있다.

벤치 및 플랫폼 타입 중에는 리프트를 포함하고 있는 것과 판이 기울어진 틸트식, 높이조절이 전혀 불가능한 포터블식 세 종류로 나눌 수 있다.

4.2.3 바닥 수정 장치의 특징

바닥 수정 장치는 공장 바닥에 레일이나 사각 앵커를 묻어 이것을 발판으로 하여 수리 도구류를 거치하기 때문에 기초가 되는 바닥 면은 평평하게 해두는 것이 중요하다.

바닥 수정 장치는 체인이나 쐐기를 사용하는 것이 많다. 작업을 시작하기 전에는 장치를 조립하여 바닥 면에 거치하는 일이 필요하지만 거꾸로 생각해 사용하지 않을 때는 다른 작업의 공간으로서 주위의 바닥과 다름없이 이용이 가능하다.

4.2.4 벤치 및 플랫폼 수정 장치의 특징

인장 작업, 고정을 위한 도구가 미리 자동차를 올리는 플랫폼에 부착되어 있기 때문에 파손 자동차를 수리하기가 쉽고 편리하다. 플랫폼 틸트 타입은 기울여서 자동차를 이동시켜 수정기에 설치하고 플랫폼 매립 타입은 바닥면 높이와 같아서 자동차를 이동이 편리하고 설치가 쉽게 할 수 있다.

바디 수정 장치는 하체 작업은 편리하고, 파손 자동차를 수정기에 설치가 쉽고 편리하며 그 장소는 바디 수정 전용 공간이 되기 때문에 어느 정도 넓은 여유가 있는 공간이 적당하다. 하지만 바닥 바디 수정 장치나 벤치 및 플랫폼 수정 장치의 차체수리 작업공간은 모두 4m×7m의 기본 작업 면적이 필요하다.

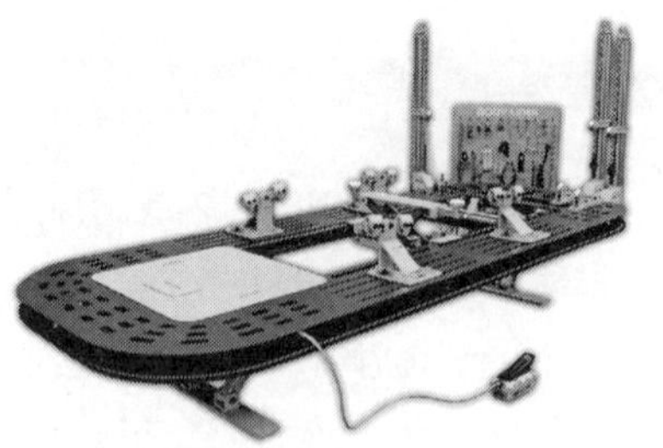

벤치 및 플랫폼 바디 수정 장치 바디 라이너

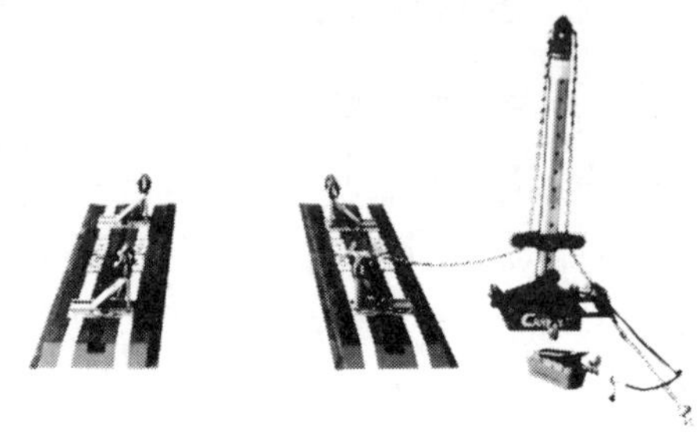

바닥 바디 수정 장치 바디락

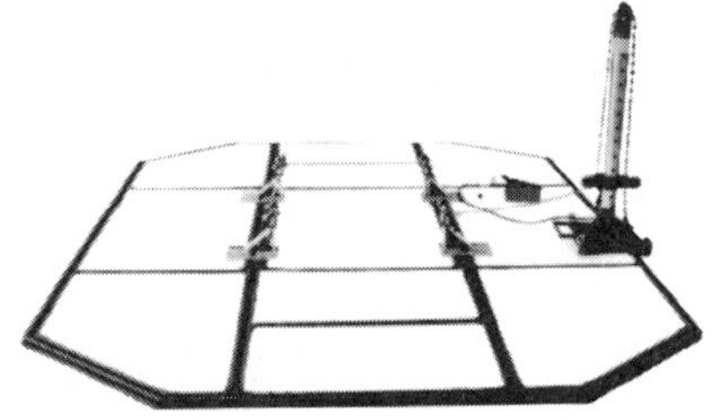

바닥 바디 수정 장치 지그레일

그림 4-2 바디 수정 장치

■ 바디 수정 장치의 조건

하드웨어	소프트웨어
인장 작업 계측 작업 고정 작업	기능 활용 사용방법 기능 제품 개발 공장 배치도

4.2.5 플랫폼 바디 수정 장치와 바디 수리

차체수리 원상 복원 작업에서 플랫폼 바디 수정 장치가 있어도 활용하지 않으면 아무런 의미가 없다. 차체수리 작업 과정에서 바디 수정 장치는 차체수리 시작에서 작업 마무리 점검까지 전

작업공정을 플랫폼 바디 수정 장치에서 이루어져야 한다. 그러므로 플랫폼 바디 수정 장치가 인장 작업 시간을 $\frac{1}{3}$로 단축해도 전체적으로 보면 아주 작은 단축에 지나지 않는다. 플랫폼 바디 수정 장치의 효과를 살리기 위해서는 바디 수리 전 작업 공정을 전체적으로 합리화시키지 않으면 안 된다.

■ 효과적인 바디수리 작업방법

작업 공정	비효과적 작업	효과적 작업
작업 내용	체크하면서 작업	작업 진행 계획 사전 작성
볼트 부품 탈착	핸드 공구를 많이 사용	에어 공구를 많이 사용
손상부 해체	눈에 보이는 대로 해체	작업 순서를 생각해서 해체
패널 수정	해머 & 돌리로만 수정	패널 인출기와 함께 사용해서 수정
용접 패널 교환	토치 & 미그 용접기를 사용해서 패널 교환	미그 & 스포트 용접기를 사용해서 교환
녹 방지, 실링제 도표	해당 작업 없음	녹방지제 실링제 도포 } 철저
엔진 하체의 조정	육안으로만 조정	정비지침서 자료의 활용, 조정
표면 처리	해당 작업 없음	합리적 하도 재료, 연마용 공구 활용
건조	자연 건조	강제 건조

4.3 파손 부위에 힘을 가하는 도구

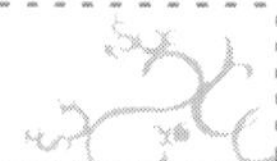

4.3.1 인장 작업

바디 수정은 변형된 바디를 원상 복원하는 것으로 인장 작업은 원상복원 작업의 필수 요소로 변형된 패널의 구조에 맞게 패널을 당겨 원상 복원하는데서 왔다. 물론 실제 작업 흐름에서는 당기는 것뿐만 아니라 밀기도 하고, 고정하여 움직이지 않게 하는 작업이 행해지지만 이것들을 포함해 넓은 의미로 인장 작업이라 말하고 있다. 인장 작업에 필요한 도구는 유압 원리로 힘을 발생시키는 인장 공구, 바디를 견고하게 잡는 클램프, 인장기둥과 클램프를 연결하는 체인 세 가지가 인장 작업의 중요한 역할을 하는 구성 부품이다.

4.3.2 힘을 내는 도구

유압 기구는 인간의 힘, 압축 공기, 전기를 동력으로 하여 큰 힘을 얻을 수 있다. 유압 램이 상하로 늘어나는 힘을 체인의 전후 방향으로 바꾸는 형태의 인장 도구는 각종 바디 수정 장치에서 이용되고 있다. 이것은 손쉽게 사용할 수 있고 동시에 몇 개를 나열하면서 작업이 가능하지만 힘을 가함에 따라 인장 방향이 변화하기 때문에 미리 패널 변화량을 생각하여 인장 방향을 정해서 작업을 해야 한다.

유압을 이용하는 인장 도구에는 플랫폼 바디 수정 장치의 인장기둥이 있고, 또한 유압 램을 밀어서 체인을 당기는 타입도 있다. 이러한 종류의 인장 도구는 지렛대 원리를 응용할 수 있기 때문에 보다 큰 힘을 얻을 수 있다. 단, 힘뿐만 아니라 인장도구의 설치할 수 있는 수는 패널 변형에 따라 다양하게 설치해서 패널 인장 작업에 활용해야 한다.

그림 4-3 여러 가지 인장 도구

4.3.3 파스칼의 원리

$10cm^2$의 피스톤으로 1kg의 힘을 가하면 힘은 액체 전체에 같은 힘이 작용하기 때문에 $10cm^2$의 10배 $100cm^2$ 피스톤에는 1kg의 10배의 힘이 발생한다. 즉 유압이 작용하는 힘과 단면적의 비율은 언제나 같다.

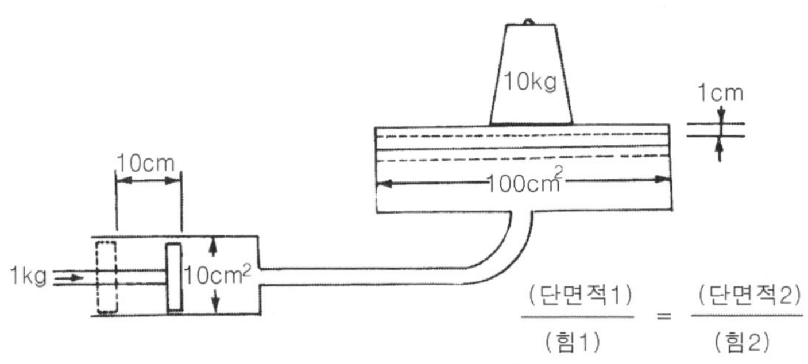

그림 4-4

유압기기는 「파스칼의 원리」에 기본으로 하여 힘을 증대시키고 있다. 자동차의 브레이크도 같은 구조이다. 즉 「액체일부에 가한 압력은 액체 전체에 같은 압력이 작용 한다」는 것으로 예를 들어 면적이 $10cm^2$ 피스톤으로 액체를 밀고 다른 작용점의 면적이 $100cm^2$이라면 힘은 10배로 커진다는 것이다. 단 힘이 커진 만큼 유압 램의 행정 거리는 줄어든다. 앞의 예에서 힘이 10배가 되었기 때문에 유압 램의 행정 거리는 $\frac{1}{10}$이 된다.

요점 정리

유압 기기는 파스칼의 원리로 힘을 크게 전달하고 있다. 유압 유니트는 패널을 늘려 펴고, 늘리고 지지하는 역할을 한다. 기름이 새는 것과 접속부의 취급에 주의해야 한다. 또 무리한 힘을 걸지 않는다.

4.3.4 유압 유니트(판금 잭)의 역할

유압기기는 바디 수리 작업에서 변형된 바디 구조에 유압기기를 적용하여 인장 작업을 수행한다. 바디 수리에서 바디 수정 장치의 보조적인 역할을 하는 것은 유압 유니트가 그 대표적이라 할 수 있다. 판금 잭은 유압에 의해 신축하는 유압 램을 중심으로 각종 연결 부품이 준비되어 있다. 판금 잭은 변형된 패널 사이에 넣어 밀어 넓히거나 힘이 걸리는 부분이 찌그러지지 않게 지지하는 등 용도가 다양하다. 극히 가벼운 바디 손상이라면 이것만으로도 수정할 수 있다.

유압을 작용하게 하는 것은 손으로 상하 작동시키는 핸들 잭이 있고, 큰 힘을 발휘하는 타입은 압축 공기를 이용한 에어 유압 펌프를 사용하여 유압 램을 좌우로 작동 시킨다. 유압 램의 연결 호스 등에서 기름 누수를 점검하고 또 무리한 힘을 가하지 말아야 하며, 그 외에도 각 기기의 설명서를 읽고 지시에 따르는 것이 좋다.

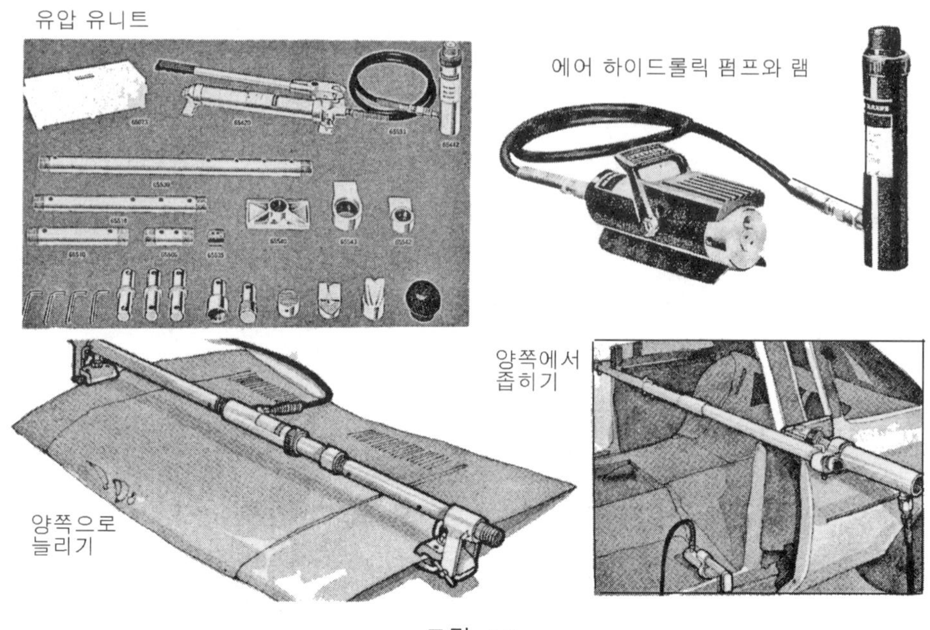

그림 4-5

요점 정리

유압 판금 잭 사용법

① 설치각도는 30~90˚의 범위(45~60˚가 효율적)
30˚ 이하에서는 앵커부와 램의 접속부가 벗겨지기 쉽고, 90˚ 이상에서는 체인이 앵커에서 벗겨질 위험이 있다.

② 램의 커플러는 위로 오게 한다.

③ 램의 연장은 최소의 수로 한다.
짧은 램을 여러 개 연결하면 연결 부위에 유격이 많이 발생해서 힘을 가하면 휘어질 수 있다.

4.3.5 클램프의 조건

클램프가 약하면 생각하는 대로 인장 작업을 할 수 없다. 바디를 잡아 주는 부분에는 이빨이 붙어있고 힘을 가해도 잘 미끄러지지 않는 구조로 되어 있다. 또 인장 작업의 힘의 방향은 패널에 물리는 톱니 중심을 지나는 일직선이 되어야 한다.

이 두 가지가 클램프의 조건으로 어느 쪽이 빠져도 인장 작업에는 사용할 수 없다. 클램프에는 단순한 모양인 것부터 다양한 기능의 클램프, 바디의 특정 부위에 사용하는 전용 클램프 등 여러 가지 종류의 클램프가 있다. 차체구조의 수리 용도에 적합한 다양한 클램프를 비치해 두고 차체수리 작업을 하는 것이 좋다.

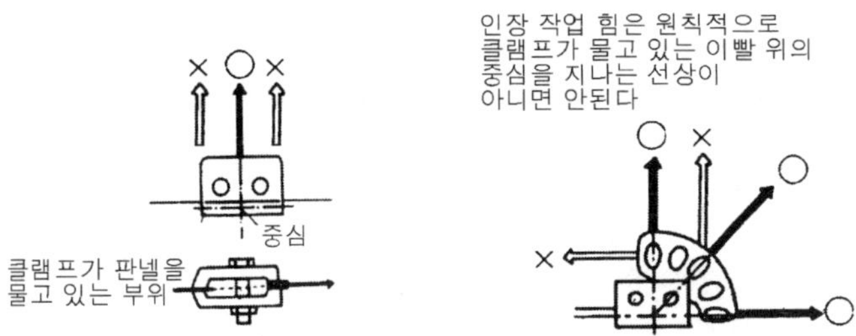

그림 4-6 클램프와 당김 방향

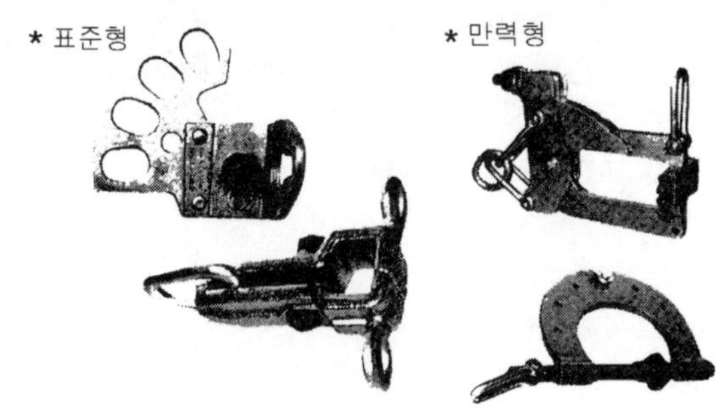

★ 전용형

데시 판넬용

드립 레일용

차체 언더바디 전용 스탭 클램프

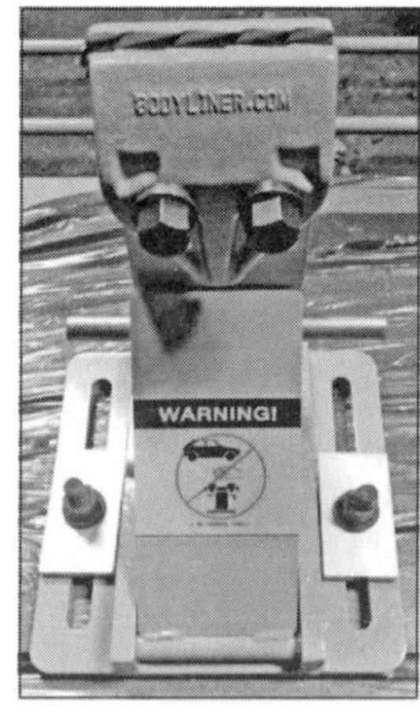

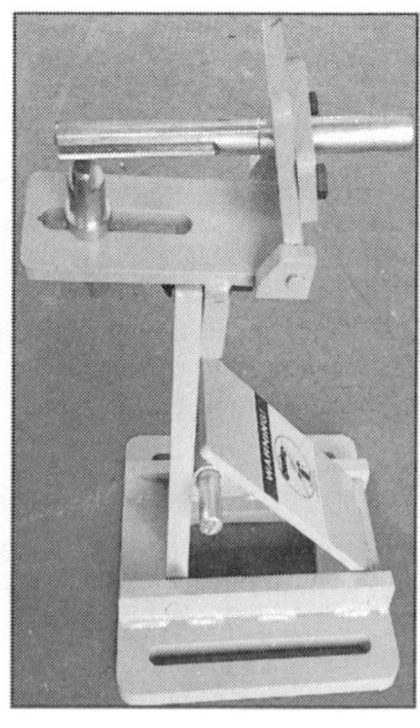

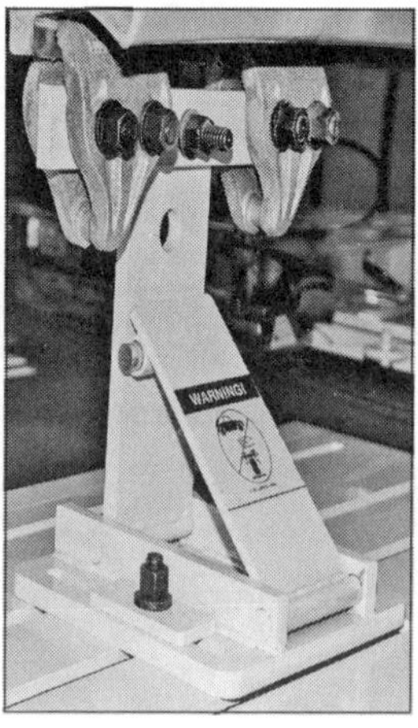

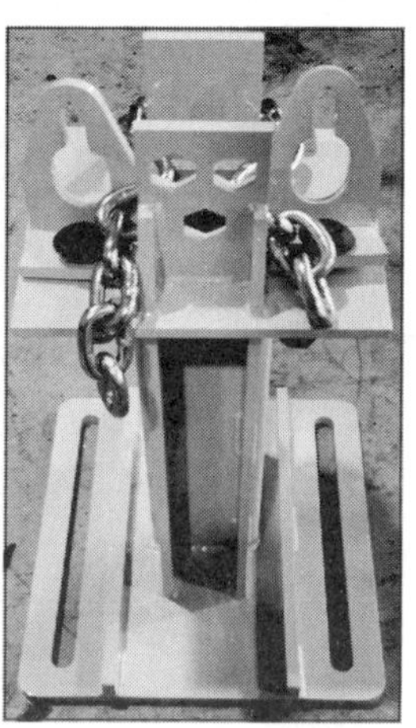

그림 4-7 클램프의 분류

4.3.6 체인 점검 관리

인장 도구와 클램프를 연결하는 체인은 특수한 것은 아니지만 외관이 비슷하다고 해서 아무 것이나 사용하지 않는 것이 좋다. 바디 수정 장치에 부속되어 있는 체인을 사용하는 것이 제일 좋다. 바디 수정 장치 메이커와 상담하여 동일 규격의 것을 사용한다. 사용함에 있어서는 녹이 슬거나 꼬인 상태로 사용하지 말아야 한다. 가끔 엷게 기름을 칠해주는 것도 좋을 것이다.

요점 정리

체인 사용법

① 꼬인 체인을 바로 정렬해서 사용한다.

② 체인을 해머로 두들기지 말 것

③ 변형된 체인을 사용하지 말 것

4.4 바디 고정 장치

4.4.1 고정의 필요성

바디 고정에는 자동차를 바디 수정 장치에 단단하게 묶어 두기 위한 기본 고정과 어떤 특정의 장소에 힘이 너무 걸리지 않게 하는 부위별 추가 고정 두 가지가 있다. 여기서는 바디 수정 장치에 관계하는 기본 고정을 중심으로 설명하고 부위별 추가 고정에 대해서는 바디 수정 작업에서 하도록 한다.

충분한 힘을 가하기 위해서는 변형된 차체가 단단하게 고정되어 있을 필요가 있다. 인장 작업 시에도 자동차 고정이 불충분하면 힘을 가해도 효과가 없는 것뿐만 아니라 생각지도 않던 곳에서 즉 변형이 없는 정상인 패널을 변형시켜 경우가 발생하기도 한다. 바디와 바디 수정 장치를 연결하는 기본 고정은 라커 패널의 하(下)면 플랜지에서 행하는 경우가 많다. 플랜지를 고정하는 언더 바디 전용 클램프을 스탭 클램프라고 한다. 바디 구조에 따라 다양한 스탭 클램프는 바디 수정 장치의 종류에 따라 독자적으로 만들어져 있다.

그림 4-8 고정의 중요성

언더 바디 클램프는 벤치 및 플랫폼 바디 수정 장치에서는 직접 벤치 및 플랫폼 위에 부착되어 있고 바닥 바디 수정 장치에서도 전용 스탭 클램프를 통해 또는 체인에 의해 바닥 면에 고정된다. 체인을 사용하는 방법에서는 체인이 느슨하면 고정이 불충분해지기 때문에 단단하게 당기는 것이 중요하다. 자동차의 바디는 주행 중에 받는 힘에 대해서는 강하게 만들어져 있으나 그 외의 힘에는 의외로 약하다. 로커 패널 네 곳에서 고정을 해도 각각 불균등한 힘이 걸리면 간단히 바디가 꼬여 버리는 경우가 있다. 이러한 현상을 방지하기 위해 네 곳의 고정점끼리 확실하게 연결하고, 일체가 되어 힘을 받도록 한다.

요점 정리

- 고정에는 기본 고정과 추가 고정이 있다.
- 고정이 불충분하면 인장 작업을 할 수 없다.
- 기본 고정은 주로 라커 패널에 하며 플랜지 하부의 네 곳에서 고정한다.
- 바른 고정은 차체를 수평 상태를 유지한다.

4.4.2 고정 장치란?

바디 수정 장치의 고정 부위만 떼어내어 판매를 하던 때가 있었다. 이것은 구형 바닥 바디 수정 장치에서 고정에 체인을 사용하는 타입의 교체용으로 인기를 모았다. 이 종류의 고정 장치는 체인을 사용하지 않고 고정할 수 있는 것이 특징이다. 차체 전용 인장 도구나 계측기가 조합된 바디 수정 장치로 발전한 것이다.

4.4.3 고정 도구의 조건

바디 수정 작업에서 바디 고정은 중요한 작업으로 조건은 다음과 같다.

① 어떤 차종이라도 고정할 수 있을 것
② 힘을 가해도 비뚤어지거나 풀어지지 않을 것
③ 수평으로 고정할 수 있을 것
④ 고정점을 연결하여 일체화할 수 있을 것

이상 네 가지가 바디를 고정하기 위한 도구에 있어 빼놓을 수 없는 조건이라 할 수 있다.

4.5 올바른 바디 고정의 비결 I

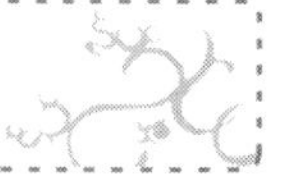

타이어를 부착한 자동차를 체인 풀러나 유압 램으로 당기면 당긴 방향으로 이동해 버린다. 타이어를 떼어 내어도 거의 비슷한 현상이 일어난다. 이런 상태에서 바디 수정을 할 수 없기 때문에 인장 작업에서는 바디를 확실하게 고정한다. 그러나 움직이지 않는다고 어디든 좋다는 것은 아니다. 인장 작업에서 가한 힘은 고정한 장소에도 걸려오기 때문에 확실하게 고정하지 않으면 그 부분을 파손시키는 경우도 있다. 또 인장 작업에 의해 모멘트(회전력)가 발생하므로 엉뚱한 곳에 힘이 작용하여 바디를 변형 시켜 버리는 경우도 있다.

4.5.1 기본적인 고정

고정에는 기본적인 고정과 인장 작업에 따라 추가하는 고정이 있다. 기본적인 고정은 바디를 바디 수정 장치에 거치하기 위해 하는 것으로 측면의 손상을 제외하면 대부분의 사고 차에 대해 기본 고정으로 작업이 가능하다.

고정 부위는 라커 패널 아래 면의 플랜지에서, 좌측과 우측의 전 · 후면 4곳이 원칙이며, 이는 베이스의 확보 지점과 같다. 4개의 고정 전용 클램프는 가능하면 고정점에 가까운 위치를 파이프 등으로 우물 정(井)자 형태로 서로 연결한다. 이것은 4곳의 고정 전용 클램프가 일체가 되어 차체를 강력하게 고정할 수 있어 인장 작업에 도움을 주기 위함이다.

원래 자동차의 라커 패널은 인장 작업의 힘에 견디어 내게 설계되어 있지 않기 때문에 고정부에 각각 다른 크기의 힘이 걸리면 라커 패널을 변형시켜 버린다. 4곳이 일치가 되어 있으면 그러한 염려는 필요가 없다.

그림 4-9 기본 고정은 우물 정(井)자 형태

요점 정리

- 고정에는 기본적인 고정과 추가 고정이 있다.
- 기본적인 고정은 라커 패널 아래의 플랜지 4곳에서 한다.
- 고정 전용 클램프는 우물(井)자 형태로 연결한다.
- 라커 패널 아래 면의 플랜지가 없는 자동차는 스텝 상단부의 플랜지를 고정한다.

4.5.2 기본 고정의 특수한 예

라커 패널을 포함한 측면 파손에서는 4곳의 기본 고정이 어렵게 된다. 이런 경우 변형이 없는 곳은 원래대로 고정하고, 손상된 곳은 손상 범위에 따라 조치해야 한다. 손상이 미치지 않는 전후에 클램프를 붙여 당겨 놓고, 반대쪽에 고정을 추가하는 방법도 있다.

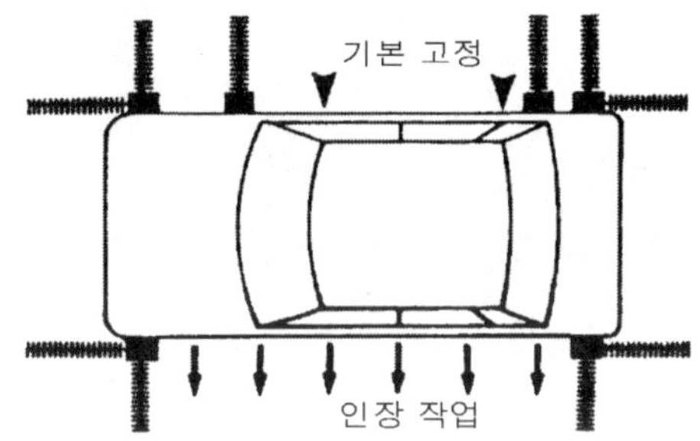

그림 4-10 사이드 손상의 고정 예

라커 패널 아래 면에 플랜지가 없는 차종은 상부 스텝의 몰딩을 떼어내고 그 아래에 있는 플랜지에 고정 전용 클램프를 상하 거꾸로 하여 물리기도 한다(그림 4-12 참조). 대부분의 바디 수정 장치는 이 방법으로 고정할 수 있게 되어 있다. 프레임 조립형을 갖는 자동차는 바디와 프레임을 별도로 고정한다. 프레임 측에는 고정 전용 클램프를 부착할 수 없기 때문에 얇은 판을 용접하여 클램프로 고정한다(그림 4-11 참조).

라커 패널의 플랜지가 곡선 형태로 되어 있는 차종은 조금 어렵다. 고정은 클램프의 부착 부품이 움직이는 형태로 되어 있으면 별다른 문제는 없지만 움직이지 않는 타입이면 일시적으로 플랜지를 변형시켜 강제적으로 클램프를 붙이든지 그것이 안 되면 별도로 얇은 판을 용접하여 그곳에 클램프로 고정한다. 밴이나 상용차도 고정이 어렵다.

잘 사용되는 방법으로서, 프론트측은 서스펜션 멤버 등의 강도가 높은 장소에 체인을 걸거나, 프론트 사이드 멤버 뒤끝에 붙여 당겨 주고 리어측은 휠 아치 내의 플랜지에 클램프를 붙여 체인으로 고정하는 등이다. 어느 쪽도 인장 작업에 있어서 보조적인 고정이 추가된다(그림 4-13 참조).

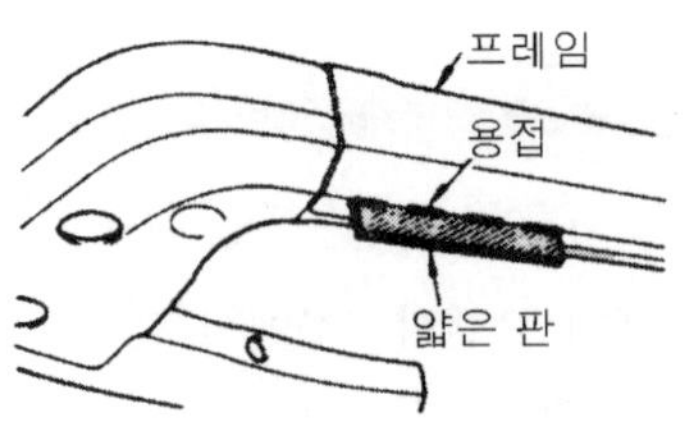

그림 4-11 프레임 부착 차의 고정

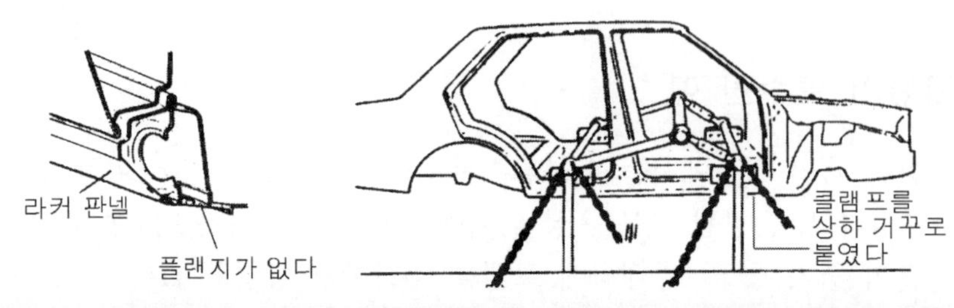

그림 4-12 라커 패널에 플랜지가 없는 자동차의 고정

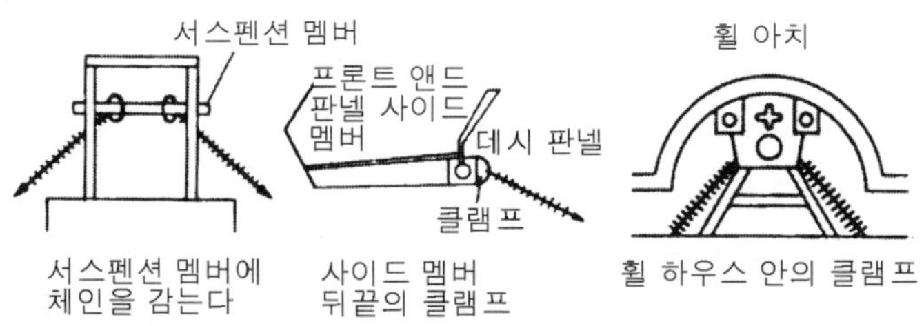

그림 4-13 박스 카의 고정 예

4.6 올바른 고정의 비결 II

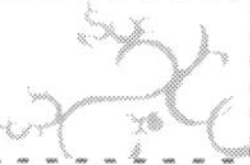

4.6.1 고정 작업의 순서

기본적인 고정 작업이란 사고 차의 바디를 바디 수정 장치에 고정하는 일이기도 하다. 바디 수정 장치의 기종에 따라 세부적으로는 다르지만 전체의 흐름은 거의 공통적이다. 바닥 바디 수정 장치에서는 먼저 사고 차를 장치의 중앙으로 옮기고 손상 부위(앞, 뒤)에 따라 작업하기 쉬운 방향을 전방으로 둔다.

고정에 필요한 클램프 등은 자동차 주위에 나열해 두고 나서 처음에 고정 전용 클램프를 부착한다.

벤치 및 플랫폼 바디 수정 장치에서는 리프트 타입, 틸트 타입에 따라 차이는 있지만 어느 쪽도 벤치 및 플랫폼 바디 수정 장치 위에 자동차를 이동해서 고정 전용 클램프로 차체를 고정하는 것이 좋다. 물론 구체적으로는 각종 바디 수정 장치의 사용 매뉴얼에 따르는 것이 중요하다.

4.6.2 패널 추가 고정

자동차의 변형이 과도하면 원상 복원하는 복원력이 매우 크게 작용하기 때문에 기본 고정으로는 바디를 고정할 수 없기 때문에 다양한 고정 기구로 바디를 추가 고정을 해야 한다(그림 4-14 참조).

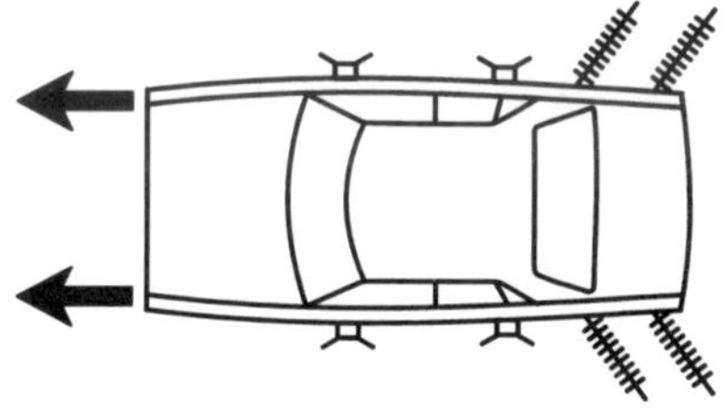

그림 4-14 기본 고정의 보강

1) 불필요한 회전 모멘트를 제거한다

사고 차량을 수정하기 위해 기본 고정을 하고 인장 작업을 해도 인장하는 방향이 차체의 중심과 평행한 방향이 아닐 경우 회전하려고 하는 모멘트가 발생한다. 이를 방지하기 위해 인장하는 반대쪽에서 인장하는 각도만큼 반비례하여 추가 고정한다(그림 4-15 참조).

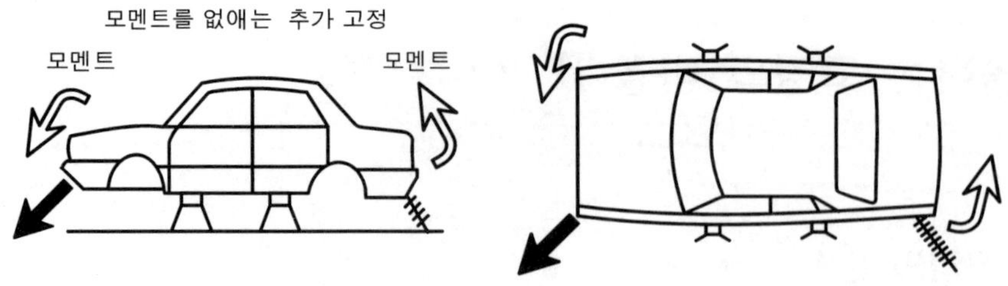

그림 4-15 불필요한 모멘트를 없애는 추가 고정

2) 과도한 인장을 방지 한다

예를 들어 카울 사이드 패널의 좌측을 인장 작업에서 A 필러의 변형을 방지하기 위해서 추가적으로 고정한다. 변형된 패널의 인장 작업으로 인한 인접 패널의 변형을 방지하기 위해서 또한 정상적인 패널에 인장력이 전달되는 것을 차단하기 위해서 추가 고정을 한다(그림 4-16 참조).

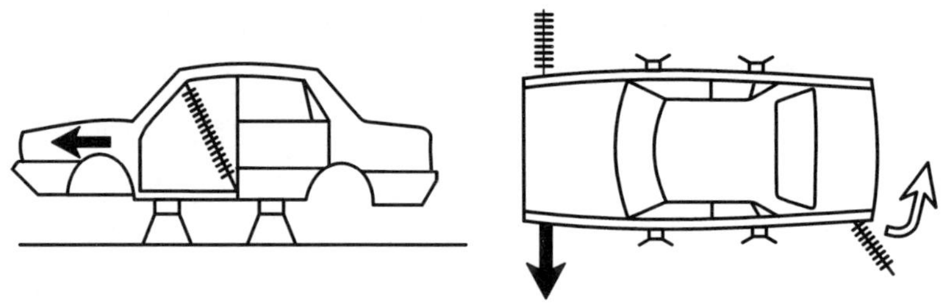

그림 4-16 너무 당기는 것을 막는 추가 고정

3) 용접 부분을 보호한다

신차의 용접이 튼튼해도 용접부 근처에 큰 힘이 가해지면 손상이 올 때도 있다. 스포트 부분이 떨어지는 것을 막기 위해 용접 부분 바로 앞에 고정을 추가한다(그림 4-17 참조).

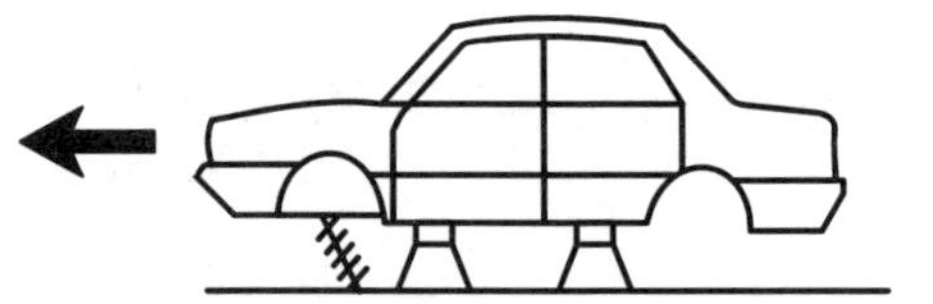

데시판넬과 사이드 멤버의 용접부를 보호한다

그림 4-17 용접부를 보호하는 추가 고정

4) 힘의 범위를 한정한다

인장 작업의 힘은 고정한 부분까지 전달된다. 그래서 좁은 범위에 힘을 가할 때는 필요한 범위의 바로 뒤를 고정하면 그 이상 뒤로는 힘이 전달되지 않는다(그림 4-18 참조).

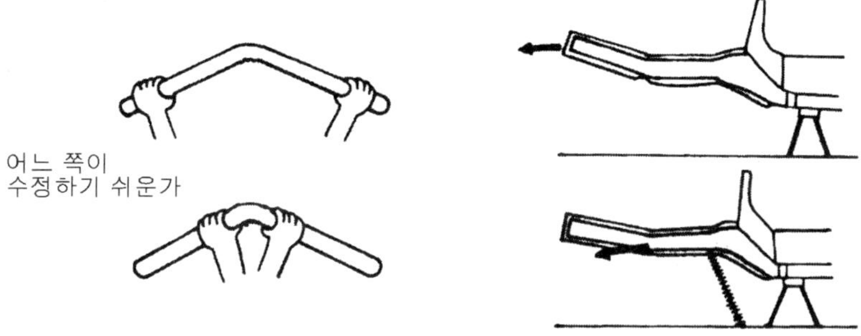

그림 4-18 인장 작업의 힘을 좁은 범위에 집중시킨다

4.6.3 엔진을 별도로 지지

부 정확한 차체수리 작업으로 출고된 자동차의 경우 운행 중 쏠림현상, 타이어 편 마모, 부 정확한 휠 얼라이먼트 등 원인의 자동차를 다시 바디 수정 작업을 할 경우에 플랫폼 바디 수정기에서 바디 수정 작업을 하면 FF차(에 제한되지는 않지만)는 프론트부에 엔진이나 변속기, 현가장치 등 무거운 것이 집중되어 있기 때문에 그대로 바디 수정기에 설치하면 엔진의 무게, 현가장치 등의 고정 볼트 고정 때문에 바디 수정 작업을 하기 힘이 들며 이런 경우 차체 계측 작업이 부정확하기 때문에, 바디 수정 작업을 할 때는 유압잭으로 엔진, 현가장치 등의 고정 볼트을 약간 풀어서 유격을 시켜 들어 올려놓고 바디 수정 작업을 하는 것이 좋다. 트렁크 룸이 큰 차종은 리어 측에서 같은 방법으로 작업을 하면 된다.

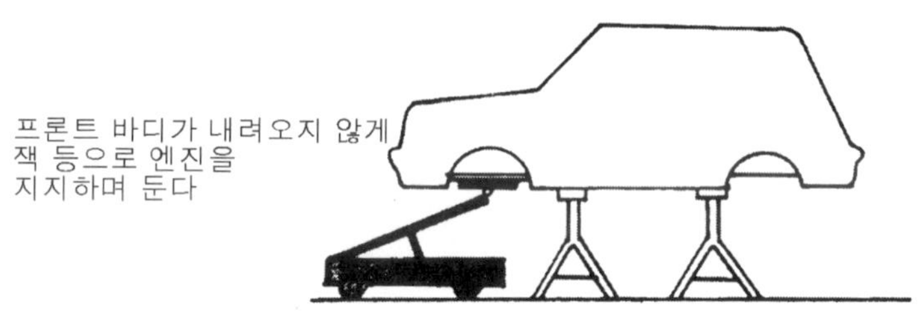

그림 4-19 엔진 지지

4.7 클램프 설치 기술

4.7.1 클램프의 관리 사용방법

인장 작업의 힘은 클램프가 바디를 확실하게 고정하면서 효과가 나타난다. 클램프가 힘에 견디어 내지 못하고 틀어져 버리면 작업이 진행되지 않는 것은 물론이고 위험을 부를 수도 있다. 어

느 방향으로 당길 것인가, 어디에 클램프를 붙일 것인가를 결정하기 이전에 클램프의 관리 사용방법을 알아두어야 할 사항이 몇 가지 있다.

첫째, 클램프의 이빨을 소중하게 다루어야 한다. 클램프가 바디를 잡는 부분에는 삼각 단면의 이빨이 붙어 있고 인장 작업에서 힘을 가하면 이 이빨이 패널을 죄어들게 되어 있으므로 톱니가 둥글게 되고, 틈새에 먼지 등이 차 있으면 미끄러지기 쉽다. 정기적으로 점검 청소하는 것이 중요하다.

둘째, 볼트를 너무 세게 조이지 않는다. 미끄러지면 곤란하기 때문에 클램프의 볼트를 힘을 주어 조여 사용하는 것이 기술자의 심리이지만 좋은 클램프라면 힘을 가하면 가할수록, 죄어 들어가는 힘은 커지게 되는 쐐기 구조를 갖고 있다. 필요 이상의 힘을 가해 조이면 클램프 수명을 단축시켜 버린다. 또 정기적으로 점검하여 홈 안에 먼지 등을 제거하고 엔진 오일을 발라 두는 것이 좋다.

셋째, 체인이 꼬이지 않게 한다. 인장 작업의 힘은 물론 체인에도 걸려 있다. 여유가 있는 강도로 만들어져 있기 때문에 작업 중에 잘라지는 일은 거의 없지만 꼬이거나, 녹이 슬어 있으면 위험하다. 가끔 오일을 발라두는 것이 좋다. 또한 벤치 및 플랫폼 바디 수정 장치의 체인은 유압램을 사용하여 인장 작업에 의해 반복적으로 힘이 작용하기 때문에 체인에 많은 피로가 쌓여 있으므로 정기적으로 체인을 꼭 교환해서 사용해야지 안전사고를 예방할 수 있다.

4.7.2 클램프의 인장방향

클램프를 당기는 방향은 구조에 따라 결정된다. 어느 방향이든 마음대로 당기는 것이 아니라 클램프에 힘을 가했을 때 반드시 힘의 방향은 클램프가 바디를 죄고 있는 이빨 부분의 중심을 지나는 선상에 겹치게 되어야 한다. 인장 방향과 톱니 중심이 틀어져 있으면 모멘트 즉 이빨 부분을 틀어지게 하는 힘이 발생하고 미끄러지거나, 풀어지기 쉽게 된다. 힘도 충분하게 가할 수 없게 된다. 이것은 일반적인 클램프에 제한하지 않고 어떤 타입도 마찬가지이다. 예를 들면 스트럿 부착 부분에 볼트로 고정하는 원반 위의 플레이트도 인장 방향은 각 볼트를 연결하는 중심을 지나지 않으면 안 된다.

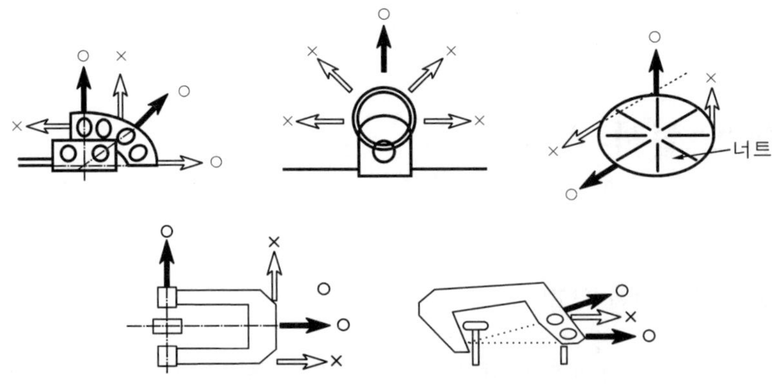

그림 4-20 클램프의 올바른 사용법

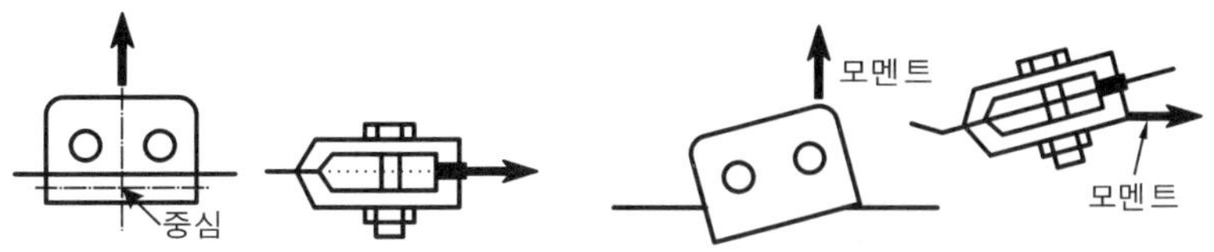

당김 방향이 클램크가 바디를 죄고 있는 범위의 중심과 일치한다

중심을 벗어나 당기면 판넬에 상처를 내거나 풀어지기 쉽다

그림 4-21 클램프의 당김 방향

 **요점 정리**

- 클램프 이빨 틈새에 먼지 등의 이물질을 제거한다.
- 볼트는 너무 세게 조이지 않는다.
- 꼬인 상태에 체인은 끊어지므로 항상 체인이 정렬된 상태에서 사용한다.
- 클램프의 인장 방향은 톱니 중심을 지나는 선의 위를 겹치게 되어 있다.
- 인장 방향이나 패널의 구조에 따라 클램프를 선택해서 사용한다.

4.7.3 클램프는 목적에 따라 사용

클램프는 어디에 붙여 사용해도 좋은 것과 특정 부위에 맞추어 만들어진 것이 있다. 예를 들어 좁은 장소용 클램프는 큰 힘에 견디어 내지 못하고, 틈이 큰 만력형 클램프는 일반 클램프 보다 미끄러지기 쉬우므로 필요한 때 이외는 사용하지 않는 것이 좋다. 또 이빨 형태에 따라 특정 방향으로 밖에 힘을 가할 수 없는 클램프도 있다. 클램프 종류는 가능하면 많은 종류를 준비하여 패널의 구조나 인장 방향에 따라 클램프를 선택해서 사용하는 것이 좋다.

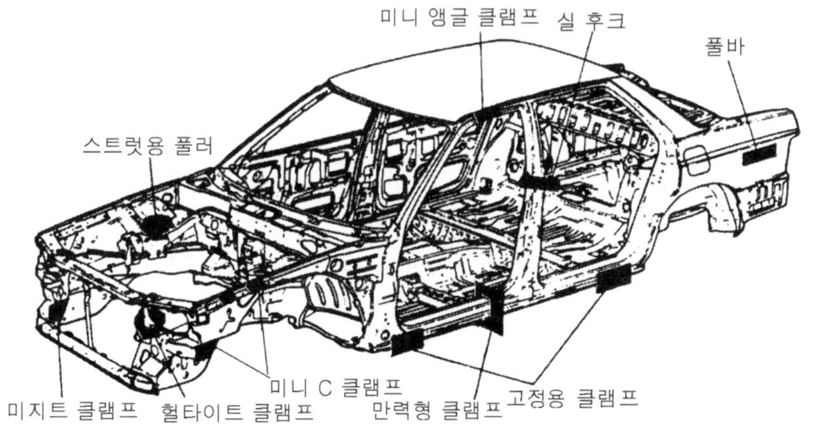

그림 4-22 부위에 따른 클램프의 사용 분류

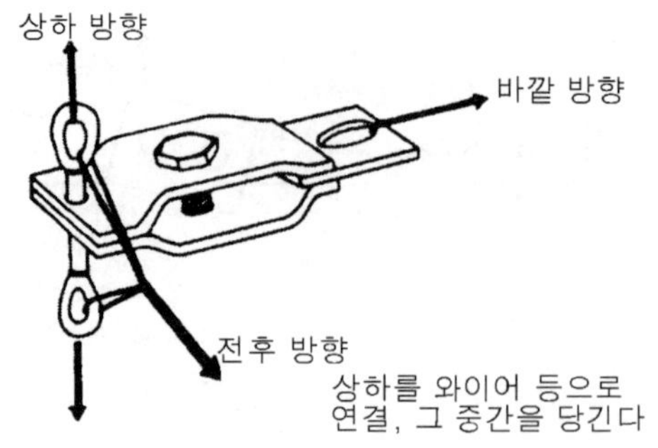

그림 4-23 다중 인장법의 예

4.8 효과적인 프레임 교정술이란?

4.8.1 인장 작업의 순서

자동차 충돌에 의해 받은 힘과 같은 크기로 반대 방향의 힘을 가하면 바디는 복원된다는 것은 잘못된 지식이다. 어떤 힘을 받았는지를 정확하게 아는 것도 어렵고 만약 알아도 충돌에 의해 받은 힘은 순간적인 힘이므로 바디 수정에 필요한 인장력과는 힘의 강도, 전달경로가 다르다. 그리고 한번 변형된 패널은 가공 경화가 일어나 있기 때문에 같은 힘을 받아도 변형은 복원되지 않는다. 바디가 어긋나 있을 정도로 큰 충격을 받아 손상된 자동차를 힘의 작용방향 등을 파악하여 어떤 순서로 원상 복원하는 수리 계획을 세워야 한다.

먼저 필요한 것은 바디의 센터, 그리고 힘을 받은 곳으로부터 가장 먼 손상부분의 순서로 패널 복원작업을 진행해야 한다. 이것은 어떤 경우의 사고 차에도 해당되며 순서가 틀리면 복원은 상당히 어려워진다.

4.8.2 힘의 성질

바디 수정 작업을 할 때 필요한 인장력을 바디 구조에 적용하기 위해서는 힘의 성질을 이해하는 것이 좋다.

자동차의 바디는 통상의 운행 시 강성과 내구성을 유지하게끔 설계되어 있다. 만일의 충돌 사고 발생에 의해 차체가 변형되어 차체 자체가 충격을 흡수함으로써 차체에 가해진 충격으로부터 안전성을 확보하고 있다. 즉, 바디의 앞부분과 뒷부분은 격심한 충돌에서도 승객에 대한 피해를 최소화하기 위해서 최대량의 충격을 흡수해야 하며, 객실부위는 승객의 안전을 제공하기 위해 쉽게 변형되지 않는 구조로 되어 있다.

1) 힘의 5요소

힘의 요소에는 일반적으로 방향, 크기 그리고 작용점이라는 힘의 중요한 3요소들이 있으나 바디 수리 작업에 있어서는 다음 5가지 요소들이 고려되어야 한다.

① 힘의 방향
② 힘의 크기
③ 힘의 작용점
④ 가해진 힘의 수
⑤ 가해진 힘의 순서

2) 벡터는 힘의 기본

어떤 특정의 힘을 표현할 때 크기만으로는 불충분하다. 힘은 크기와 방향 두 가지 요소로 표현된다. 이와 같이 방향과 크기를 벡터라고 부른다. 힘 이외에도 바람(풍향과 풍속) 속도(진행 방향과 속도) 물의 흐름(흐르는 방향과 강도) 등에도 적용된다. 그리고 벡터는 화살표를 사용하여 그림으로 그릴 수도 있고, 화살표로 나타내고, 또한 합성 분해가 가능하다.

보통은 화살표 길이가 힘의 크기이고 화살표 방향이 힘의 방향이 된다. 물론 힘의 크기나 방향으로만 바디 수리의 모든 것을 얻을 수 없기 때문에 대략적인 것에 지나지 않지만 인장 방향을 생각할 때 표현 기법이 된다. 바디에 가한 힘이 어떻게 작용하는지, 어느 방향으로 힘을 작용하면 바디에 미치는 힘의 효과 등을 알 수 있다.

예를 들어 바디 코너 부분에서 어느 방향에서 당기면 효과적일까, 경사 방향의 힘을 적용하기에는 어떤 방법이 좋을까 등이다.

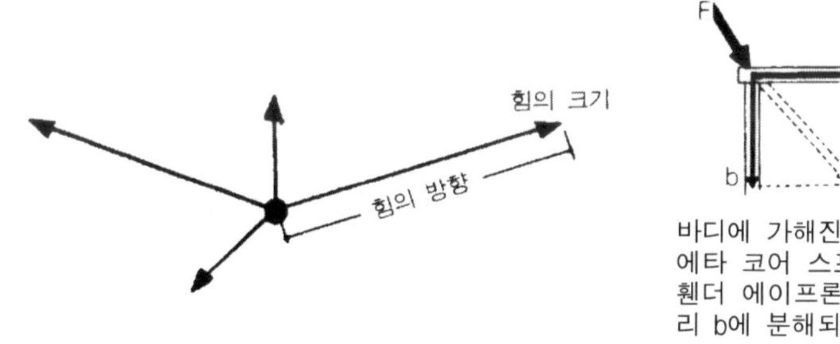

그림 4-24 힘의 크기와 방향

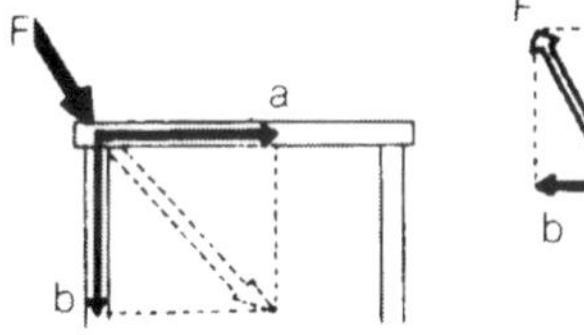

바디에 가해진 힘 F는 라디에타 코어 스포트 패널 a와 휀더 에이프론 패널 어셈블리 b에 분해되어 전달된다.

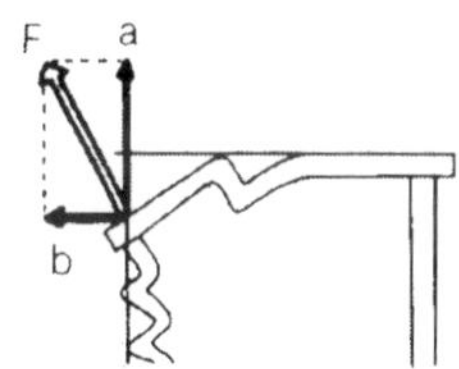

a와 b의 두 방향의 견인 작업으로 바디를 수정하기 쉬우며 F 방향으로 수정하는 것은 어려움이 발생한다.

그림 4-25 벡터의 응용

요점 정리

- 힘의 방향과 크기는 벡터의 화살표로 나타낼 수 있다.
- 관성이란 움직이는 것은 계속 움직이고, 멈추어 있는 것은 계속 멈추는 힘의 법칙이다.

- 형태나 면적이 변화하는 장소에는 응력이 집중하고 파손되기 쉽다.
- 중심을 벗어난 장소에 힘을 가하면 회전되려 하는 힘, 즉 모멘트가 발생한다.

3) 관성의 작용

무엇인가에 힘을 가하는 경우 순간적으로 힘을 가하는 경우와 천천히 힘을 가하는 경우에는 같은 힘이라도 결과가 다를 때가 있다. 이것은 어떤 물건에도 관성이라는 성질이 있기 때문으로 관성이란 물건의 위치변동에 대한 저항을 나타내고, 그래서 무거운 것일수록 움직이기 어렵고 멈추기 어렵게 된다.

예를 들어 사고 시 충격은 순간적이기 때문에 멈춰있는 자동차라도 관성에 의해 지지되고, 바디에는 손상이 발생한다.

인장 작업은 천천히 당기는 힘으로 고정되어 있지 않는 자동차에 힘을 가하면 자동차가 이동하기만 하고 변형 수정은 이루어지지 않는다. 힘이 전달되는 범위도 순간적인 힘은 비교적 좁은 범위에, 천천히 가해진 힘은 전체로 전달된다.

무거운 물건일수록 움직이기 어렵고, 이동의 시작과 멈춤에는 큰 힘을 필요로 한다.

그림 4-26 관성의 작용

그림 4-27 힘을 가하는 방법과 손상 상태

4) 응력의 집중

패널 부분의 홀이나 단면적이 적은 부분은 힘의 분배가 일정치 않으므로, 그림 4-28에서 보여준 것처럼 힘은 부분적인 형태가 변하는 곳에 집중한다.

따라서 이러한 부분에 힘(외력)이 가해지면 이 부분에서 변형이 쉽게 일어나며, 이러한 원리를 이용하여 차체의 패널 등의 디자인에 사용된다.

즉, 응력이 집중되기 쉬운 장소를 패널의 구조에 따라 만들어 외부의 충격력을 흡수하도록 차체를 설계하였으며, 따라서 외부의 충격 발생 시 이러한 부분이 먼저 손상을 받아 충격을 흡수함으로써 충격력의 전파를 막는 역할을 한다.

[응력이 집중되기 쉬운 장소]

- 홀(구멍)이 있는 부분
- 패널과 패널이 겹쳐진 부분
- 단면적이 적은 부분
- 곡면이 있는 부분(코너 부분)

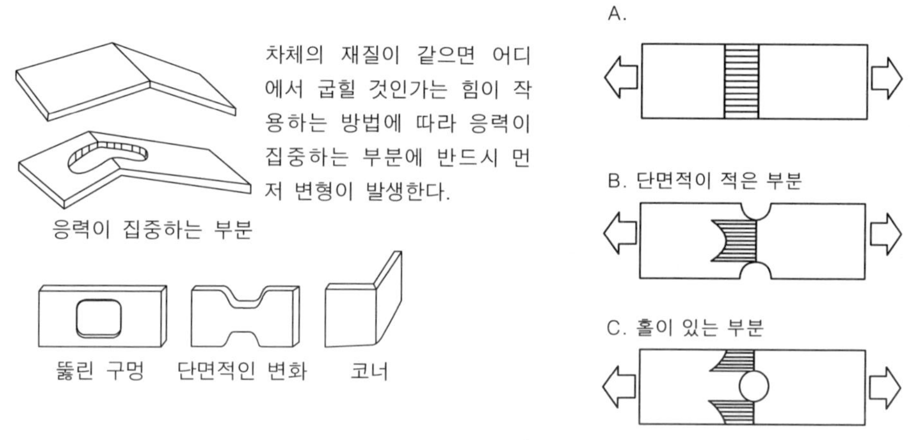

그림 4-28 응력의 집중

5) 모멘트의 발생

물건의 중심에서 벗어난 곳에 힘을 가한 경우, 가한 힘은 똑 바르게 작용하지 않고 회전하려고 하는 힘이 발생한다. 이것이 모멘트이고 옳지 않는 인장 작업을 하면 바디 전체를 회전시키거나 틀어지게 하는 힘이 발생하여 생각하지 않던 장소를 변형시켜 버릴 수도 있다.

다음의 그림 4-29에서와 같이 충격력이 차체의 중심을 벗어나 가해지면, 충격력을 흡수하는 회전 모멘트가 발생한다.

그러나 충격력이 중심을 향한다면, 회전 모멘트는 일어나지 않는다. 그렇지만 결과적으로 차체가 입는 손상은 더욱 커진다.

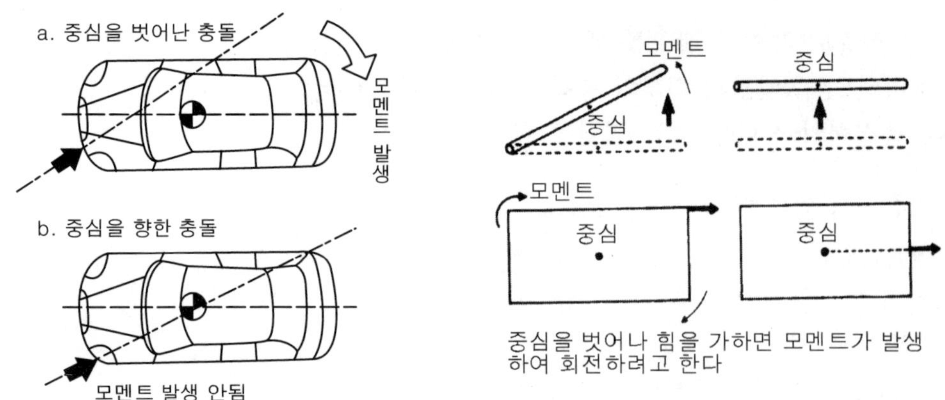

그림 4-29 모멘트의 발생 원리

4.8.3 인장 작업의 단순화

1) 단순한 봉 수정

복잡한 구조를 갖는 자동차 바디를 취급하기 전에 단순 균일한 구조를 갖는 봉이나 패널, 입체물의 수정을 통해 인장 작업에서 작용하는 힘에 대하여 생각해 보자.

① 만일 균일한 재료로 만들어진 봉이 굽어 있다고 하자.

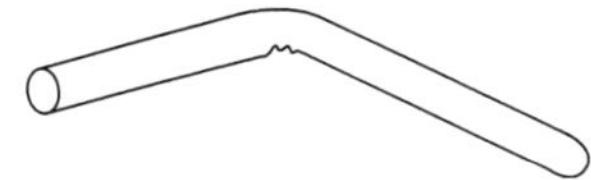

② 한 방향에서 힘을 가한 것만으로 봉이 슬슬 이동할 뿐 굽어진 것을 수정할 수는 없다.

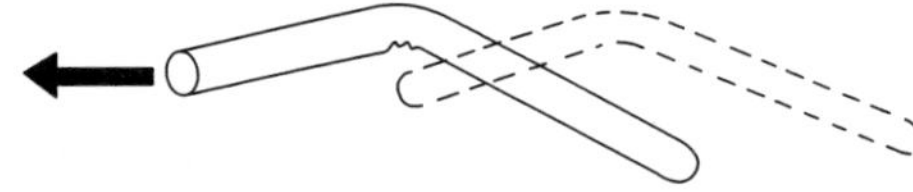

③ 한쪽을 고정하고, 한쪽을 당기면 똑 바르게 펴는 것이 가능하다.

④ 당김 방향과 고정을 반대로 힘이 작용하는 것과 같다.

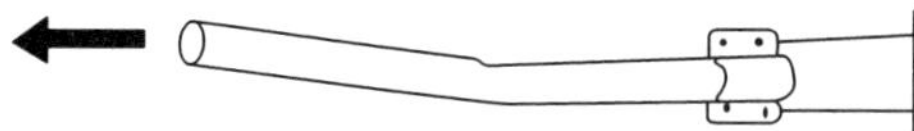

⑤ 봉 한쪽 끝을 고정하고 한쪽 끝은 슬립으로 움직이면 굽어 있는 부분에 힘을 가해도 수정할 수 있다.

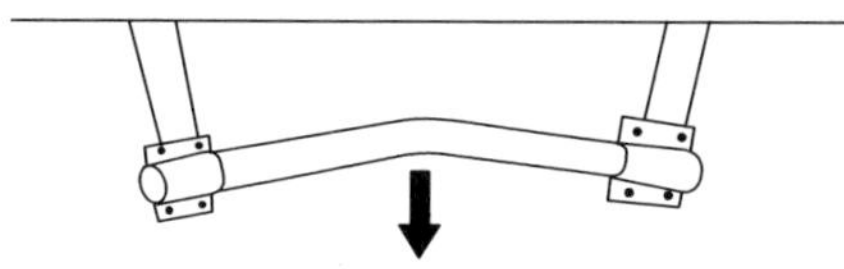

⑥ 어느 것도 같다면 한 번에 세 가지 힘을 가하는 것이 가장 빠르다. 힘을 3분의 1로 나누고 3방향 직각 힘을 가해도 수정이 가능하다.

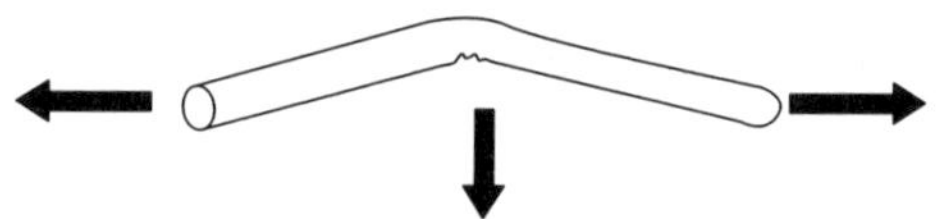

힘이 3분의 1로 된다면 힘을 가하는 도구는 간단한 것으로 가능하고 봉이 약해도 당겨 끊어지지 않는 등 한 곳에서 모아 당기는 것 보다 유리한 점이 있다. 그러나 당기는 횟수는 늘어난다. 이것이 다중 인장의 장점이다.

요점 정리

- 힘을 여러 개로 나누어서 가하는 것이 모노코크 바디 인장 작업의 기본이다.
- 모멘트를 없앨 수 있는 인장 방향을 생각한다.
- 파이프로 조립된 것은 하나의 파이프를 교정하면 원래대로 된다.

2) 평면적인 패널 수정

① 같은 재료로 균일하게 만들어진 패널이 변형되어 있다고 가정한다.

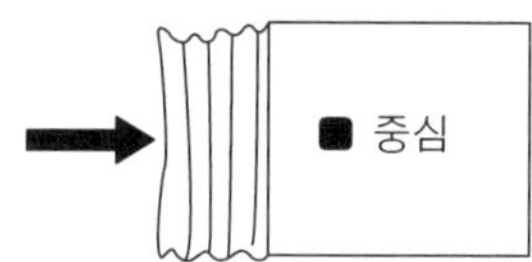

② 패널의 한쪽만 당기면 모멘트가 발생하여 패널이 회전한다.

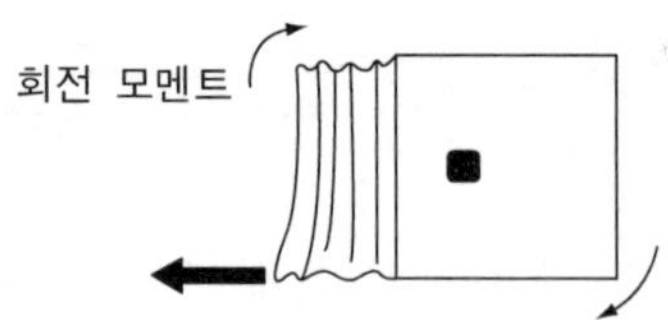

③ 중심에서의 연장선상을 당기면 모멘트는 발생하지 않지만 원래대로 복원시키는 당김 방향과 일치하지 않는다.

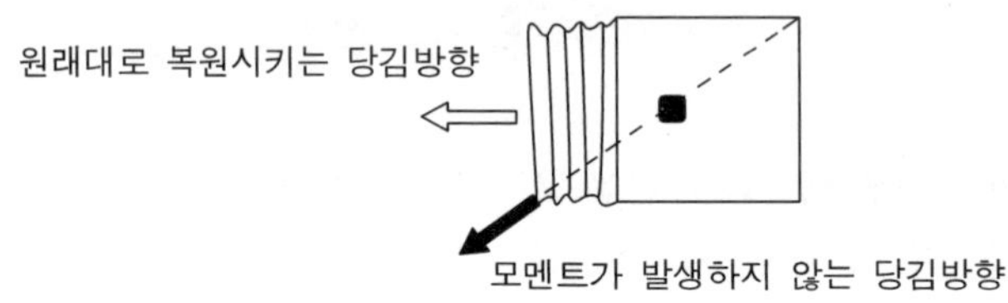

④ 위와 아래 두 곳에서 동시에 당기면 모멘트는 없어지기 때문에 원래대로 복원시키는 일이 가능하다.

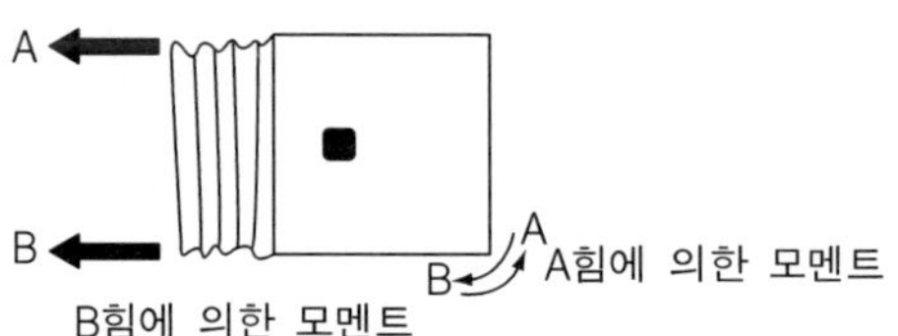

3) 파이프로 된 면의 수정

① 파이프를 조합시켜 만든 면으로 생각하면 실제 바디 구조에 조금 가까워진다. 실제 바디 구조와 가까워지기 위해서 파이프를 조합시킨 면을 생각한다.

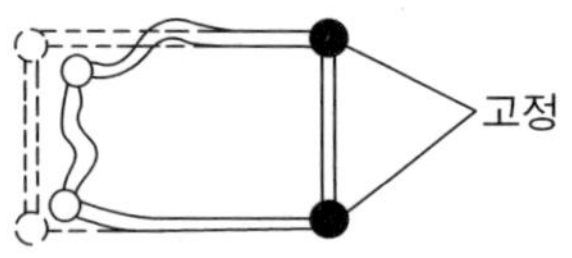

② 어느 방향으로 당기면 수정 가능한가, 바로 판단하기 어렵기 때문에 변형된 파이프를 별도의 봉으로 생각하면 그림과 같다. 즉 A와 C의 파이프는 앞으로 당기고, B 파이프는 양끝에서 당겨 늘린다. 각각의 파이프를 똑 바르게 하면 전체의 형태도 원래대로 돌아오게 된다.

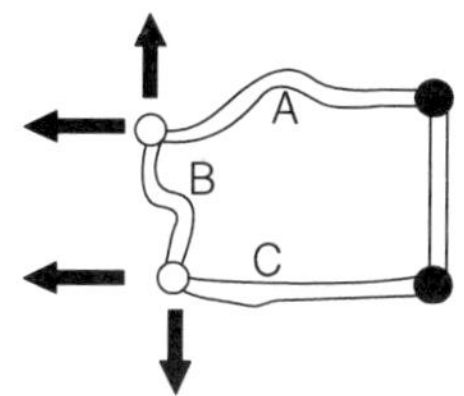

4) 입체물의 수정

① 이번에는 파이프로 만든 입체물을 생각해 보자. 변형은 단순하게 되어 있지만 이것도 A, B, C 3개의 파이프를 똑 바로 하는 것으로 생각하면 전체를 원래대로 복원할 수 있다. 그래서 차체 원복 시키는 힘은(원복력) 충격력의 확산 방향의 역방향이다.

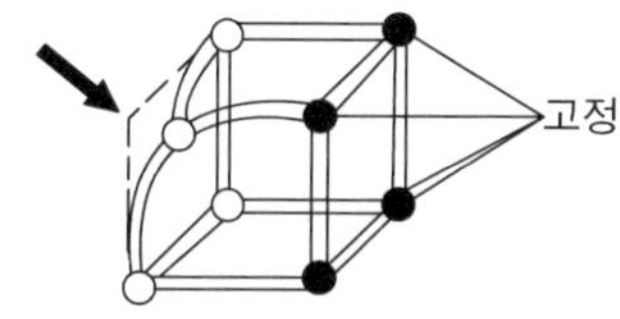

② A, B, C의 파이프는 각각 a, b, c의 힘(확산의 역방향)으로 원상 복원시킬 수 있다.

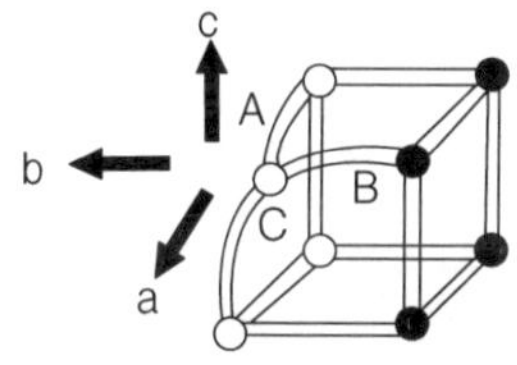

4.8.4 바디에 대해 똑바르게 당긴다

바디 수정 작업의 신속함을 위해 인장 작업의 힘을 효과적으로 바디에 전달하는 것이 중요하다. 예를 들어 10의 힘으로 당겨도 4~5 정도 밖에 바디에 전달되지 않는다면 시간만 소비할 뿐이다.

효율적으로 힘을 가하는 방법은 원칙적으로 바디 구조에 대해 똑 바르게 힘을 전달해야 한다. 즉, 앞에서 당길 때는 수직 방향으로만 인장 작업을 한다. 이것은 멤버나 레인포스먼트 등 강성이 높은 부위를 당길 때에는 무시할 수 없는 사항이다.

경사진 방향에서의 힘은 큰 힘이 작용하는 것이 비해 약한 힘밖에 걸리지 않고 2차적인 패널의 변형 유발과 클램프도 이탈하기 쉽다(그림 4-30 참조).

요점 정리

- 충격력에 반대로 복원력을 가하면 2차 변형 유발과 시간 소비가 많다.
- 충격력을 받은 곳에서 변형이 먼 곳부터 복원한다.
- 인장 작업은 바디 구조에 대해 수평, 직각 방향으로 복원력을 작용시킨다.
- 최소 2곳 이상의 힘을 작용해서 바디 수정 작업을 해야 한다(다중 인장 방식).
- 인장 작업 중 사고 예방을 위해 항상 클램프에 안전 고리를 설치한다.

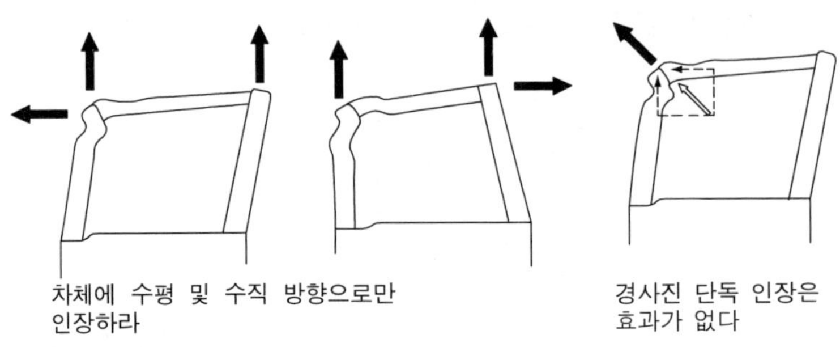

그림 4-30 인장 작업의 원칙

그림 4-31 힘이 가해진 장소로부터 먼 곳의 순서로 복원한다(간접 2차 파손, 즉 존 2부터 복원한다)

그림 4-31에서 자동차 충격력에 의해 제일 먼저 생긴 파손 변형은 제일 마지막에 수정하고 제일 나중에 생긴 파손 변형을 제일 먼저 수정한다는 바디 수정 기본 원리로 정의한다.

바디의 복합적인 파손 변형에서 제일 먼저 발생하는 파손변형은 사이드 스웨이 변형이고 제일 나중에 발생하는 파손 변형은 다이아몬드 변형으로 바디 수정 작업에서는 아래와 같은 순서 수정 작업을 실행하나 바디 변형의 형태에 따라서 차체 수리 기술자가 선택을 해서 바디 수정 작업을 완료하면 된다(그림 4-32 참조).

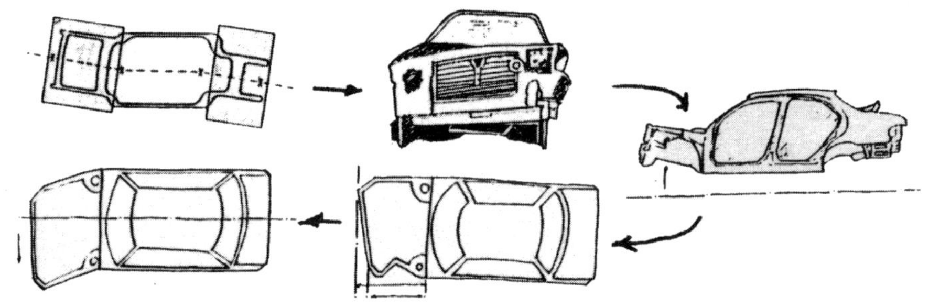
다이아몬드 → 트위스트 → 새그 → 쇼트 레일 → 사이드 웨이

그림 4-32 바디 수정 작업의 순서

4.8.5 다중 인장의 작업 효율

패널의 손상 범위가 넓을 경우, 손상 부분의 강성이 높을 경우로 패널의 변형이 복합적으로 발생하면 인장력을 1곳에서 만이 아니라 인장력을 2곳 이상으로 힘을 작용시켜 변형 패널을 복원하면 작업시간 절약과 무엇보다도 패널의 복원을 정확하고 쉽게 할 수 있다. 예를 들어 패널 전방에서 밀려들어간 변형을 복원하는 경우 패널 변형 형태에 따라 패널 상부, 하부 쪽에 2 방향으로 인장 복원력을 작용하는 것이 빨리 복원할 수 있다.

또 사이드 멤버가 "<" 의 형태로 변형이 있을 때 앞에서의 인장력과 변형 지점에서의 인장력을 함께 작용하면 변형 복원은 쉽고 빠르게 작업할 수 있다. A 필러의 변형에서 앞에서 인장기둥으로 인장력 작용과 동시에 실내 측에서 유압 램으로 밀어내는 힘을 동시 힘을 작용 시키면서 작업을 하면 좋다.

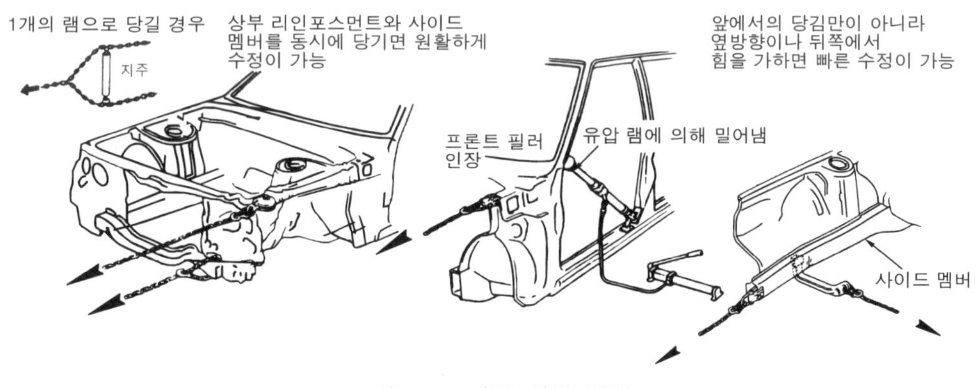

그림 4-33 다중 인장 작업

4.8.6 패널 인장 작업

유압 램으로의 인장 작업은 처음에 힘을 가한 단계에서 방향이 변화한다. 체인이나 램의 유격

의 량이 늘어나기 때문이지만 미리 그 변화량을 예상하여 거치하는 것이 중요하다. 힘이 충분하게 가해진 상태에서는 거의 방향 변화는 없다. 유압의 강력한 힘에 의해 갑자기 패널이 파단, 클램프가 풀림, 체인 끊김 등으로 사고 발생할 수 있으므로 체인이나 클램프와 바디 사이에 안전 고리로 연결하여 안전사고 예방대책을 하여 두는 것이 좋다. 차체수리 기술자는 인장 작업을 수행할 때 패널, 체인, 클램프의 상태를 관찰하면서 패널 복원작업을 수행해야 한다.

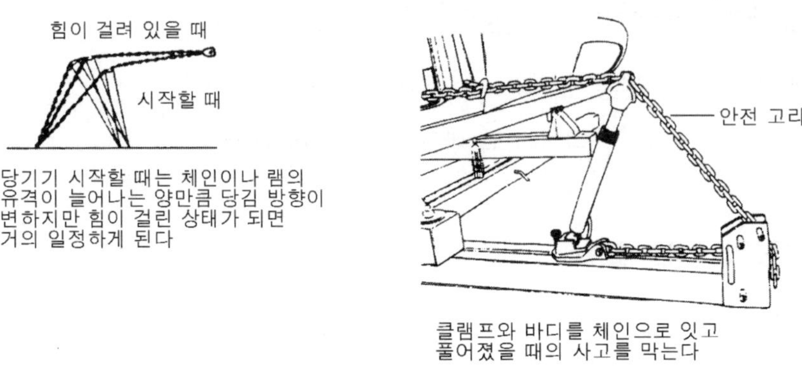

그림 4-34 유압 램의 인장 작업

1) 바디 수정 순서는 손상 변형 순서의 반대

사고차량의 손상 형태는 휨이나 비틀림 현상이 단독으로 발생하는 일이 적고, 대부분은 중복된 형태로 나타난다.

엔진 룸에 일어난 손상의 경우는 운전자가 장애물을 발견해서 충돌을 피할 수 없다고 판단했을 때는 먼저 자동차의 방향을 전환해서 정면충돌을 피하려고 하는 행동을 일으킨다. 이 결과 최초의 손상은 휨(스웨이)의 현상이 발생하는 것이 일반적이다.

두 번째의 행동으로서, 차를 멈추려고 급브레이크를 작동시킴으로 인해, 급격하게 차륜이 록크(lock)된 차량은 미끄러지면서 차의 앞부분이 밑으로 숙여져 충돌을 일으킨다.

이때 발생하는 손상은 종으로 휨이 발생하고, 더욱 변형이 진행되면 찌그러짐이 발생한다. 일반적으로 사고차라도 그 손상 형태는 지금까지 설명된 사례와 닮은 형태가 많고, 몇 개의 현상이 중복되어 나타나는 경우가 많다.

따라서 손상개소의 수정은 손상이 발생한 순서의 역이다.

① 찌그러짐의 수정
② 종으로 휨의 수정
③ 횡으로 휨의 수정이 기본적인 작업 수순이다.

2) 인장 방향은 손상된 방향의 역방향

손상패널을 견인할 경우에는, 손상 방향의 역방향에서 견인하는 것이 원칙이고, 복원 작업에서 특히 주의사항은 다음과 같다.

① 클램프와 패널의 고정은 확실하게 한다

인장 작업에서 발생되는 인장력은 5000kg의 큰 힘을 가해야 할 경우도 있다. 때문에 클램프와 패널의 고정은 이 인장력을 견딜 수 있어야 한다. 패널에 물림이 불완전한 상태에서는 작업 중에 클램프가 이탈되어 생각지도 않은 큰 사고를 발생시키는 원인이 되기 때문에 주의가 필요하다.

② 인장력의 확인

인장 작업을 위해 체인의 설치가 끝난 후, 벤치 및 플랫폼 수정 장치의 인장기둥의 체인의 위치나, 바닥 수정 장치에 설치한 앵커 레일과의 고정 위치나 인장 높이, 인장 방향 등이 기술자가 의도한 대로 작업이 이루어 질 것인가를 확인하기 위하여 유압 램을 가볍게 작동시켜 체인이 약간의 장력을 유지하도록 한다.

3) 수축된 부분의 인장 작업

패널이 외부의 힘을 받아 변형되면, 패널 뒷면의 일부는 늘어나고 반대 부위는 수축현상이 일어난다. 이러한 현상은 폐 단면 구조의 사이드 멤버 등의 휨 변형의 경우도 마찬가지다.

아래의 그림은 안쪽으로 접혀진 사이드 멤버로서, 변형이 큰 내측은 주름이 발생하고 외측은 미세하게 늘어나 있다.

이처럼 휨 멤버의 수정은 수축되어 치수가 짧게 된 내측에 클램프를 고정해서 인장 작업을 실시한다. 클램프의 고정을 외측으로 해서 인장 작업을 실시하면 내측 부분의 수정이 곤란해지고 늘어나는 양이 증가해서 변형이 커지는 원인이 되기 쉽다.

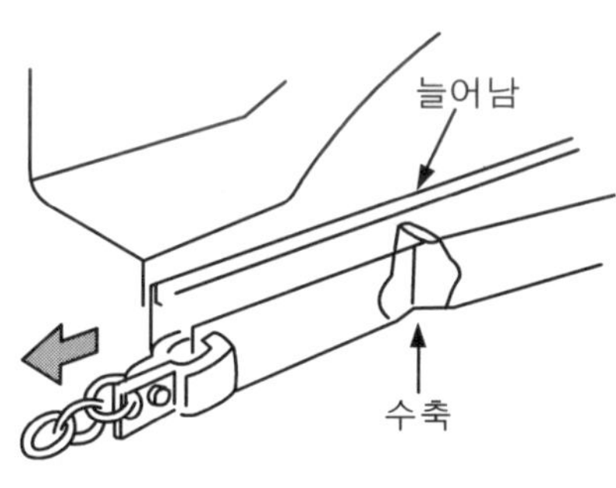

그림 4-35

4) 급격한 인장 작업은 금물

① 단계적인 인장, 수정

패널은 충격에 의해 파손 변형 부분에 가공경화가 발생하여 패널의 기계적인 성질이 감소한다.

특히 패널의 변형 경화된 부분은 연신율이 저하되어 있기 때문에 인장력을 과도하게 증가시키면 패널이 찢어지는 현상이 발생한다.

따라서 인장 작업을 실시할 때에는 변형된 부분을 1회에 원래대로 수정하려 하지 말고, 패널의 형태를 관찰하면서 인장 작업을 서서히 실시하여야 한다.

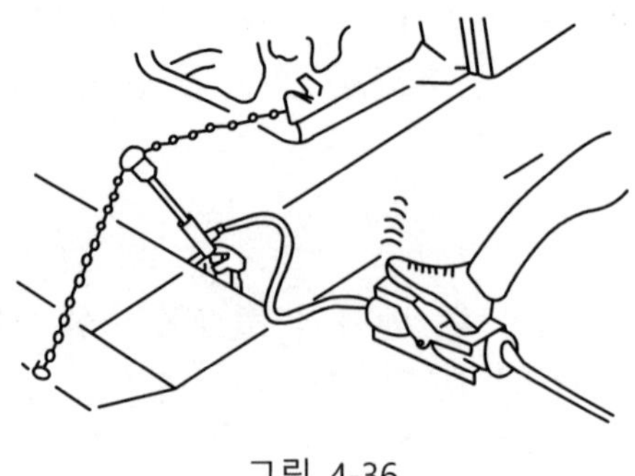

그림 4-36

② 가공경화의 제거

가공경화의 제거 방법은 자연 냉각법을 응용한다.

그러나 이 경우는 고온(7000℃ 이상) 가열은 재료가 갖고 있는 기계적 성질을 저하시킬 위험이 있기 때문에 차체 패널의 특성에 따라 400~500℃ 정도의 온도로 국부적인 가열 범위로 한정한다.

주의 : 초 고장력 강탄의 경우 가열에 의한 기계적 성질이 감소함으로 주의해야 한다.

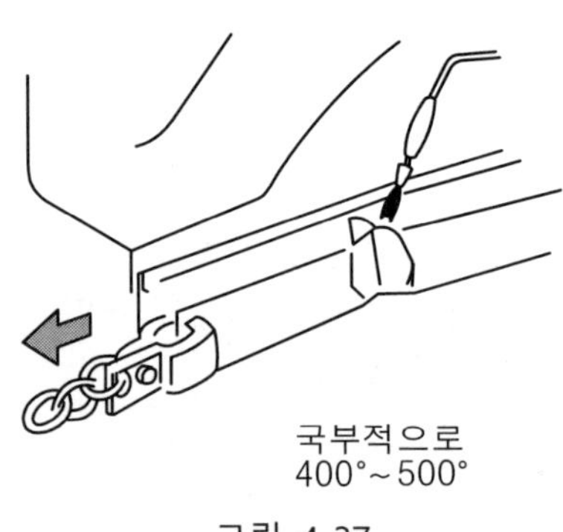

그림 4-37

③ 파열의 보정

작업 중 과도한 인장력으로 인하여 손상이 발생한 경우는 작업을 중지하고 신속히 손상부위를 수정한다.

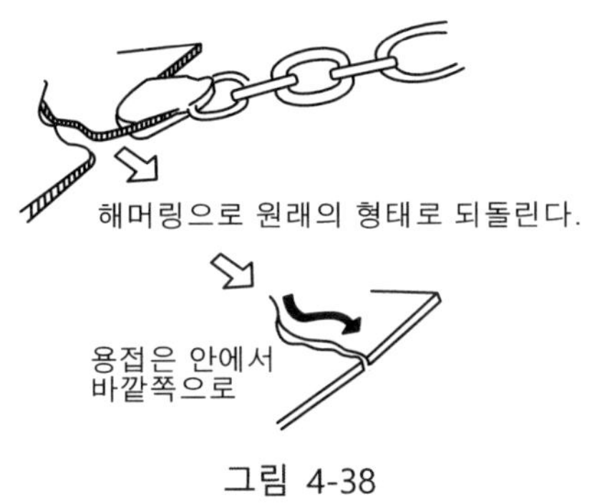

그림 4-38

5) 스프링 백 현상

강판을 가공할 경우 잔여응력의 작용에 의해 스프링 백 현상이 발생한다. 변형된 패널을 원래의 형상으로 되돌릴 경우에도 스프링 백이 일어나기 때문에 이것을 예견해서 작업을 진행할 필요가 있다.

스프링 백을 예견한 작업 및 스프링 백을 억제하는 방법으로서 다음과 같은 것들이 있다.

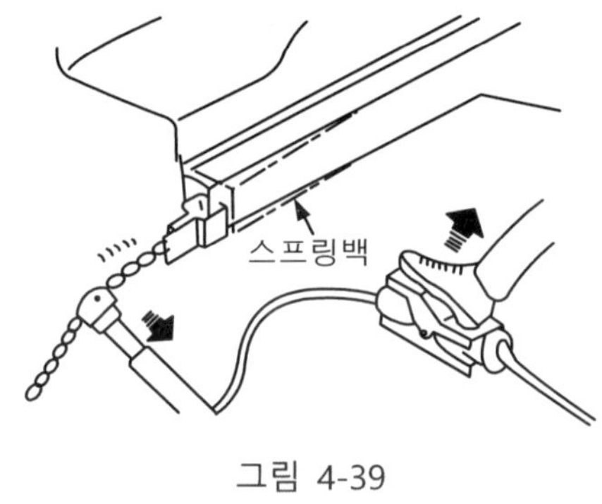

그림 4-39

① 인장하려고 하는 수치보다 조금 더 당긴다

인장 작업을 실시할 때 차체수리 매뉴얼의 규정 치수보다 2~3mm 정도의 범위에서 패널을 더 인장하며 패널의 복원 상태에 따라 인장력을 증가시켜 나간다.

② 해머 작업을 병행한다

인장력이 작용하고 있는 상태에서 손상부위를 해머 작업을 한다. 이 목적은 외력에 의해 변형된 부위는 충돌에 의한 충돌 에너지가 잔류 응력의 형태로 내부에 남아있기 때문에 해머 작업으로 패널 내부 잔류응력을 제거한다.

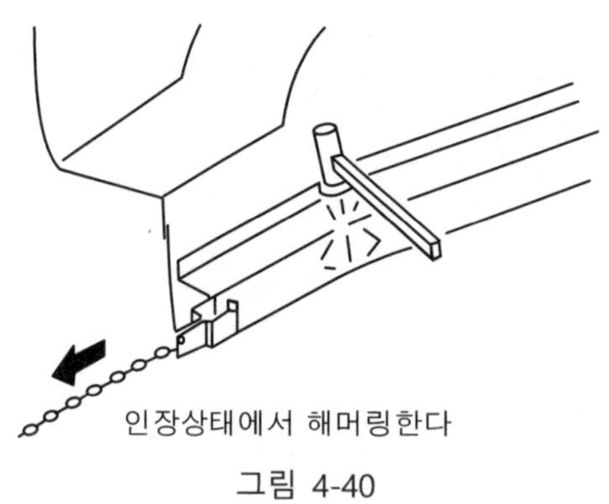

그림 4-40

6) 인장 작업은 바디 수정 작업이 주된 목적

인장 작업에서 중요한 것은 교환 할 부품을 수정하는 것이 아니라, 변형된 패널을 수정해서 재사용할 부품을 바른 위치로 수정하는 것 즉 바디 얼라이먼트가 주된 목적이다. 이 때문에 외력을 받은 부분을 손상의 반대 방향으로 견인하는 작업에 의해 주위에 파급된 손상변형을 원래의 변형 전 패널상태로 되돌려 주는 것을 바디 수정 작업이라고 한다.

4.9 다양한 프레임 교정술

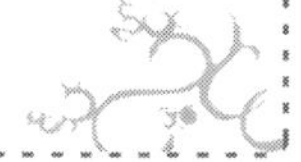

4.9.1 패널 손상 분류

다른 모양으로 보이는 사고차도 잘 살펴보면 어느 정도 정해진 패턴으로 나타난다. 경험이 쌓이면 자연스럽게 어떤 사고 차에도 신속하게 대응 가능하게 된다. 손상의 상태와 작업 순서를 분류하고, 미세한 부분도 각각의 손상에 따라 수정하는 순서를 취하면 큰 문제는 없다.

4.9.2 가벼운 전면 손상

라디에이터 서포트의 왼쪽 반이 밀려들어가고, 후드레치의 앞에서 3분의 1정도가 변형되어 있는 상태. 우측 후드레치는 거의 변형이 없다.

이러한 경우 라디에이터 서포트와 후드레치의 용접부에 클램프를 붙여 앞방향 ①과 좌방향 ②로 조금씩 당긴다. 후드레치의 손상이 미약하면 옆 방향으로의 힘을 생략할 수도 있다. 심할 때는 그림의 우측처럼 상하로 당긴다. ③라디에이터 서포트의 변형이 큰 경우는 내측 앞에서의 힘 ④를 가한다. 추가 고정은 우측 후드레치가 당겨지지 않게 하기 위한 ⑤와 후드레치 후반에 힘이 미치는 것을 막기 위한 ⑥을 보강한다.

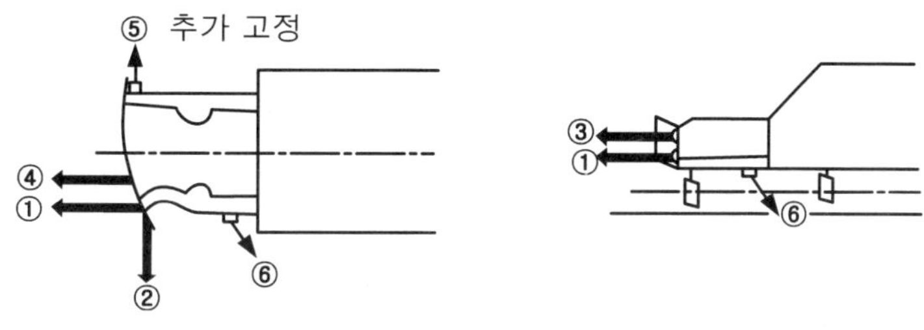

그림 4-41

4.9.3 기둥에 충돌되어 파손변형

라디에이터 서포트가 "<" 형태로 변형되고 후드레치는 그것에 따라 내측으로 밀려들어가 있다. 이런 때 변형 범위가 많은 라디에이터 서포트 중앙을 당기고 싶겠지만 그것으로는 잘되지 않는다. 여기에서는 라디에이터 서포트의 길이가 짧아졌다고 생각하여 좌우에서 당겨 늘리는 것과 같은 힘을 ①과 ④를 인장한다. 동시에 이것은 후드레치를 복원하는 힘이 된다. 후드레치가 밀려있을 때는 손상에 따라 좌우 상하 네 곳의 힘 ②를 추가 인장한다. 고정은 후드레치 후단 ③을 고정한다.

그림 4-42

4.9.4 조금 큰 전면 부분 손상

엔진룸 전체가 밀려들어가 있고 충격의 중심이 되는 좌측 후드레치 앞 끝이 올라와 있다. 인장 작업의 중점은 후드레치와 라디에이터 서포트의 용접부 앞 방향을 상하를 당기고 ①, 좌 방향은 손상 상태에 따라 2~3곳에 힘 ②를 인장한다. 우측 후드레치는 앞에서 ③ 좌측 프론트가 올라갔을 때는 아래 방향 ④를 추가 인장한다.

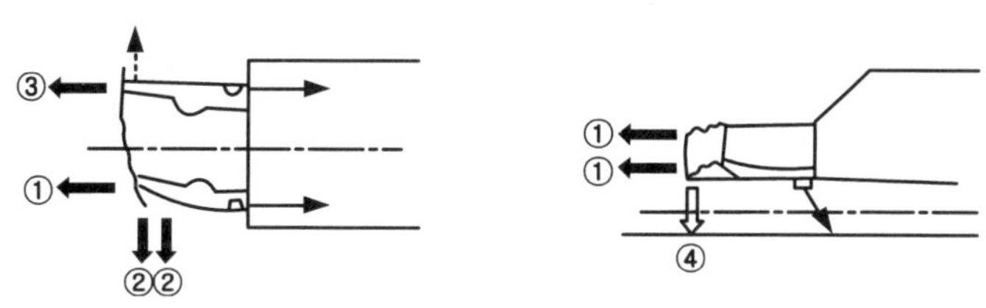

그림 4-43

4.9.5 큰 전면 부분 손상

프론트 바디 전체가 크게 변형되고, 좌측 프론트 필러가 밀려들어가 있다. 큰 사고, 이러한 경우는 프론트 코너뿐만 아니라 후드레치 부착부에서 ①로 앞으로 당기면 효과적이다. ②로 실내 쪽에서 필러를 밀어내면 보다 빨리 복원 가능하다. 이것은 데시 패널이 밀려들어가 있을 때도 마찬가지다. 바디 앞부분은 좌우 모두 상하를 ③으로 인장 작업한다. 옆방향이 쏠려 있는 경우는 ④도 필요하다. 큰 힘이 걸리기 때문에 도어 열림부의 어긋남 2차 변형을 막기 위한 ⑤를 고정한다.

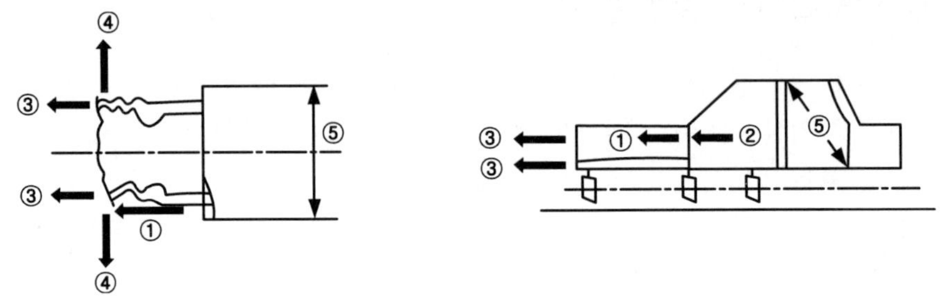

그림 4-44

4.9.6 가벼운 측면 손상

센터 필러를 중심으로 한 휠베이스에 어긋남이 나오지 않는 정도의 손상이라면 기본 고정을 그래도 행할 수 있다. 수정은 센터 필러와 로커 패널의 중심 클램프를 부착할 수 있는 장소가 작기 때문에 얇은 판 등을 용접하거나 센터 필러에 고무 등을 대고 체인을 감는 등의 작업이 필요하다.

구체적으로는 변형 중심의 바로 ① 양측을 좌 방향으로 당기고 ② 동시에 실내 측에서 밀어낸다. 루프가 당겨져 아래로 내려져 있는 경우는 ③처럼 위에서 당긴다. 로커 패널측도 올라가 있는 가능성도 높다. 이것에 대해 ④ 아래 방향으로 인장한다.

로커 패널의 손상이 적은 경우는 ⑤ 로커 패널 양측을 고정해 준다. 우측의 변형을 막기 위해 바디의 높은 위치에서 ⑥을 고정한다.

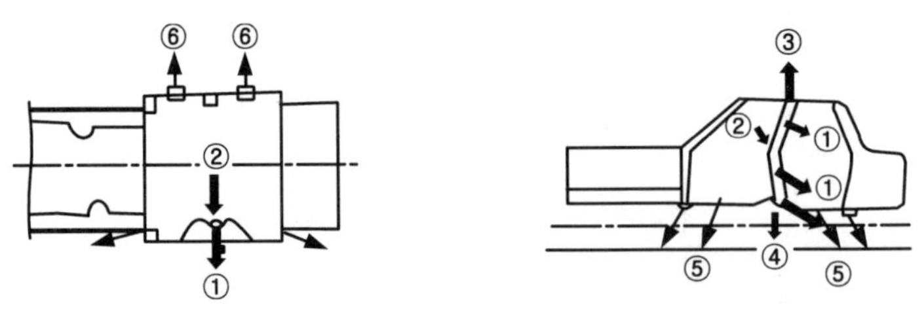

그림 4-45

[제 5 장]

차체 패널 교환

5.1 용접 패널 교환 방법 I

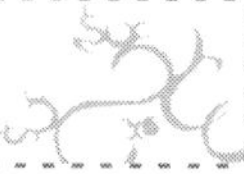

용접 패널 교환 부품은, 예를 들면 라디에터 코어 서포트와 같이 어퍼, 사이드, 로워의 각 단품 부품 외에 이것들을 일체로 조립한 Assy 부품이 설정되어 있어 손상의 정도에 따라 선택할 수 있도록 되어 있다. 따라서 차체수리 기술자는 차체로부터 부품을 교환할 때 바디 서비스 부품의 단위가 어떤 형태로 되어 있는가, 교환할 범위는 어디까지인가를 바르게 판단해서 효율적인 작업이 되도록 한다. 바디 서비스 부품의 단위로 교환하지 않으면 제거되는 여분의 부분까지 부품을 확보해야함으로 부품 소모가 많이 발생하며 서비스 부품을 임의로 절단 결합할 경우 패널의 기계적 성질을 상실할 수 있다. 이렇게 패널 교환 작업을 하면 작업범위가 크게 발생하여 차체수리 품질저하, 차체구조 변화, 안전성 저하의 원인으로 차체수리 작업이 합리적이라 할 수 없다. 물론 고객에게는 적절한 수리비 보다 많은 비용을 청구하게 되어 고객감동 서비스의 불만족의 원인된다.

5.1.1 패널 교환 시기

휀더나 도어 같이 볼트로 고정되어 있는 패널이라면 볼트를 풀고, 잠금으로서 비교적 간단하게 조립과 분리를 할 수 있지만 용접되어 있는 패널은 간단하지 않다. 용접으로 결합된 패널의 경우 한번 분리한 패널은 다시 사용할 수 없고 패널을 접합하면 다시 수정할 수 없다. 그래서 신중한 작업을 필요로 하지만 기본 순서에 따라 행하면 큰 문제는 없다. 용접 패널의 교환작업은 바디 수정 작업과 함께 조화를 이루어야 한다. 차체 인장 작업에 의해 수정 가능한 바디가 복원되면 손상을 입은 용접 패널을 제거는 쉬운 일이 아니다. 용접 패널 교환은 차체수리 매뉴얼의 수리방법을 준수해야 하며 너무 빠르면 딱 맞지를 않고 수리방법을 준수하지 않으면 세밀한 부분까지 완전히 복원하고 나면 재작업해야 하는 번거로움이 있다. 바디의 센터가 지나는 언더 바디와 어퍼 바디의 주요 부분, 그리고 교환할 부착 부분이 차체수리 매뉴얼의 바디 얼라이먼트를 측정하여 바디 수정으로 원상 복원되면 손상 용접 패널을 제거한다. 바디 얼라이먼트 측정은 용접 패널 교환에서는 신품패널을 바이스 플라이어로 임시고정에서 1회 측정, 용접 패널가 용접에서 1회 측정, 패널 본 용접작업 후에 1회로 최소 3회를 측정함으로서 교환 용접 패널의 용접에 의한 차체 변형을 최소로 할 수 있다. 최종 조정은 인접 패널을 조립해서 높이, 단차, 수평 등을 확인하고 나서 패널을 세부 조정을 하면 된다.

5.1.2 패널 절단

용접 패널을 제거할 때에는 성급히 스포트 용접부에 드릴 날을 대지 말고 먼저 제거패널의 스포트 용접점 약 2배 크기로 남겨두고 손상패널 제거작업 후에 남아있는 스포트 용접 패널의 스포트 용접부분을 드릴 작업하면 작업이 쉽고 편리하다. 그러나 차종 부위에 따라 절단해서는 안 되는 부분도 있고, 뒤쪽에 전기 배선, 파이프 등이 있을 때도 있으므로 주의하지 않으면 같이 잘라 버릴 수도 있다. 이러한 점은 바디만 보아서는 모르기 때문에 자동차 메이커의 차체수리 매뉴얼을 참고로 하는 것이 좋다. 또 패널 구조에 따라서 용접 부분만을 제거하는 것만 아니라 패널 그 자체를 제거하고 신품과 패널을 결합하는 경우도 있다. 이 경우에도 어디부분을 제거할 것인가는 차체수리 지침서의 지시에 따르는 것이 안전하다.

요점 정리

- 손상 패널을 제거 시기는 바디 얼라이먼트 측정으로 바디 수정복원 후에 한다.
- 스포트 용접점 드릴 작업 전에 용접 점 약 2배의 크기의 패널을 남겨두고 패널을 잘라낸다.
- 차체 패널의 구조를 이해하고 뒤에 배선이나 파이프를 주의해야 한다.
- 패널 제거 드릴로 스포트 용접부는 정확하게 드릴 작업한다.
- 패널 제거작업에서 무리한 힘을 가하지 말아야 한다.

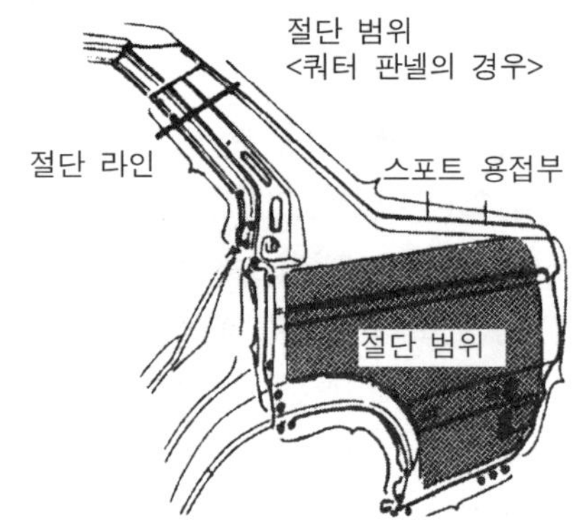

그림 5-1 리어 패널 절단 범위의 예

■ 드릴 날의 종류와 깎이는 모양

	칼끝	깎이는 모양
일반 드릴 (drill)	보통 드릴 날	아래 판에 상처를 낸다.
스포트 커트 (spot cutter)	스포트 커트 날	
홀소 타입 (hole saw)	홀소 타입 커트 날	이 부분이 남는다

떼어낼 패널

남길 패널

5.1.3 스포트 용접 포인터 정확하게 제거(커트)

차체 스포트 용접 포인터를 제거 방법은 스포트 용접 포인터 제거 전용드릴을 사용하는 것이 가장 편리하다. 스포트 포인터 제거 날을 일반적인 드릴에 사용하면 인너 패널에 상처를 내는 등 익숙지 않으면 꽤 어렵다. 그 외에 홀소나 전기 용접기의 원리로 패널 용접 부분을 녹이는 도구도 있지만 어느 쪽도 스포트 용접부분 중심은 그대로 남아 있기 때문에 나중에 그라인더 등으로 연마해야 하는 번거로움이 있다. 스포트 제거 드릴은 처음에 판 두께를 조정하는 것 외에는 준비가 필요 없다.

스포트 용접 포인터를 제거하는 요령은 가능하면 차체수리 매뉴얼의 수리방법을 숙지하여 손상 패널 스포트 용접 포인터를 전용 드릴을 사용하여 정확하게 제거해야 한다. 차체수리 매뉴얼을 준수하지 않으면 차체수리 작업이 어렵고 차체 패널의 강도 및 안전성에 영향을 줄 수 있다. 스포트 용접 포인터가 잘 보이지 않는 경우는 가스 용접기로 약하게 가열하여 와이어 브러시로 도막을 제거하거나 차체수리 매뉴얼의 패널 용접 도면을 참고해서 가볍게 정으로 쳐보면 쉽게 용접 포인터를 확인할 수 있다.

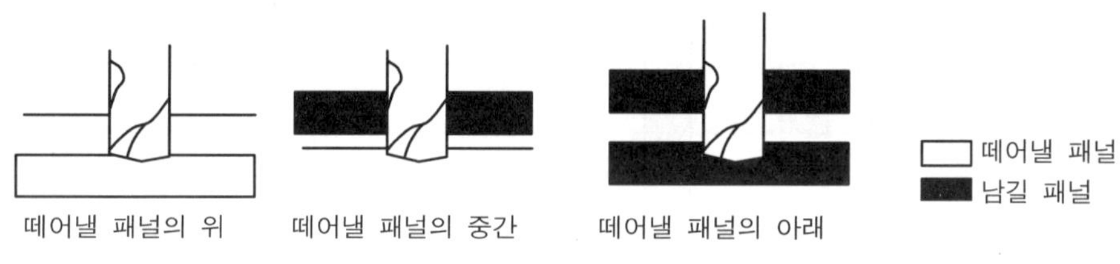

그림 5-2 스포트 용접 포인터 제거 방법

5.1.4 패널 수리 정 사용방법

차체 스포트 용접 포인터를 드릴로 제거작업을 해도 패널에 용점 포인트가 그대로 붙어 있는 것이 많다. 이것을 분리하는 것이 정과 해머의 역할이다. 정을 사용하는 방법에는 칼이 있는 쪽(얇게 되어 있는 쪽)을 남아 있는 쪽 패널에 위치 한 다음 스포트 포인터를 정확하게 제거된다. 그래도 잘 떨어지지 않는 곳이 있으면 이곳은 실링제가 확실하게 붙어있는 부분으로 조금씩, 무리한 힘을 가하지 않고 천천히 떼어내면 남긴 패널에 상처도 내지 않고 떼어낼 수 있다.

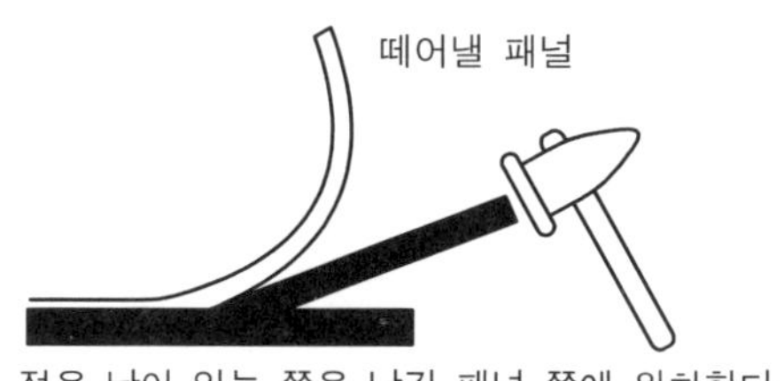

그림 5-3 정의 사용방법

5.1.5 자동차 차체 패널 수정 교환 작업 비율

1) 손상 개소의 서비스 부품별 비율

아래의 표는 사고 자동차의 손상 개소를 서비스 부품별로 표시한 것이다. 조사결과에 의하면, 발생 비율은 프론트, 리어, 사이드의 순으로 프론트 부분의 발생비율은 전체 사고의 약 절반을 차지함을 볼 수 있다.

2) 서비스 부품별 수리작업 비율

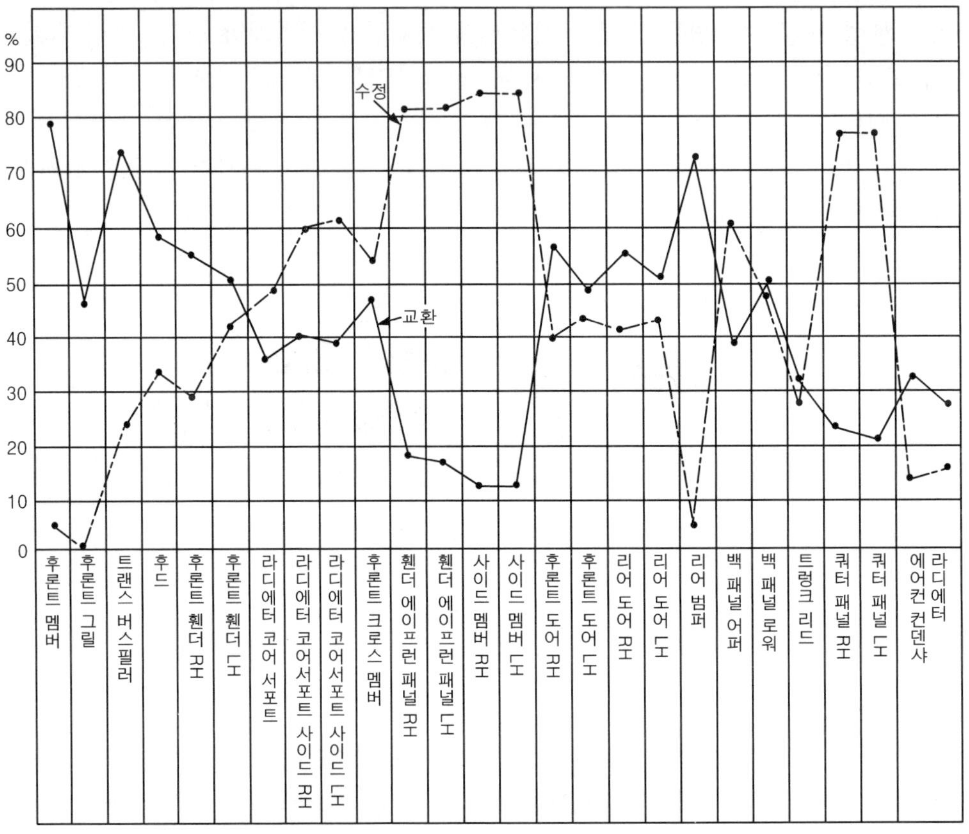

5.2 용접과 접합의 지식

5.2.1 부품에서 완성품으로

많은 공업 제품은 단순한 부품 재료를 합쳐 특정의 기능을 갖는 부품을 만들고, 이러한 부품을 모아 완성품이 된다. 예를 들어 실린더, 피스톤, 캠축 등으로 엔진이 조립되고 엔진, 서스펜션, 바디 등이 모여 한 대의 자동차가 된다.

물건과 물건을 붙이는 방법, 접합 방법에는 기계적 접합 방법, 화학적 접합 방법, 야금식 접합 방법 등이 있다.

5.2.2 기계적 접합 방법

기계적 접합 방법에는 어떠한 소도구를 이용하여 이어 맞추는 방법으로 볼트, 너트, 나사, 리벳 등이 포함된다. 일반적인 특징은 탈착이 비교적 간단하며 몇 번이고 반복이 가능하다. 단, 연결되는 재료(모체)에는 볼트 구멍을 내고, 나사 가공이 필요하며 접합 강도는 접합제(볼트, 나사)의 강도에 따라 정해진다. 이러한 점들을 고려해 기계적 접합 방법은 교환 등의 빈도가 높은 기능 부품이나 외장 부품에 많이 이용되지만 차체 구조적 부품에는 별로 사용되지 않는다.

5.2.3 화학적 접합 방법

간단히 말하면 풀이나 접착제를 사용하는 방법으로 특수한 것을 제외하면 모재의 가공은 불필요하고 특별한 설비나 공구가 없어도 간단히 할 수 있다. 그러나 한번 붙여 버리면 떼어 내거나, 교환하는 것은 어렵다. 접합 강도는 접합제의 강도에 따라 결정된다. 자동차에는 트림, 몰딩 접착 외 후드, 루프의 레인포스먼트, 유리 등의 부착에 사용된다. 바디 수리에 사용하는 실링제도 접착제의 하나이다.

요점 정리

- 물건과 물건을 접합 방법은 기계적 접합 방법, 화학적 접합 방법, 야금식 접합 방법이 있다.
- 자동차의 바디는 야금식 접합 방법(용접), 기능 부품과 외장 부품은 기계적 접합 방법(볼트), 장식의 일부는 화학적 접합 방법(접착제)이 이용되고 있다.
- 차체 용접에는 스포트 용접, 미그 용접 등이 있다.

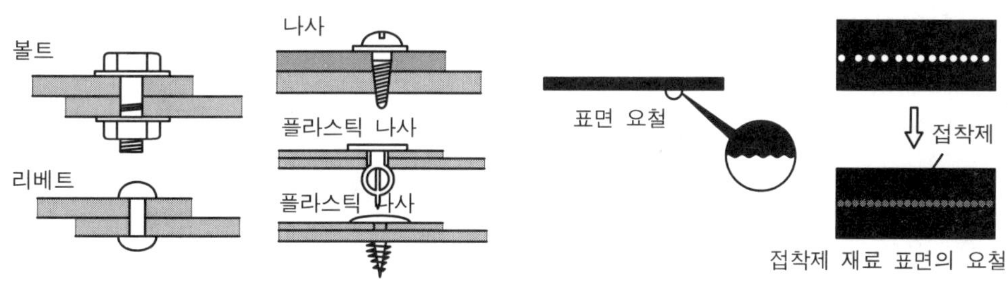

그림 5-4 각종 기계적 접합 방법

그림 5-5 화학적 접합 방법

5.2.4 용접 접합 방법

자동차의 바디는 다양한 패널로 구성되어 있으며 패널과 패널은 용접에 의해 접합되어 있다. 용접이란 문자 그대로 모재의 접촉부의 일부를 녹여 일체화하는 것으로 주로 금속의 접합 방법으로써 사용되고 있다. 용접의 특징은 연결부의 형태가 자유이고, 강도도 모재의 강도와 수밀성 기밀성이 우수하다. 단, 다른 방법과 비교하면 어느 정도의 설비와 경험을 필요로 하며 탈부착의 반복은 거의 불가능하다.

■ 패널 결합 방법의 비교

구분	기계적 방법	화학적 방법	용접적 방법
주요 예	볼트, 너트, 리벳	접착제	각종 용접
강도	결합도구의 강도에 따라 결정된다.	접착제의 성능에 따라 결정된다.	방법에 따라 다르지만 모체 강도에 가깝다.
필요 공구	간단한 수공구	거의 불필요	용접기가 필요하다.
가격	싸다.	싸다.	비싸다.
탈착성	방법에 따라 가능	방법에 따라 가능	불가능
작업성	간단	간단	약간 훈련이 필요
단점	결합점이 많고, 중량이 증가한다.	냄새나 용접기에 따른 피해가 나오는 경우가 있다.	열에 의한 변형이 나오는 경우도 있다.
주요 사용 부위	탈착이 많은 외장 패널, 기능 부품, 전장 부품	내장 트림, 몰딩, 유리	대부분의 차체 패널

5.2.5 여러 가지 용접 방법

용접을 크게 나누면 융접, 압접, 납접 세 가지로 나눌 수 있다. 융접과 압접의 차이는 압력을 가하는 방법에 따라 다르다. 납접은 납 붙임 용접을 의미하며 화학적 접합 방법에 가깝다.

자동차 분야로 한정하여 보면 압접의 대표적인 것으로 전기 저항 스포트 용접이 있으며, 신차의 바디 용접은 이 방법으로 많이 조립되어지고 있다.

융접에는 탄산가스와 반자동 아크 용접(미그 용접)과 탄산 아세틸렌 용접이 있지만 패널 교환에 이용되는 것은 미그 용접에 한정된다. 납접은 모재는 거의 녹지 않고 녹인 납제를 접착제와 같이 사용하여 붙이는 방법이다.

용접 강도는 납제 강도에 의하기 때문에 힘이 걸리는 부분에는 사용할 수 없다. 패널 맞춤의 틈이나 단차를 메워 순조로운 모양을 낼 목적으로 사용된다.

바디 패널 교환 작업에서는 원칙적으로 스포트 용접을 대부분 사용하지만 구조에 따라서 스포트 용접이 불가능한 장소나 특별히 보강이 필요한 부분, 두 장의 패널을 맞대어서 용접하는 경우에 한해 미그 용접을 이용한다. 가스 용접이나 납접에 의한 패널 교환은 하지 않는 것이 좋다(부식 방지 효과가 좋지 않기 때문이다.).

■ 여러 가지 용접

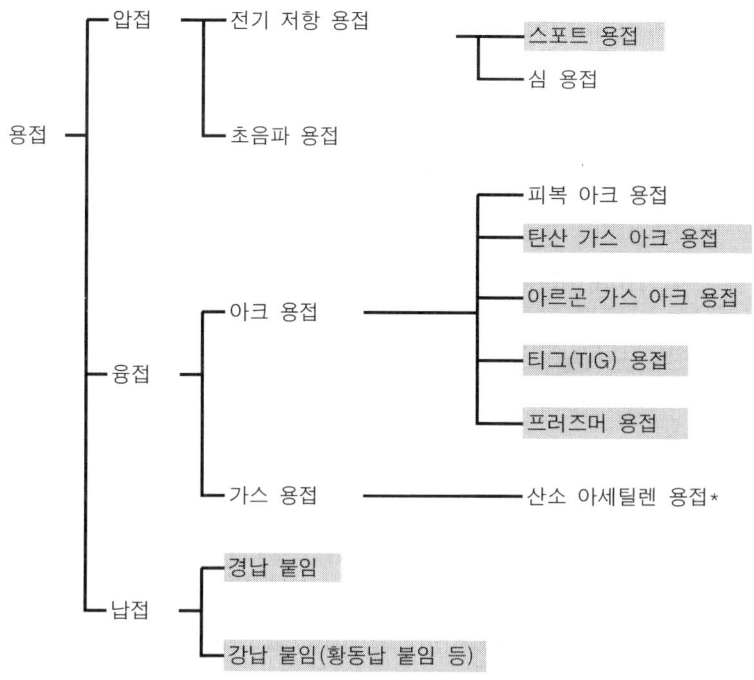

는 바디 수리에 관계 있는 용접 방법

* 산소 아세틸렌 용접은HSS강이나 모노코크 차체 수리에 사용을 권장하지 않는다.

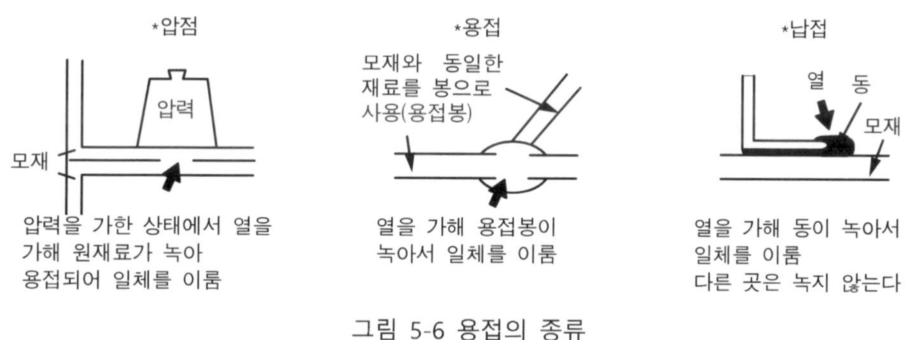

그림 5-6 용접의 종류

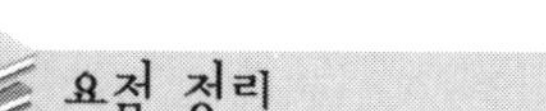
요점 정리

납제

납 용접에서 접착제와 같은 역할로 이용된다. 동과 아연, 은과 동 등 저온에서 용해하는 합금으로 모체의 재질에 따라 적당한 것을 고른다. 납제가 녹는 온도가 450℃ 이하인 경우를 경납 붙임이라 부른다.

5.2.6 용접의 종류와 특징

구분	용접		압접	납접
방법	산소 아세틸렌 가스 용접	탄소 가스 아크 용접(MIG)	전기 저항 스포트 용접	납 붙임
용접 열	높다.	높다.	낮다.	낮다.
용접 시간	길다.	길다.	짧다.	짧다.
용접 재료	산소 아세틸렌 가스 용접봉	탄산가스 용접 와이어	불필요	아세틸렌가스 산소 납제
사용전력	---	대	소	---
작업성	숙련 필요	다소 훈련 필요	간단	숙련 필요
용접 강도	작업성에 따라 차이가 크다.	가장 강하다.	강하다.	약하다.
용접 흔적	거칠다.	조금 거칠다.	작은 흔적만 남는다.	거칠다.
열에 의한 비틀림	나기 쉽다.	잘 나지 않는다.	잘 나지 않는다.	잘 나지 않는다.
녹	나기 쉽다.	잘 나지 않는다.	잘 나지 않는다.	나기 쉽다.
주로 사용하는 범위	절단, 도막 벗김(패널 교환에는 사용하지 않는다.)	스포트를 사용할 수 없는 부위, 세 장 이상 겹친 경우, 특히 강도를 필요로 하는 장소, 맞붙이기 용접	거의 패널 교환	용접부의 단차를 메운다. 소 부품 부착

5.3 산소 아세틸렌 가스 용접기

5.3.1 패널 용접에 사용하지 않는 용접기

용접기는 산소가스 용접, 아세틸렌 용접, 토치 등 여러 가지로 분리되지만 모두 같은 것을 지칭한다. 용접의 대명사격인 이 용접기는 현재 정비공장에서는 본래의 목적대로 사용되는 일이 거의 희박하다. 원래는 절단, 도막 벗기기 등에만 사용되어야 한다. 산소 아세틸렌 가스 용접기는 말 그대로 산소와 아세틸렌 가스를 혼합하고, 이것을 태운 열(약 3,000℃)을 이용해 금속을 녹여 용접한다. 노출된 불을 사용하기 때문에 열을 좁은 범위로 집중시키기가 어렵고 주위의 강판에 비틀림 현상이 발생하고, 강도를 저하시키는 등 기계적 성질의 변화가 발생한다. 또한 쉽게 녹이 발생할 수도 있다.

바로 이런 점이 가스 용접으로 패널 부착 및 교환에 사용해서는 안 되는 이유이다.

5.3.2 가스 용접에 의한 절단 작업

가스 용접기를 사용하는 절단은 속도가 빠르고 복잡한 손상부도 간단히 자를 수 있지만 정밀한 절단이 어렵고 절단된 면이 깨끗하지 못하며 실링제나 도막이 타버릴 수도 있기 때문에 열에 약한 기기나 전기 배선 등이 가까이 있을 때는 별도의 방법을 선택하는 것이 좋다. 작업 순서는 다음과 같다.

① 산소탱크의 코크를 좌로 돌려 풀고, 레귤레이터로 압력을 4~5kg/cm^{3}으로 설정한다.
② 아세틸렌의 코크를 우로 풀고 레귤레이터로 0.3~0.5kg/cm^{3}으로 설정한다.
③ 토치의 아세틸렌 밸브를 반 바퀴 정도로 돌려 열고, 산소 밸브를 아주 조금 열고나서 용접용 라이터로 점화한다.
④ 불의 강약조정은 아세틸렌 밸브를 고정해 둔 채 산소 밸브로 조정한다.
⑤ 불을 절단부에 대고 녹기 직전에 절단용 밸브를 열어 산소 제트를 보낸다.
⑥ 절단부가 확실히 녹아 잘려 떨어져 나간 것을 확인하면서 토치를 진행한다. 토치의 각도는 절단부가 두꺼울 때는 조금 세워서 얇게 되는 것을 보면서 서서히 눕히는 것이 요령이다.

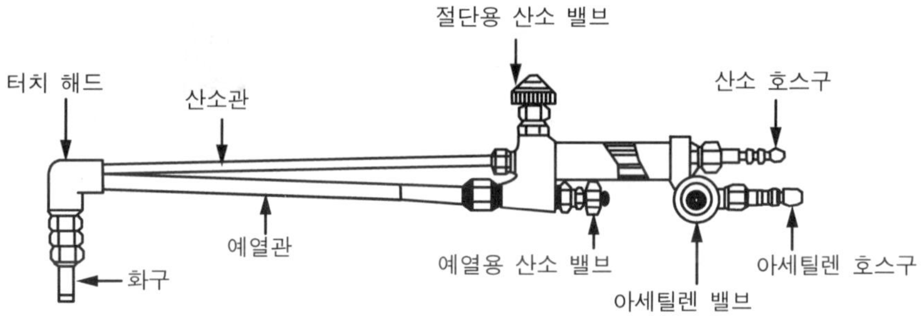

그림 5-7 절단용 토치의 구조

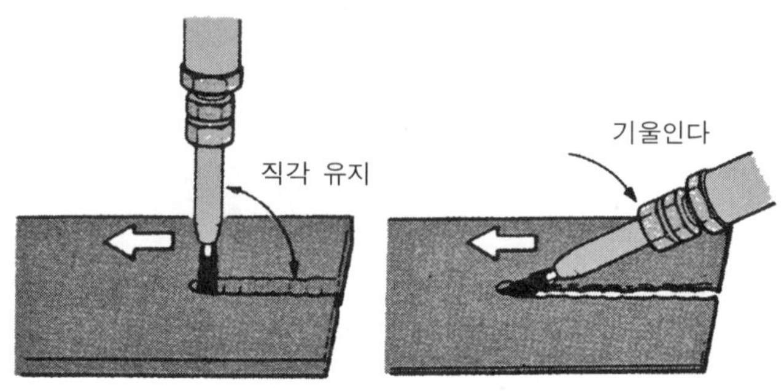

그림 5-8 토치의 각도

요점 정리

- 산소 아세틸렌 가스 용접기는 산소와 아세텔렌 가스를 혼합, 연소시켜 그때의 열로 금속을 녹여 용접한다.
- 패널 교환 작업에서 산소 용접을 사용하지 않는다.
- 납 붙임에서는 온도가 너무 올라가게 되면 주위가 비틀리게 되므로 장소에 따라 2~3회로 나누어 작업한다.

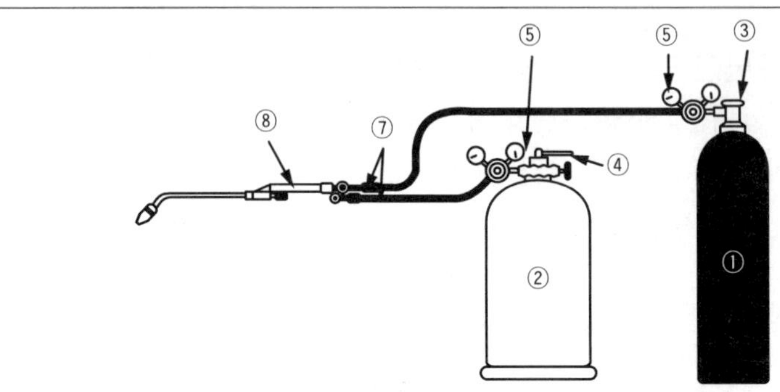

① 산소 탱크 : 약 150㎏/cm^2로 압축한 산소가 들어 있고 탱크는 녹색으로 칠해져 있다.
② 아세틸렌 탱크 : 아세틸렌은 위험하기 때문에 다른 약품에 녹여 다공성 물질에 섞은 상태로 채워져 있다.
③ 산소 코크 : 우 나사의 코크로 시계 방향으로 돌리면 잠긴다.
④ 아세틸렌 코크 : 좌 나사의 코크로 반시계 방향으로 돌리면 잠긴다.
⑤ 산소용 레귤레이터 : 탱크에서 나온 산소의 압력을 떨어뜨리고 일정하게 유지시킨다.
⑥ 아세틸렌용 레귤레이터: 탱크에서 나온 아세틸렌의 압력을 떨어뜨리고 일정히 유지시킨다.
⑦ 원터치 조인트 : 호스의 색이 산소는 녹색, 아세틸렌은 적색이다.
⑧ 토치 : 산소와 아세틸렌의 양을 따로 따로 조정하도록 되어 있는 것이 많다. 용도에 따라 용접용과 절단용으로 나뉜다.

그림 5-9 산소 아세틸렌가스 용접기의 구조와 취급

5.3.3 납 붙임의 포인트

납을 붙이는 곳은 미리 먼지나 유분 등을 청소해 두어야 한다. 또한 디스크 샌더로 도막이나 녹 등을 제거해 두어야 하며, 토치 측의 점화까지의 순서는 절단 작업과 동일하나, 불의 조정에서 산소를 약간 적게 한다. 먼저 납 붙임 부분을 가열하여 충분히 온도를 올려놓고 나서 납제를 가열해서 녹으면 필요한 부위에 흐르게 한다.

장시간 동안 같은 부위를 가열하면 주위 패널에 비틀림이 발생할 수도 있기 때문에 2회로 나누어서 작업하는 등 열을 식히는 방법을 실시해야 한다.

납 붙임부가 식어 있으면 납이 잘 붙지 않기 때문에 항상 전체적으로 균일하게 가열한다. 단,

온도를 너무 올려도 안 된다. 납 붙임부가 식고 나서 디스크 샌더 등으로 불필요하게 붙은 납을 제거한다. 납 붙임 시는 온도를 너무 올리지 않고, 가깝게 대지 않는 것은 어렵다. 따라서 부위에 따라 2~3회로 나누어 행하는 것이 좋다.

요점 정리

가스 용접기에서의 도막 벗김

스포트 용접, 미그 용접을 할 때는 용접 부위의 도막을 벗겨 놓을 필요가 있다. 낮은 온도의 불로 벗겨내야 할 도막을 뜨겁게 하여 타기 시작하기 직전에 불을 치우고 와이어 브러시 등으로 긁어낸다. 작업 속도가 빠르고 깨끗하게 벗겨낼 수 있는 장점이 있으며, 강판에 상처를 내기도 하고 나중에 녹이 생기기도 하는 단점이 있으므로 가능한 부식방지 처리 작업 등을 하는 것이 좋다.

불의 상태와 조정에 대하여

가스 용접기의 불은 산소와 아세틸렌의 비율에 따라 상태가 변화된다. 산소와 아세틸렌 비율이 1대 1(최적)일 때가 표준이며 중성 불이라고 부르고, 회백색의 하얀 심과 주위에 파란색을 약간 띠고 있다. 아세틸렌이 많으면 탄화 불이 되고, 이는 하얀 심과 바깥 불 사이에 담백색의 아세틸렌 흔적을 볼 수 있다. 반대로 산소를 많이 한 것이 산화 불로 외관은 표준 불과 비슷하지만 하얀 심이 짧고 약간 보라색을 띠고 있는 것이 특징이다. 각각 불의 사용 목적은 다르지만 절단에서는 중성에서 약간 산화불 상태로, 납 붙임에서는 탄화불로 한다.

구분	탄화불	중성불	산화불
불의 상태			
산소	적다	같은 양	많다
아세틸렌	많다		적다
사용 목적	알루미늄, 니켈 등의 용접, 납 붙임, 도막 벗김	철판이나 주로 금속의 용접 작업	황동, 청동 등의 용접, 절단

5.4 패널 CO_2 용접

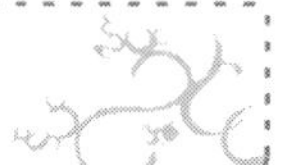

5.4.1 어떤 용접기인가?

패널 CO_2 용접은 고온이나 산화물 발생으로 녹이 나기 쉬운 패널 용접 부분을 지키기 위해 용접 중에 탄산가스를 불어내 용접지점을 바깥의 산소와 접촉하는 것을 막고 역할을 하고 있다. 용접 작업에 따라 용접봉의 역할을 하는 와이어가 자동적으로 보내지지만 용접 토치는 작업자의 손에 의해 다루어지기 때문에 완전자동이 아니라 반자동임을 의미한다. "직류 아크"는 전기가 불꽃 방전(아크)의 열을 이용한 용접기로서, 사용하는 전기는 직류이다. 일반적으로 직류 아크 용접기는 바디 패널 등의 얇은 금속판에 사용하고 반대로 두꺼운 강판을 다룰 때는 교류 아크 용접기를 사용한다.

5.4.2 미그 용접기와 매그 용접기(MIG and MAG)

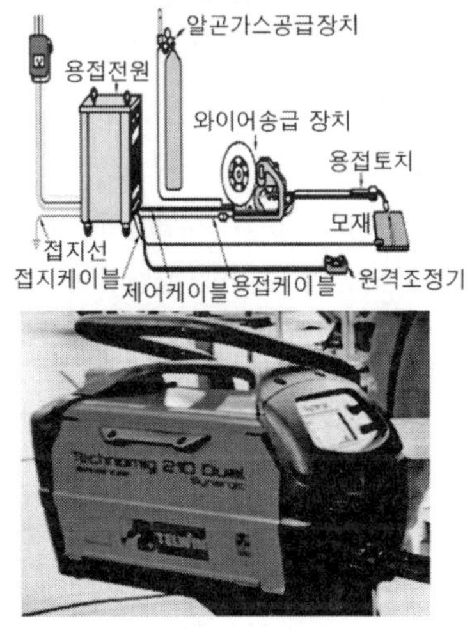

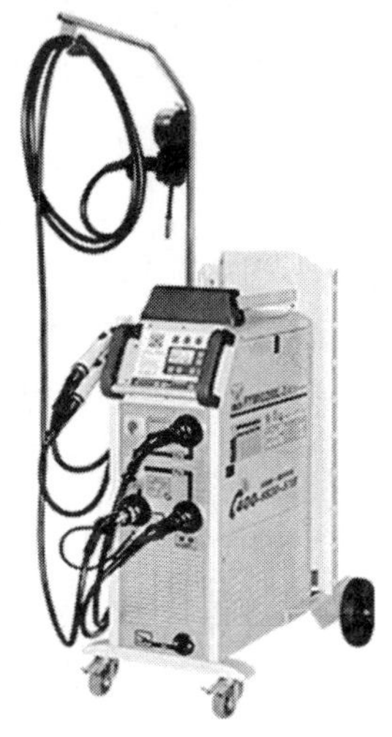
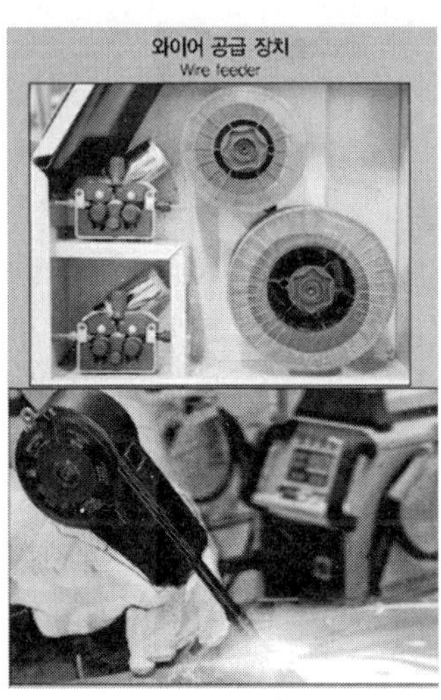

그림 5-10 미그 용접기의 구조

이렇게 긴 이름으로는 사용되지 않고 현장에서는 CO_2 용접기나 미그로 줄여서 불려진다. 우리가 익숙하게 듣는 미그 용접기의 미그는 "Metal Inert Gas = MIG"의 약자로 우리말로 고치면 "금속에 화학 반응을 일으키지 않는 가스"라는 의미이다.

여기서 화학 반응이라는 것은 녹의 원인이 되는 산화 반응을 말한다. 세상의 어떤 물질과도 거의 반응하지 않는 알곤 가스를 사용하는 것이 미그 용접기이지만, 알곤 가스는 가격이 비싸기 때문에 정비공장에서는 탄산가스를 사용하고 있다. 따라서 면밀히 따져보면 "Metal Active Gas = MAG" 즉 "금속과 화학 반응하는 가스"라고 하는 것이 맞다. 그러나 이런 종류의 용접기는 통상 미그 용접기라고 부르고 있기 때문에 이 책에서의 표기도 미그 용접기라 한다.

요점 정리

- 미그 용접기는 탄산가스로 용접부가 바깥공기와 접촉되는 것을 방지하면서 불꽃 방전(아크)의 열로 금속을 녹여 용접한다.

- 얇은 강판에도 나쁜 영향을 입히지 않으며 녹이 생기는 것도 막아 준다.
- 알곤 가스(argon gas)를 사용하는 것이 미그 용접기이며, 텅스텐(tungsten) 전극을 사용하는 것이 티그 용접기이다.
- 아크는 일시 멈춤과 작동이 반복되어 용접 부분의 온도가 필요 이상 올라가지 않는다.

5.4.3 아크 용접기의 유사 용접기

불꽃 방전을 이용한 아크 용접기의 동료에는 미그 용접기 외에 "교류 아크 용접기"와 "TIG 용접기"가 알려져 있다. 교류 아크 용접기에는 일시적으로 정비공장에서 사용되었지만 바디 패널같이 얇은 패널에는 적당치 않기 때문에 곧 자취를 감추었다. TIG(Tungsten Inert Gas) 용접기는 미그 용접기와 같고 알곤 가스가 용접 부분을 산화 방지하지만 와이어 대신에 텅스텐 전극이 있고 용접봉은 별도로 손으로 들고 한다.

불꽃 방전

전기는 금속선이나 금속 등을 통해 전기가 통하는 성질을 갖고 있는 물체 안을 흐르지만 거리에 대비해 전류, 전압이 크면 아무 것도 없는 공간을 뛰어 넘어 흐르는 일이 있다. 이러한 현상을 불꽃 방전이라 한다. 실제로 통할 수 없는 곳을 무리해서 흐르기 때문에 큰소리와 빛, 열이 발생한다. 엔진 안에서 점화 플러그에 불꽃이 튀는 것도 모두 불꽃 방전에 의한 것이다.

알루미늄이나 스텐렌스 등의 용접이 깨끗하게 되는 것이 특징이지만 정비공장에서는 그다지 필요가 없다. 이러한 종류의 금속 용접은 깨끗하게 되진 않지만 알곤 가스를 사용하는 미그 용접으로 할 수도 있다. 미그 용접기를 닮았으나 용도가 다른 것 중에 플라즈마 절단기가 있다. 이것은 텅스텐 전극을 갖고 있고 아크열로 금속을 녹이기 때문에 주변에 나쁜 영향도 주지 않고 깨끗하게 절단한다.

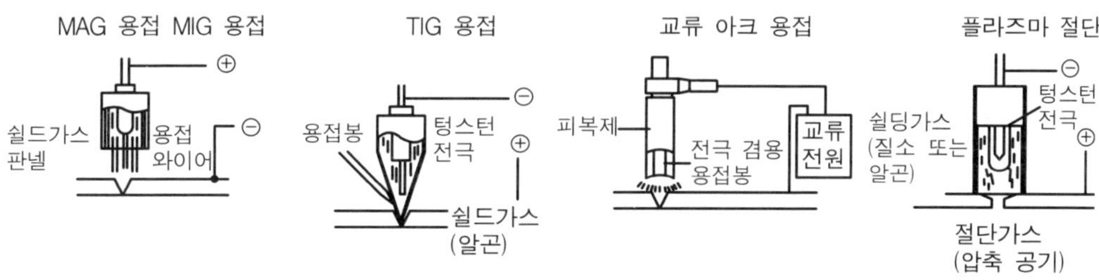

그림 5-11 패널 용접기의 구조

그림 5-12 플라즈마 절단기와 절단 작업

5.4.4 불꽃 발생

미그 용접기는 와이어 용접봉과 동시에 전극 역할을 하고 있고, (-)측 배선이 접속된 바디와 사이에서 불꽃 방전을 발생시킨다. 그러나 용접 작업 중에 불꽃이 계속적으로 튀는 것은 아니다. 그림과 같은 회전주기를 갖고 일시적인 방전이 반복된다. 온도가 필요 이상으로 올라가는 것을 막아 주고 얇은 강판을 용접해도 주위에 나쁜 영향을 주지 않고 깨끗하게 용접할 수 있다.

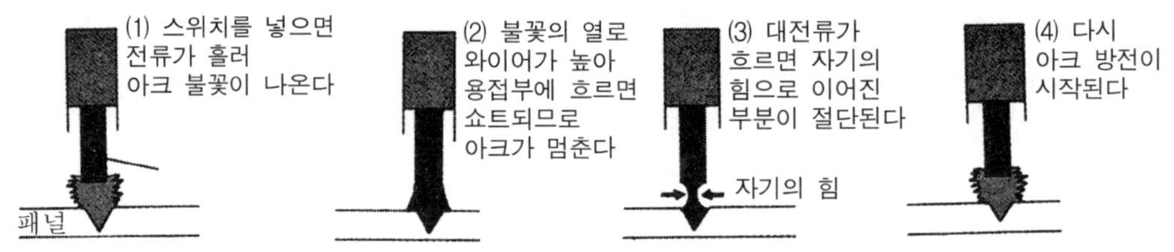

그림 5-13 미그 용접기의 원리

5.5 CO_2 용접기의 취급

5.5.1 용접기의 설치

CO_2 용접기는 유니트의 파손을 막기 위해 1차 터미널과 입력 코드가 연결되어 있다. 그래서 공급 볼트를 맞춘다. 다른 중요한 것은 용접기의 사이클이다. 한 예로 60%의 사이클이라 하면 매 10분마다 가동되는 것이 6분 정도라는 의미이며, 남은 4분 동안 유니트는 냉각을 위해 정지한다는 것이다. 유니트는 적정온도를 유지하기 위해서 반드시 가동 시간이 필요하다. 과도한 사이클 비율은 용접기 제너레이터를 파손시킬 수 있다.

몇몇 용접기의 유니트는 냉각을 위해 내부 팬이 있다. 용접기의 암페어를 줄이면 사이클을 증가시킬 여유가 생긴다. 일반적으로 60% 용접 사이클이면 정비공장에서 경 작업용으로 적절하다. 판 두께의 범위가 좁기 때문에 와이어 경도는 0.6㎜인 것 하나로 충분하다. 중요한 것은 공급 롤러와 토치 접촉 팁이 같은 규격이어야 하며, 와이어의 롤러가 와이어에 걸리는 장력을 조절해 주어 쉽게 풀려 나오도록 해야 한다.

롤러의 장력이 케이블과 토치 연결 부위를 통하여 와이어가 풀려나올 정도로 조절되어야 하며, 너무 많은 장력이 걸려 와이어가 납작해지거나 모양이 뒤틀렸을 때는 용수철과 같은 성질로 변해 와이어 공급이 잘 안될 수도 있다.

어떤 용접기는 스프링 클립으로 장력이 결정되어 올바른 와이어 장력과 와이어 사이즈에 맞는 드라이브 롤이 자동적으로 작동한다. 또 완전한 와이어 공급 및 정지가 안 되면 드라이브 롤이나 케이블 입구 사이에 새둥지처럼 엉킨다.

5.5.2 CO_2 용접기 기본적인 사용방법

"반자동"이라고 할 정도이기에 미그 용접기 본체의 취급은 간단하다. 전류의 설정은 판 두께에 맞추면 되고 탄산가스의 유량은 레귤레이터로 매분 10~15ℓ 정도로 조정한다. 자동차의 패널 두께는 외판 0.6~0.8mm이다. 멤버 등 안쪽의 패널은 0.8~1mm가 일반적이다.

연습이 필요한 것은 "토치 이동 방법" 먼저 토치는 패널에 대해 수직에서 조금 앞으로 당겨 용접 부분을 향하게 한다(약 10~15° 정도).

용접기와 패널의 거리는 플라스틱 커버 앞에서 10mm 정도가 표준이다. 이 상태에서 스위치를 누르면 방전이 시작되고 용접이 시작한다. 이 아크는 와이어와 모재 둘 다 용해시켜 흘러내리고 마침내 용접 살이 되는 것이다. 한번 용접 살이 형성되면 올바른 위치와 와이어 속도가 가장 중요하다. 토치를 움직이는 속도는 1분간에 1m 정도로 빨라지거나 느려지거나 하면 안 되고 또 토치와 용접 부분의 거리를 일정하게 유지하는 것이 중요하다. 와이어가 용접 부분 이전에서 타 버리면 와이어 스피드와 건의 각도를 더 증가 시켜야 한다. 즉 일정하게 움직이는 것이 좋다. 토치의 진행 방향으로 용접 완성 상태가 조금씩 다르다.

요점 정리

- 토치는 패널에 대해 수직에서 10~15° 정도 기울이고 거리는 10mm 전후로 유지해야 한다.
- 토치 이동 속도는 1분간 1m 정도이고, 전진법은 녹은 상태가 얇고 평평하며 후진법은 깊고 약간 올라온 상태이다.
- 맞댐 용접은 단속적으로 용접한다.
- 플러그 용접은 토치를 움직이지 않는다.
- 작업자는 방호면을 하고 자동차에 방호 시트를 덮는다.

앞으로 전진하면 녹은 상태가 얇고 평평하기 때문에 쿼터 패널, 로커 아웃터 패널 등의 외판 패널을 맞댐 용접할 때 사용하고, 후퇴시키면 녹임 상태가 깊게 되기 때문에 멤버나 후드레지 등을 확실하게 고정시키고 싶을 때 사용한다.

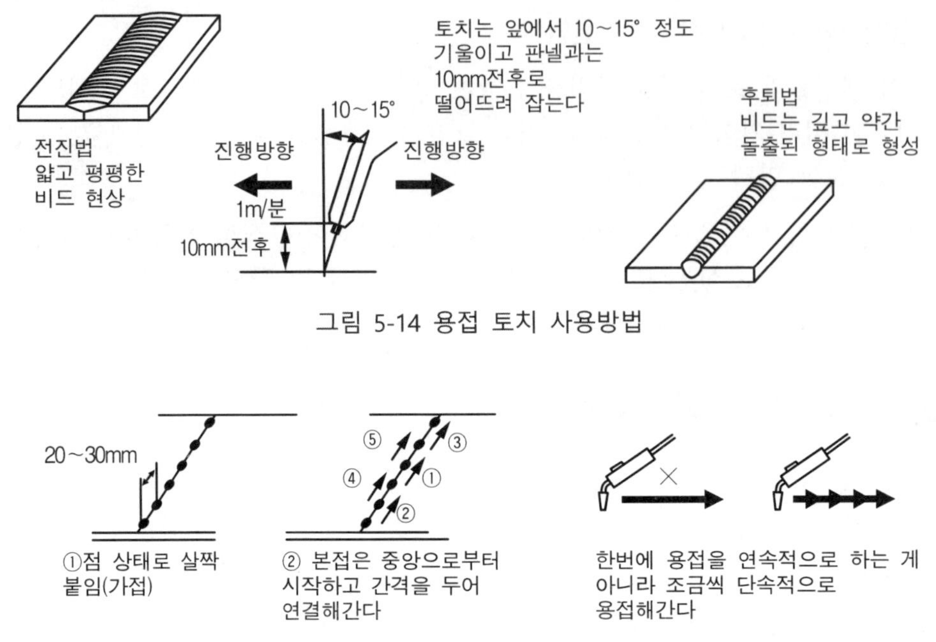

그림 5-14 용접 토치 사용방법

그림 5-15 맞댐 용접의 순서

5.5.3 용접 토치와 작업 위치

그림 5-16은 용접 토치의 작업 위치를 보여준다. 수직 용접은 거의 수평 용접과 유사하게 할 수 있다. 오버 헤드 용접을 할 때는 뜨거운 용접 불순물이 떨어질 위험이 있다. 이때 용접 불순물이 접촉 팁 혹은 토치의 노즐에 들어가면 와이어 공급이 되지 않기 때문에 주의해야 한다.

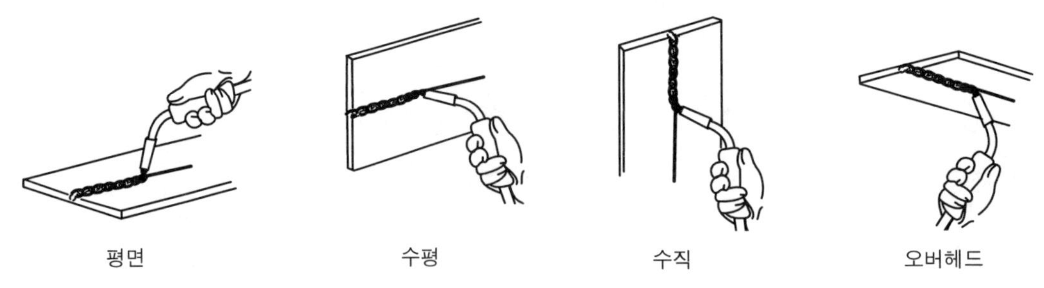

그림 5-16 용접 토치와 작업 위치

그래서 오버 헤드 용접 작업에서는 와이어 공급 속도를 높게 해야 하며 아크를 짧게 해야 한다. 어쨌든 이들은 기술자의 손 감각에 많이 의존한다. 능숙한 용접은 많은 숙달 반복에서 나온다.

5.5.4 패널 플러그 용접

모재를 겹쳐서 한쪽 모재에 구멍을 뚫어 구멍에 비드를 채우는 용접을 플러그 용접이라고 한다. 용접 부위는 절대 오염이 되면 안 된다. 때때로 오염되면 샌더로 갈거나 샌드 블라스트를 사용해서 용접면을 깨끗이 이물질을 제거해야 한다. 그러나 용접하지 않을 부분을 표면 처리할 필요는 없다. 되도록 그라인더를 사용하지 말아야하며 만약 표면 처리를 했다면 용접하지 않은 부분에도 부식방지 처리를 해야 한다. 플러그 용접은 패널 교환 작업에 사용된다. 이 플러그 용접이 얇은 패널에 적당하다. 그 이유는 열에 의한 휨이 없기 때문이다.

5.5.5 플러그 용접의 포인터

5~8mm 구멍을 교환용 철판에 뚫고 그 철판과 충분히 밀착시키고 노즐의 용접 와이어를 조절한다. 미리 뚫어 놓은 구멍에 90° 각도로 노즐을 세우고 20~30mm 간격의 점 상태로 살짝 용접해 간다. 이 경우에도 스위치를 누른 상태 그대로 하지 말고 조금씩 단속적으로 용접을 진행하는 것이 깨끗하게 완성하는 방법이다.

용접 중 토치 앞은 구멍 중심을 향해 들고 움직이지 않도록 하며 익숙하지 않다면 조금 가까운 것 같은 느낌 정도가 좋다.

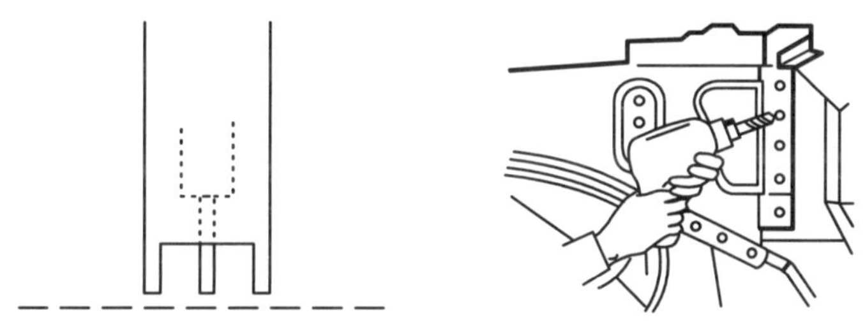

그림 5-17 플러그 용접 토치위치와 드릴 구멍 작업

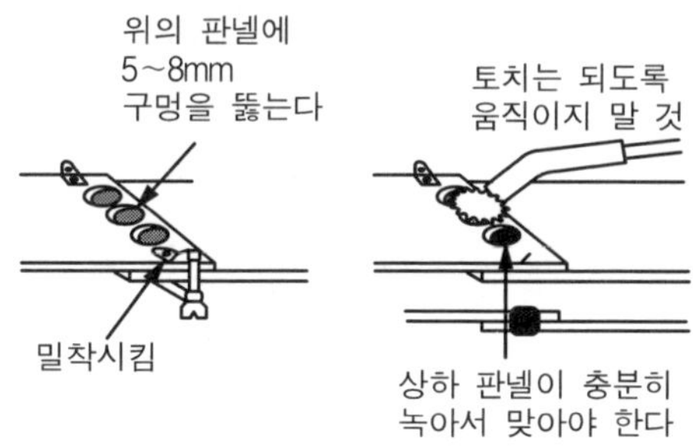

그림 5-18 미그 플러그 용접의 순서

용접 정리

비드(bead)

용접 흔적. 물론 언뜻 보아 깨끗한 비드는 용접 강도가 확실하다고 하지만 두껍거나 가늘거나 약간 휘어졌다면 믿을만한 용접이라고 말할 수 없다. 또 비드 폭이 두꺼울 때는 녹은 상태가 얇고, 가늘 때는 녹은 상태가 깊은 경향이 있지만 토치 이동이 빠르거나 토치와 모재 간격이 너무 멀거나, 전류가 저하될 때는 폭이 좁아도 녹은 상태는 얇게 된다.

5.5.6 플러그 용접 세부처리 사항

어떤 철판의 용접이든 아연 도금 보호막을 충분히 태워버린다. 그리고 과도한 열은 철판 강도를 떨어뜨린다. 그러나 분명한 것은 차체를 용접할 때는 어쩔 수 없이 과도한 열을 사용해야 한다. 아래 그림은 미그 용접기의 열로 인한 파손을 보여준다(용접한 뒷면).

그래서 인접 패널의 열 확산을 최소화해야 나중에 별도의 부식 도막 처리를 해줄 필요가 없다. 모재에 덩어리나 불순물이 있으면 그라인더로 처리해야 한다. 하지만 용접부위만 하라. 필요 없이 전체를 그라인딩 해버리면 제조업에서 해놓은 부식 방지 처리를 손상시킨다. 그러므로 손상부위만 또는 필요 부위만 용접해야 한다.

다시 강조하지만 어느 부위든 부식처리가 파손되면 다시 부식방지 처리를 해주어야 한다. 전체적으로 최대한 부식 처리된 도막이나, 아연 도금 코팅 등을 보호하려면 카터를 사용해서 플러그 용접 부분을 제거하고 되도록 스포트 용접을 하라. 그라인딩은 또한 철판을 과도히 깎는 경우가 있다. 그래서 그라인딩은 신중히 잘해야 부식 방지 처리를 하기도 좋다.

용접용 부식 방지 도막 제거

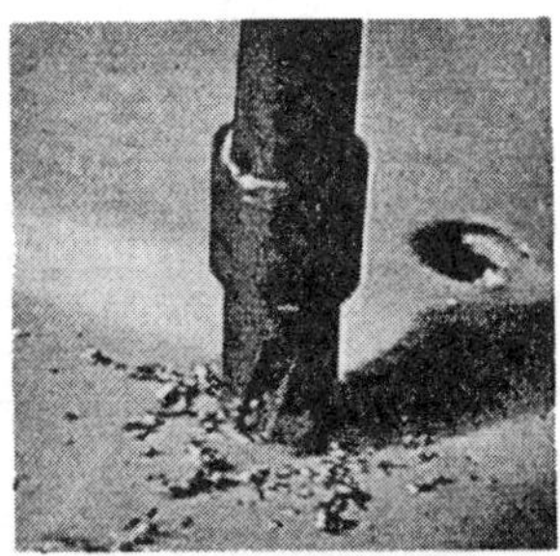

용접용 커터를 사용

용접 부위만 그라인딩

그림 5-19

5.5.7 용접된 패널 표면

패널 교환 작업에서 많이 사용되는 용접은 Co_2 플러그 용접이다. 이 작업의 준비 과정은 볼트-

온 패널 준비 과정과 동일하다. 대신 조립 방법이 플러그 용접이라는 것이다. Co_2 용접의 계속 용접 방법을 활용할 때 패널의 부착 부위에서 샌드 페이퍼를 사용하여 전착 도장 면을 제거하는데 귀퉁이를 따라 1인치 폭으로 제거한다. 그래서 전기 전도를 좋게 해야 하고 주의할 점은 너무 과도히 그라인딩 하지 말아야 한다는 것이다.

각 패널의 전기 저항 용접은 제조 메이커 공장에서 이루어지는데 정비공장에서는 Co_2 플러그 용접을 패널 교환 작업에 사용한다. 그림 5-21은 패널이 떨어져 있어서 용접할 경우인데, 0.8mm 직경의 구멍을 뚫어서 Co_2 플러그 용접을 한다. 이때 플러그의 간격은 제조업에서 전기저항 스포트 용접한 간격만큼 해주면 된다.

그림 5-20 Co_2 용접의 접지 지역에 도장 막을 제거(25mm 폭)

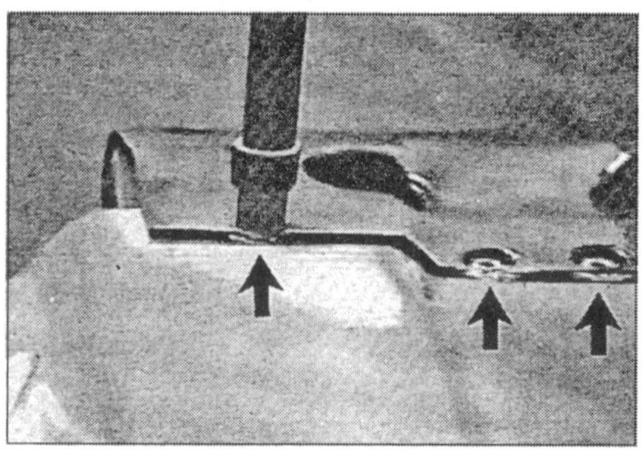

그림 5-21 플러그 용접용 드릴 구멍

그림 5-22 패널의 Co_2 용접

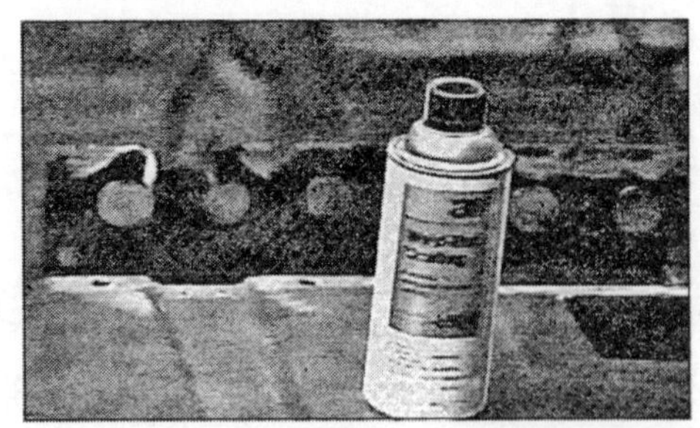

그림 5-23 용접용 프라이머

패널들을 클램프로 고정시키고 때때로 샌드 블라스트를 할 필요가 있을 때 샌드 블라스트는 구멍에만 해야 한다. 샌드 블라스트는 패널의 전착 도장의 제거가 필요 없다. 샌드 블라스트가 없다면 용접할 부위만 샌드 페이퍼를 사용해야 한다. 용접용 프라이머(그림 5-23)를 전체에 뿌리고 용접을 한 후 표면을 깨끗이 처리해야 한다.

5.5.8 능숙한 용접을 위해

사용 전에는 와이어의 끝부분을 점검한다. 만약 끝이 구슬 모양으로 되어 있으면 잘라 버리고 토치 내부에 용접 가스가 들어 있는지의 여부도 확인해야 한다. 필요하면 와이어 브러시 등으로 청소한다. 용접부나 (-)측 클램프를 잡는 부분의 도막은 깨끗하게 제거해 두는 것도 잊어서는 안 된다.

작업에는 관계없지만 아크 불꽃은 강렬하므로 직시하면 눈에 상처를 줄 수 있기 때문에 반드시 짙은 색 유리가 붙어 있는 방호면을 이용한다. 또 용접시의 불꽃은 때때로 넓은 범위까지 튀는 경우가 있기 때문에 주위 패널이나 유리에도 방호 시트를 덮어두는 것이 중요하다.

그림 5-24 작업자는 방호면과 자동차는 방호 시트

5.5.9 용접 노즐

용접을 할 때는 표면이 깨끗해야 하며, 와이어 끝의 접촉이 좋게 해야 한다. 용접 노즐을 사용할 때 용접 부위를 더 크게 하려면 구멍의 중심을 기점으로 하여 원형으로 계속 옮겨서 넓힐

수 있다.

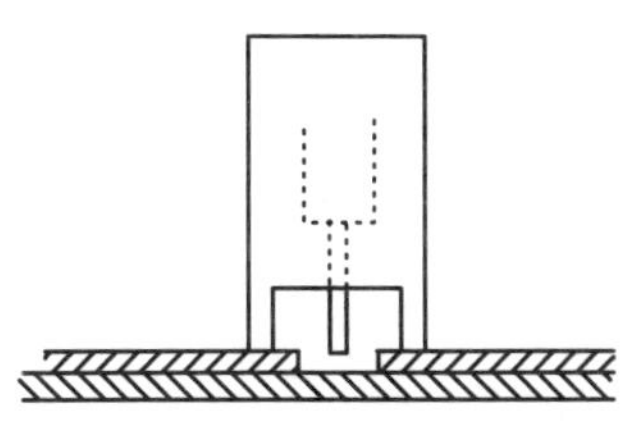

그림 5-25 플러그 용접

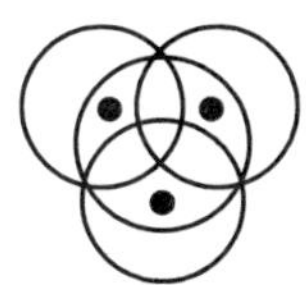

그림 5-26 구멍에서 플러그 용접을 넓히는 방법

용접자세와 스피드의 조절과 팁의 이동에 의해 용접 시간에 신축성이 있다. CO_2 용접 와이어를 조절하고 노즐의 끝을 청결히 해야 한다.

CO_2 용접 와이어의 조절과 노즐의 끝을 청결히 하고 노즐의 각도를 30~90도로 하여 계속 용접을 한다. 이때 구멍을 뚫고 구멍 주위를 계속 용접하며 용접 와이어를 철판 뒷면과 접촉을 충분히 해서 구멍에 용접 비드가 찰 때까지 용접을 한다.

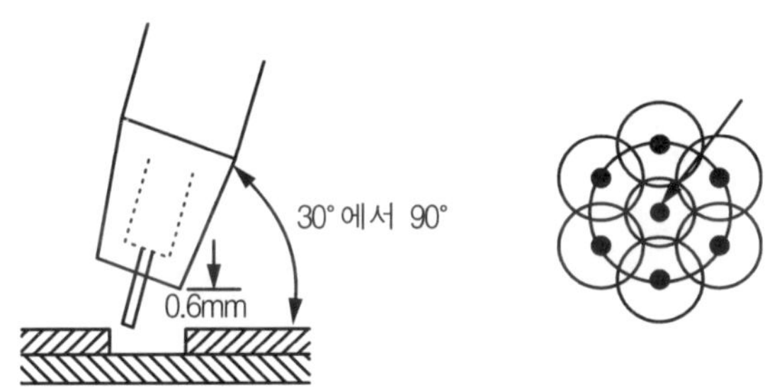

그림 5-27 계속 플러그 용접

5.5.10 단속 용접

그 밖에 다른 용접 방법에는 단속 용접, 또는 미국에서는 심 용접(seam welding)이라고 하는 방법이 있다. 이는 금속의 뒤틀림을 방지하고 계속적으로 용접을 할 때 3~4mm의 구간으로 용접을 할 수 있다.

1. 노즐에서의 와이어를 0.6mm까지 연장시킨다.
2. 용접기 팁은 30~45도까지로 한다.

3. 1.8mm 이상 용접을 계속하지 말 것(철판 뒤틀림 방지).
4. 용접 비드가 자연히 식도록 시간을 조절할 것.
5. 단속 용접이 형성되도록 계속 반복하라.

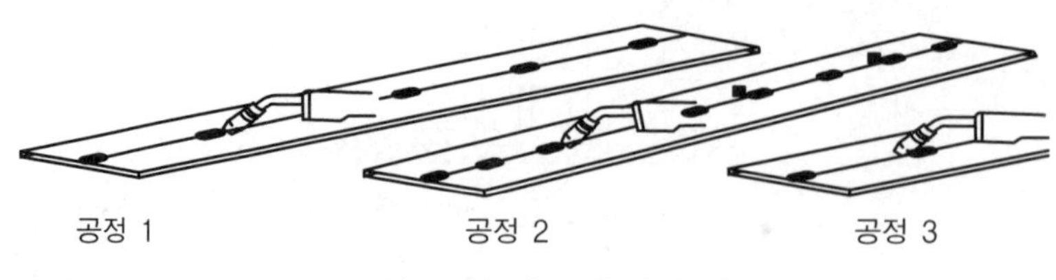

그림 5-28 단속 용접 공정

5.5.11 CO_2 용접 상태 시험

보기 좋은 용접이 반드시 구조적으로 튼튼한 것은 아니다. 실질적인 용접 작업에 들어가기 전 기술자는 용접의 질, 내구성, 안전성 등을 확인을 해야 한다. 좋은 상태의 용접을 하기 위한 최선의 방법은 연습이다.

1. 적정 열 온도 상태와 와이어 공급 속도를 정해야 한다.
2. 금속판이 얇은 것으로 연습하라.
3. 용접 후 떼어보라(용접 상태가 좋으면 철판이 찢어지고, 용접 너게트가 뽑혀 나온다.).

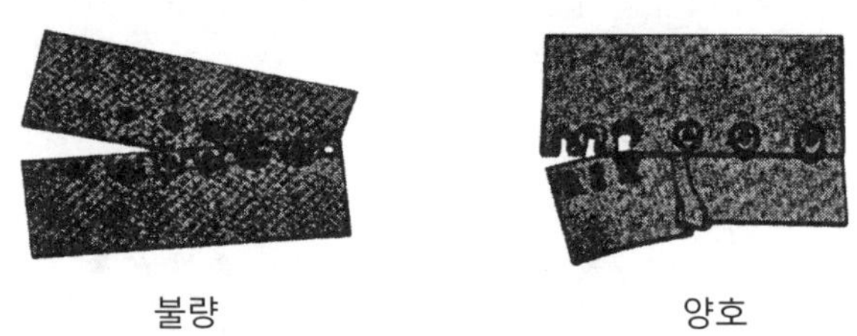

그림 5-29 용접 불량 상태와 용접 양호 상태

5.5.12 용접 불량과 수정

용접 작업에서 흔히 일어나는 용접 불량과 그에 해당하는 수정 방법을 설명하는데, 수정 방법은 먼저 전기 관계 연결이 잘되어 있어야 하고, 건물 내부 전압이 용접기와 일치해야 하며 용접기의 기능이 올바르게 되어 있어야 한다. 이러한 요인들이 처방약처럼 수정 방법으로 만들어졌는데 다음 도표와 같다.

■ 용접 불량과 수정

불량	원인 수정
용입 불량	a. 용접 겹침이 너무 좁다. b. 용접 전류가 낮거나 와이어가 엉킴 c. 와이어 공급률이 너무 빠르다.
용융 불량	a. 용접 전압 및 전류가 너무 낮음 b. 전극이 잘못되었음. DC를 사용해야 한다. c. 와이어 공급률이 너무 빠르다. d. 모재에 과도한 산소가 공급되었다.
용접이 되지 않고 타버림	a. 용접 전류가 너무 높다. b. 와이어 공급률이 너무 느리다. c. $ArCo_2$ 혹은 ArO_2가스를 Co_2대신 사용한다.
불규칙 아크	a. 실드가스를 점검한다. b. 와이어 공급 시스템을 점검한다.
과도한 불꽃 튀김	a. 아크 전압이 너무 낮다. b. Co_2 대신 $ArCo_2$나 ArO_2를 사용한다.
시동 불량 및 와이어가 토막남	a. 용접 전압이 너무 낮다. b. 과도히 와이어가 엉킨다. c. 모재의 산소를 깨끗이 제거한다.
금이 감	a. 와이어 성분이 다른 것을 사용했다. b. 용접 비드가 너무 작다. c. 모재의 품질이 나쁘다.
기포의 과다	a. 기름, 녹, 스케일 등이 모재에 존재한다. b. 실드 가스의 문제 : 바람, 혹은 막힘, 가스 노즐이 너무 작거나 가스 호스 파손, 과도한 가스의 유출
비드면의 요철 발생	a. 용접 압력과 전류가 낮다. b. 와이어가 꼬여 있다. c. 전극이 잘못되어 있다. DC를 사용한다. d. 용접 겹침이 너무 좁다.

5.5.13 안전 보호구

미그 용접의 열은 매우 위험하다. 항상 안전 마스크와 다른 안전 보호구를 착용해야 한다. 또 아연 도금이 녹으면서 아연에서 유독성 가스가 발생하여 조심해야 한다.

그림 5-30 미그 용접에 필요한 안전한 용품

5.6 전기 저항 스포트 용접기

5.6.1 스포트 용접기의 원리

좁은 곳에 큰 전류를 집중시키면 큰 열이 발생한다. 전기 저항 스포트 용접기는 그 열을 이용하고, 또 열이 가해지는 부분에 압력을 가해 용접시킨다. 전기 저항 스포트 용접기의 구조는 전원부와 전기가 흐르는 시간을 조정하는 타이머, 용접부에 전류를 보냄과 동시에 압력을 가하는 암(arm)부로 되어 있다. 발열부가 바깥 공기와 접촉되지 않기 때문에 녹이 잘 슬지 않고 취급도 간단하며 작업 속도도 빠르다.

자동차 생산 라인에는 차체 용접부가 대부분 전기 저항 스포트 용접으로 되고 있기 때문에 정비공장에서의 용접 패널 교환에 전기 저항 스포트 용접기를 사용해야 한다. 가압하는 것은 용접부에 보다 큰 전류를 흘러 보내기 위함 함께 패널이 녹은 상태에서 밀착시켜 용접 강도를 높이기 위해서이므로 효과적인 가압을 행하기 위해 암에는 기술자의 손을 보호하기 위해서 압축공기 힘으로 용접 패널에 가압을 함으로 용접 강도, 차체수리 품질 향상을 얻을 수 있다.

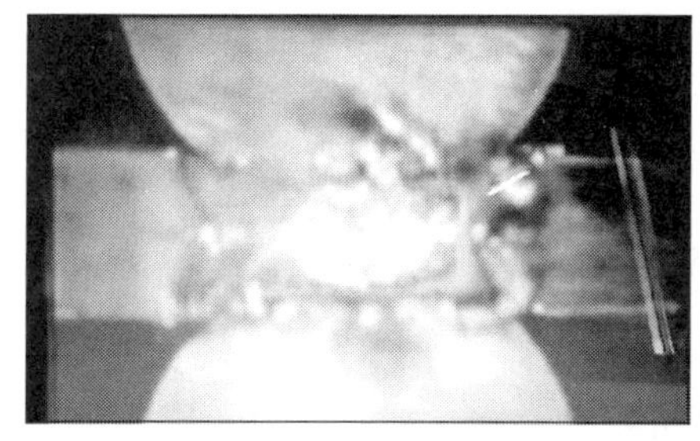

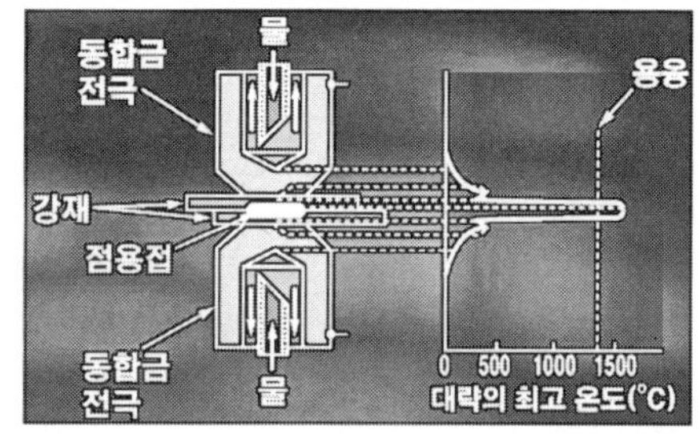

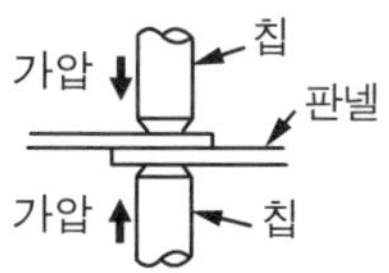

* 가압
겹친 패널 용접부에 힘을 가해 밀착시켜 전기가 흐르기 쉽게 한다.

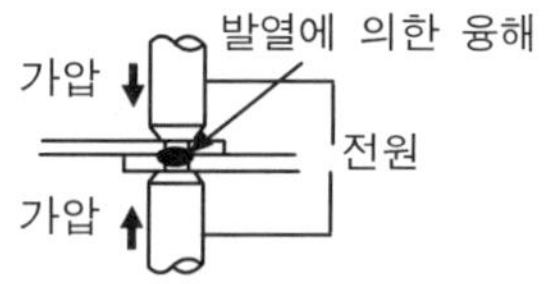

* 통전
가압한 상태로 전기가 흘러 패널의 용접면을 녹여 융합시킨다.

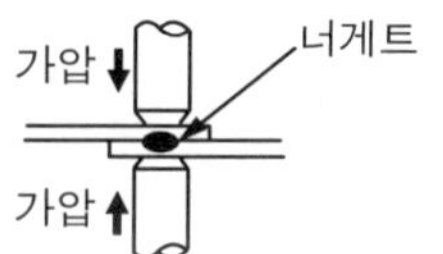

* 유지
전류의 흐름이 끝나서 용접부가 냉각 때까지 가압을 계속해서 용접 포인터를 강화한다.

그림 5-31 스포트 용접기의 원리

5.6.2 스포트 용접기의 전류

전기가 흐르는 시간은 1초의 1/10에서 1/5(0.1~0.2초)로 한순간이기 때문에 주변에 주는 열의 영향도 적고 얇은 강판을 깨끗이 용접할 수가 있다.

단, 그 만큼 전류가 크다. 스포트 용접에 필요한 전류는 패널의 두께에 따라 다르고, 전류의 크기에 따라 용접 강도가 결정된다.

자동차 생산 라인에서 사용되는 스포트 용접에는 7,000~10,000(A) 이상의 전류를 강력하게 로봇 용접하고 있지만 차체수리 현장에서는 차체수리 매뉴얼의 수리 지침서를 따르면 패널의 구조, 제작사의 매뉴얼에 따라 다소차이는 있지만 용접 패널 교환 작업의 필수 장비로 전류는 8,000(A) 이상 스포트 용접기를 사용하도록 권장하고 있다.

그 대신 생산라인 보다 스포트 용접 포인터 수를 늘리고(10~20%), 전기를 흐르게 하는 시간을 조정하여 강도를 보완하고 있다.

요점 정리

- 한 점에 압력을 가해 전류를 집중시켜 그때의 열로 용접한다.
- 자동차 제조 라인의 패널 용접 방법을 차체수리 현장에서도 기본적으로 용접 패널 교환 작업에서 스포트 용접기를 사용해야 한다.
- 여러 가지 암(arm)을 사용하면 사용 범위가 넓어진다.

5.6.3 스포트 용접기 활용 방법

스포트 용접은 두 장 이상의 패널을 겹쳐서 암으로 패널의 앞, 뒤에서 고정 접촉하는 것이 기본이기 때문에 보다 패널의 구조에 따라 넓은 범위의 작업을 가능하게 하기 위해서 암 부분에는 여러 가지의 종류가 필요하다. 여러 가지 종류의 암을 이용하여 패널 구조에 따라 용접이 가능하면 스포트 용접으로 패널 교환 작업을 하는 것이 바람직하다.

스포트 용접기의 기능선택과 특징을 차체수리 기술자는 기초에서 응용 활용까지 전반적으로 숙지하고 익혀서 패널 접합 작업을 해야 한다.

스포트 용접기 첫번째 기능으로 용접 팁은 양면 스포트 용접기의 용접작업 제품의 품질과 차체의 기능을 결정하는 중요한 부품이라고 할 수 있다. 용접기 팁의 영점조정은 차체 용접작업에서 자동으로 영점 조정되는 용접기와 별도의 영점조정을 기술자가 하는 용접기로 구분할 수 있다.

용접 팁의 관리가 용접 품질을 좌우하는 것으로 용접 팁은 마모 또는 변형상태에서 사용을 하면 용접 포인트의 품질이 저하뿐만 아니라 용접 강도의 저하 원인이 된다.

용접 팁은 교환 볼트형식 팁의 경우 연마해서 사용하는 팁과 간단히 분리해서 소모성 팁으로 구분해서 현장에서 사용하고 있다. 소모성 용접 팁이 연마해서 사용하는 팁보다 작업에 효율적이라고 본다. 연마형 용접 팁의 경우 팁 연마 공구를 구입 사용할 경우 용접 팁 연마에서 용접 팁 변형이 발생할 수 있기 때문이다.

둘째 용접 건의 무게는 대부분의 용접기가 비슷하며 건이 360° 회전방식으로 건의 종류가 많으면 많을수록 차체 패널을 접합하는데 쉽고 편리하게 작업을 할 수 있다.

용접기 건의 냉각호스 처리 방법으로 냉각호스의 탈 부착이 편리하고 용접작업에서 냉각호스가 용접작업에 장애물이 되지 않는 용접기를 선택하는 것이 작업자의 피로를 감소시킬 수 있다.

셋째 용접기 건과 본체를 연결하는 케이블의 무게가 가볍고 길이가 긴 것을 선택해서 사용하여야 한다. 용접기 건의 무게보다 케이블의 무게 때문에 작업자가 더 힘들고 작업 범위도 제한을 받는 경우가 많다.

또한 용접기 건 케이블이 분리되는 것을 사용할 경우 A/S 수리가 용이하고 용접기 사용관리가 편리하다.

넷째 양면 스폿트 용접기의 냉각 방식은 공냉 방식보다 수냉 방식이 차체 수리 작업에 효율적이다.

용접으로 뜨거워진 냉각수를 짧은 시간에 많은 냉각효율을 높일 수 있어야 한다.

용접기의 냉각방식은 일반적인 펌프의 의해 냉각수를 순환하는 방식과 냉각 효율이 탁월하게 높은 라디에이터 방식을 적용하는 용접기가 용접에 의해 열 받은 팁을 냉각 효율이 월등하기 때문에 용접 타점 점수를 많이 할 수 있을 뿐만 아니라 패널의 용접 강도를 용접 타점 점수에 관계없이 일정하게 용접을 할 수 있다.

라디에이터 냉각방식에서도 냉각 팬의 수량에 따라 냉각 효과가 좋으며 용접 작업 성공률 한다.

그림 5-32 스포트 용접기 명칭

그림 5-33 라지에이터 냉각 방식

마지막으로 양면 스폿트 용접기의 결과물이다.

용접 패널 강도, 용접시간, 전류, 기타 등을 1번 포인터에서 용접 끝번 포인터까지 고객이 눈으로 확인할 수 있는 용접 데이터 저장 및 출력 기능이라고 본다.

차체수리 작업에 있어서 차체수리 기술자의 보조 역할을 담당하는 좋은 스포트 용접기가 있어도 활용하지 않으면 아무런 의미가 없다. 파손 자동차 수리 전 차체수리 매뉴얼의 작업 공정을 충분히 숙지하고 준수한 다음 스포트 용접기를 활용하는 것은 차체수리 복원 공정의 일부에 지나지 않는다. 스포트 용접기의 효과를 살리기 위해서는 차체 수리에 필요한 기기, 공구 등을 효율적으로 합리화시키지 않으면 안 된다.

Date: 2015-05-14 Intervention N.: Operator: Ryoo Han Kyoo

Car owner: Ryoo Vehicle model: 모닝

Note: 테스트

Car part	Spot N.	Date / Hour	Program Setting	Clamp/Arms/Caps	Force (daN)	Pause (ms)	Pre Weld (ms)	Slope time (ms)	Weld time (ms)	Impulse N.
	1	2015-03-06 오후 12:06:24	Fe 0.85	C 14000/CA3/a	236	0	0	0	290	1
	2	2015-03-06 오후 12:06:32	Fe 0.85	C 14000/CA3/a	237	0	0	0	290	1

그림 5-34 스포트 용접기 각 포인트의 용접강도, 시간, 전류등 용접 결과 데이터 표

요점 정리

스포트 용접과 전류

스포트 용접을 하는 패널은 전체의 강판에 전류를 통하게 하기 때문에 전기를 집중시키려고 하여도 전체로 퍼져 약하게 된다고 생각할 수 있다. 그러나 전기는 가장 저항이 적은 두 점 사이를 거의 직선상으로 흐르는 성질이 있고, 용접 부분의 암에 의해 가압되어 전기가 흐르기 쉬운 상태로 되어 있기 때문에 고열이 발생할 정도의 큰 저항이 있어도 주위로 퍼지는 저항이 작고 이 부분에 전류가 집중된다.

5.7 스포트 용접기를 이용한 패널 교환 방법

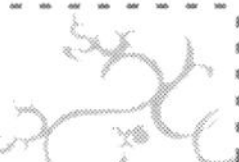

5.7.1 패널 전 처리

스포트 용접기에서 흐르는 전류는 수천 암페어로 큰 것이지만 전압은 10[V] 이하이다. 그래서 패널 표면이 더럽거나 도막이 남아 있으면 그것으로 인해 전기가 흐르지 않는다. 제품에 따라서는 일시적으로 고압의 전류를 흘러 보내 도막을 태워버리는 기능을 갖고 있는 것도 있지만 작업 시간이 길어지기 때문에 미리 용접부의 도막을 제거 청소를 해두는 것이 좋다. 도막을 벗겨낸 후에는 녹 방지제를 바르고 이때 제일 좋은 방법은 전기를 잘 통하게 하는 성질을 갖는 스포트 용접용 부식 방지제를 이용한다.

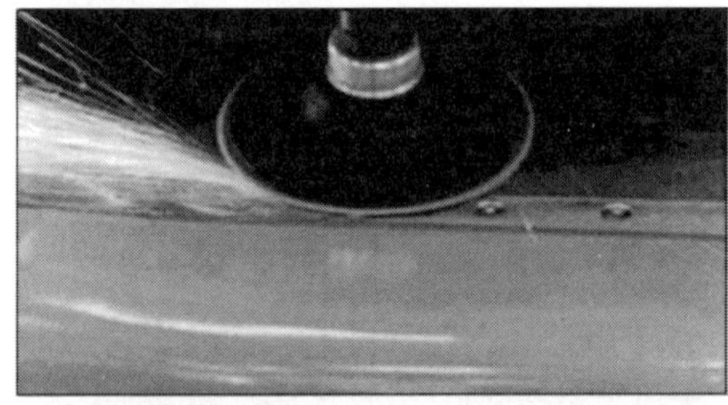

페이트 및 오염물질 제거

패널 세정(크리닝) 과정

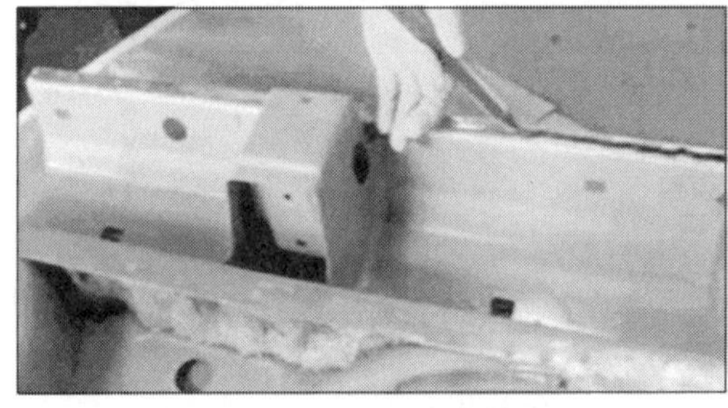

패널 면에 최대한 얇게 도포

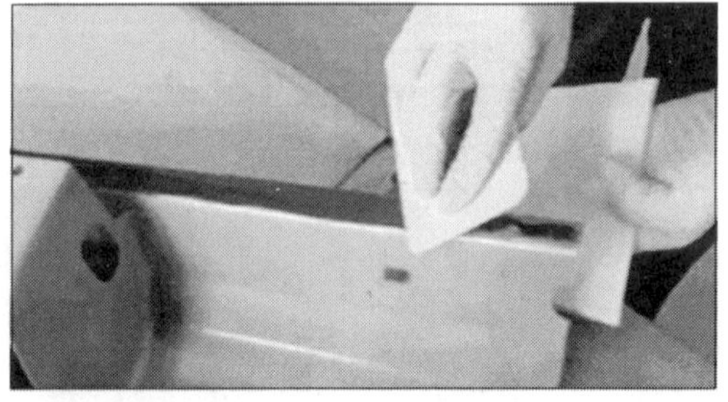

주걱 등을 이용하여 패널 면에 균일하게 도포

그림 5-35 용접하는 부분의 도막 제거 및 전처리

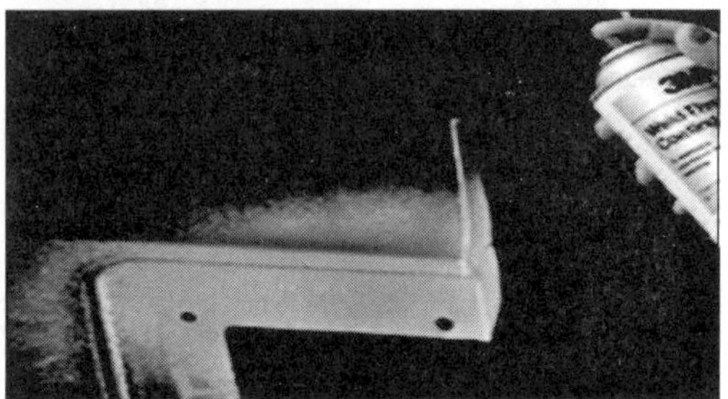

그림 5-36 용접용 녹 방지제

5.7.2 용접기 측의 준비

본체 세트는 전원을 넣고 전류 조정 다이얼을 판의 두께에 맞게 또는 사용용도(멀티 기능 타입)에 맞추면 좋다. 전류를 바꿀 수 없는 것은 타이머를 맞추어 설정한다. 암은 전극 선단이 중요하기 때문에 더러워지거나 하얗게 산화되는 것은 방지하기 위해 선단 형태로 잘 정비해 두는 것이 필요하다. 바디 수리에 사용되는 스포트 용접기는 직경이 10mm 정도, 선단이 가늘게 된 곳에서 5mm 정도의 전극을 사용한다.

전극의 청소와 정비를 동시에 할 수 있는 팁 연마기와 팁을 교환하는 바이스가 시판되고 있다. 연마기를 암에 설치해서 렌치처럼 돌리면 전극 앞이 깨끗하게 연마된다. 전극 선단은 각도를 붙여 사용할 수 있게 만들어진 전용 전극 외에는 상하로 일직선상으로 되는 것이 원칙이다.

패널을 조립 작업에서 기울어져 있으면 전류가 충분히 흐르지 않고 용접 강도도 저하한다. 스포트 용접 작업에 들어가기 전에는 전극 선단의 상태를 확인하고 필요하면 수정, 조정하는 습관이 필요하다.

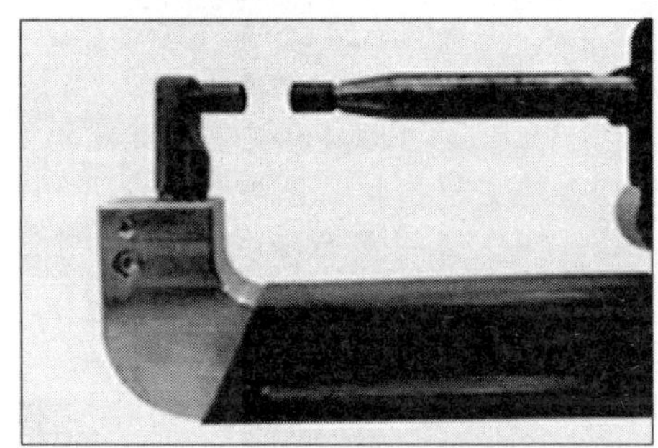

용접 양(팁) 오염 상태 확인

용접 팁 연마작업

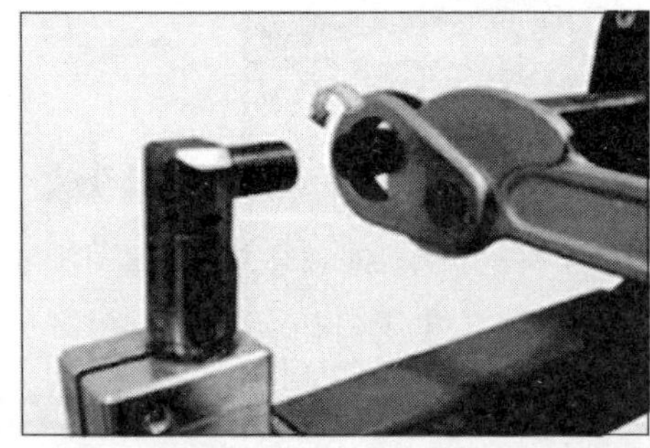

용접 양(팁) 교환 작업

용접 양(팁) 교환

그림 5-37 전극 전단부의 형상과 팁 바이스

요점 정리

용접부의 도막이나 더러운 것은 깨끗하게 제거하고 전극 선단은 상처나 더럽힘이 없고 형태도 잘 정비되어 있어야 한다. 상하 전극은 어긋나거나 기울어지면 안 된다. 스포트 용접 작업의 포인터는 패널 끝에서 5mm 이상이다. 이웃 스포트 포인터와는 15mm 이상 떨어 뜨려야 한다. 새 차일 때 보다 스포트 포인터 수는 10~20% 포인터를 증가해서 스포트 용접을 한다.

5.7.3 스포트 용접 포인터의 위치 조건

용접 작업은 가벼운 힘으로 진행해 가지만 스포트 용접 포인터의 위치에도 주의를 해야 한다. 너무 패널 끝에 가깝게 하거나 스포트 포인터 간의 간격이 좁으면 전류가 도망가 버려, 확실한 용접이 불가능하다. 적어도 패널 끝에서 5mm 이상 떨어뜨리면 좋을 것이다. 스포트 점수는 신차 보다 10~20% 포인터를 증가해서 스포트 용접을 한다.

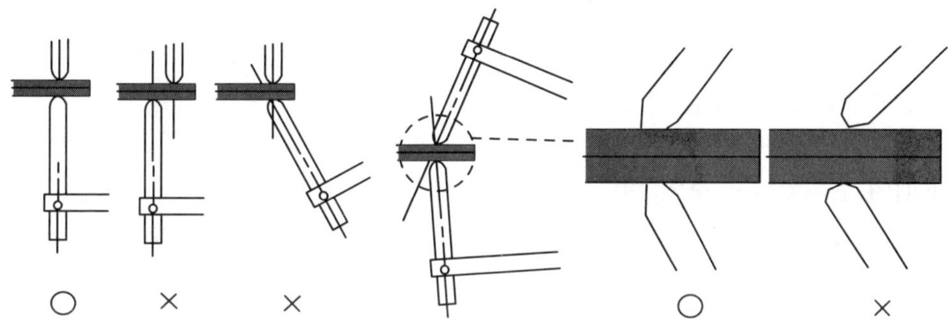

그림 5-38 판넬과 전극의 관계

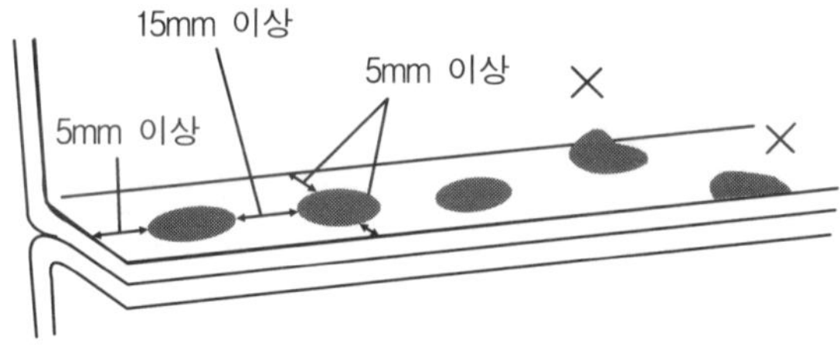

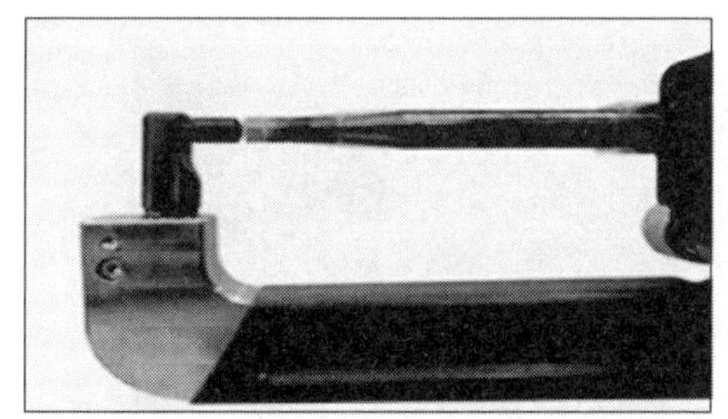

용접 양 작동(가압공정)의 예

패널 용접(통전 및 고착)의 예

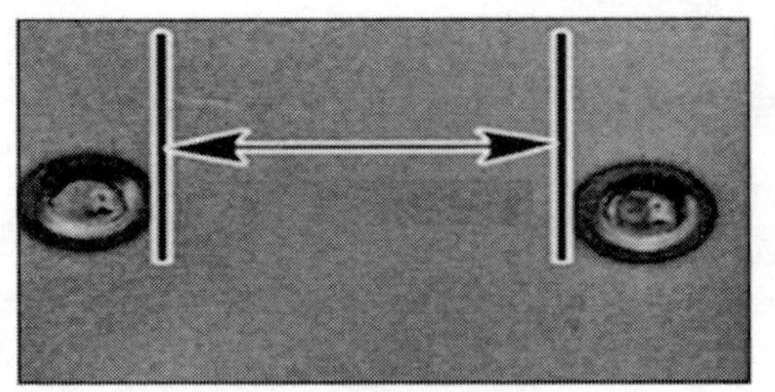

최소 간격은 20-25mm

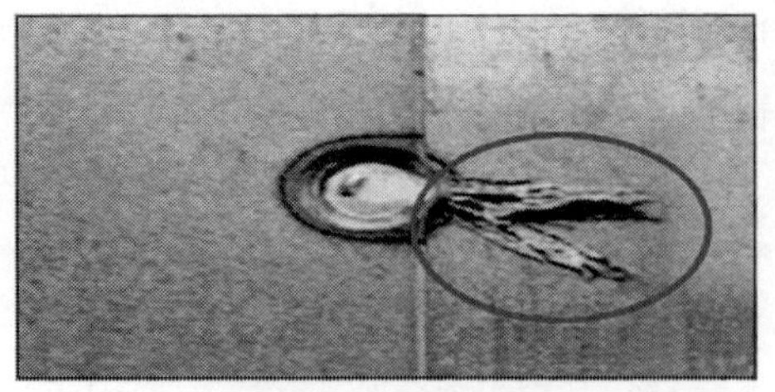

패널 끝 부분에 스포트 용접 시 스패터에 의한 용접 강도 저하 발생

그림 5-39 스포트를 치는 위치를 결정하는 방법

5.7.4 스포트 용접 포인터 접합 시험

스포트 용접은 겹쳐 맞춘 패널 내부에서 용접이 진행되기 때문에 밖에서 용접의 양부를 구별하는 것은 어렵다. 비숙련 기간 동안은 시험 용접을 하고 그것이 잘 붙어 있으면 같은 조건으로 수리 패널에 용접을 한다. 시험 용접 방법은 패널과 같은 두께의 얇은 판을 직각으로 맞추어서 용접한 후 떼어내고 그 떼어낸 곳의 용접 흔적을 보고 판단한다. 어느 한쪽의 구멍이 파인 것처럼 되면 용접이 잘되었다고 보면 된다. 스포트 용접에서 중요한 것은 암의 가압력, 용접 전류, 통전 시간 등 세 가지이지만 이것은 스포트 용접 후의 용접 흔적(너게트)을 보고 확인할 수 있다. 어느 것도 크거나 작거나 해서는 안 되기 때문에 잘된 상태를 기억해 두고 이상이 있으면 각각의 항목을 점검해야 한다.

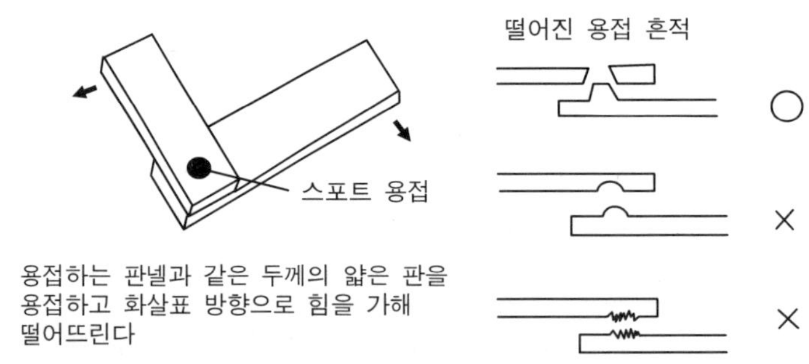

그림 5-40 스포트 용접의 시험법

■ 용접 조건과 너게트 크기

	소	대
너게트		
가압력 용접 전류 통전 시간	크다. 작다. 짧다.	작다. 크다. 길다.

단, 스포트 용접기의 팁에 의해 용접 포인트점이 일정한 크기로 용접되어야 한다.

5.8 용접에 필요한 공구와 재료

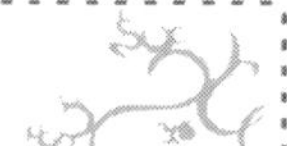

용접 작업에는 용접기 외에 없어서는 안 될 것과 있으면 편리한 것 등 필요한 공구나 재료가 상당히 있다. 지금까지 소개한 것과 일부 중복되기도 하지만 여기서 다시 한번 정리를 해 두자.

5.8.1 패널을 가공하는 공구

스포트 용접이나 CO_2에 의한 맞댐 용접에서 관계되는 패널에 특별히 가공할 필요는 없지만 용접 부위나 방법에 따라서는 강도, 완성 상태 등이 좋아질 때가 있다. 예를 들어 라커 패널, 프론트 필러 등 강도가 필요한 부분에서는 맞댐 용접이 아니라 패널에 판을 만들어 겹쳐 용접하는 것이 좋다. 패널 끝에 단을 만드는 것을 플랜지 가공을 한다. 이것은 해머나 드릴로 할 수도 있지만 전용 플랜지 공구를 사용하면 보다 간단하게 빠르게 가공할 수 있다. 헤밍(hemming) 공구를 사용하면 깨끗하게 완성할 수 있다. 단, 처음부터 공구를 사용할 수 없다. 해머와 드릴로 어느 정도 굳히고 나서 최종 완성에 이용한다. 도어의 외판만 교환할 때 이용되는 방법이다.

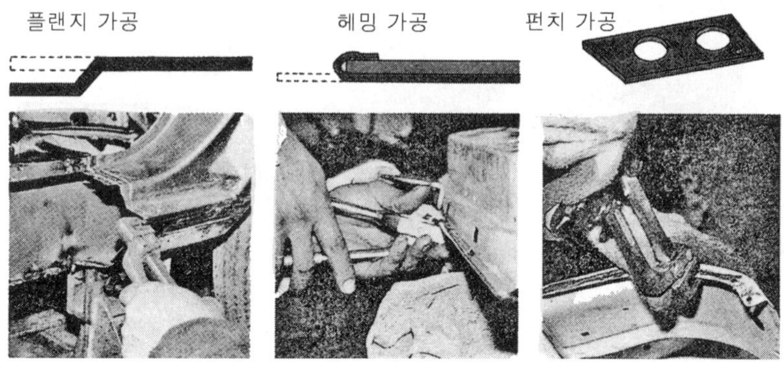

그림 5-41

CO_2 플러그 용접에는 패널 구멍 뚫기를 빼 놓을 수 없다. 물론 드릴로도 가능하지만 펀칭 공구를 사용하면 작업도 빠르고 주변에 쓸데없는 영향을 주지 않게 된다.

요점 정리

- 패널 가공에는 플렌지(단 부착) 공구, 헤밍 공구, 펀칭 공구가 이용된다.
- 용접 부분는 녹이 나기 쉽기 때문에 스포트 용접 실러, 녹 방지 실링제 등으로 녹 방지 처리를 한다.
- 용접용 클램프는 가능하면 많이 준비하고 각 부위에 따라 선택 사용한다.
- 방호면(마스크)은 작업자 눈을 보호함과 동시에 용접부가 잘 보이도록 하고 있다.

5.8.2 패널 부식을 방지하는 재료

강판을 고온에 접촉시키면 녹이 슬기 쉽다. 그뿐만 아니라 한번 붙였던 패널은 떼어내고 새로운 패널로 바꾸었을 때 패널 접합부에서 부식이 나타나기 시작한다.

용접 작업은 부식이 생기기 쉬운 작업이기 때문에 부식 방지처리 패널 교환 작업의 한 과정으로 꼭 실시해야 한다. 먼저 스포트 용접에서는 패널 조립 부착 부분에 전기를 잘 통하게 하는 스포트 용접 전용 부식 방지제(실러)를 바른다. 용접 후에는 패널을 접합 후에 실링제를 바르고 수분의 침투를 방지한다.

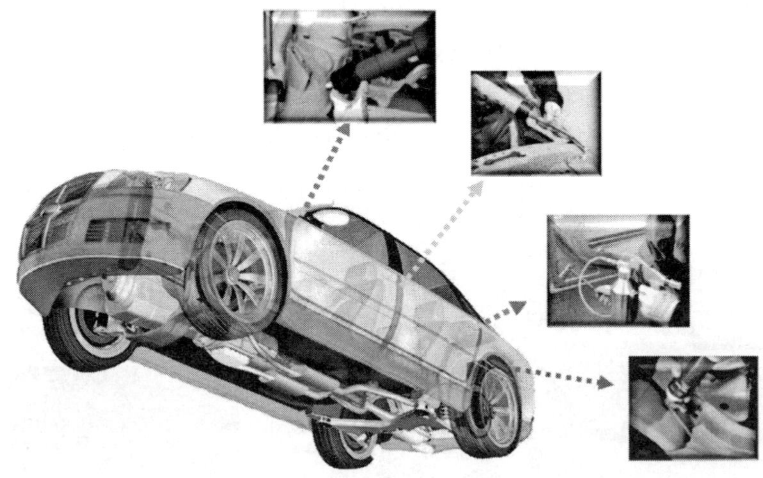

그림 5-42 패널 실링제

휠 하우스, 루프 등 특히 수분과 관계 깊은 곳은 용접 전에 패널 내측에도 실링제를 바르는 것이 좋다.

상자 모양인 곳, 라커 패널, 멤버류 등은 용접작업 후 내부에 녹 방지제를 충분하게 넣어 둔다. 이것은 침투성이 강하고, 녹 방지 효과가 강한 것을 사용한다.

5.8.3 패널을 고정하는 도구

위치 결정된 신품 패널은 적어도 임시 고정 용접이 끝날 때까지는 확실하게 고정을 해 둔다. 이때 사용되는 것이 각종 용접용 바이스 그립 등이 있다.

차체의 형태나 고정 방법에 따라 여러 가지가 있으며 가능한 한 많은 종류의 바이스 그립을 준비하여 차체 구조에 따라 적절하게 사용하면 효과적이다.

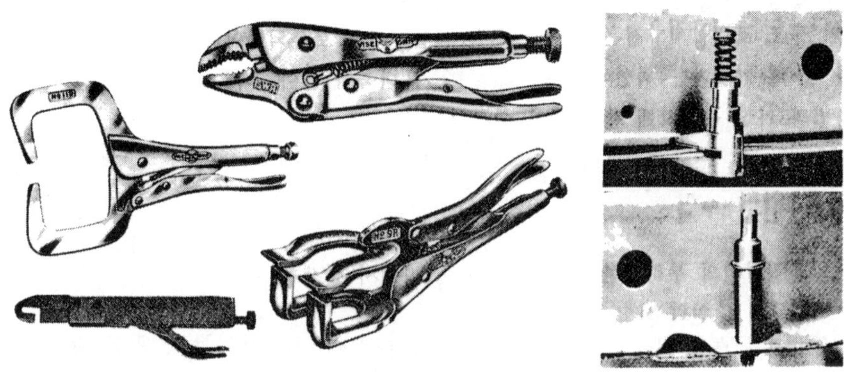

그림 5-43 용접용 바이스 그립

5.8.4 열, 빛으로부터 보호하는 도구

용접 작업 중에는 고열과 함께 강한 빛이 나온다. CO_2 용접의 강렬한 아크 빛을 그대로 보면 눈에 피로가 오며 용접이 잘되고 있는지 용접 상태를 알 수가 없다. 짙은 색유리가 부착된 방호면을 사용하면 눈을 보호할 수 있으며 용접 상태도 잘 볼 수 있다. 용접이나 절단 작업에서 불꽃이 주위로 튀는 경우가 많다. 작은 불꽃이라도 도장한 패널, 유리, 내장재의 위에 떨어지면 탄 흔적이 남는다. 큰 피해를 방지하기 위해서도 위험한 곳에 방호 시트를 덮는 것이 좋다. 그리고 방호 시트는 차체 구조 부품에 따라 전용 시트를 준비하는 것이 좋다.

헬멧 타입

손에 드는 식

그림 5-44 방호면

5.9 용접 작업시 지켜야 할 안전 사항

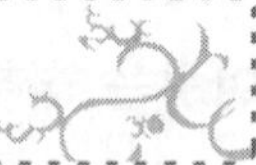

차량의 구조 조립 및 용접은 프레임 교정 작업 중에는 보류되어야 한다. 구조체를 수리하거나 교환 할 때 기술자는 위험에 노출되는 경우가 더욱더 많아진다. 그래서 용접 방법은 제조업의 방법과 가장 근접하게 해야 하고 중복되어야 한다.

사고는 용접기기의 부적절한 사용, 잘못된 관리에서 발생한다. 용접기의 적용 및 숙련도에 관계없이 안전사고 예방교육을 주기적으로 실시하여 부주위로 인한 사고 발생률을 줄일 수 있다. 용접기는 마치 불을 취급하듯이 각별한 주의가 요망된다. 차체 수리 기술자에게는 그 만큼 가치가 있는 만큼 부주의하면 심각한 부상, 치사, 사고까지 유발된다.

용접 작업시 안전 수칙

① 코팅된 용접 장갑을 착용할 것과 옷깃의 단추 및 소매 단추는 반드시 채우고 긴소매 옷을 입는다.
② 기름 및 그리스로 더러워진 옷을 입지 말아야 한다. 더러워진 옷은 불꽃에 의해 점화될 위험이 있다.
③ 아크 용접의 밝은 불빛이 눈을 손상시킬 위험이 있다. 또 방사능이 얇은 옷감을 통과하고 피부까지 통과한다. 그래서 항상 안전모 혹은 안전 작업복을 입어야 한다. 제 삼자가 서 있을 때도 그 사람은 지정된 마스크를 써야 한다.
④ 습기가 많은 지역을 피하고 옷은 항상 건조한 상태로 유지하여야 한다. 용접할 때는 젖은 표면에 앉거나, 눕거나, 손대지 말아야 한다.
⑤ 전기 충격의 위험에서 벗어나기 위해서 그라인더 작업한 부위에 신체적인 접촉을 하지 말아야 한다.
⑥ 중고 드럼, 탱크 및 깡통을 용접하지 말아야 한다. 폭발의 위험이 예상된다.
⑦ 환기 시설이 없는 작업장에서 아연 도금된 것이나 카드뮴 및 베릴늄, 납 등을 용접하지 말고 만약 눈, 코, 목에 거부감이 느껴지면 환기가 충분하지 않은 것이다.
⑧ 용접기기를 거칠게 사용하지 말아야 한다. 케이블이 가열되면 화재 위험이 있다.
⑨ 페인트 도장 작업을 하는 곳 근처에서 용접하지 말 것. 유독성이 강한 가스등 그 밖에 여러 형태의 가스가 발생한다.
⑩ 전선 등이 올바르게 설치 된 것을 철저히 확인하고 항상 어스선이 제대로 접지되어 있나 확인을 해야 한다.
⑪ 케이블이 벗겨진 곳, 금간 곳, 파손된 곳이 있나 확인을 해야 한다.
⑫ 케이블을 항상 건조하게 하고 기름 및 그리스와의 접촉을 피한다.
⑬ 차체수리 기술자가 자리를 비우거나 작업을 중지할 경우에는 모든 전원을 단절시켜야 한다(스위치를 꺼라).

⑭ 아래와 같은 사항이 생기면 즉시 가스 레귤레이터를 제거하고 조치하라.

a. 가스가 샐 때

b. 압력 밸브가 닫혀 있는데도 압력이 전달될 때

c. 압력을 넣기 시작할 때나 압력을 껐을 때 게이지가 불규칙한 작동을 할 시 이들 a, b, c 사항은 수리하려고 시도하지 말고 A/S 센터에 보낼 것

⑮ 가스탱크들은 새는 것이 없고 파손되지 않게 잘 관리해야 하며 밸브나 안전장치에 특히 유의해야 한다. 가스탱크들은 서로 부딪히지 않게 세워야 한다.

⑯ 탱크에 있는 가스는 그 표시대로만 사용하라. 가스 상태를 판단할 때 탱크의 색깔로만 판단하지 말라. 탱크에 표시가 불명확한 공급기는 항상 염두에 두어야 한다.

⑰ 안전 보호구 착용으로 자신의 몸은 자신이 보호하라.

⑱ 당신의 몸이 노출되는 지역에 용접 작업 때는 안구 보호용 안경, 장갑, 안전화, 안전모 등을 착용한다.

⑲ 유독 가스와의 접촉을 피하라.

⑳ 차체를 용접할 때 연료 탱크를 제거해야 한다.

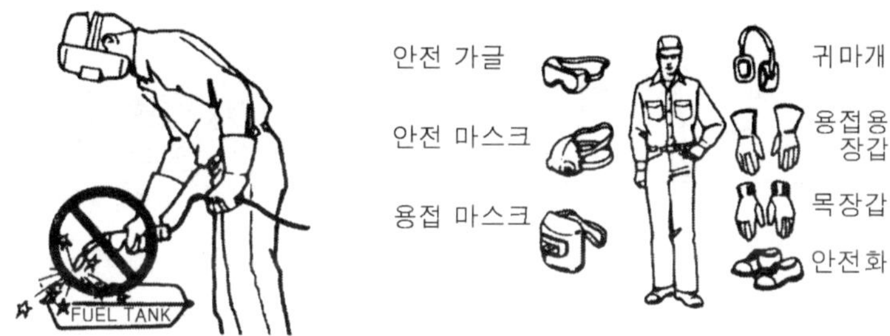

그림 5-45 연료 탱크의 제거와 안전 보호구들

㉑ 아크 용접은 피부와 눈에 극도로 해롭다. 오랫동안 쐬면 실명 및 화상의 위험이 있다. 안전복 및 안전 안경을 쓰기 전에는 작업하지 말아야 한다.

㉒ 아연 도금강은 부식방지가 필요한 자동차 구조에 사용함으로 아연 도금강이 용접 온도까지 열이 올랐을 때 아연가스가 방출된다. 이 가스에 오래 노출되면 안 된다. 충분한 환기가 되어야 하며 환기 시설은 철저해야 한다.

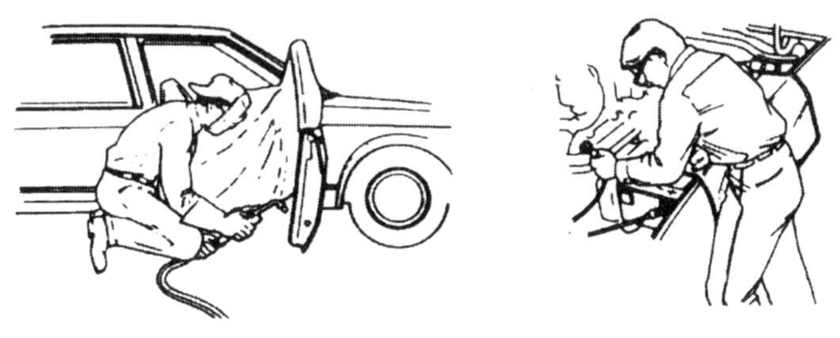

그림 5-46 차체의 보호와 배터리 해체

5.10 용접 패널 교환 방법 II

5.10.1 임시 고정으로 용접 위치를 결정

손상 패널을 제거하면 신품 패널을 용접용 바이스 그립 등으로 바디에 임시 고정한다. 교환 패널 임시 고정을 위해서는 차체수리 매뉴얼의 바디얼라이먼트 측정 및 패널 치수 도면을 활용해서 신품 패널의 위치를 선정하여 임시고정을 하면 효율적으로 작업을 할 수 있다.

파손 패널을 제거하면 강판의 지지력이 없어지기 때문에 지금까지 이상 없던 곳이 신품 패널의 무게에 의해 굽거나, 무게를 지지할 수 없게 되어 아래로 처지는 일도 있으므로 이러한 변형을 수정하고 보강하지 않으면 신품 패널을 부착할 수 없다. 특히 엔진, 변속기 등 무거운 부품이 집중되어 있는 프론트 부분은 미리 잭 등으로 각 부를 지지해 두고 교환 작업에 들어가는 것이 좋다. 무리한 힘을 가하지 않고 신품 패널을 조정 조립한다. 패널 조립 후에 바디 얼라이먼트를 측정하여 패널의 조립상태를 점검한다.

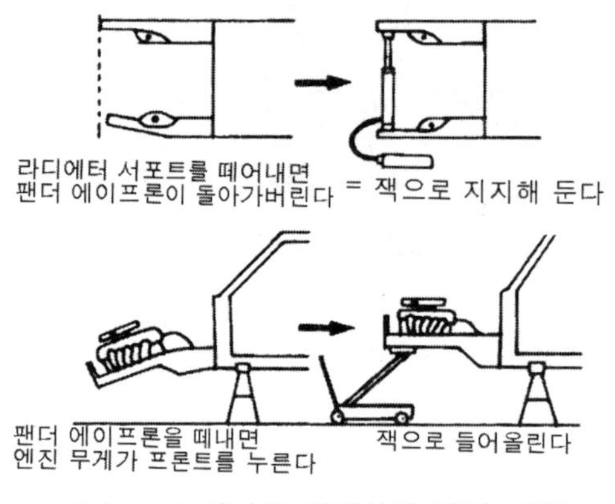

그림 5-47 패널을 제거하면 바디 변형

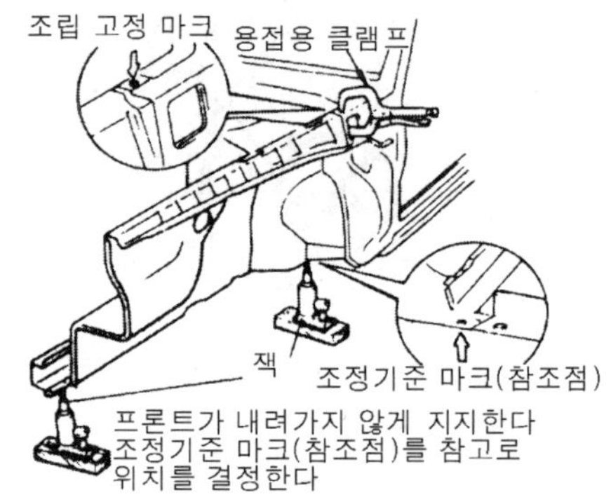

그림 5-48 임시 고정

요점 정리

- 용접 전에 신품 패널을 임시 고정하고 주위 패널이나 볼트 온 패널 등과의 위치 관계를 확인한다.
- 스포트 용접부는 도막을 벗기고, CO_2 플러그 용접을 할 경우이면 직경 8mm 정도의 구멍을 뚫는다.
- 도막을 벗겨낸 흔적에는 용접용 실러 외에 실링제나 부식 방지제를 바른다.
- 스포트 용접에서는 5~6점 칠 때마다 2~3분의 냉각 시간을 둔다.

5.10.2 용접 전에 끝내야 할 일

패널을 떼어내면 바디 측의 용접 부분은 다소 변형되어 있기 때문에 해머나 돌리로 깨끗하게 고른다. 이것이 불충분하면 임시 고정도 잘되지 않는다. 그리고 용접부의 도막은 방해가 되므로 스포트 용접은 신품 패널과 바디 측의 용접 부분을 앞뒤 도막을 제거한다. 미그 플러그 용접은 신품 패널에 직경 8mm 정도의 구멍을 낸다(바디 측이 앞면이 될 때는 바디 측에 구멍을 낸다.).

도막을 제거 후에는 반드시 용접용 실러(녹 방지제)를 바른다. 각 부에 따라서 내측에 실링제를 바르지 않으면 안 될 때도 있다. 도막을 제거하는 것은 스포트 용접 부분만 실행하면 되지만 스포트 포인터 수는 기존의 용접 포인터 수보다 10~20% 정도 추가하는 것이 좋다. 생산 라인의 용접기와 정비공장에서 사용하고 있는 것과는 능력의 차이가 있기 때문이다.

용접 작업에 대해서는 앞장을 참고하고, 단 순서적으로는 끝에서부터 적당하게 용접해 가는 것이 아니라 먼저 요소를 고정하고 다시 한번 다른 패널과의 관계를 점검하고 나서 본 용접에 들어간다. 이 경우에도 처음에는 넓은 간격으로 작업을 수행하고 나중에 간격을 메워 가는 방향이 좋다. 그리고 스포트 용접기는 계속해서 사용하지 않는 것이 좋다.

열에 의한 고장이나 능력 저하를 막기 위해서는 5~6점 용접 후에 2~3분간 쉬고 전극을 식힌 후 작업을 진행한다.

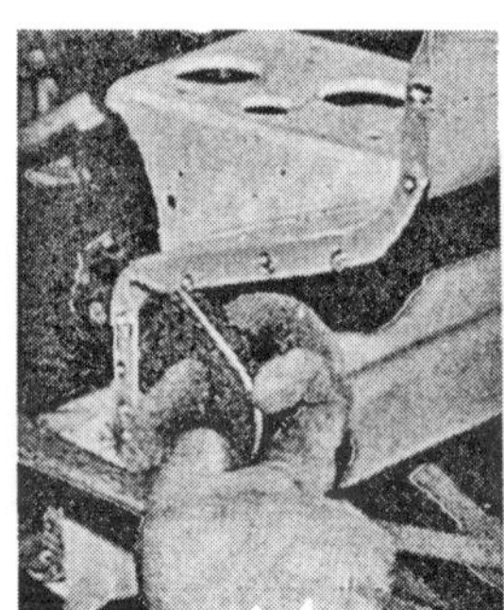
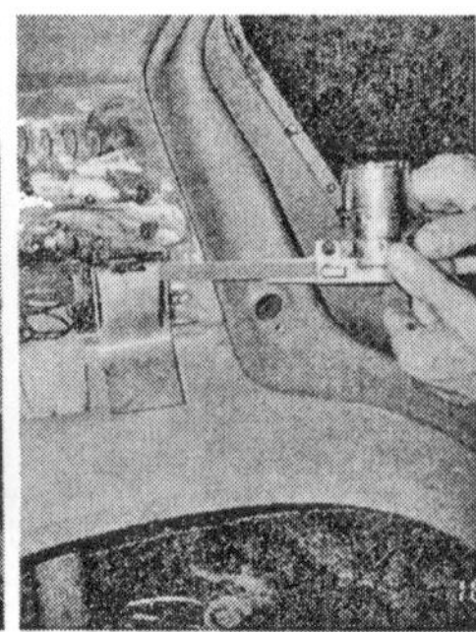
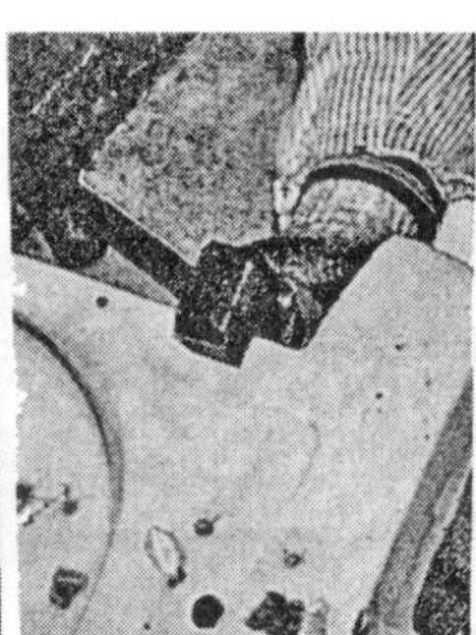

그림 5-49 용접 전 처리

5.10.3 용접하고 나서 필요한 일

이것으로 용접 패널 교환이 끝난 것은 아니다. 패널 교환 부분에 차체 수리 매뉴얼의 바디 얼라이먼트를 측정 점검 조정하는 것을 기본적으로 수행해야 한다. 패널의 미그 플러그 용접부분은 그라인더로 하나씩 깨끗하게 연마하여 평면작업을 한다. 또 용접한 장소는 나중에 부식이 발생하기 쉽기 때문에 실링제를 바르고 방수 처리한다. 상자 형태로 되어 있는 내부에는 전용 부식 방지제 도구를 사용해서 충분하게 도포한다. 이러한 일을 확실하게 해 두는 것에 따라 완성 후의 신뢰성이 상당히 쌓인다.

부식 방지제 도포

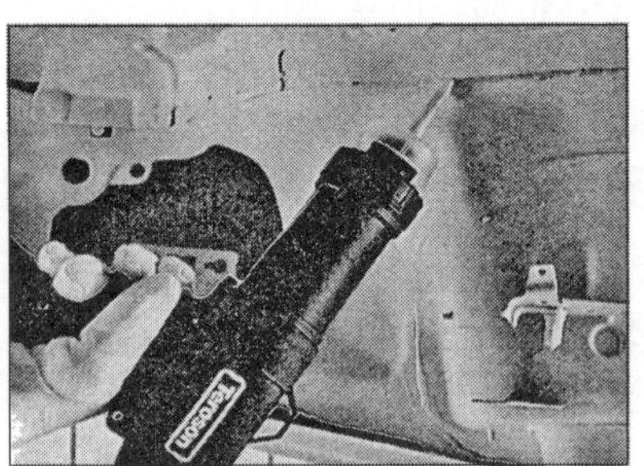

실링제 도포

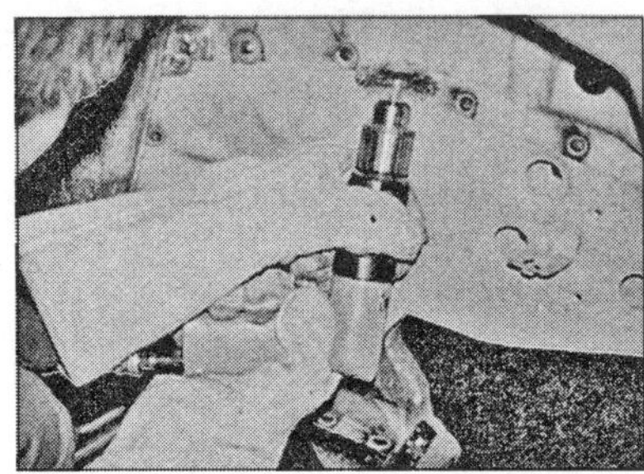

플러그 용접 부위를 그라인딩한다

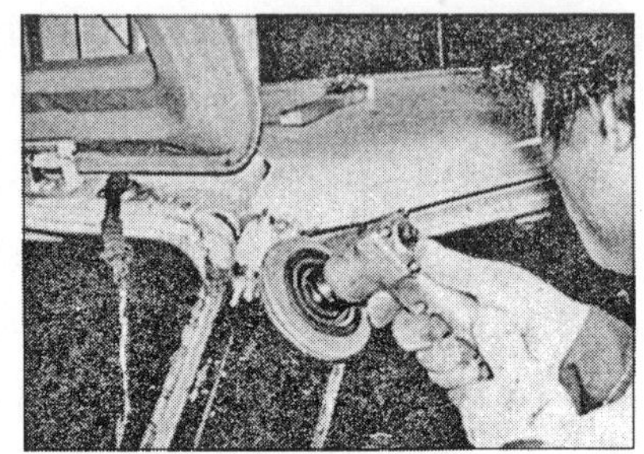

맞댐 용접 부위를 그라인딩한다

그림 5-50 용접 후 처리

5.10.4 실링제 다시 조사하는 공정

수리가 끝났다 하더라도 자동차 전체 패널을 통해 충돌의 영향이 남아있나 면밀히 조사해야 한다. 충격력이 차체 전체를 지나가면 패널이 휘고 아울러 실러를 파손시킨다. 파손된 실러를 제실러작업을 하지 않으면 심각한 차체 부식이 일어난다. 부식 방지 코팅 처리를 하려면 다음과 같은 사항이 필요하다. 접촉 부위와 그 주변까지 넓게 처리를 해야 한다.

신축성 있고 성능이 좋은 실러를 사용해 지정된 패널에 도포한다.

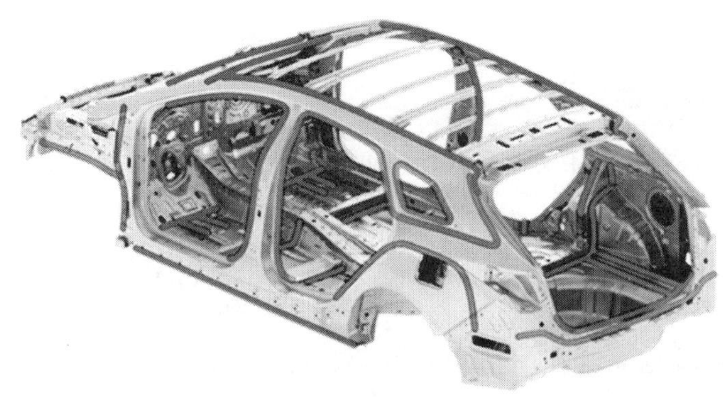

그림 5-51 차체 접착제와 차음제 적용부분

실러의 적용이 잘 안되었을 때나 혹은 기술상으로 미흡하면 작업 전체를 망친다. 패널 접합 부분에 실러를 도포하지 않으면 물이 새는 것이 그 즉시 발견되지 않고 나중에야 부식이 심각히 되어 있는 것을 발견할 수 있다. 만약 전면 부분의 전반에 파손을 입으면 모노코크 차체에서 인장 작업을 해야 하고 그 다음은 부식 방지해 줄 부위가 많다. 그 중 라커 패널 파손의 경우에서 제조업체 자체의 부식처리가 미흡하면 차체수리 기술자가 부식 처리를 해주어야 한다. 이때 별도로 부식 처리를 하지 않으면 반드시 방수에 문제가 생긴다(그림 5-52 참조).

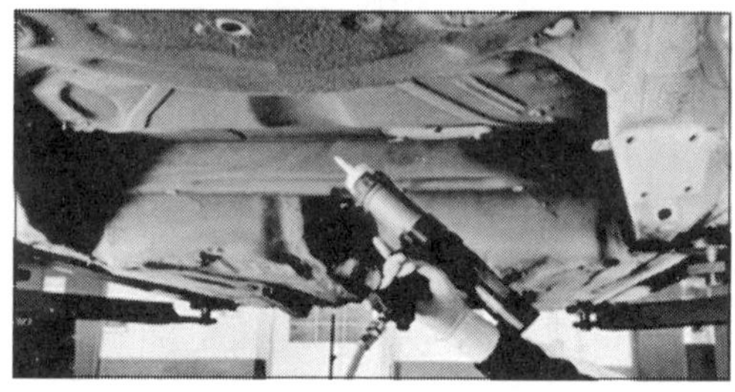

그림 5-52 언더 바디 실러 작업

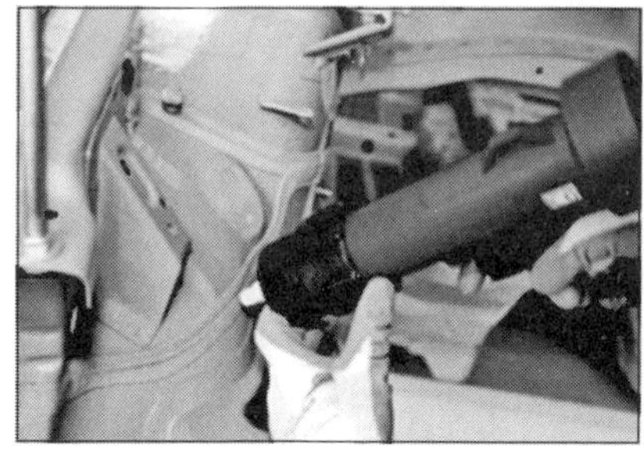

그림 5-53 트렁크 접합부 실러 작업

5.10.5 용접 패널 교환용 에어 공구(Air Tool)

바디 수리에서는 파손된 용접 패널을 교환하는 일이 많다. 이러한 작업에도 에어 공구의 사용 빈도는 높다.

먼저, 낡은 패널을 잘라내기 위한 절단용 에어 공구가 있다.

- 절단용 에어 공구는 하나만 있으면 어떠한 상황에도 다 대처할 수 있는 만능 공구가 아니기 때문에 반드시 절단 목적이나 부위에 따라 구별해서 사용하는 것이 좋다.

패널 교환에 이용되는 또 하나의 에어 공구는 구멍을 내기 위한 도구 중 대표적인 것으로 드릴이 있다.

■ 절단 작업용 에어 공구의 종류

종류	장점	단점	주된 사용 목적
에어 치즐 (에어 정)	· 직선과 곡선이 자유 · 절단 속도가 빠름	· 자르는 부분이 거칠고 자르는 여유 값을 고려해야 한다. · 소음이 크다. · 절단부 주위에 뒤틀림이 일어나기 쉽다.	· 파손 패널의 절개
에어 쉐어 (에어 가위)	· 절단선 조절이 간편 · 자름 여유 값의 고려가 필요 없다. · 곡선이 쉽게 잘림 · 자르는 부분 깨끗함	· 절단부 주위에 다소 뒤틀림이 생긴다. · 프레스라인을 옆으로 자르는 것은 어렵다. · 두꺼운 판이나 2~3장 겹치면 자르기 어렵다.	· 자를 때 준비 가공(구멍 등)이 필요하기 때문에 사용 범위가 제한되지만 절단 속도와 절단 부위 상태가 좋다.
에어 니퍼 (절곡기 : 에어 사용, 소형)	· 자르는 부분 깨끗함 · 소음이 적다. · 곡선 절단은 비교적 간단하다.	· 자름 여유 2~3mm 정도 필요하다. · 울퉁불퉁한 면이나 패널이 겹쳐진 장소는 자르기 어렵다.	· 파손 패널 절단 · 패널 가공을 위한 절단
에어 소우 (에어 톱)	· 자르는 부분이 깨끗하고 뒤틀림 없다. · 자름 여유 필요 없음 · 필러부도 한번에 절단 가능하다.	· 톱날 수명이 짧다. · 절단 속도가 느리다. (저속 운동형) · 곡선 절단은 다소 어렵다.	· 필러부, 리어 패널 등의 절단 · 비교적 사용 범위가 넓다.
로타리 소우 (에어 회전톱)	· 둥근칼의 절단 깊이 조정으로 패널 사이 틈이 좁아도 하판에 손상을 주지 않음 · 자르는 부분 깨끗함	· 곡선은 어렵다. · 얼, 프레스 라인 등은 자르기 어렵다.	· 초보자가 사용하기 편하다. · 루프, 쿼터 패널의 적용

자동차 차체는 용접 패널이 대부분으로 스포트 용접으로 고정되어 있기 때문에 파손된 패널을 제거하기 위해서는 용접된 부분만 떼어내야 한다. 단순히 구멍을 내는 것만으로는 용접된 다른 한 장의 패널까지 손상을 입게 되므로 스포트 커트라고 불리는 앞이 평평한 드릴 날을 이용해

필요한 깊이만큼 구멍을 내어 패널을 제거한다.

단, 이 방법은 숙련되지 않으면 잘되지 않기 때문에 스포트 용접을 깎는 전용 드릴인 스포트 제거 드릴도 시판되고 있어 이를 이용하면 비교적 간단히 작업할 수 있다. 또 용접 방법에 따라 미리 패널에 구멍을 내두는 일도 있다.

이런 경우는 뚫기 전용 도구나 펀칭 공구를 사용한다. 이것은 겹친 용접에 필요한 프랜지 가공을 하는 공구와 같이 되어 있는 경우가 많다.

요점 정리

- 패널 교환용 공구에는 절단용 에어 공구와 구멍 뚫는 에어 공구가 있다.
- 절단용 에어 공구는 절단의 목적, 부위에 따라 사용법이 구별된다.
- 구멍 뚫는 드릴은 다용도로 사용되지만 작업 내용에 따라 전용 공구를 사용하면 작업이 훨씬 손쉬워진다.
- 에어 공구는 일상의 정비를 제외하고는 함부로 취급하지 않는 것이 좋다.

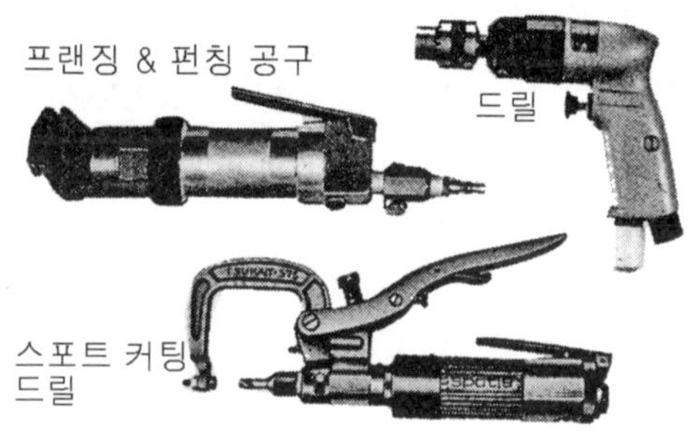

그림 5-54 드릴과 전용 공구

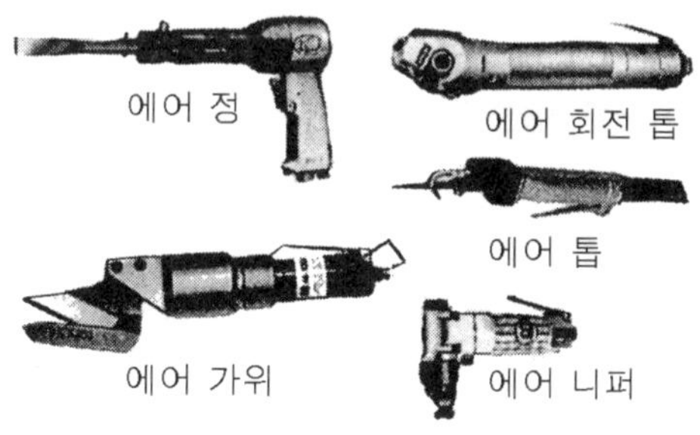

그림 5-55 절단 작업용 에어 공구

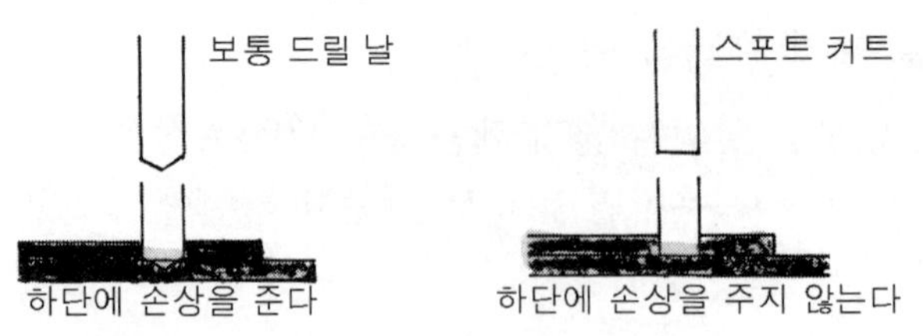

그림 5-56 일반 드릴 날과 스포트 제거 드릴 날의 차이

5.10.6 패널 연마용 에어 공구

패널 연마용 에어 공구는 주로 도장 분야에서 많이 쓰인다. 이 교재에서는 그다지 상세히 설명하지 않지만 디스크 샌더나 그라인더는 판금 작업에서 빼놓을 수 없는 중요한 도구이다. 중요한 역할은 도막을 벗겨 내거나 강판 표면을 갈 때, 녹 제거, 용접 살을 깎아 낼 때 사용한다. 단, 에어 공구가 중심인 정비공장에서는 그라인더만은 전동으로 사용할 때가 많다. 이것은 사용빈도가 제한되어 있는 것과 힘을 걸었을 때의 회전 변동이 적은 것 등이 그 이유이다.

■ 연마 작업용 에어 공구

기종	타입	회전 수(RPM)	주된 용도
그라인더	고속 회전형	1만~2만	용접부 수정, 전동식이 많다.
	저속 회전형	5천~3천	도막 벗겨내기, 연마
디스크 샌더	고속 회전형	1만 전후	도막 벗겨내기, 부식 제거
	저속 회전형	2천~3천	도막 벗겨내기, 퍼티의 대략적인 연마
벨트 샌더		1000m/분 (벨트 속도)	스포트 용접부의 도막 벗겨내기, 좁은 장소의 퍼티 연마

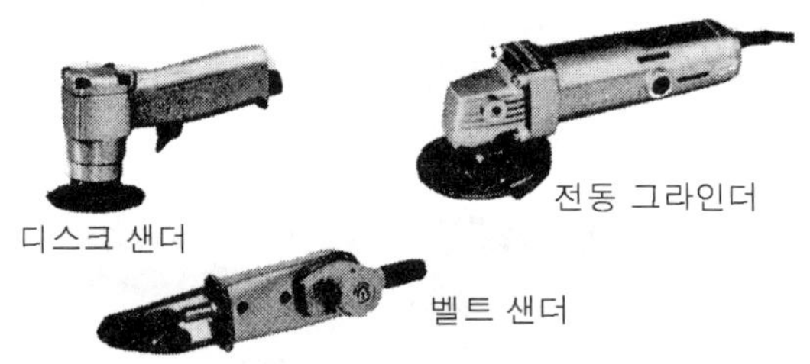

그림 5-57 연마 작업용 에어 공구의 종류

5.10.7 에어 공구 사용 방법

에어 공구는 기본적인 조작 방법만 익히면 숙련자나 초보자에 관계없이 사용할 수 있다. 능숙하게 사용할 수 있는 방법은 평상시에 유지, 보수를 확실히 해두는 것이 제일 중요하다. 먼지나 수분 등의 불순물이 섞여 있지 않는 압축 공기를 동력으로 사용하고, 에어 공구에 설정된 적정한 압력을 사용하여야 하며, 매일 사용전후에 공기 주입구에 전용 오일을 몇 방울 넣어 작동함

으로 기능을 유지할 수 있다. 진동이 큰 탈착용 공구는 에어 호스를 직접 공구에 연결하지 말고 20~30cm 정도의 호스를 부착해 두면 에어 체크나 호스의 손상도 줄일 수 있다.

요점 정리

에어 체크

에어 호스와 에어 호스, 호스와 배관, 호스와 에어 공구 등을 접속시키기 위한 기구, 내장된 밸브의 작용으로 접속되면 통로가 열려 압축 공기가 흐르고, 떼어내면 자동적으로 차단된다.

플라스틱 제품과 금속 제품이 있지만 어느 쪽도 소모품이기 때문에 조금 빠른 시기에 교환하는 것이 현명하다.

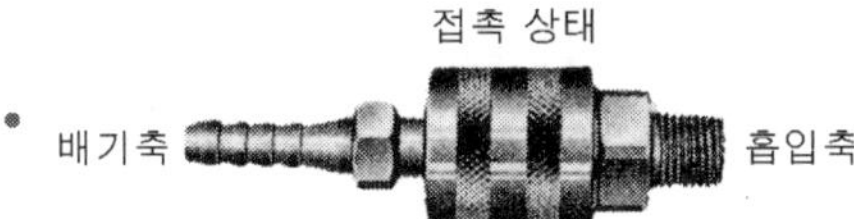

깨끗한 압축 공기를 올바른 압력으로 사용한다

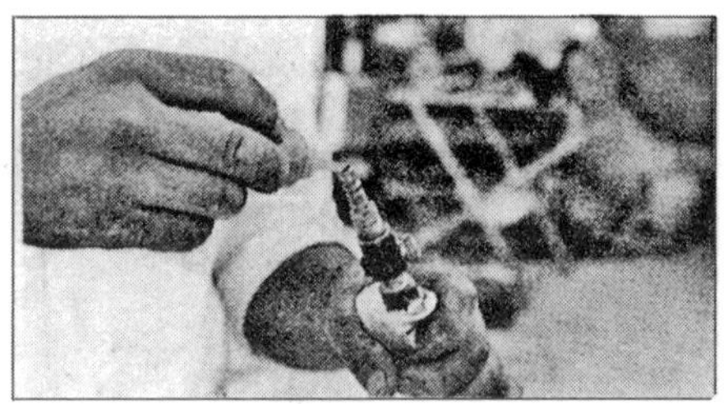

사용 전후에 주유해 준다

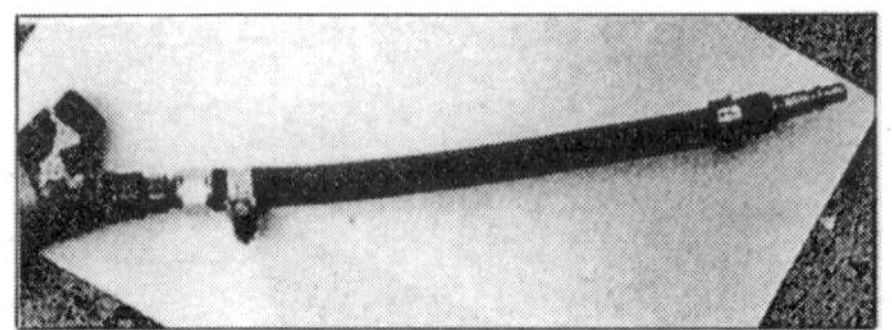

탈착용 에어 공구에는 리드 호스를 부착해 둔다

그림 5-58 에어 공구의 유지 보수

요점 정리

정비공장에서는 전동식 콤프레샤로 공기를 압축하여 분사 도장이나, 에어 공구의 동력으로 이용한다. 단, 금방 압축된 공기는 먼지나 수분이 포함되어 있기 때문에 각종 필터나 드라이어 등을 통과시켜 건조하고 청결한 압축 공기를 사용해야 한다. 또 압축력도 콤프레샤로부터 나온 그대로는 너무 높기 때문에 각각의 작업과 공구에 따른 압력으로 조정해야 한다.

5.10.8 절단 이음 교환 요령

용접 패널 교환에서 언제나 신품 패널이 그대로 부착된다고 할 수 없다. 용접부에 여러 장의 패널이 겹쳐져 있을 수도 있고, 교환하는 패널이 제일 위에 있으면 문제는 없지만 사이에 들어 있거나 아래쪽에 있으면 떼어내는 것도 어렵다. 패널에 불필요하게 수리에 관계없는 패널 가공을 해서는 안 된다. 그래서 용접부분은 그대로 놓아두고 떼어 낼 패널에 손상이 미치지 않는 곳에서 절단 교환을 한다.

패널 코너부에서는 50~100mm 정도 띄워서 뒤쪽에 작은 패널이 없는 곳을 골라, 용접 부분은 가능하면 짧은 길이로 끝낼 수 있게 한다. 절단 이음부의 용접은 맞댐 용접과 겹침 용접 두 종류가 있다. 맞댐 용접은 글자 그대로 커트한 패널 끝과 끝을 맞추어서 용접하는 방법으로 쿼터 패널의 외판 패널 교환 등 큰 힘이 필요치 않는 곳에 이용된다. 패널을 절단할 때에는 바디 측에 하고, 신품과 함께 조금 길게 잘라두고 겹친 부분에서 두 장을 한꺼번에 자른다. 겹침 용접은 한쪽 패널 끝에 단을 플랜지 가공하고, 바디 측의 안쪽에 조립 상태로 용접한다. 맞댐 용접에서는 미그 용접밖에 할 수 없지만 겹침 용접은 스포트 용접도 가능하다.

요점 정리

- 패널 부착 상태에 따라 일부를 절단하여 절단 이음 교환을 할 때가 있다.
- 절단 연결 부분은 맞댐 용접이나 겹침 용접을 한다.
- 강도가 필요한 부위는 겹침 용접이나 보강 판을 넣어서 맞댐 용접을 한다.
- 어셈블리 교환, 분할 교환은 부품의 결합 상태나 작업의 용이함 등으로 선택한다.
- 절단 공법은 가능한 좁은 범위인 손상 부분만을 교환하는 방법이 좋다.

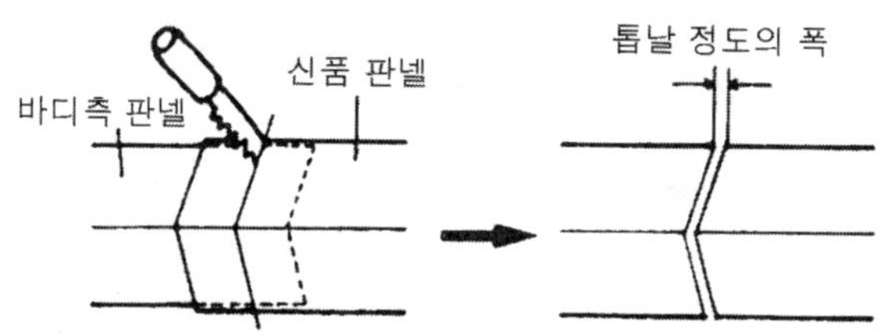

신구 판넬을 겹쳐 맞추어 놓고 그림을 함께 절단한다

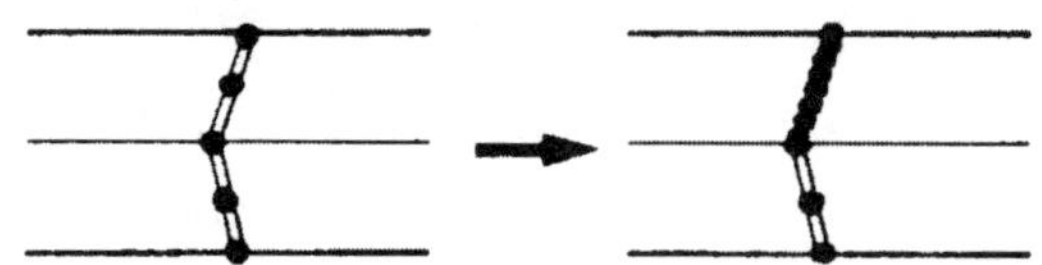
띄엄띄엄 용접하여 임시 고정하고나서
연속 용접한다

그림 5-59 절단 이음 교환과 패널 절단

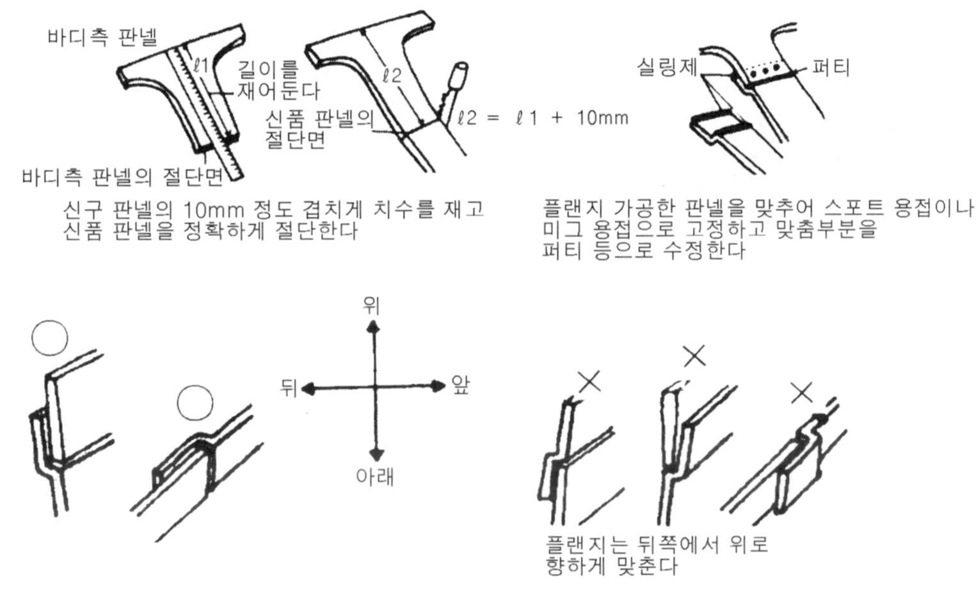

그림 5-60 겹침 용접과 패널 절단 조립 방법

5.10.9 어셈블리 교환과 분할 교환

패널 교환 범위를 어떻게 할 것인가는 정비공장에서 간단하게 결정할 수 있는 문제가 아니다. 기본적으로는 판금에 필요한 공임이 교환 공임(신품 패널 가격 + 교환 공임)을 상회할 때가 있지만 사고 차라 해도 차종이나 구조, 공장 방침 등에 좌우된다. 한 장의 패널로 보아도 어셈블리 교환이냐, 분할 패널 교환이냐를 선택해야 한다. 이러한 판단은 경영자에 맞기는 것도 좋을 것이다. 판금이냐, 교환이냐, 어셈블리 교환인가, 분할 교환인가는 신품 패널이 어떤 형태로 판매되고 있는가에 따라 결정된다. 메이커에서 들어오는 패널들은 어셈블리 패널과 분할 패널 두 종류가 있다.

예를 들어 프론트 엔드의 라디에이터 서포트의 경우 전체가 한 장으로 되어 있는 어셈블리 패널과 좌우 사이드 버플, 어퍼와 로어 서포트의 네 장이나 그 이상의 것 중에서 필요한 부분을 고를 수 있다. 각각의 범위나 분할 형태는 메이커나 차종, 부위에 따라 다르기 때문에 주문할 때는 부품 가격표 등으로 확인한다.

부품 가격이나 교환 공임을 포함한 수리비용은 물론 분할 패널로 교환하는 쪽이 저렴하다. 패널을 절단할 때는 정확한 계측이 필요하고 플랜지 가공 패널은 10mm 정도 길게 절단한다. 이 방법은 프론트, 센터 필러, 라커 패널 등 강도를 필요로 하는 곳에 채용한다. 단 뒤쪽에 보강판을 넣고 절단 이음을 할 때는 맞댐 용접도 상관없다. 단 장소에 따라서는 위치 결정이 어렵기도 하고 부착 부분을 보강할 필요가 있기도 하는 등의 기술적인 면이 요구되는 경우도 있다.

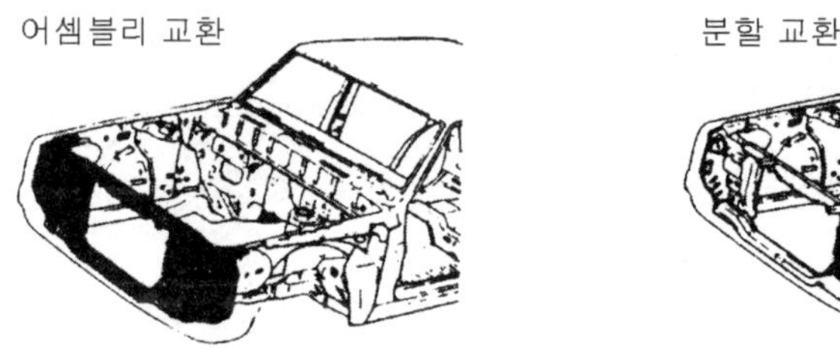

그림 5-61 어셈블리 교환과 분할 교환

5.10.10 절단 기법

자동차 메이커의 교환용 패널에 국한 않고도 손상된 부분만 좁은 범위로 교환하는 절단 공법이 있다. 국내에는 절단 공법에 필요한 절단 패널이 시판되지 않는 것이 일반적이다. 또 절단 이음에 접착제를 사용하는 방법도 개발되었지만 지금은 이용되지 않고 있다. 아직은 미래의 기술이라 말할 수 있다.

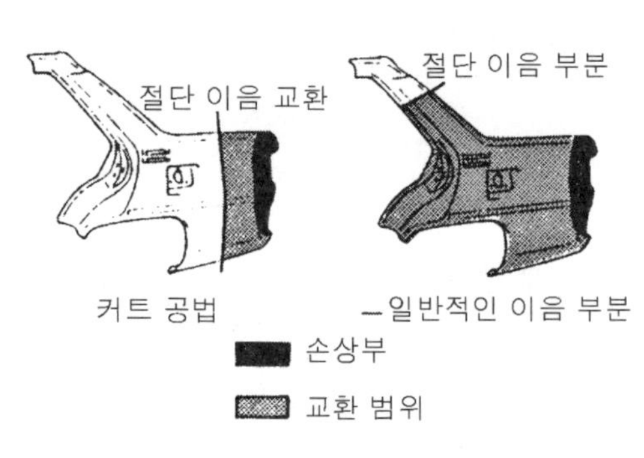

그림 5-62 절단, 이음, 교환 기법

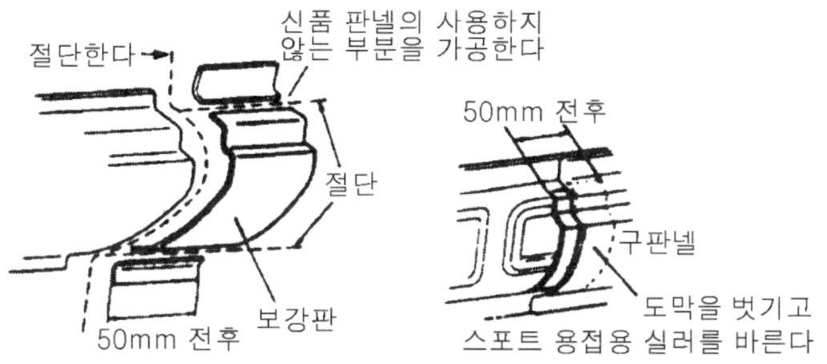

그림 5-63 보강 판을 안쪽에 넣어 용접

5.11 부분별 패널 교환 요령

■ 패널 교환 순서

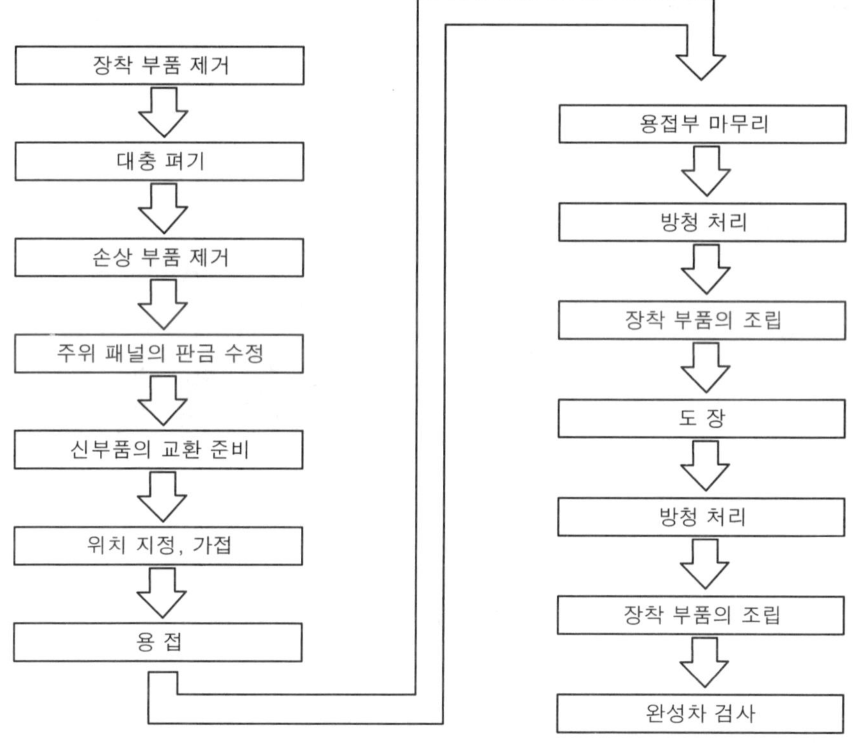

5.11.1 전면(프론트) 바디 패널 교환

전면(프론트) 바디는 엔진, 변속기 등의 중량물이 집중되어 있고, 주행성에 영향이 있는 프론트 서스펜션의 위치 결정에도 관계가 있기 때문에 치수, 위치, 용접은 특히 주의를 해야 한다. 교환용 패널도 어셈블리뿐만 아니라 분할 패널도 있기 때문에 확실한 치수를 고르는 것이 좋다. 패널 조립 위치 결정에는 패널에 설정된 마크 외에 현가장치 부품 라디에이터 스포트 등 각종 볼트로 부품을 활용하면 정확도를 높일 수 있다. 주의해야 할 것은 사이드 멤버, 후드레치와 데시 패널, 플로어 패널 용접부분의 스포트 포인터 제거이다. 가능하면 패널의 스포트 포인터 제거 드릴작업에서 구멍을 관통하지 않게 한다. 또 용접 작업에는 미그 플러그로 확실하게 고정하지만 내장에 열이 전달되는 것을 막기 위해 압축 공기나 젖은 헝겊 등으로 식혀 가면서 용접하는 것이 좋다.

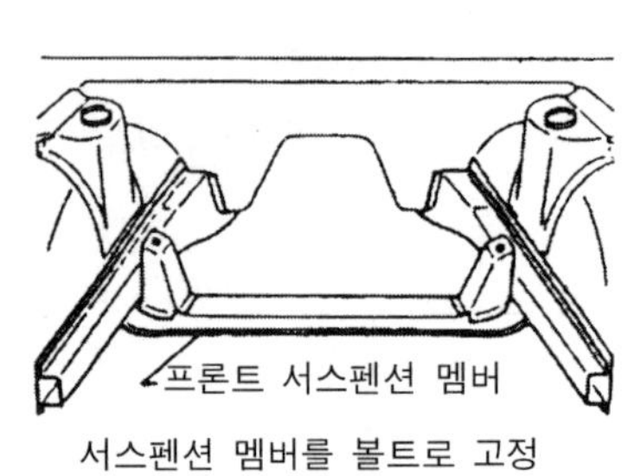

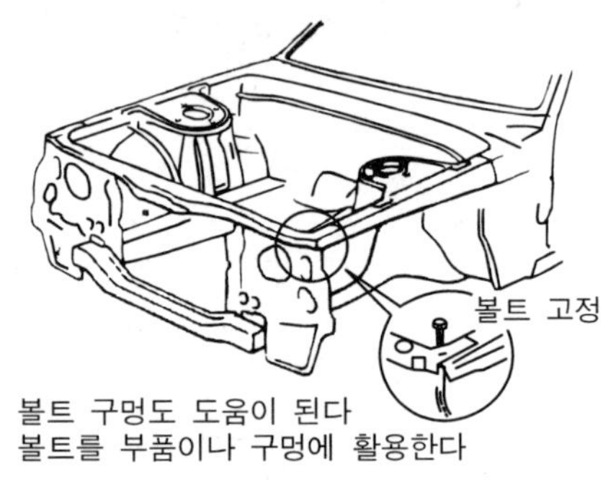

그림 5-64 프론트 바디 패널의 임시 고정

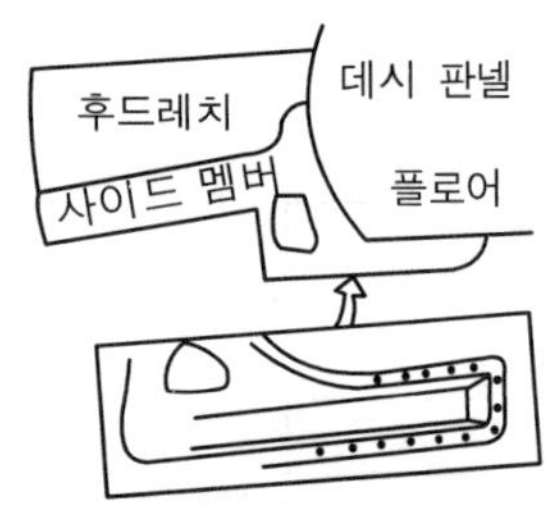

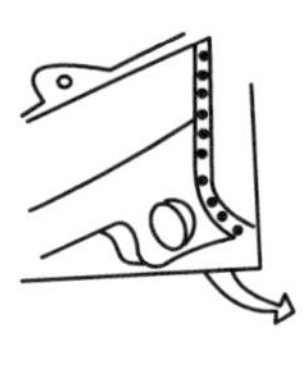

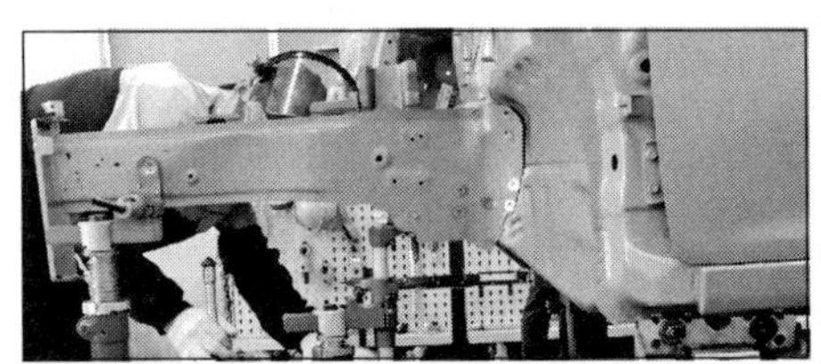

사이드 멤버나 후드레치, 데시 패널, 플로어의 용접은 강도가 요구되기 때문에 확실하게 용접해야 하지만 열이 내장에 전달되어 타버리는 것을 막기 위해 실내 쪽으로 식혀가며 용접한다

그림 5-65 데시 패널에 관계하는 용접

요점 정리

- 프론트 바디는 치수, 위치, 용접에 특히 주의해야 한다.
- 데시, 플로어 패널에는 구멍을 뚫지 않는다.

- 라커 패널, 필러의 절단에서는 남길 패널에 흠집이 나지 않도록 한다.
- 면적이 넓은 패널은 작업 중 변형에 주의해야 한다.
- 쿼터 패널의 절단 이음 내측에 작은 패널이 있는 곳은 피한다.
- 리어엔드 패널은 패널 맞춤 방향을 확인한다.

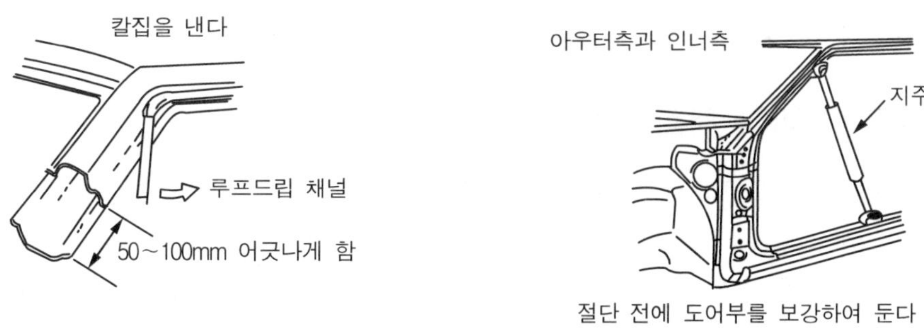

그림 5-66 프론트 필러 교환 포인트

5.11.2 중앙(센터) 바디 패널 교환

신차의 패널은 겹친 순서에 조금씩 차이가 있고, 프론트와 센터 필러, 라커 패널 등 절단 이음하는 곳이 많다. 그리고 상자 형태 단면 구조로 되어 있기 때문에 외부만 교환할 것인지, 외부와 안쪽 모두 교환할 것인가에 따라 작업 방법도 달라진다. 양쪽 모두 교환하는 경우는 반드시 절단 이음 위치를 50~100mm 정도 어긋나게 해야 한다.

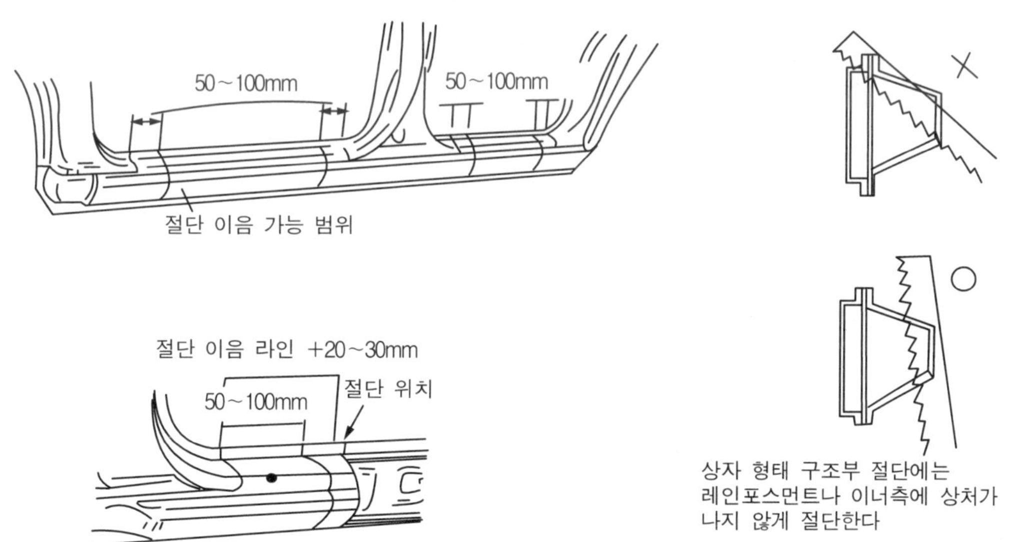

그림 5-67 라커 패널의 절단 이음

이것은 강도를 확보하기 위함이다. 또 플랜지를 떼어낸 겹친 용접으로 절단 이음을 하는 것이 좋다. 상자 형태로 된 부분의 바깥쪽만 할 때에는 안쪽 측과 내부 속의 레인포스먼트에 흠집이 나지 않도록 톱날의 방향에도 주의해야 한다. 루프 패널은 면적이 넓기 때문에 작업 중 변형시키지 않는 것이 요령이다. 한쪽만 먼저 용접하거나 부착 부분의 치수가 맞지 않는데 무리하게 용접하면 위험하다. 네 모퉁이 필러와의 접속 부분은 납 붙임을 하여 단의 차이를 메워야 하고 한 곳을 2~3회로 나누어서 납 붙임을 하거나 젖은 헝겊을 놓고 식혀가면서 작업하는 등의 열에 의한 변형을 방지하는 방법을 선택한다.

5.11.3 후면(리어) 바디 패널 교환

리어 패널을 리어 필러 상부에서 절단 이음을 하는 것이 일반적이다. 맞댐 용접도 관계는 없지만 절단 이음 부분의 패널 코너부로부터 50mm 이상 이격시켜야 한다. 또 내측에 패널의 구조에 따라 작은 패널이 들어 있을 수도 있으므로 절단하기 전에 잘 살펴보아야 한다. 이 패널도 면적이 넓기 때문에 작업 중 변형되지 않게 취급해야 한다.

리어 패널은 일체형과 상하 2분할 타입이 있다. 두 타입 모두 교환 작업에서 바디의 트렁크 룸 측에서 부착되어 있는지 외측에서 확인하고 나서 작업을 진행한다. 리어 패널의 중앙에 절단 이음 교환을 해서는 안 된다. 조립작업에서 쿼터 패널, 트렁크리드(백도어)와의 위치 관계를 잘 점검한다.

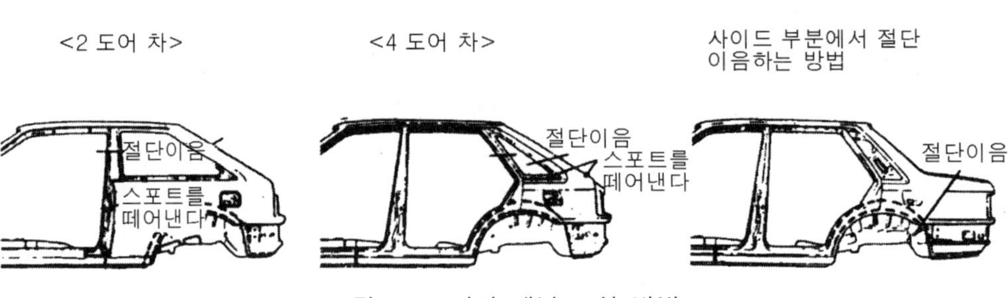

그림 5-68 리어 패널 교환 방법

5.12 부식 방지 처리

부식 방지 작업을 함에 있어서 어떤 방해물이 있을 때 귀찮다고 부식 방지작업을 실행하지 않으면 시간이 지나면서 패널에 부식이 발생하여 패널의 기능저하를 초래한다. 충분한 작업이 이루어지지 않아도 마찬가지이다. 그러므로 부식 방지용 기자재 용품이 필요하다. 또 이들은 차후 도장 공정(하도, 중도, 상도)에 좋은 영향을 미쳐야 한다.

5.12.1 실러

접착 연결 부위에 올바른 실링 작업을 하는 것이 품질을 향상하는 것인데, 실러는 방수효과 · 불순물 · 배기가스의 차내 진입을 막고 부식을 방지하는 벽 역할을 해준다.

실러를 적용시키는 부위는 도어의 철판과 철판 사이, 트렁크 리드 헴 플렌지, 휠 하우스, 쿼터 패널, 플로어(차 바닥) 패널, 카울 패널, 로프, 여러 가지 다른 패널과 패널 사이 등이다.

실러는 도장 공정 중 열처리 후에도 말랑말랑한 상태가 되어야 하고 도장 작업이 가능해야 한다. 다음 사항은 실러 제조업체에서 권장하는 작업 체계이다.

5.12.2 패널 수리에서의 실런트 작업을 위한 재료

패널 수리에서 실런트 작업을 위한 재료들은 적절히 규정대로 사용한다면 영구히 보존되는 것이다. 실런트 재료들에는 접착제, 클리너, 프라이머 등이 있다.

1) 세척제

세척제는 도장 면에 과도히 나온 실런트를 제거하는 역할을 한다. 이들은 특수용으로 제작되는데 도막 파손 및 내부 장식품 파손 등을 하지 않도록 주의해야 한다.

세척제는 패널 접착 작업 시 패널 프랜지에 오염물(왁스, 기름기 등)을 빠르고 효과적으로 제거하여 접착강도를 향상시켜 준다.

패널 프랜지 크리닝

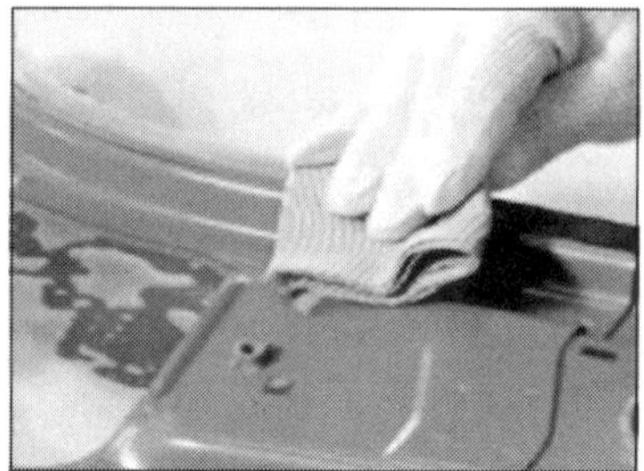

패널 프랜지 크리닝

그림 5-69 패널 세척제제

2) 접착제

여러 가지 접착제가 있는데 이들은 속성 건조, 고강도의 특성을 갖고 있다.

웨더 스트립을 작업할 때 쓰는 접합제는 강하고, 방수 효과가 있어야 하고 신축성이 있고 진동도 흡수하고 온도의 변화에도 강해야 한다.

패널 접착제는 작업공정에 따라 구조적 강도를 요구하는 차체 수리 및 패널 교환작업에 적용합니다.

에폭시(epoxy) 접착제는 강하고 내구성이 강하다. 특히 유리, 금속, 플라스틱, 고무, 유리 섬유에 접착을 위해서 생산된다. 우레탄 접착제는 삼각 유리 등을 부착하는데 쓴다(쿼터 글라스, 윈드 쉴드, 백 윈도우).

접착제 적용 직후 스폿 용접 및 리벳 작업가능

그림 5-70 패널 접착제

3) 실런트

바디 실런트는 각각 다른 등급의 종류가 있다. 작업은 브러쉬(brush)에 묻혀 사용과 튜브용으로 많이 사용하는데 이들은 도색 작업이 가능하다.

실런트는 완벽한 내자외선 성능 및 내기후성 있어야 하며 스테인레스 스틸, 알루미늄 및 기타 금속 및 플라스틱, 나무, 페인트된 다양한 재질의 접착 및 실링작업이 가능해야 한다.

또한 염수에 강한 내성과 빠른 경화 속도로 즉시 도장 작업 가능한 제품을 선택한다.

산업재해를 예방하기 위해 인체에 유해한 성분을 미 함유한 실런트를 차체수리 기술자는 사용해야 한다.

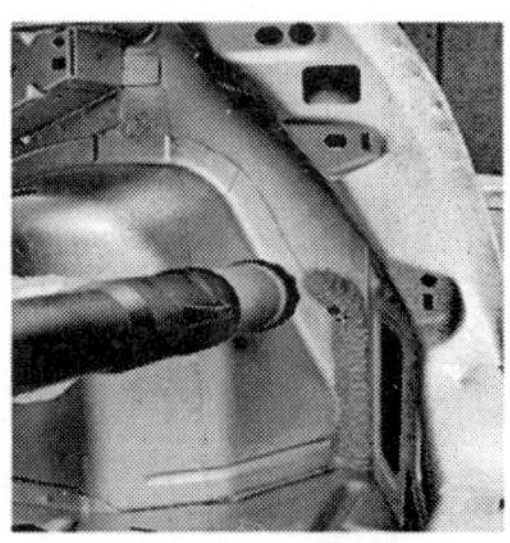

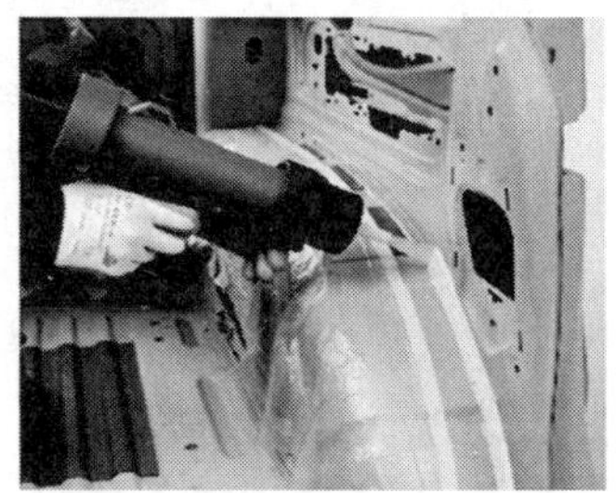

그림 5-71 바디 실런트 적용 부분

4) 프라이머

프라이머는 탑 코트 상도 도장(top coat)의 부착성 향상과 녹을 방지하기 위해서 적용한다. 통상적으로 프라이머의 다양한 종류가 있는데 각 제품마다 제조회사의 지시에 따라야 한다.

용접 프라이머는 용접 전 패널 내측에 도포하여 용접하게 함으로써 용접작업 후 패널 부식을 방지하여 줍니다.

프라이머는 도포 후 건조가 빠르고 표면이 부드럽고 작업성이 좋아야 한다.

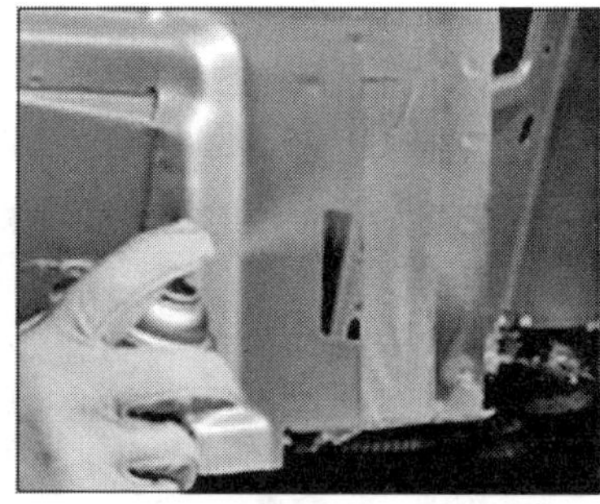

용접 전 패널 프랜지 도포

녹 발생 가능 부분 방청

그림 5-72 용접 프라이머

5) 내부 방청제

부식 방지는 가벼운 승용차용으로 외장 패널 내부 표면(inner surface)과 같은 노출이 되지 않는 곳이나 패널 겉면의 노출이 되는 부분까지 코팅해서 부식을 방지한다.

또 모노코크 바디의 토크 박스(일체화시키기 위한 카울 지역의 보강 구조물)나 핀치 웰드(pinch weld) 부분(사이드 실(side sill)이라고도 함) 등의 철판과 철판이 맞닿는 곳을 침투해 부식 방지할 필요가 있는 곳에 쓰인다.

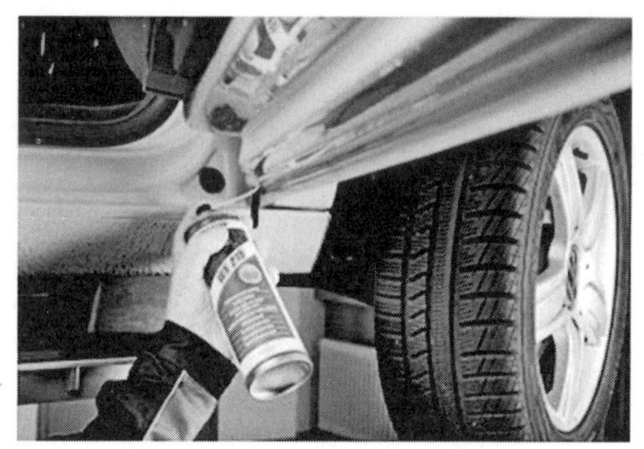

그림 5-73 패널 내부 방청제 도포

6) 소음 제거제 적용

요즘은 한번에 쉽게 뿌려서 처리하는 부식 방지제가 많이 개발되었다. 사고에 의해 소음 제거제가 파손되어 새 패널을 교환 작업에서 소음 제거제를 반드시 재적용해야 한다.

사이드 씰 코팅

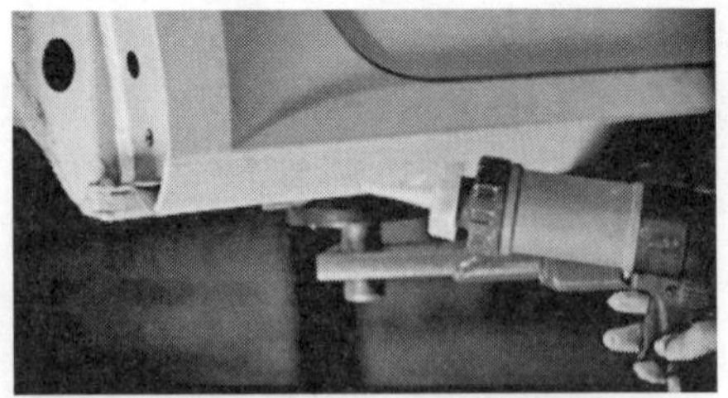

언더바디 코팅

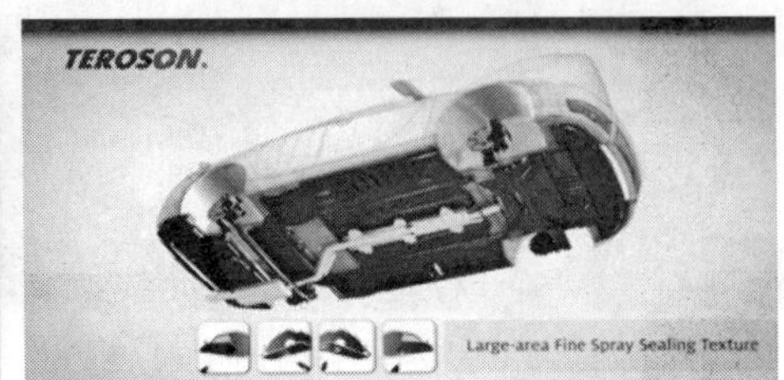

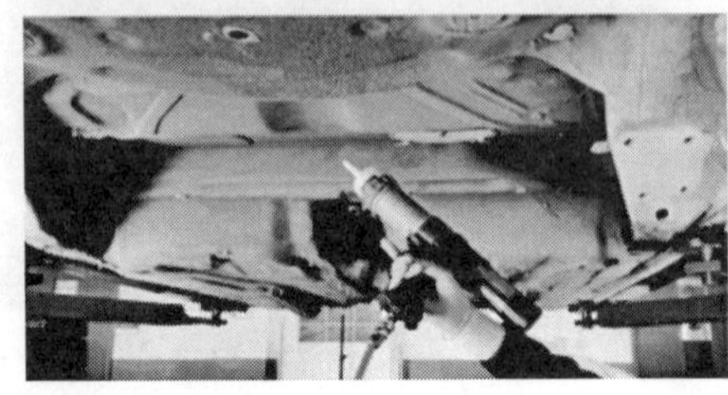

그림 5-74 차체 하부 소음 방지 지역

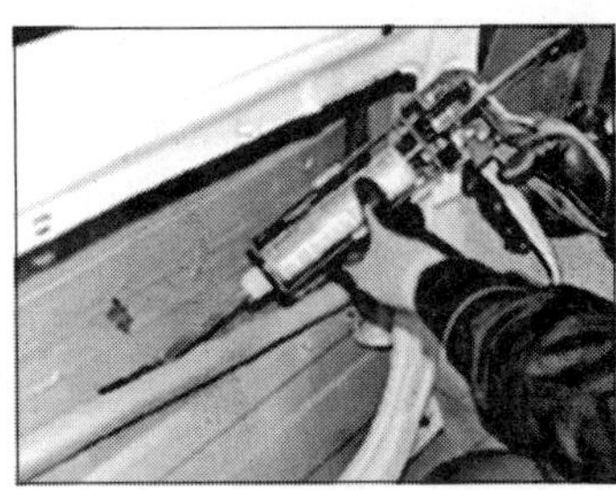

도어 임팩트 빔

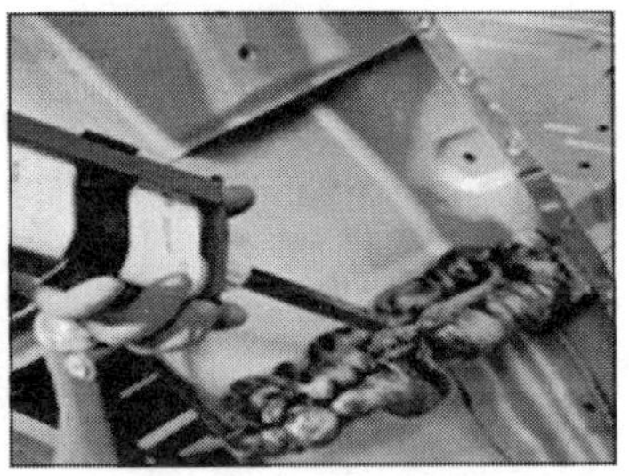

C 필러 상하

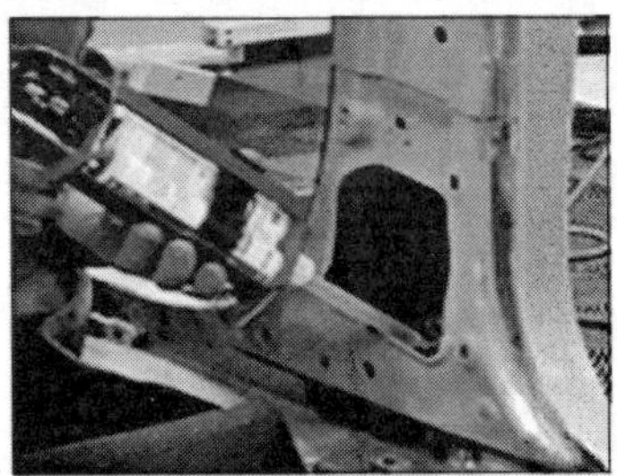

B필러 내부 하단

루프 보우

그림 5-75 차음제 소프트 타입 적용 부분

도어 내부 임팩트 빔, 필러, 루프 보우 등에 소음이 많이 발생하는 부분에 차음제를 도포하여 차실 안으로 들어오는 소음을 차단 한다(그림 5-75, 5-76, 5-57 5-58). 그래서 소음을 방지하려면 차체 구조와 용도에 맞는 차음제를 적용하는 것이 무엇 보다 중요하다.

필러 폼 작업(하드타입)

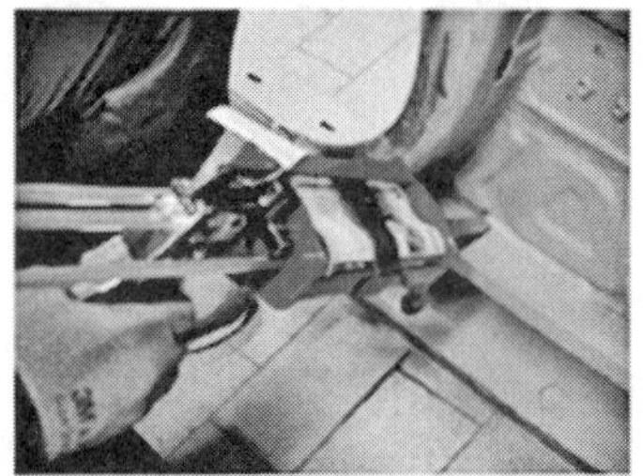

그림 5-76 필러 폼 작업 전

필러 폼 작업 후(하드타입)

그림 5-77 필러 폼 작업 후

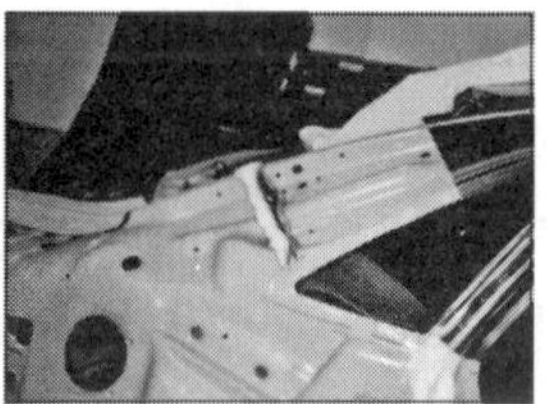

그림 5-78 필러 차음제 사례

5.12.3 내부 방청 작업

1) 차체 구조용 패널 케비티 왁스

케비티 왁스는 특히 접근하기 힘든 깊은 부위에 적용한다. 예를 들면 라커 패널 케비티이다(cavity : 중앙이 빈 벽).

먼저 라커 패널 케비티 안에 부식 방지 스프레이 노즐을 끼워 넣는다. 조심스럽게 뿌린다. 이런 공정을 채택하면 쉽게 모든 표면에 부식처리가 된다(그림 5-79 참조).

부식 방지 코팅이 흘러내리거나 조인트 안으로 퍼져 들어가기도 한다. 왁스 스프레이만 접근 곤란 지역을 부식 방지 처리하는 방법이다. 하지만 배수 구멍은 막지 않고 그대로 둬야 한다.

그림 5-79 차체 구조용 패널 적용

2) 프레임 레일의 부식

상단 및 하단 사이드 레일의 엔진 부위 지지대 부식 처리는 패널 케비티와 동일하다(그림 5-80 참조).

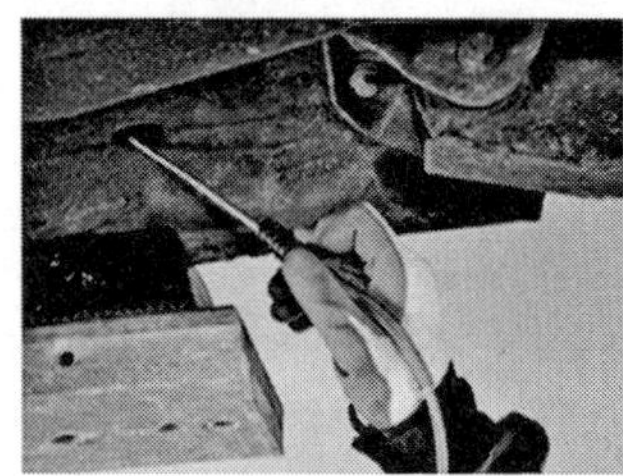

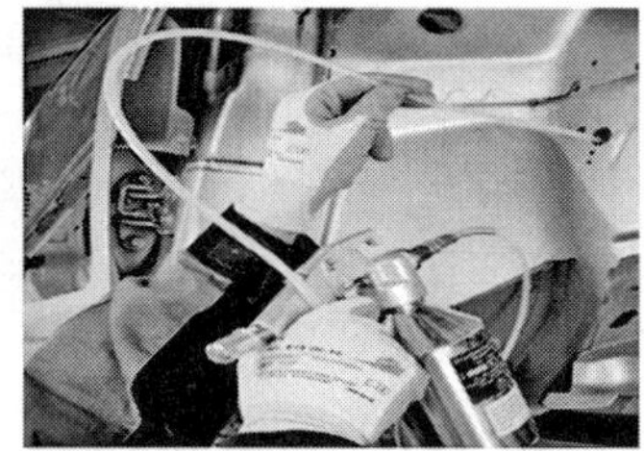

그림 5-80 프레임 레일의 부식 처리

3) 도어 내부

도어 내부의 부식 방지제는 인너 왁스다. 이 부식 방지제는 침투력이 우수해서 도어 내부에 침투한다(그림 5-81 참조). 도어 헤밍 가공부분의 패널 내측등에 도포되어 패널 내부에서 발생되는 습기 등을 차단하고 부식을 방지해준다. 비경화 타입으로 영구적인 부식방지 기능을 발휘해야 한다.

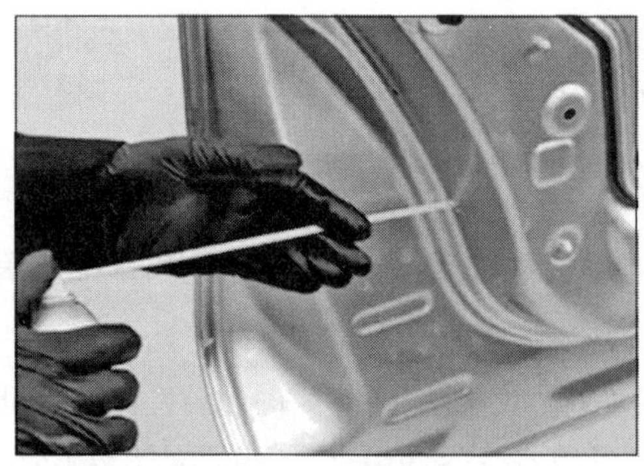

그림 5-81 도어 내부에 부식방지제 처리

5.12.4 실러 적용 부위

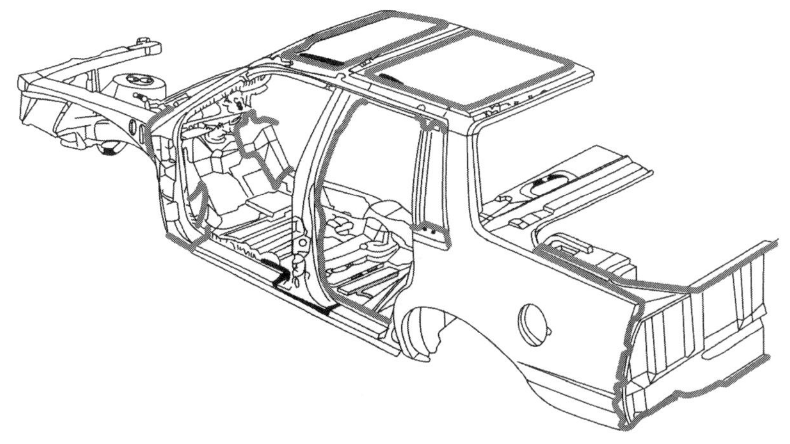

그림 5-82 차체 실러 적용

5.12.5 트렁크 리드와 도어 헤밍 실링작업

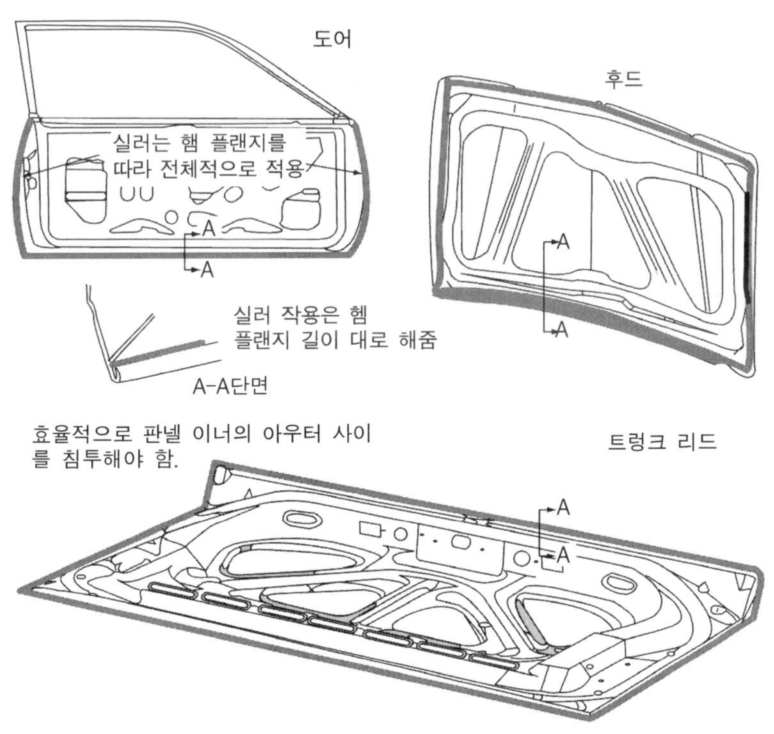

그림 5-83 패널 헤밍 부분 실러

5.12.6 소음 방지제가 파손에 의해 망가지거나 새 패널을 교환할 때 소음 방지제를 재처리하는 방법

1) 소음 방지제 적용 부위

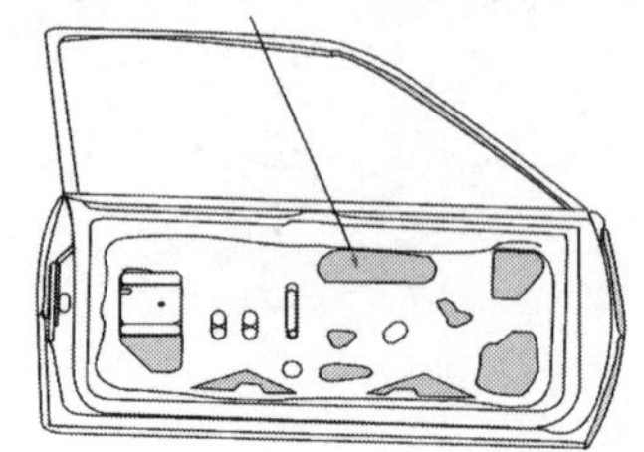

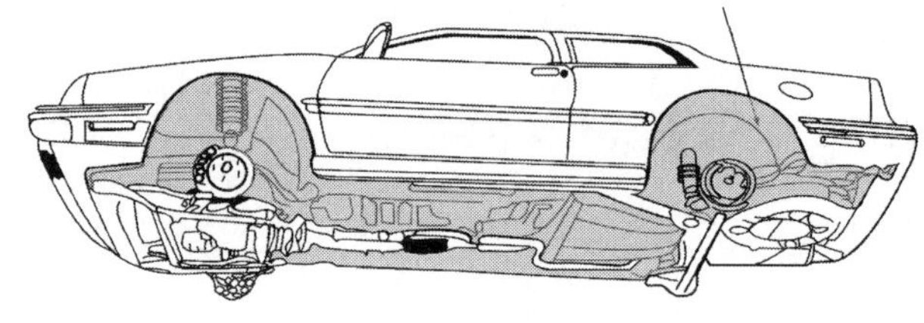

그림 5-84

주의 : 소음 방지제를 적용할 때 쿼터 패널 및 도어에 뿌려지지 않게 정확히 측정해서 해당 부위만 뿌려줘야 할뿐만 아니라 도어나 유리 부착 채널, 윈도우 레귤레이터, 안전벨트 자동장치, 혹은 움직이거나 회전하는 기계 부위에 현가장치 부위에도 뿌려서는 안 되며, 작업을 마치고 배수 구멍은 반드시 열린 상태에 두어야 한다.

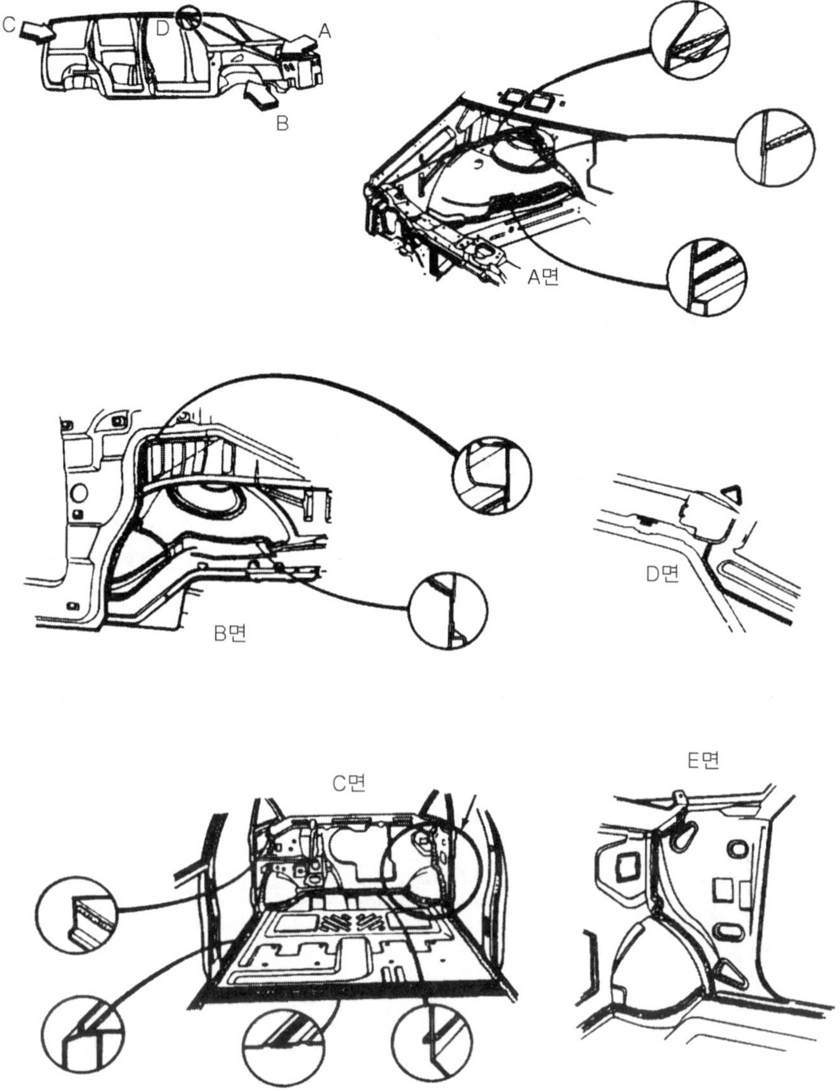

그림 5-85 실러/소음 방지제 적용 부위

5.12.7 부식 방지제 적용의 예

패널 교환 및 차체 수정 작업 등에서 부식 방지 처리가 훼손된 작업 등은 반드시 부식 방지 코팅을 해줘야 한다.

그림 5-86 차체 구멍을 이용하여 부식 방지 처리 작업하는 법

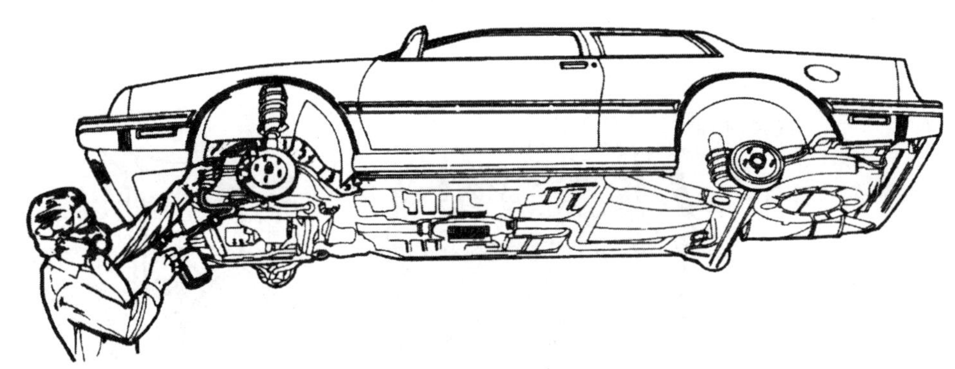

그림 5-87 유동적 호스와 차체 구멍으로 구조적 레일과 토크 박스 지역에 부식 방지 처리하는 법

5.12.8 부식 방지 강판의 적용

금속 철판 패널의 내 · 외장 면에는 부식 방지 처리를 해주는데 아연 크롬판에는 한면, 양면 도금이 있고, 아연 도금, 크롬 도금 강이 있다.

이들 도금 면이 파손되면(패널 교환 및 차체 수정 작업) 재 코팅을 해야 한다. 프라이머와 탑 코드(top code) 적용을 페인트 제조업 등이 아래와 같이 권장한다.

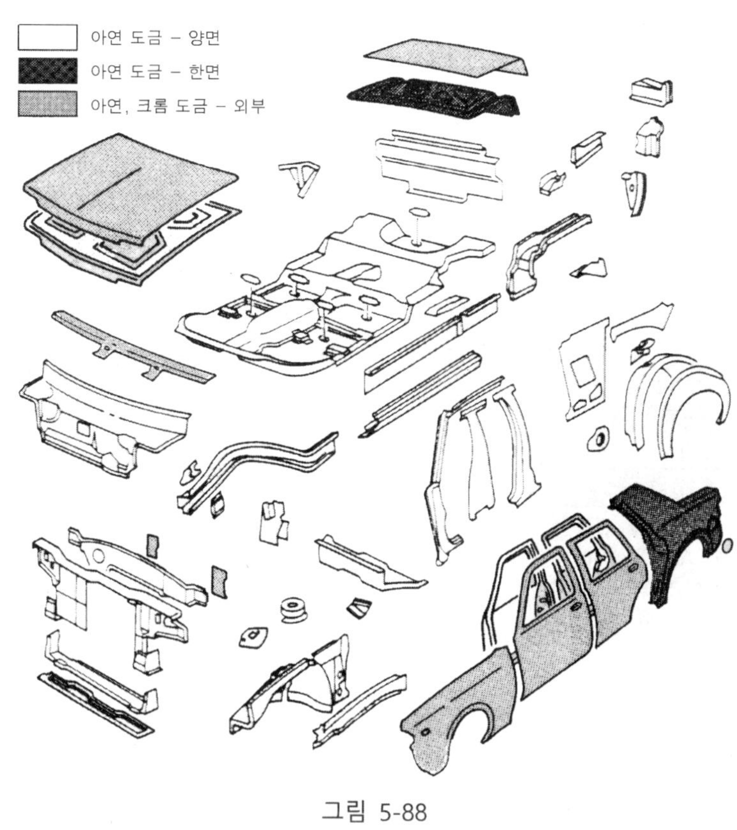

그림 5-88

5.12.9 부식 방지 강판의 구조

철의 가장 큰 결점은 "부식"이지만 철 덩어리인 자동차 바디에는 부식을 방지하는 피막이 되어 있다. 하도, 중도, 상도 도장을 하고 중복해서 칠하는 것이 그 중의 하나다.

그러나 강판 그 자체가 잘 녹슬지 않으면 그것이 가장 좋은 것이다. 부식 방지 강판은 보통 강판의 뒷면 또는 앞·뒷면에 아연 도금을 해서 녹을 방지하고 있다.

아연은 강판 녹의 원인이 되는 수분, 산소로부터 보호할 뿐만 아니라 녹이 발생할 상황이 되면 강판을 대신해서 녹이 슬어 버린다. 아연의 녹은 철의 녹과 달리 표면만 녹슬고 내부까지 진행되지 않기 때문에 녹을 방지하는 효과를 갖는다.

부식 방지 강판이라고 해서 바디 수리에 특별한 영향은 없지만 전기를 흐르게 하는 특성이 조금 다르기 때문에 패널 스포트 용접에서는 전류를 높게 하거나 통전 시간을 조금 길게 하는 것이 좋다. 또 샌더로 도막을 제거할 경우 아연도금면이 벗겨져 버리는 일이 있기 때문에 도장면의 표면 처리를 주의해야 한다.

■ 부식 방지 강판의 종류

앞면
<한쪽 표면 부식 방지 강판>
뒷면

강판
아연 도금

전기 아연 도금 강판 : 표면은 깨끗하지만 도금 층은 조금 얇다.

강판
아연 도금

용융 아연 도금 강판 : 표면은 조금 거칠어도 도금 층이 두껍다.

앞면
<양면 부식 방지 강판>
뒷면

아연 도금 A
아연 도금 B
강판
아연 도금

액세라이트 강판 : 철 성분이 많은 도금 층 A(도장성이 좋다)와 아연 성분이 많은 도금 층 B(녹 방지에 강하다)의 2층 구조로 되어 있다.

아연 도금
강판
아연 도금
유기 피막

진 듀러 스틸 : 뒷면에는 아연 도금 층을 보호하는 유기 피막이 코팅되어 있다.

요점 정리

스포트 용접

전기 저항 스포트 용접이 정식 명칭이며 겹쳐 맞춘 강판의 극히 좁은 범위에 힘을 가해 고 전류를 집중시켜 발생하는 열을 이용하여 강판을 용접한다. 바디 생산시의 용접은 대개 이 방법을 이용함으로 자동차 용접 패널 교환 수리작업에는 반드시 스포트 용접을 해야 한다.

5.13 볼트 온 패널 조립

5.13.1 패널 간격 조정

도어, 휀더, 본 네트 등 주위 패널과 사이에 간격이 있는 외장 패널은 그 간격을 조정하거나 단의 차이를 없애기 위해 부착 위치를 조금씩 조정할 수 있게 되어 있다. 그러므로 이러한 종류의 볼트 온 패널을 한번 떼어 내어 다시 부착할 때에는 주변 패널과의 위치 관계를 조정하지 않으면 안 된다.

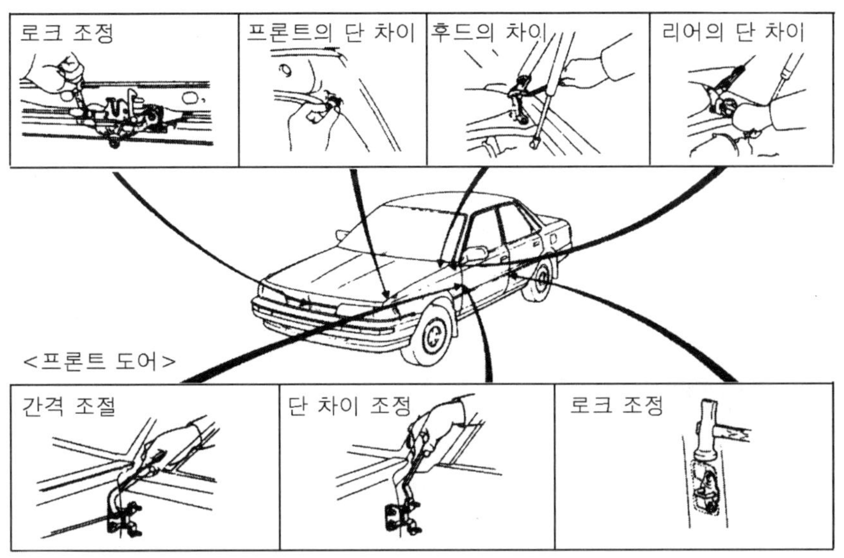

그림 5-89 부착 조정 방법의 예

이러한 조정을 패널 조립 조정이라 부르고 있다. 바디 수리 결과의 좋고 나쁨은 패널 간격과 단 차이의 유무로 판단되는 경향이 강하다. 때문에 부착 조정은 바디 수리 중에서도 중요한 작업이다. 그러나 각각의 조정 범위는 그다지 크지 않다. 조정 범위도 넘지 않고, 간격이 맞지 않을 때는 바디 수리 작업이 불량하다는 증거이다. 구멍을 크게 하거나 강제로 패널을 휘게 하는 등 외장만을 맞추는 일은 절대로 해서는 안 된다. 용접 패널 교환 시에는 볼트 온 패널의 부착 위치와 현가장치 등의 기능 부품들의 부착 위치를 정확히 확인 점검해서 용접을 해야 한다.

요점 정리

- 외장 패널은 부착 조정하여 간격과 단 차이를 맞춘다.
- 부착 조정을 위해 패널을 임의로 가공해서는 안 된다.
- 아주 작은 범위이면 패널이나 조립 부분을 변형시킴으로서 조립 조정이 가능하다.
- 탈착한 부품, 볼트, 너트 정돈에 주의하고 작업 중에 흠집이 나지 않게 주의한다.

5.13.2 패널 조립 조정 순서

올바른 순서로 바디 수정을 했으면 아주 작은 조정으로 패널 간격을 맞추는 일은 가능할 것이다. 조립 조정은 바디 중앙부에서 하는 것이 기본이다. 즉 전면 바디의 수리라면 먼저 프론트 도어와 리어 도어의 간격 단 차이를 맞추고 다음에 프론트 휀더와 프론트 도어 끝으로 후드(=본 네트)의 순서이다. 이것으로도 맞지 않으면 처음으로 다시 돌아가 조금씩 고쳐 나간다.

본 네트와 도어는 간격, 단 차이뿐만 아니라 원활하게 개폐가 되는 지도 확인하고 필요하면 로크 스트라이커의 위치도 조정한다. 바디 수치가 정확하면 비교적 간단히 수정되지만 어딘가에 큰 오차가 있으면 차체수리 한 작업은 실패가 나타난다. 특히 최근의 자동차는 간격이 작아지는 경향이 있기 때문에 조립 조정이 볼트 온 패널의 품질을 결정하는 중요한 요소이다. 패널의 간격, 단차가 조금 틀리는 것도 눈에 바로 띄기 때문이다.

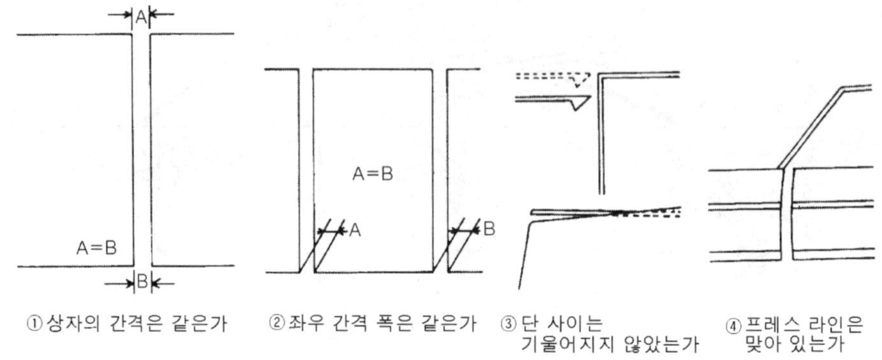

그림 5-90 부착 조정 포인트

5.13.3 패널 조립 조정 비법

패널 조립 부분의 조정만으로 잘되지 않을 경우 아주 조금 패널 변형시켜서 위치를 맞추는 경우도 있다. 도어 패널을 약간 위치 변경이나 본 네트 앞에 나무를 끼워 굽히는 방법이다. 도어 주변에서 힌지의 한쪽이 용접되어 있는 차종은 조립 조종의 범위가 좁기 때문에 힌지를 조금 위치를 바꾸는 경우도 있다. 그러나 이런 수정에도 한계가 있어 너무 변형시켜 버리면 눈에 띄는 경우도 있다.

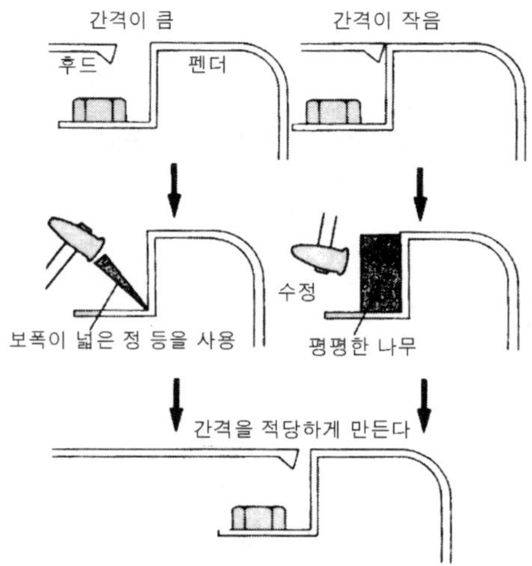

그림 5-91 패널 조립 조정 방법

5.13.4 볼트 온 부품의 탈착

범퍼, 그릴, 시트, 전장 부품 등은 부착 위치가 정해져 있어 움직일 수 없다. 그래서 특별히 설명한 것도 없지만 볼트 온 부품의 탈착 전체에 관계되는 요점은

① 떼어낸 부품은 부품별로 정리한다.

② 볼트, 너트 등은 떼어낸 부품에 조립하여 둔다.

③ 복잡한 부품의 분해는 메모를 해 둔다.

④ 전장품을 떼어 낼 때는 축전지 케이블을 떼어놓는다.

⑤ 큰 패널은 코너부에 테이프를 붙여 보호하는 방법

등이다.

5.13.5 패널 수리 에어 공구

스패너와 렌치가 있으면 대개의 볼트, 너트를 다룰 수 있지만, 에어 공구를 사용하면 보다 빠른 시간에 확실하게 일을 할 수 있다. 탈착용 에어 공구로는 임팩 렌치와 라쳇트 렌치를 주로 사용한다.

임팩 렌치는 볼트에 타격을 주면서 회전시키기 때문에 세게 잠긴 볼트도 간단히 풀 수 있고, 반대로 일정한 힘으로 빠르게 볼트를 잠글 수도 있다.

볼트에 걸린 박스 부착부의 크기에 따라 몇 개로 나뉘지만 정비공장에서 주로 이용하는 것은 12.7mm(½인치)와 9.5mm(⅜인치) 두 가지가 있다. 그 중 12.7mm은 휠 너트, 바디 수리용 클램프 등에 이용된다.

볼트 온 부품과 패널 탈착에 위력을 발휘하는 것은 9.5mm이다. 사용하기 쉬운 크기이며 회전부의 각도를 바꿀 수 있는 부속품을 더하면 작업 범위는 더 넓어진다.

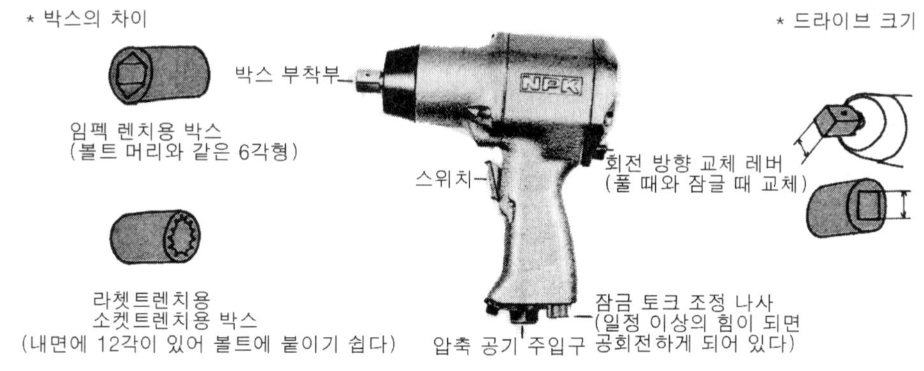

그림 5-92 임팩 렌치의 지식

- 동력을 이용한 공구는 사람의 손보다 힘과 속도가 좋다.
- 압축 공기를 이용한 에어 공구가 중심적으로 사용된다.
- 임팩 렌치는 강한 힘으로 볼트, 너트를 풀고 잠근다.
- 라쳇트 렌치는 작은 회전에 효과적이며 작업 속도도 향상된다.

라쳇트 렌치는 잠그거나 푸는 힘은 그다지 크진 않지만 연장 계수(깊숙한 곳의 볼트에 닿게 함), 자재 계수(박스부와 본체의 각도를 바꿀 수 있음) 등 소켓 렌치 세트의 부속품을 함께 사용할 수 있기 때문에 사용 범위가 넓고 탈착 작업에 효과적인 속력 향상이 가능하다. 최대 허용 토크는 12.7mm(½인치), 9.5mm(⅜인치), 6.35mm(¼인치) 세 가지가 있고 이 중 9.5mm가 가장 많이 사용된다. 라쳇트 렌치는 부속품뿐 아니라 볼트에 거는 박스도 소켓 렌치와 공통으로 사용할 수 있으나, 임팩 렌치는 반드시 전용 품을 사용해야 한다. 또 박스 대용으로 (+), (-)의 형태로 된 부속품을 붙여 임팩 드라이브로 사용할 수도 있다.

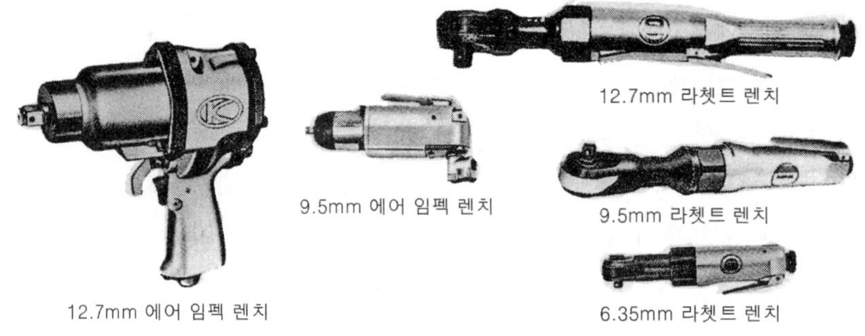

그림 5-93 탈착 작업용 에어 공구

■ 탈착 작업용 에어 공구

종류	드라이브 크기	적용 볼트 2면폭(mm)	주요한 사용 범위
임팩 렌치	½(12.7mm)	14~23	소형차의 휠 탈착, 클램프 부착
	⅜(9.5mm)	8~17	소형차의 부품 탈착, 분해 정비
라쳇트 렌치	½(12.7mm)	14~21	2륜차, 대형차의 분해 정비
	⅜(9.5mm)	10~17	소형차의 부품 탈착, 분해 정비
	¼(6.35mm)	8~14	소형차의 내장, 전장 부품 탈착

[제 6 장]

패널 수정

6.1 강판의 성질

6.1.1 바디 패널의 재료

자동차 바디의 재료 중 플라스틱과 알루미늄이 사용되기도 하지만 양(糧)적으로는 철을 사용하는 경우가 많다. 철은 지구상에 많이 존재하고 가공성도 좋으며 가격도 싸다. 원래 철광석을 녹여 분리한 철(선철)은 딱딱하고 부서지기 쉬워서 사용하는데 어려움이 있다. 이 때문에 그 중에서 불필요한 성분을 제거하고 필요한 성분을 추가, 조정하여 강(鋼)으로 만든다. 이 강을 몇 단계로 나누어 얇게 당겨 늘린 강판이 바디의 재료가 된다.

강판에는 사용 목적에 따라 몇 개 종류로 선택되지만 승용차의 모노코크 바디에 사용되는 것은 어느 정도 두께가 있는 강판이 사용된다. 상온 상태에서 당기고 늘려서 만든 "냉간 압연 강판" 강으로 두께는 바디 외판에서 0.6~0.8mm, 또 멤버, 필러, 플로어 판 등 용접 패널에서는 0.8~1.4mm 정도가 표준이라고 보면 된다.

6.1.2 소성 변형과 탄성 변형

자동차 한 대당 중량 비의 약 65~70%를 강판이 차지하고 있다. 물론 방금 만들어진 강판이 바디 패널로 되는 것이 아니라 프레스 기계로 금형 제작을 통해 평평한 강판을 굽히는 등의 가공을 해서 원하는 형태로 만든다.

움푹 들어간 휀더를 해머 작업으로 원래대로 수리할 수 있는 것은 강판에 "소성"이라는 성질이 있기 때문이다. 이 소성은 강판에 또 하나의 중요한 성질인 탄성에 반대되는 성질이다.

처음에 강판에 힘을 가해서 굽히면서 도중에 힘을 빼면 용수철과 같이 원래대로 돌아가게 되지만 어느 정도 이상의 힘을 가하면 강판은 굽은 그대로 있게 된다.

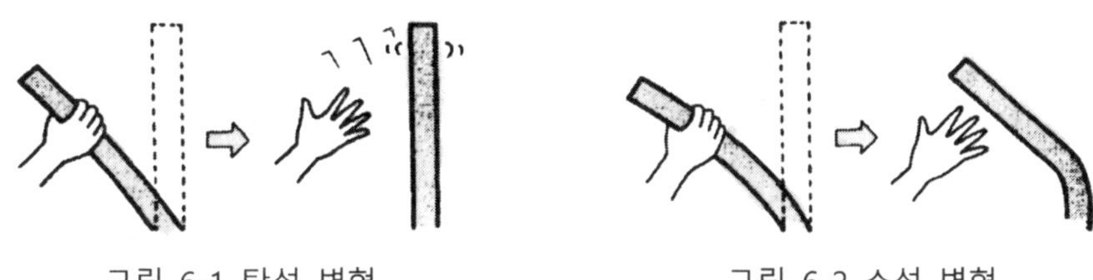

그림 6-1 탄성 변형 그림 6-2 소성 변형

6.1.3 가공 경화와 열처리

한번 굽은 강판은 원래대로 돌리려고 역방향으로 힘을 가해도 좀처럼 돌려지지 않고 다른 곳이 굽게 되는 경우가 많다. 예를 들어 가는 바늘을 몇 번이고 굽혔다 폈다 했을 때 굽혀지는 장소가 딱딱하게 되어서 나중에는 그곳이 끊어져 버린다. 이것은 강판과 바늘이 탄성 한계를 넘어 변형함에 따라 그 부분 내부의 구조가 변화하여 탄성을 잃고 그만큼의 경도가 늘어났기 때문이다. 이러한 성질을 가공 경화라고 부른다.

이것은 강판이 소성 변화할 때 반드시 일어나는 현상으로 생산 작업에서 프레스 가공에 따른 경화는 바디 패널의 강도를 유지하기 위해서 효과적이지만 사고 손상에서의 가공 경화는 복원 수리를 어렵게 한다.

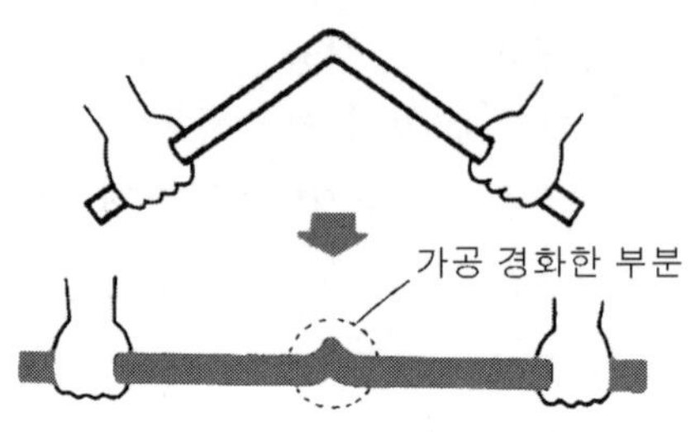

그림 6-3 가공 경화란?

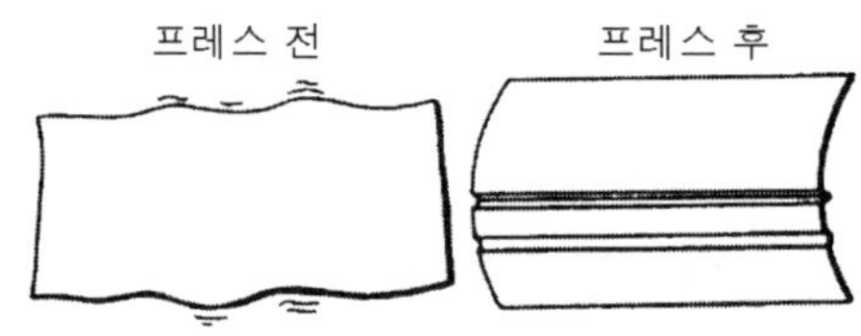

그림 6-4 가공 경화의 효과

패널 복원 작업에서 열을 가하는 이유가 바로 이것 때문이지만 이 방법은 경화된 부분의 탄성을 되돌리지만 강판 내부 조직을 파괴하여 강도를 떨어뜨릴 염려가 있기 때문에 멤버, 필러 등 특히, 강도를 필요로 하는 곳에는 이 방법을 사용할 수 없다. 또 열에 따른 부식 발생 등의 문제도 있기 때문에 외판 패널에도 될 수 있는 한 사용하지 않는 것이 좋다.

원래대로 돌아가는 변형을 탄성 변형, 굽은 그대로의 변형을 소성 변형, 탄성에서 소성으로 옮겨가는 점을 탄성 한계라고 부른다.

강판을 변형시켜 어떤 모양을 만들기도 하고 역으로 원래의 모양으로 돌리기 위해서는 탄성 한계를 넘는 힘을 가하지 않으면 안 된다. 이런 경우에도 힘을 빼 버리면 탄성 변형 부분만이 원래대로 돌아오기 때문에 미리 그것을 예상하여 충분하게 변형시켜 두는 것이 필요하다.

단, 사고 등에 따른 손상은 소성 변형이 탄성 변형을 훨씬 넘었을 경우도 있다. 이런 경우에는 소성 변형만을 수정하면 탄성 변형 분은 자연적으로 원래대로 돌아온다.

6.1.4 차체 강판

자동차의 차체는 생산성이나 외관, 안전성, 가격 등의 시장성 등 여러 가지 조건을 만족시키기 위해 여러 종류의 재료로 구성되고 있다. 차체에 사용되는 강판은 0.6 ~ 2.5mm 정도(승용차)의 박강판이고, 주된 재료의 종류는 아래 표와 같다.

1) 강판의 종류

자동차용 강판은 일반적으로 냉간압연강판(냉연강판)과 열간압연강판(열연강판)의 두 종류로 나누어진다. 이들은 강도, 표면처리의 종류에 따라서 더욱 자세하게 분류할 수 있다.

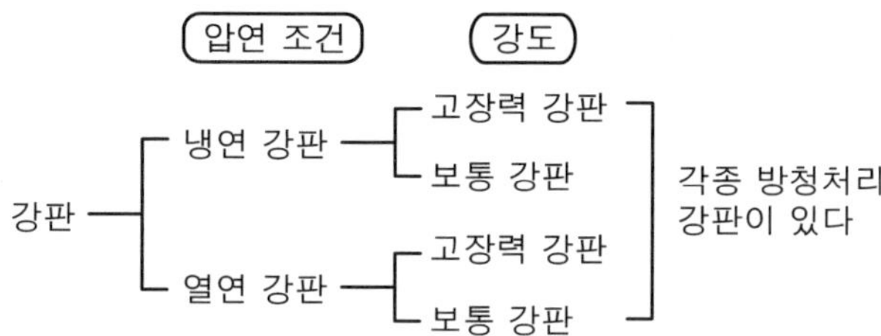

2) 냉간압연 강판

강을 열간압연 한 후 다시 냉간압연 시키면 판 두께의 정밀도 및 표면 품질 등이 우수하고, 프레스 가공성이 우수하기 때문에 0.6 ~ 1.2mm 정도까지 바디 부품에 대부분 사용되고 있다.

3) 열간압연 강판

재결정온도 이상(800 ~ 900℃)에서 열간가공된 것으로 표면조직이 거칠고 판의 두께도 1.6 ~ 6mm가 표준범위이고, 자동차에는 프레임, 멤버 등 비교적 두꺼운 부품에 사용되고 있다.

4) 고장력 강판

고장력 강판은 보통간판에 비교해 인장강도가 크고 항복점이 높다는 특징을 가지고 있다. 따라서 박판(얇은 판)이라도 같은 정도의 강도를 얻을 수 있고 경량화가 가능하다.

6.2 고장력 강판

6.2.1 강도와 강성

바디의 강함을 나타낼 때에 강도와 강성이라는 말이 많이 사용된다. 이 두 개의 말은 비슷한 의미이고 혼용하여 사용되는 경우도 많으나 실제적으로는 조금 다르다.

학술적인 의미로는 자동차 바디에 관해 사용되는 경우엔, 강도는 부서지지 않는 정도 즉, 압력이나 인장력에 의해 끊어지거나 쭈글쭈글해지지 않는 것을 나타내는 말로써 주로 재료 특성(바디에서는 강판)을 일컫는다.

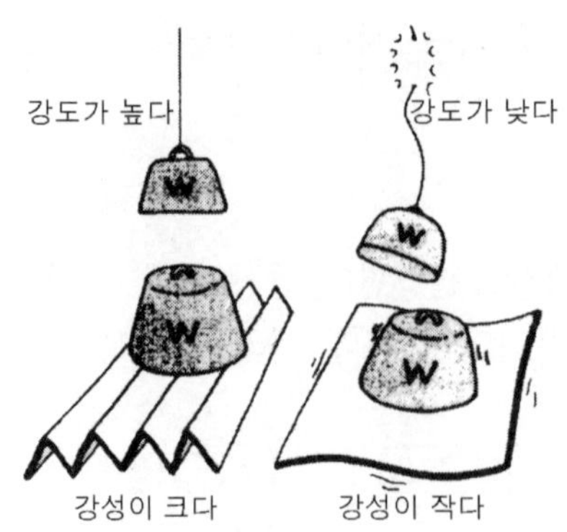

그림 6-5 강도와 강성의 차이

강성이라는 것은 일정한 힘에 대해 변형하는 양이 많은지, 적은지를 나타내며 강판뿐만 아니라 바디 전체에 대해서도 사용된다. 같은 강판에서도 가공형태, 조합형태의 차이에 따라 강성은 변화하지만 강도는 재료가 같으면 동일하다. 일반적으로 강판의 강도는 인장 강도로 나타낸다. 이것은 일정 면적의 강판을 양단에서 당겨 어느 정도 힘까지 버티어 내는가를 나타내는 것으로 단위는 kg/mm^2이다. 강성은 감각적인 용어이므로 엄밀한 측정은 어렵지만 일정량의 힘에 대해 변화량으로 나타낼 수는 있다.

요점 정리

- 강판의 강도는 인장 강도(㎏/㎟)로 나타낸다.
- 강성이란 일정량의 힘에 대해 변화량의 대 · 소를 말한다.
- 고장력 강판은 보통 강판과 비교해 인장강도는 강하지만 강성은 변하지 않는다.
- 부식방지 강판은 보통 강판 표면에 전기도금, 용융처리로 얇은 아연층을 만든다.
- 아연은 표면에만 녹이 발생 내부까지 녹이 발생하는 것을 방지한다.

6.2.2 고장력 강판과 보통 강판

승용차 바디에 사용되는 강판은 인장강도 28～30kg/mm^2인 것이 대부분 이였으나 지금은 일부에서 40～50kg/mm^2 이상인 것도 사용되고 있다. 이러한 종류의 강판을 고장력 강판이라 한다. 고장력 강판은 같은 두께의 보통 강판에 비해 인장 강도뿐만 아니라 탄성 한계도 높다. 무게는 그다지 변하지 않으므로 강한 만큼 같은 강도를 유지할 수 있다. 그리고 얇게 만든 만큼 경량화가 가능하다. 하지만 강성은 두께를 얇게 하면 저하된다.

그래서 프레스 가공, 패널의 조합 등으로 부족한 강성을 보충하는 방법이 사용되고 있다. 또 고장력 강판이라고 해도 바디 수리가 특별히 어려워지는 일은 없지만 가열(600℃)하게 되면 고장력의 특성을 잃어버리는 것도 있기 때문에 차체수리에서 인장 작업에는 열을 가하지 않고, 스포트 용접으로 해야 하는 주의가 필요하다.

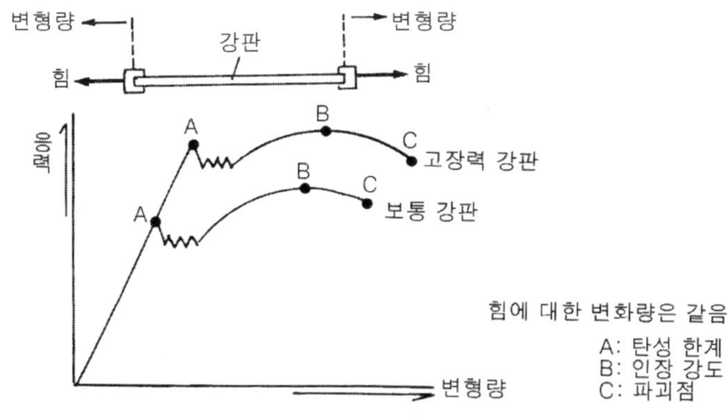

그림 6-6 보통 강판과 고장력 강판의 강도

■ 고장력 강판의 종류

구분	특징과 주요한 사용 부위
석출 강화형 강판	티탄(Ti), 니오브(Nb), 버나디움(V) 등의 금속을 탄소(C), 질소(N)와 결합시켜 첨가하고 강의 내부 구조를 변화시킨 것, 가공성이 그다지 좋지 않기 때문에 범퍼의 레인포스먼트, 빔 등 평면적 부품 재료에 사용된다.
고용 강화형 강판	탄소를 포함하는 양이 적은 강에 인(P), 규소(Si), 망간(Mn) 등을 첨가한 강판으로, 가공성이 좋고 가격도 낮기 때문에 내외 판의 패널에 사용된다.
복합 조직형 강판	생산 공정에 열처리 방식의 변경으로 한 장의 강판에 딱딱함과 부드러움 두 가지 성격을 갖게 한다. 생산 공정에서 가공성이 좋고 태우면서 도장할 때 열로 전체 강도가 좋아진다. 내외 패널에 사용된다.

6.2.3 고장력 강판의 사용 목적

① 경량화

사용 목적의 최대 목적은 경량화이다. 같은 강도를 필요로 한다면 사용하는 강판을 얇게 할 수 있고 얇게 한 만큼 차체는 가벼워진다.

② 내구강도의 확보

장기적인 사용에 견딜 수 있는 자동차로 만들기 위해 항상 힘을 받기 쉬운 부분에 사용된다.

③ 큰 충격강도의 확보

사고가 발생한 경우 승객을 보호하기 위해 차체의 골격으로 된 부분에 사용된다.

④ 외부패널의 국부변형 방지

외부패널과 같이 외부에서 힘을 받고 변형되기 쉬운 장소에 사용되며, 국부적인 외부의 힘에 대해서 소성변형의 발생을 방지한다.

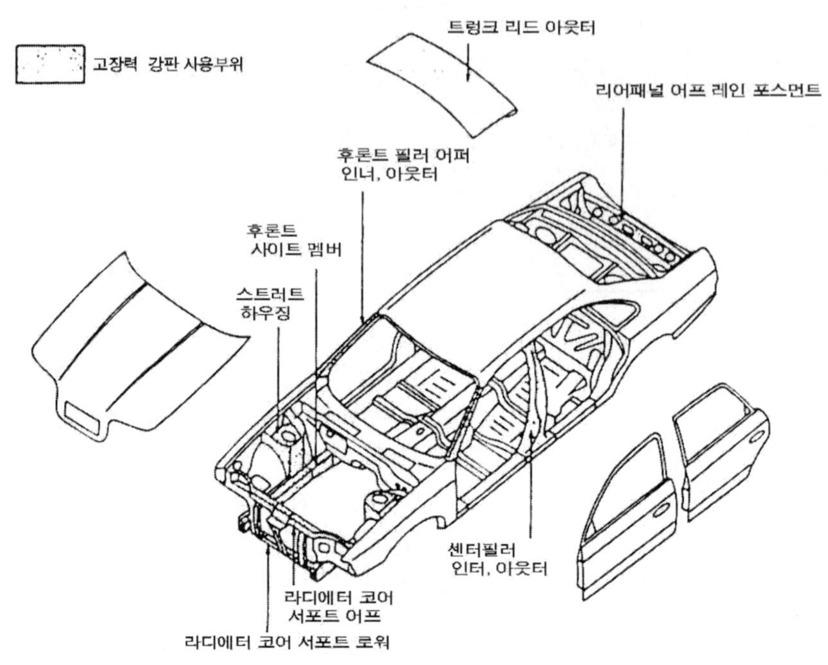

그림 6-7 고장력 강판의 사용 부위

6.3 해머, 돌리, 스픈

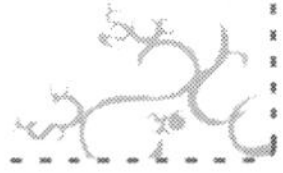

6.3.1 해머는 타격면이 중요성

해머, 돌리, 스픈은 예전부터 바디 수리에는 빼놓을 수 없는 기초적인 도구로 그 중에도 해머는 판금 기술자의 상징이라고 말할 수 있을 정도로 중요하다.

판금에 사용되는 해머는 다양한 종류가 있지만 타격면이 평평한 것과 곡면인 것, 약간 큰 것과 여기에 나무 해머를 추가하는 정도가 필수품이 된다. 그리고 이러한 해머는 패널 수정 이외의 용도로 사용해서는 안 된다.

판금용 해머의 생명은 타격면으로 이 면에 조금이라도 상처가 있거나, 일그러짐이 있으면 사용할 수 없게 된다. 따라서 타격면은 항상 이물질, 흠집 등이 없는 상태로 유지하는 것이 좋다.

오래 쓰면 면의 중앙부가 움푹 들어가기도 하고 주위의 각이 날카롭게 되는 일도 있기 때문에 가끔씩 가는 줄로 수선해 주는 것도 중요하다.

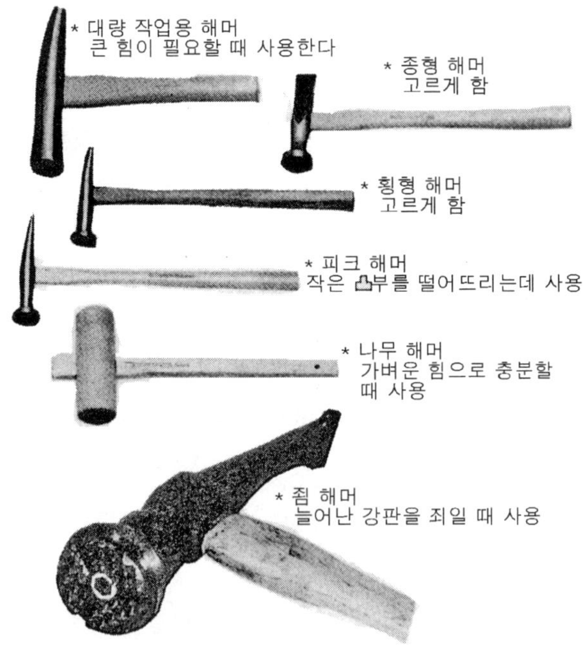

그림 6-8 여러 가지 해머

요점 정리

- 판금용 해머는 패널 수정 이외의 용도로 사용해서는 안 된다.
- 해머는 가볍게 잡고 패널 면과 평행으로 해서 타격한다.
- 돌리는 패널 모양에 맞추어 꼭 맞는 것을 골라 사용한다.
- 스픈은 좁은 틈 사이에 집어넣어 패널을 밀어내는 역할을 한다.
- 해머, 돌리, 스픈 모두 패널 접촉면의 부착물이나 흠집을 제거하고 항상 매끄러운 상태를 유지한다.

6.3.2 가볍게 쥐고 친다

해머는 힘만으로 휘둘러서는 안 된다. 그렇게 하면 피곤하기만 할 뿐 작업 능률은 오르지 않는다. 또한 내려치는 위치도 정확하지 않게 된다.

손잡이 끝부분을 가볍게 쥐고 해머 머리 부분의 무게를 이용하여 자연스럽게 내려치는 것이 중요하다. 패널에 가하는 힘을 주로 해머의 무게로부터 얻어지기 때문에 쓸데없이 힘을 주지 않는 것이 좋다.

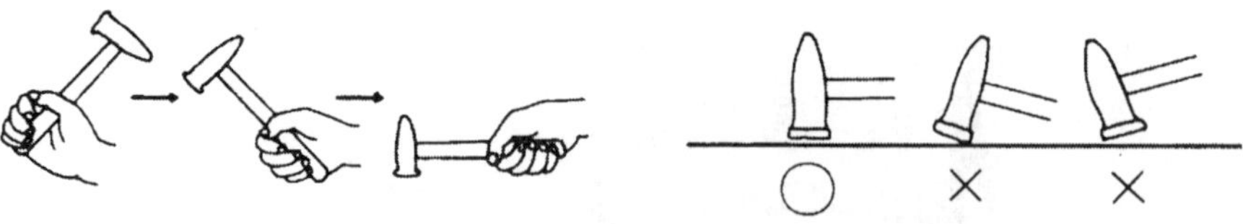

그림 6-9 해머 취급 방법

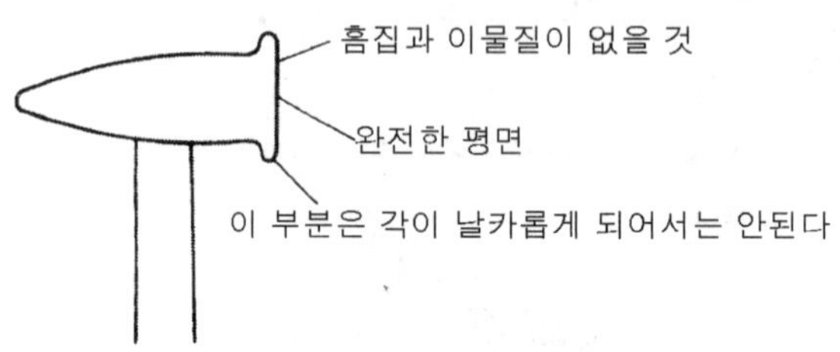

그림 6-10 좋은 해머의 조건

해머의 타격면은 반드시 패널과 평행하도록 해야 한다. 기울어지게 내려치면 패널과 해머 양쪽에 흠집을 내게 된다. 해머를 잘 사용하면 타격면은 균등하게 마모되기 때문에 수정이 필요 없어진다. 해머의 면이 비스듬히 마모되는 현상은 치는 방법이 잘못되었음을 입증한다.

6.3.3 돌리

돌리는 해머와 앞뒤에서 관련성 있게 사용된다. 즉 패널 뒷면에 돌리를 대고 앞면에서 해머로 치는 것이다. 이것도 여러 모양이 있지만 사용하는 패널의 구조에 따라 맞는 것을 골라 사용한다. 이것도 해머의 타격면과 같이 표면이 생명이므로 이물질이나 흠집이 있어서는 안 된다.

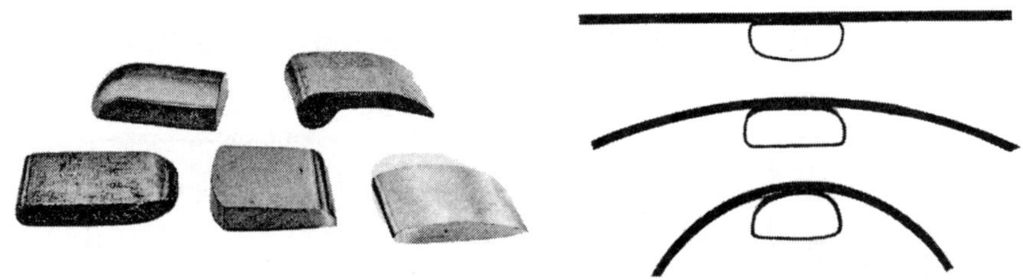

그림 6-11 여러 가지 돌리와 돌리를 대는 방법

* 여러 가지 스픈

* 스픈 사용 방법

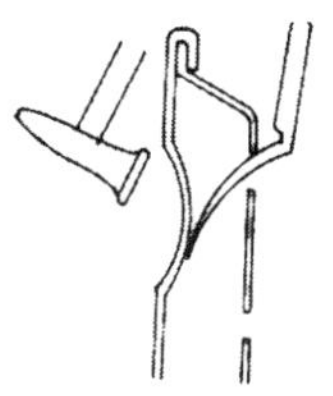

(a) 손이 들어가지 않는 장소에 집어넣어 돌리 대용으로 사용

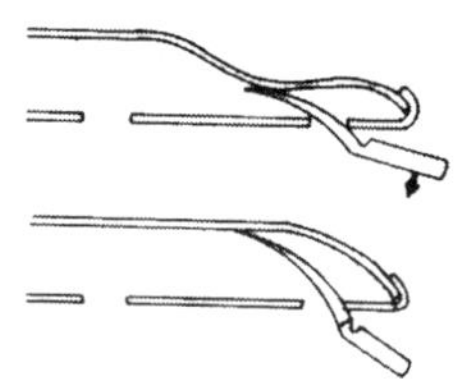

(b) 좁은 틈 사이로 집어 넣어 사용

그림 6-12 여러 가지 스픈과 사용 방법

6.3.4 스픈의 다용도성

스픈은 손잡이가 붙어 있는 돌리라고 생각하면 된다. 사람의 손은 한계가 있기 때문에 좁고 긴 공간에는 잘 들어가지 않는다. 이런 경우 스픈이 쓰인다. 사용 부위에 따라서는 스픈을 집어넣어 지렛대의 원리로 패널을 밀어내는 것과 같은 사용 방법을 쓸 때도 있다.

패널의 접촉면의 정도가 중요한 것은 해머나 돌리와 마찬가지이다.

여기서 세 가지 도구 외에도 숙련자가 되면 여러 가지 공구를 이용해 판금 작업에 사용할 수 있다. 굵은 볼트, 철 파이프, 철도의 레일 등이 바로 그것이다. 이러한 것은 숙련자의 경험에서 나온 것이기 때문에 기성품에 관계없이 차체수리 기술자가 필요한 공구를 제작해서 차체수리작업에서 편리한 것을 찾아 사용하면 뛰어난 작업이 이루어질 것이다.

6.4 패널 수정 작업

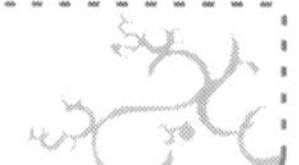

패널 수정을 크게 분류하면 다음의 작업으로 나누어진다.

- 패널 수정 : 해머, 돌리, 바디치즐 등으로 사용하여 요철부분을 수정한다.
- 인출 수정 : 핀 용접기, 슬라이딩 해머 등으로 凹 부위를 인출, 복원시키는 작업
- 판금 퍼티도포 : 패널의 요철(凹 凸) 부분에 퍼티를 도포하여 평평한 면으로 수정하는 작업
- 차체 수정 : 차체 수정기를 사용하여 차체의 프레임이나 멤버 및 패널의 변형부분을 복원, 수정하는 작업
- 용접 : 전기저항 스포트 용접, 탄산가스 아아크 용접 등으로 2개 이상의 강판을 녹여서 접합하는 작업

6.4.1 대략 작업부터 시작한다

패널 수정의 실제 작업에 들어가기 전에 작업 전체의 흐름과 사용되는 용어에 대하여 이해해야 한다. 먼저 손상의 상태에 따라 다르지만 면적이 넓은 것과 또는 패널 깊은 변형 등은 처음에 큰 힘으로 어느 정도 원래 상태로 돌려놓는다. 이러한 작업을 대략 작업이라 한다.

어떻게 하면 강판의 탄성을 살리며 무리 없게 복원할 수 있을까, 패널에 손을 대기 전에 충분히 생각하는 것이 좋을 것이다. 그리고 대략 작업은 바디 수정에도 사용되지만 이것도 작은 변형은 별도로 하고 패널 위치 관계를 정상으로 복원시키는 작업으로 바디 얼라이먼트라고도 불려진다. 범위는 다르지만 큰 뜻으로 보면 같다.

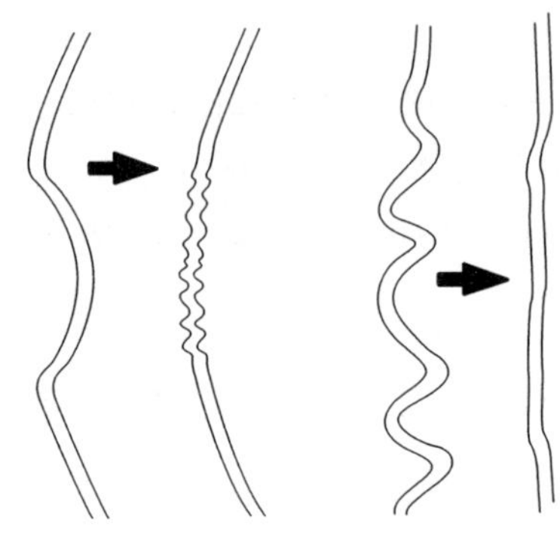

그림 6-13 대략 작업

6.4.2 해머 작업 테크닉

해머로 패널을 타격해서 형태를 잡아가는 작업을 해머 작업이라고도 부른다. 해머 작업에는 돌리와 함께 사용하여야 하는데 사용 방법에 따라 두 가지 방법이 있다. 변형 상태나 작업 단계에 따라 사용 방법이 나누어지기 때문에 양쪽 모두 습득하지 않으면 안 된다.

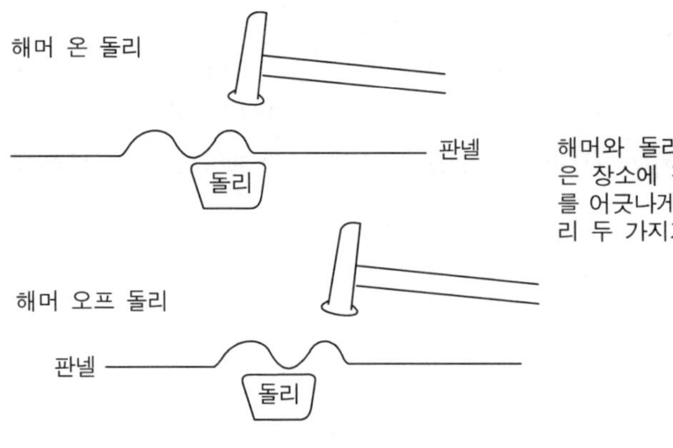

해머와 돌리의 테크닉에는 앞뒤에서 같은 장소에 작업하는 해머 온 돌리, 장소를 어긋나게 해서 작업하는 해머 오프 돌리 두 가지가 있다.

그림 6-14 해머 온 돌리와 해머 오프 돌리

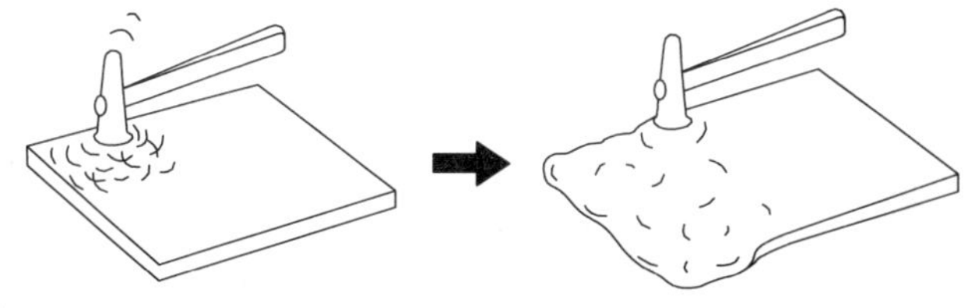

그림 6-15 해머작업으로 강판 팽창

요점 정리

- 대략 작업은 손상된 패널 위치만 복원하는 작업이다.
- 해머로 패널을 수정하는 작업을 해머링이라고 부른다.
- 돌리 위를 해머로 치는 것이 해머 온 돌리, 치는 위치와 돌리가 어긋나 있는 것이 해머 오프 돌리이다.
- 강판을 해머 작업하면 늘어나고 넓어진다. 이것을 강판이 늘어난다고 하며 늘어난 강판을 줄이기 위해서는 압축 작업이 필요하다.

6.4.3 패널에서 팽창과 수축

얇은 금박도 원래는 딱딱한 덩어리로 이것을 특수 해머로 두들겨서 늘리고 넓힌 것이다. 철도 금처럼 얇게 되지는 않지만 역시 두들기면 늘어나는 성질(전성)이 있다.

판금 작업에서 철은 계속해서 해머 작업하면 두들긴 부분의 철이 늘어나 버리기도 한다. 그러나 주변은 그대로 이기 때문에 늘어난 부분만큼 철이 남아 약간 통통한 모양이 되어 버린다. 그렇게 되면 두들기면 두들길수록 늘어나기만 하고 퍼티도 바를 수 없기 때문에 작업을 끝낼 수 밖에 없다.

가능하면 패널 강판을 늘이지 말고 헤머 작업하는 것이 판금 작업의 방법이기 때문에, 두들길 때 힘을 그다지 넣지 않고 가능하면 두들기는 횟수를 줄이는 등의 주의가 필요하다.

그렇다고 해도 강판을 전혀 늘리지 않고 판금 작업을 할 수는 없다. 충분히 판금에 주의를 해도 손상을 받는 시점에서 늘어나 버리는 경우가 많다. 그래서 늘어난 강판을 압축시키는 기준도 알아두지 않으면 안 된다. 이 작업을 압축 작업이라 한다.

압축 작업은 금속을 가열하면 팽창하려고 하지만 주위는 차갑고 딱딱한 상태이기 때문에 넓어지지는 않고 반대로 중심으로 모여든다. 그리고 가열한 부분을 물로 냉각하면 이번은 수축하기 때문에 늘어난 여분의 철을 극히 좁은 범위로 모아 버리는 일도 가능하다.

이 작업을 늘어난 장소 몇 곳에서 행하면 늘어남을 해소할 수 있는 것이다. 압축 작업에는 그 외 카본 봉이나 해머 등을 사용하는 방법도 있다.

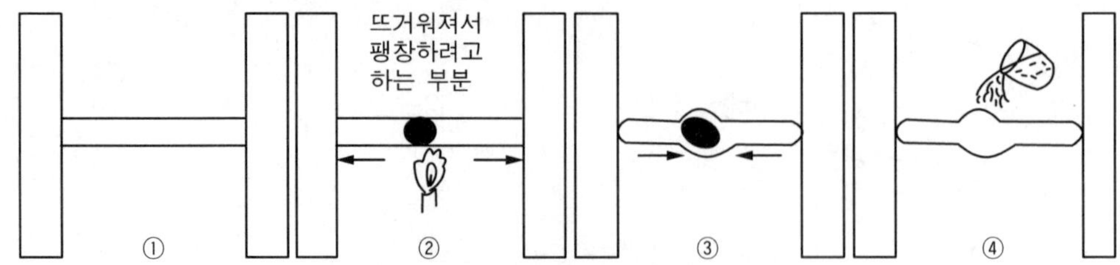

그림 6-16 압축 작업의 원리

① 양끝이 벽에 막힌 철봉을 생각해 보자.
② 봉 중앙을 가열하면 뜨거워진 부분은 약하게 되고 전체는 팽창하여 길어지려고 한다.
③ 양끝이 벽면에 막혀 있어 늘어 날 수 없기 때문에 중앙에 약하게 된 부분으로 집중하게 된다.
④ ③의 상태로 물로 냉각하면 철봉은 원래의 길이로 돌아가지만 중앙에 모인 부분은 고정되기 때문에 전체의 길이는 짧아진다.

6.5 수정 작업과 변형 확인

6.5.1 해머와 돌리 사용 방법

해머와 돌리를 생각하는 대로 사용하지 못하면 패널 수정을 할 수가 없다. 의도하는 장소에, 적당한 힘으로 해머를 취급할 수 있기 위해서는 반복 연습이 필요하다.

특히 해머 온 돌리의 경우는 해머와 돌리를 동시에 움직이면서 작업을 하는 일이 많고 잘못 내려치는 것이 없어야 한다. 또 돌리의 위나 해머 머리에 흔들림이 없어야 하는 것도 주의점이다.

해머를 잡는 방법은 손잡이 끝부분을 가볍게 잡고 팔이 아닌 손목의 스냅을 이용한다. 돌리는 손 전체로 쌓는 듯이 잡지만 가벼운 느낌 정도가 좋다. 힘을 너무 넣으면 움직임이 부드럽지 않기 때문이다. 해머 온 돌리에서 돌리 위를 두들기면 반동으로 돌리가 패널로부터 떨어진다.

이때 타격 방향에 대해 전 · 후, 좌 · 우로 흔들리지 않게 한다. 해머가 그대로 연장하듯이 자연스럽게 움직이면 된다.

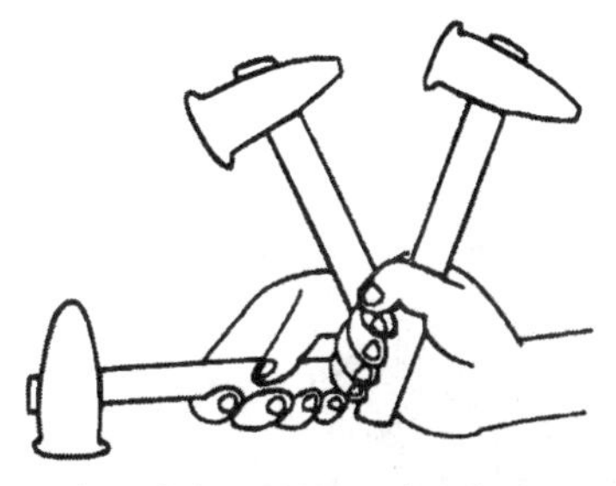

해머 손잡이 끝부분을 가볍게 잡고
손목 스냅을 이용 한다.

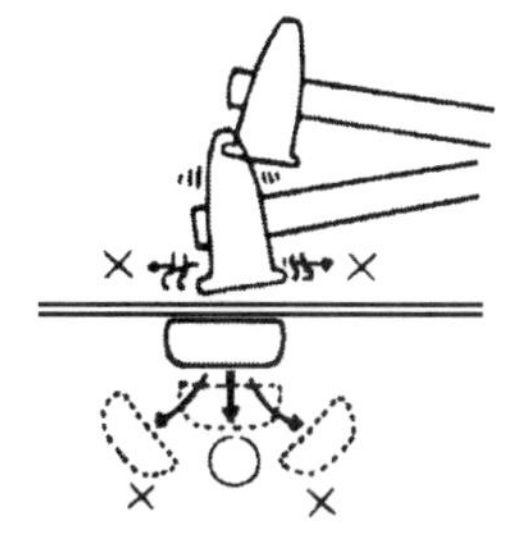

해머가 흔들려서는 안 된다
돌리는 곧바로 움직인다.

그림 6-17 해머를 내리치는 방법과 해머와 돌리의 관계

6.5.2 손바닥으로 변형을 판별

패널이 확실하게 크게 움푹 들어간 경우는 아주 작은 변형이나 수정을 해가며 완성이 가까워질 때 등은 어느 부분이 변형되어 있는가 알기 어렵다. 차체 도막이 남아 있는 부분을 밝은 곳에서 기울여서 보면 알 수 있지만 작업을 진행해 가면 그렇지도 않다. 이럴 때 손바닥의 감각을 이용해서 패널의 높은 곳과 낮은 곳을 판별한다.

그러나 이것이 익숙지 않으면 맨손보다 장갑을 끼는 것이 알기 쉽고, 앞쪽으로 당기는 방향으로 더듬어 보는 것이 좋다고 하고 있지만, 감각적으로 높은 곳에서 낮은 방향으로 가는 것 보다 낮은 곳에서 높은 곳으로 가는 것이 알기 쉽다.

손상은 받은 시점에서는 강판이 늘어나 있고 수정 작업 중에도 늘려 버리기 쉽다. 해머 작업만으로 복원하는 것은 어렵기 때문에 스포트 인출 용접작업으로 인장 판금을 중심으로 행하지만 중심을 당기면 주변부도 들어 올려 버리기 쉽기 때문에 신중한 작업이 필요하다. 변형 양에 비해 인장에 큰 힘을 걸지 않으면 잘 수정되지 않을 때가 있다.

6.5.3 변형을 육안 분석하는 법

디스크 샌더를 가볍게 대어 전체를 연마했을 때 도막이 남아 있거나 연마 흔적이 없는 부분이 있으면 그곳도 낮은 부분이라 할 수 있다.

평면에 가까운 곳에서는 수평 자를 접촉해서 패널과의 틈새 간격으로 변형을 파악할 수 있다. 패널 변형 측정 정규로 문지르면 색이 나타나는 것과 같은 전용정규도 시판되고 있기 때문에 사용해 보아도 괜찮을 것이다. 변형이 남아 있을 것 같은 장소에 가볍게 대고 곡면이 강한 방향으로 이동시킨다. 색이 짙게 나타나면 높은 것이고 색이 나타나지 않으면 낮은 곳이다. 이 방법은 퍼티의 연마 정형시에도 사용할 수 있다.

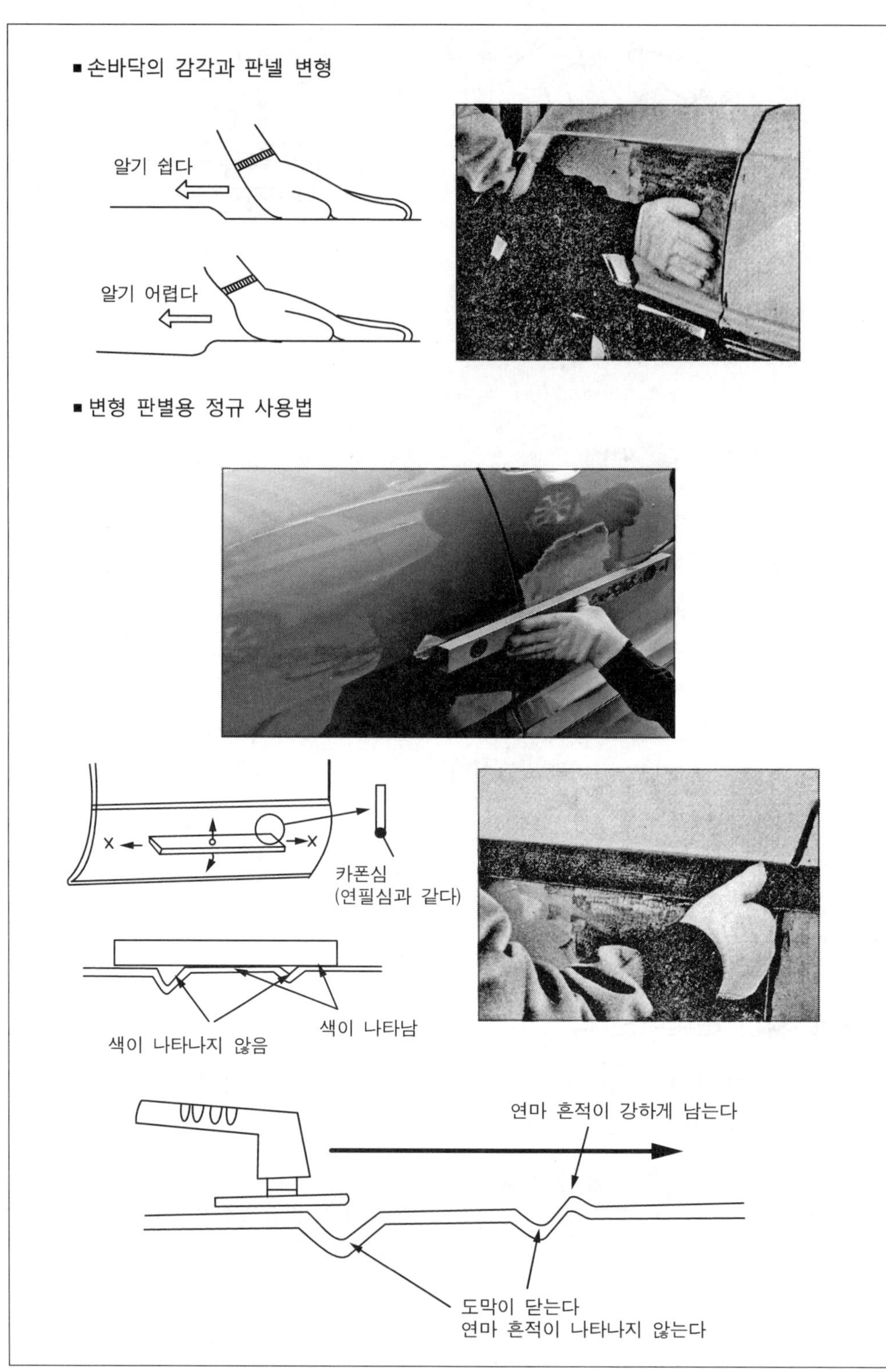

그림 6-18 변형 패널 방법

요점 정리

- 돌리 위치나 해머 머리가 흔들리지 않게 한다.
- 돌리는 손바닥으로 지지하듯이 잡는다.
- 장갑을 끼면 변형은 알기 쉽다.
- 변형 판별용 자(정규)로 문질러서 색이 나타나지 않는 장소는 조금 낮아져 있다.

6.6 패널 변형 유형 분류

6.6.1 패널 변형 분류

변형된 패널을 손작업으로 복원하는 기술은 경험이 많이 필요하기 때문에 글로써 설명하기에는 어렵지만 조금이라도 빨리 기술을 습득하기 위해 도움이 될 수 있기를 생각하면서 패널 손상 상태를 분류하는 것을 권장한다.

패널의 변형은 여러 가지이고, 두 개가 같은 것은 없다고 생각되지만 잘 살펴보면 일정 유형으로 분류할 수 있음을 알 수 있다. 여기서는 전형적인 네 가지 타입이 있다.

6.6.2 넓고 완만한 변형

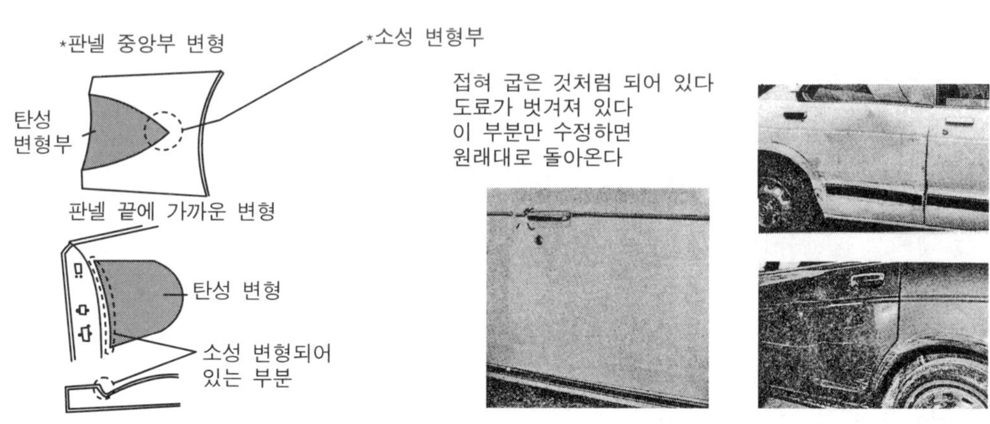

그림 6-19 범위가 넓고 완만한 변형

평면에 가깝게 넓은 면을 갖는 패널은 이 타입의 변형이 발생한다. 이 변형은 대부분 탄성 변형으로 일부의 소성 변형이 패널 복원을 방해하는 경우가 많다. 그러므로 능숙하게 취급하면 소성 변형 부분을 수정하는 것으로 전체가 복원된다. 소성 변형 분별 방법은 날카롭고 각이 지며 굽어 있는 곳, 도막이 벗겨져 있는 부분 등이다.

6.6.3 좁고 날카로운 변형

급한 곡면, 코너 부분으로 강성이 높은 부위 등에 일어나는 변형이다.

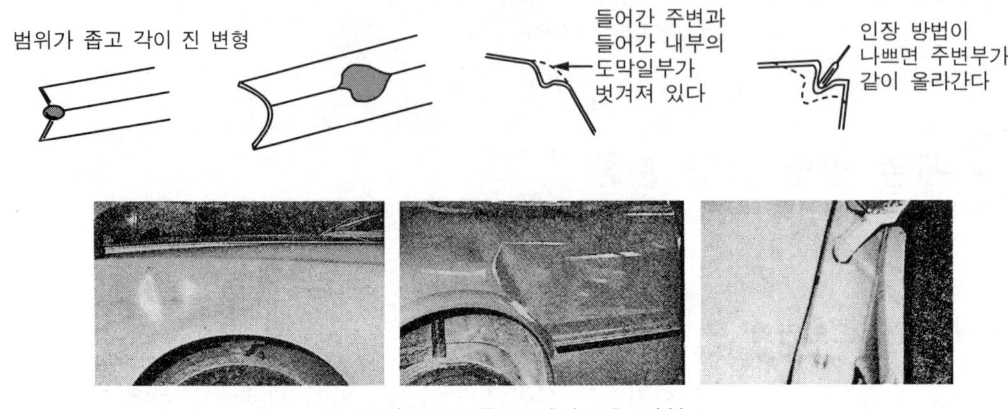

그림 6-20 좁고 날카로운 변형

요점 정리

- 패널 변형을 유형화하면 판금 기술을 익히기 쉽다.
- 범위가 넓고 완만한 변형은 소성 변형의 일부를 수정함으로 전체가 복원된다.
- 가늘고 긴 변형은 당겨 내면서 주변을 수정한다.
- 찌그러진 형태로 된 변형은 패널을 당기고 늘려 수정한다.

6.6.4 가늘고 긴 변형

폭이 좁고 가늘고 긴 변형, 라커 패널 등에 생기는 변형이다.

상하는 소성 변형이고 좌우는 탄성 변형이다. 따라서 해머를 대는 것은 상하의 변형 부분이 중심이 되지만 들어간 부분 중앙의 옆에 스포트 인출 용접으로 나열하여 같이 당기고, 힘을 건 상태에서 해머 작업을 하면 효과적으로 수정할 수 있다. 끝에서부터 조금씩 손을 대어가는 것이 아니라 한번에 전체를 복원하는 것이 빠르다.

그림 6-21 가늘고 긴 변형

6.6.5 주름 형태로 된 변형

한번 보고 수정하는 것은 어렵게 보이지만 실제로는 그렇지도 않다. 패널의 전후 방향에서 힘을 받았을 때, 이러한 상태의 변형이 되기 때문에 수정 작업에서는 역으로 패널을 전후 방향으로 당겨 늘리면 변형이 원래에 가까운 상태로 돌아온다.

힘을 가한 상태로 남은 변형을 해머 작업으로 수정하면 원래대로 복원이 가능하다

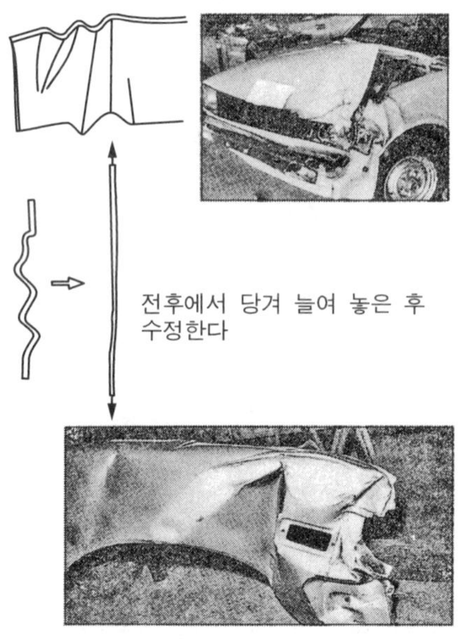

그림 6-22 주름 형태로 된 변형

6.7 패널 변형 유형별 수정 방법 I

6.7.1 범위가 넓고 완만한 변형

이러한 종류의 변형은 강판을 그다지 늘어나 있지 않기 때문에 수정은 비교적 간단하다. 일부가 날카롭게 변형되어 있거나, 도막이 벗겨져 있는 부분이 발견되면 그 곳이 소성 변형되어 있는 장소이므로 그 곳만 수정을 해주면 전체가 복원된다. 그렇게 하기 위해서는 소성 변형 부분의 내측 뒷면에 돌리를 대고 날카롭게 깎여져 올라온 부분을 해머 작업하면 된다. 완만한 변형 부분에는 손을 대서는 안 된다.

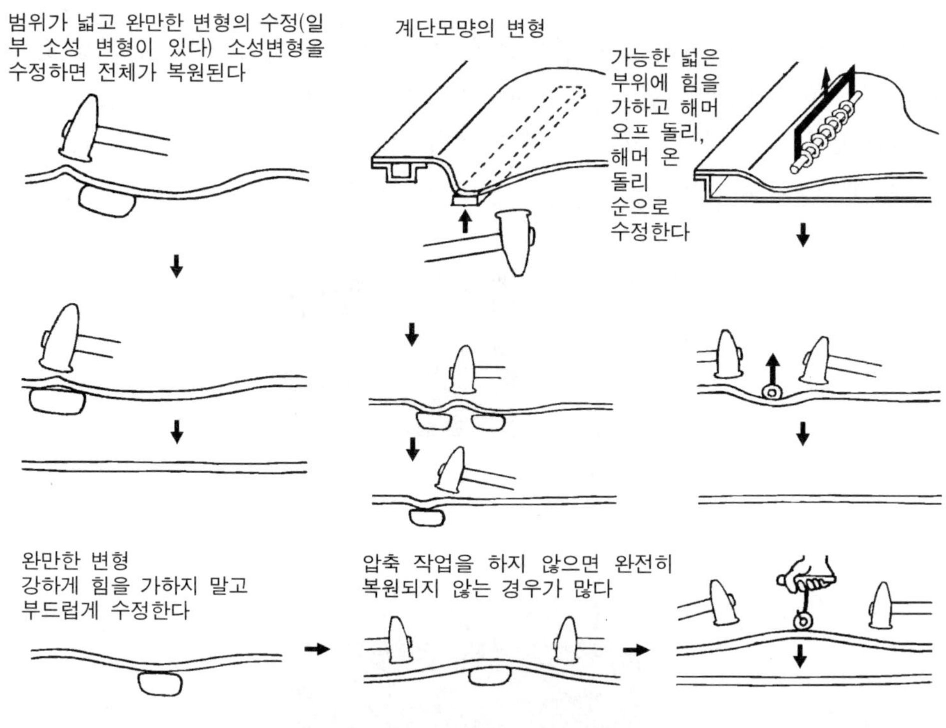

그림 6-23 완만한 변형의 수정

패널 끝이나 레인포스먼트에 가깝고 한쪽에 계단 같은 변형은 이 계단 부분을 들어 올리는 것이 포인트이다. 단, 해머나 돌리로 급하게 뒷면부터 수정하는 것은 금물이다. 단의 길이에 따라 나무를 대거나, 핀이나 스포트 인출 용접의 와샤용접 등을 연속적으로 끼워서 같이 패널을 당기는 등, 될 수 있으면 넓은 범위에 균등하게 힘이 걸리게 한다. 단 부분이 거의 복원되면 나머지 세밀한 작업밖에 남지 않기 때문에 해머 작업이나 스포트 인출 용접으로 패널을 당겨 내면 된다. 이때쯤이면 그다지 큰 힘이 필요가 없다.

날카롭고 작아진 것처럼 변형되어 있는 경우는 뒤에서 가볍게 들어 올려 변형부분 주변을 오프 돌리로 해머 작업이나 스포트 인출 용접 등으로 가볍게 패널을 당겨 놓고 일반해머나 나무 해머 등으로 두들겨 주면 원래대로 패널이 돌아온다.

요점 정리

- 소성 변형과 탄성 변형이 섞여 있을 때는 소성 변형부를 먼저 수정한다.
- 움푹 들어간 크기에 따라 가능하면 넓은 범위에 힘을 가한다.
- 해머 작업은 해머 오프 돌리, 해머 온 돌리 순으로 한다.
- 해머 온 돌리에서는 강한 힘을 걸지 않는다.
- 스포트 인출 용접은 패널의 당기는 힘을 유지한 채로 해머 작업을 한다.
- 패널의 변형 상태에 따라 힘을 적용하는 방법을 바꾼다.

6.7.2 범위가 좁고 급한 변형

패널의 들어간 깊이가 얕을 경우는 뒤에서 돌리를 강하게 밀어서 들어 올리고 주변을 해머로 가볍게 쳐서 가라앉힌 후 이번에는 돌리를 가볍게 대고 온 돌리로 해머 작업을 한다. 당김 판금에서는 처음에는 강하게 당기고 힘을 남겨둔 채로 뒤를 해머 작업을 한다. 들어간 깊이가 깊은 경우는 뒤에서 돌리로 쳐내든지 슬라이드 해머로 대강 꺼낸 다음 얕은 경우에는 같은 방법으로 수정한다. 어떤 경우에도 오프 돌리, 온 돌리 순서로 작업한다. 온 돌리에서는 강판을 늘려 버리기 쉽기 때문에 강한 힘으로 해머 작업을 하지 않는 것이 좋다. 인장 작업에서 변형이 넓은 경우는 급하게 힘을 가하지 말고 슬라이드 해머 전체를 손으로 당기는 등의 방법을 취한다. 좁은 범위의 들어간 것은 급하게 힘을 거는 쪽이 효과적이므로 망설이지 말고 당기면 된다.

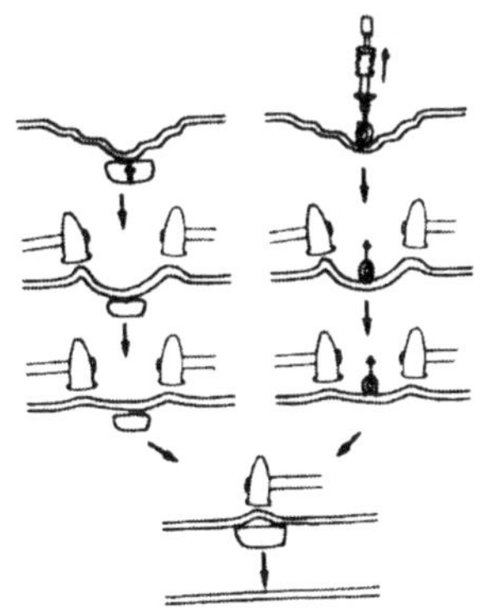

그림 6-24 깊은 변형 수정

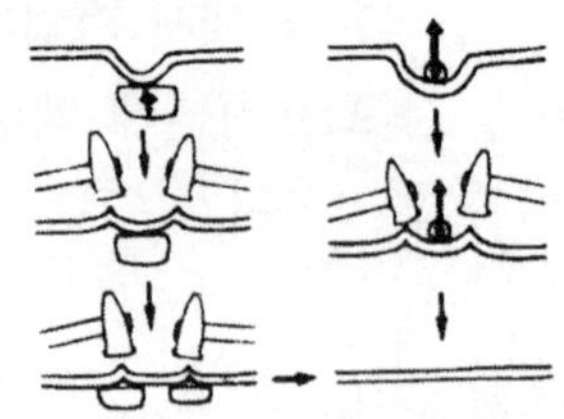

그림 6-25 얕은 변형 수정

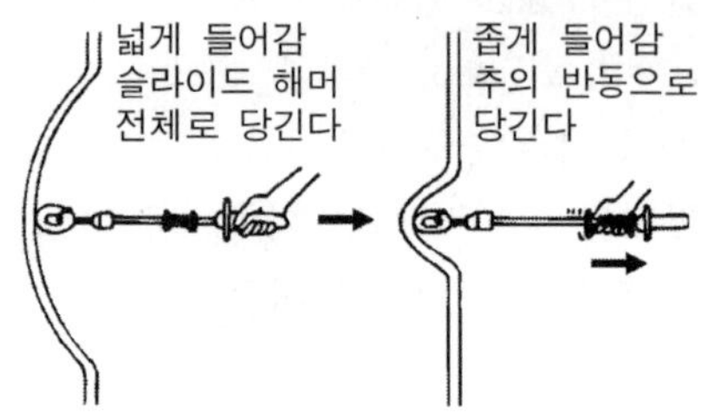

그림 6-26 변형 넓이에 따른 수정

<깊게 들어갔을 때>

돌리나 슬라이드 해머로 대강 패널 수정해 놓은 후 오프 돌리, 온 돌리의 순서로 해머작업으로 패널을 수정한다. 당김 판금 작업에서는 당김 힘을 남겨 놓고 해머 작업을 한다.

<얕게 들어갔을 때>

뒷면에서 돌리로 또는 스포트 인출 용접 등으로 패널을 당겨 내고, 그 힘을 그대로 유지한 채로 주변을 해머 작업을 한다. 변형이 작아지면 온 돌리로 패널 수정 작업을 한다.

6.8 패널 변형 유형별 수정 방법 II

6.8.1 가늘고 길게 들어간 변형

라커 패널같이 형태 그 자체가 가늘고 긴 패널이나 돌기 물체에 긁혔을 때 외판에 생기는 가늘고 긴 변형은 강판도 늘어나기 때문에 깨끗하게 완성시키기에는 어렵다. 그 이상 늘어나지 않게 처리하는 것이 중요하다. 또 이러한 종류의 변형을 주로 당김 판금 작업으로 수정한다.

라커 패널 등은 비교적 강성이 높은 패널이기 때문에 처음에는 큰 힘으로 대강 패널 수정해 놓으면 나중 작업이 간단해진다.

그렇게 하기 위해서는 들어간 곳 중앙에 가능하면 많은 핀이나 스포트 인출 용접으로 와샤를 용식하여 이것을 연결한다. 얇은 판을 들어간 곳에 붙여 클램프와 연결시켜도 좋다. 힘을 가하는 도구는 들어간 정도에 따라 대형 슬라이드 해머나 수정 장치의 인장도구(체인 풀러, 유압램) 등을 사용한다.

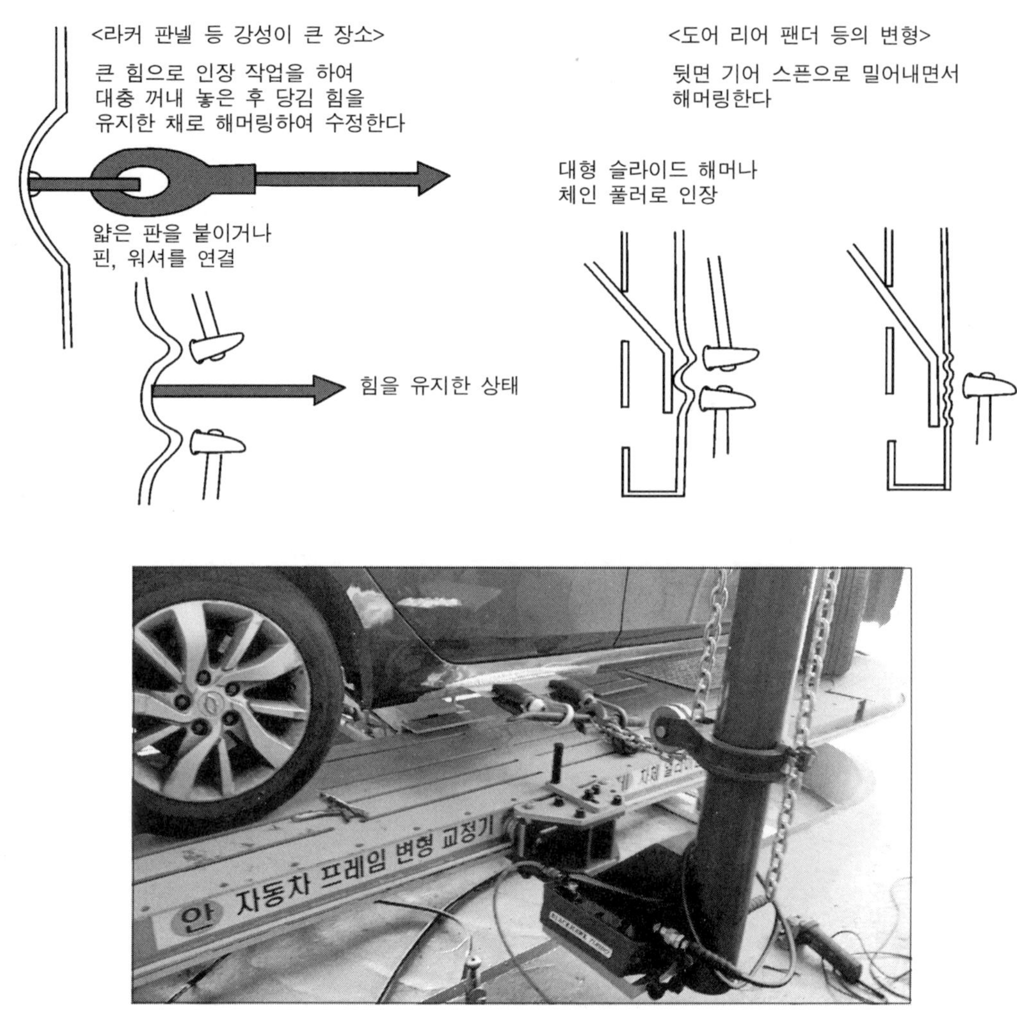

그림 6-27 가늘고 긴 변형의 수정

그 후에는 들어간 곳의 복원 상태에 따라 가하는 힘을 약하게 하고 범위를 좁혀 가면서 수정한다. 슬라이드 해머는 넓은 범위에 들어 간 곳에 대해서 해머 전체를 당기는 것처럼 힘을 가하고, 들어간 곳이 작을 때에는 추의 이동 충격력을 이용하면 효과적이다.

외판의 가늘고 길게 들어간 곳은 강판의 늘어남만으로 변형하고 있는 것과 같은 것이기 때문에 압축 작업을 중심으로 복원한다. 대략 작업은 뒤에서 돌리나 스푼으로 들어간 곳을 들어 올리면서 들어간 곳의 끝부분을 해머 작업으로 수정한다.

요점 정리

- 강성이 높은 패널의 변형은 처음에 큰 힘으로 대강 수정해 놓는다.
- 해머 작업은 당기는 힘을 남겨 놓은 채로 한다.
- 외판의 가늘고 긴 변형은 압축 작업을 중심으로 복원한다.
- 오므라든 형태의 변형은 양측에서 당겨 늘려서 수정한다.
- 패널 라인 부분 수정에는 다양한 종류의 정을 사용한다.

6.8.2 패널이 오므라든 형태로 된 변형

파도가 치는 물결처럼 변형, 패널 전 · 후 방향으로부터의 충격에 의해 생긴다. 충격과 반대의 힘 즉 패널을 전 · 후에서 당겨 늘리면서 패널이 복원된다. 물론 그것만으로 완전히 수정할 수 있는 것이 아니기 때문에 인장력을 그대로 유지한 채로 소성 변형 부분을 해머 작업을 해주면서 원형에 가깝게 복원할 수 있다. 나중에는 완만한 변형과 같이 취급하게 된다. 이러한 종류의 변형은 늘어남이 적기 때문에 보기보다 수정은 어렵지 않다.

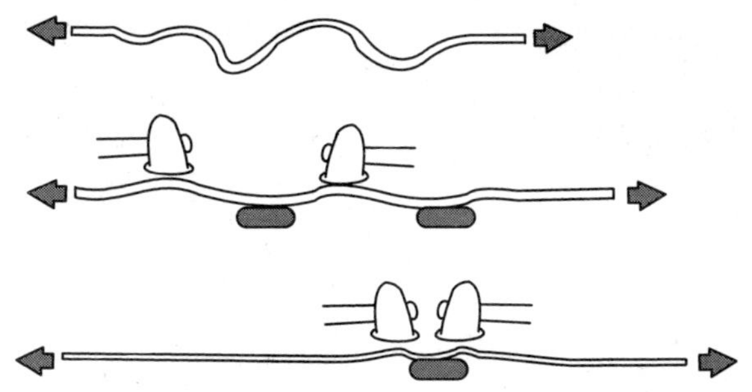

그림 6-28 오므라든 형태로 된 변형의 수정

6.8.3 패널 라인 부분 수정

프레스 라인이나 각이 진 부분은 해머 작업이나 인장 판금으로 좀처럼 수정하기 어렵다. 뒤쪽에서 작업이 가능한 경우는 정을 사용한다. 사용 방법은 정의 날을 라인 뒤쪽에 대고 해머 작업을 한다. 이때 정을 확실하게 잡아 틀어지지 않게 하는 것이 중요하다. 또 날을 대는 방향은 똑바르게 기울어지지 않는 것도 포인트이다.

뒤에 손이 들어가지 않는 경우는 핀이나 스포트 인출 용접으로 원형에 가까운 정도까지 패널을 당겨서 수정한다.

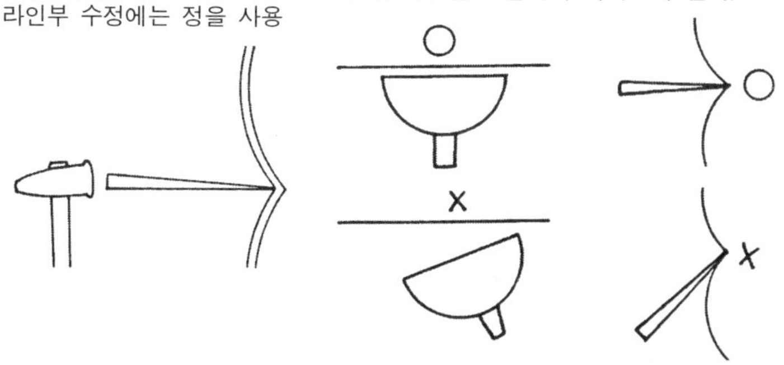

<라인 수정>
라인부 수정에는 정을 사용

정은 라인을 균일하게 똑바르게 한다.

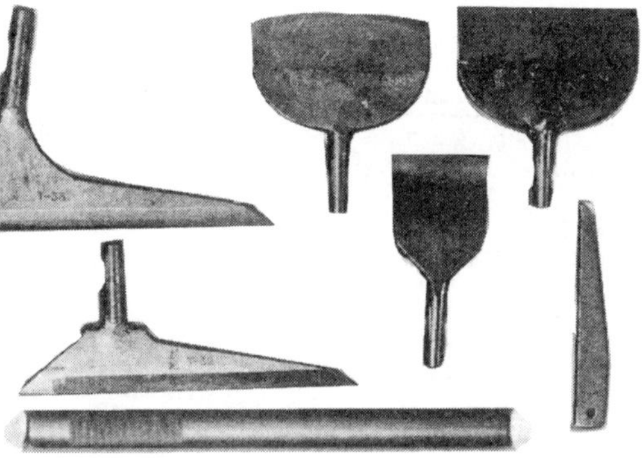

여러 가지 종류의 정 : 패널의 손상상태에 맞추어 사용을 분류한다.

그림 6-29 패널 라인 부분 수정과 정의 종류

6.9 패널 압축 작업 방법

패널의 팽창과 수축의 원리에 대해서 앞에서 설명을 하였기 때문에 여기에서는 실제의 작업 방법에 대하여 생각해 보도록 하자. 압축에는 가스 용접기, 카본 봉, 전극 등 여러 가지 도구를 사용할 수 있지만 각각 사용 방법은 조금씩 다르다.

6.9.1 가스 용접기에 의한 압축 작업

특별한 도구는 필요하지 않지만 익숙하지 않으면 어렵다. 먼저 압축에는 도막이 방해가 되므로 필요 범위까지 도막을 제거한다. 다음에 가스 용접기의 토치로 늘어난 부분의 중심은 직경 10mm 정도의 범위로 빨갛게 가열시킨다. 가열된 부분이 작게 올라온 정도가 좋다. 긴 시간 동안 열을 가열하지 말아야 한다. 가열한 부분이 식기 전에 나무 해머나 돌리로 올라온 부분을 두들기고 젖은 헝겊 등으로 냉각한다.

이 작업은 가열부가 식어 버리면 의미가 없다. 이때 너무 세게 두들기면 애써 줄인 강판을 다시 늘려 버릴 수 있기 때문에 힘을 넣는 상태에서 하되, 주의해야 한다.

또 이 방법으로 한번에 줄일 수 있는 범위는 직경 10cm 정도가 된다. 늘어난 범위가 넓을 경우에는 먼저 중앙을 줄이고 그 후에 주변을 줄여 가면 된다.

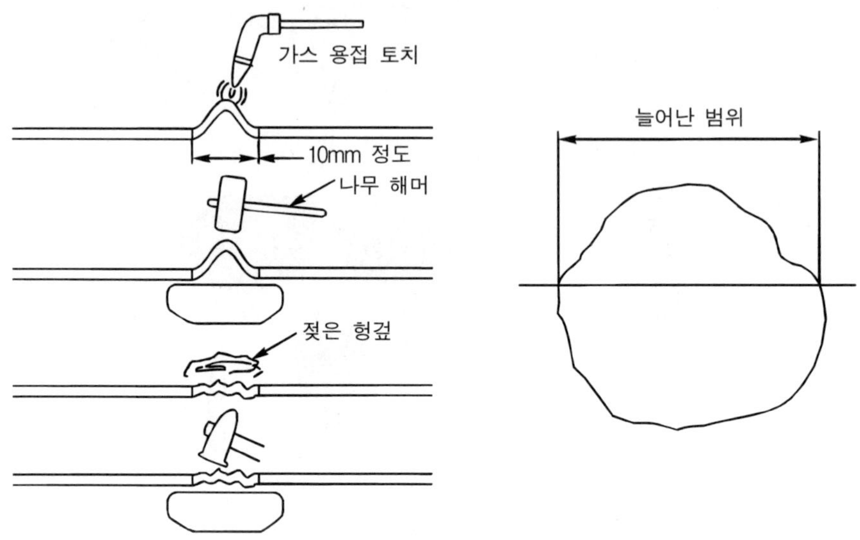

그림 6-30 가스 용접기에 의한 압축 작업

6.9.2 카본 봉에 의한 압축

스포트 인출 용접 판금기의 부속 기능을 사용하면 카본 봉, 전극, 전기 해머에 의한 압축 작업이 가능하다. 이때 여러 가지를 시험해 보아서 취급의 편리함과 늘어난 상태에 따라 방법을 선택해야 한다.

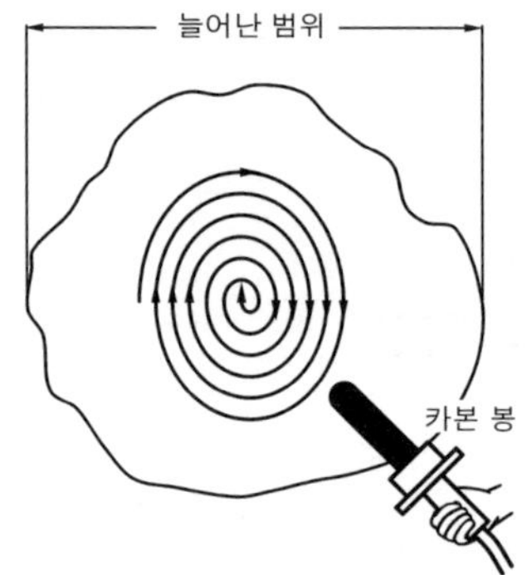

그림 6-31 카본 봉에 의한 압축

카본 봉에 의한 압축은 늘어난 범위의 외측에서 중심을 향해 그림과 같이 문지르고 곧 바로 젖은 헝겊 등으로 냉각하면 줄어든다.

요점 정리

- 압축 작업은 가스 용접기, 스포트 인출 용접 판금기 등의 부속 기능을 사용하여 행한다.
- 가스 용접기는 사용할 때에는 가열 범위를 가능하면 좁게 하고 짧은 시간에 가열시킨다.
- 패널 수축작업에서 해머작업은 신속하게 한다.
- 카본 봉, 전극, 전기 해머에 의한 압축 작업은 사용하는 도구의 설명서를 잘 읽고 그 지시에 따른다.
- 필요 범위의 도막 벗김과 어스 클램프(earth clamp)의 접속을 잊지 말 것

6.9.3 전극에 의한 압축

스포트 인출 용접 판금기의 수축 토치를 직접 패널에 접촉해서 조금 강하게 밀어 가면서 스위치를 넣는다. 그러면 전극을 밀어붙인 범위가 급격히 가열되고 가스 용접기와 같은 압축 효과를 얻을 수 있다.

이 방법은 가열 범위를 아주 좁게 한정되기 때문에 그 후의 처리도 간단히 끝난다. 특별히 식히지 않아도 관계없다.

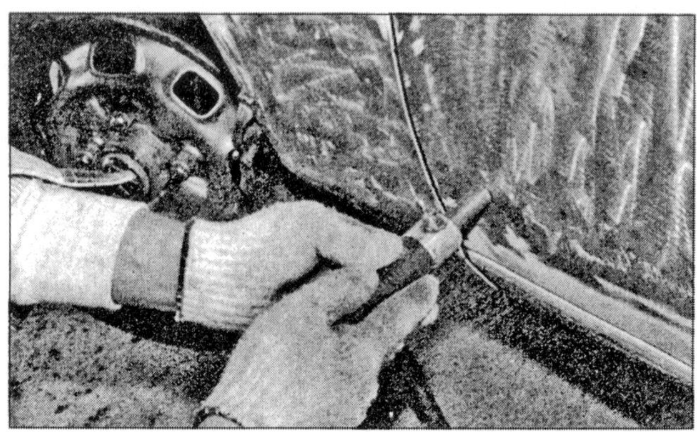

그림 6-32 전극에 의한 압축

6.9.4 전기 해머에 의한 압축

전기해머가 패널에 접촉하는 순간만 전기가 흐르고 패널을 가열하여 압축 작업을 행한다. 사용 방법은 늘어난 범위의 외측에서 내측으로 1초간에 2회 정도로 가볍게 원을 그리듯이 두들겨 간

다. 패널에 해머를 밀어붙이거나 강하게 두들겨서는 안 된다. 전기해머로 가벼운 변형일 경우 직접 수정하는 일도 가능하다.

이런 경우 완만한 변형에서는 가장 높은 곳에서 주변으로 수정하고 볼록 부풀어 오른 변형은 외측에서 부풀어 오른쪽으로 향해 원을 그리듯이 두들겨 간다. 두들기는 간격은 바깥이 될수록 높게, 두들기는 속도는 압축시보다 조금 빠르게 한다.

늘어난 부분의 중심에 조금 강하게 전극을 밀어붙이고 스위치를 넣는다. 범위가 넓을 때는 가스 용접기와 같이 중앙부부터 주변의 순으로 작업을 한다.

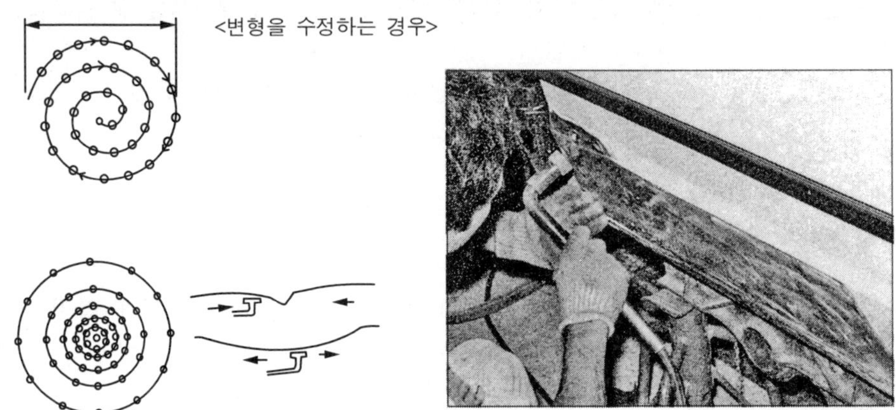

외측에서 내측으로 향해 원을 그리듯이 신속하게 두들긴다. 1초간에 2회 정도의 속도로 한다. 완만하게 올라 있는 경우는 내측에서 외측으로, 볼록 부풀어 오른 경우는 외측에서 내측으로, 압축 작업보다 조금 빠르게 두들긴다. 두들기는 간격, 원의 간격은 내측은 밀도있게 외측은 느슨하게 한다.

그림 6-33 전기 해머에 의한 압축

6.10 패널 수정 작업의 표준 순서

패널 변형에 따라 작업방법이 약간은 다르지만 기본적인 차이는 거의 없다.

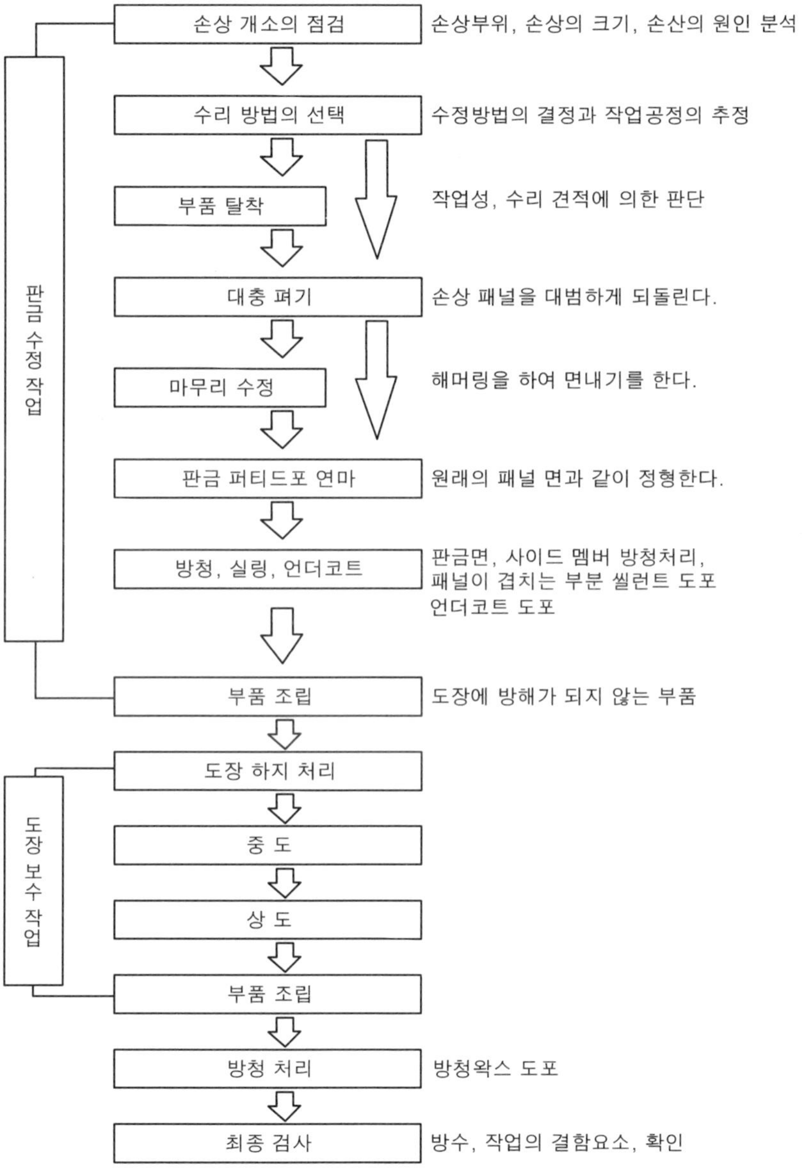

[제 7 장]

자동차 유리, 플라스틱, 알루미늄

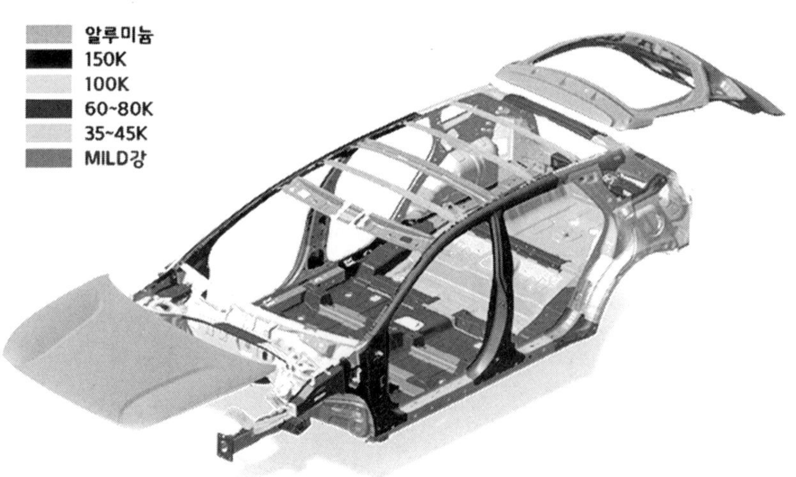

7.1 자동차에 사용되는 유리

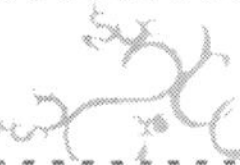

7.1.1 유리는 흙과 재로부터 만들어진다

자동차 재료가 점점 진보되고 있는 중에도 유리만은 변함없이 옛날의 그 모습을 유지하고 있는 것처럼 보이지만 실재로는 보다 얇으면서 종전의 강도를 유지한 채로 눈에 띄지 않는 곳에서 개선이 계속되고 있다. 그러나 자동차의 유리가 완전히 플라스틱으로 바뀌는 것은 헤드램프 렌즈로 이용되는 것을 제외하고는 아직은 시기상조인 것 같다. 자동차와 유리의 관계는 얼마간은 이대로 계속될 것이라 생각한다.

자동차에 사용되는 유리도 산업용이나 가정용 유리와 마찬가지로 재료는 흙에 다량으로 포함되어 있는 SiO_2를 중심으로 NO, O_2, CaO 등 미량의 금속 등을 더해서 만든다. 이러한 재료들을 녹여 다시 굳히면 유리가 되는 것이다. 소다나 CaO는 무엇인가를 태웠을 때 재에 포함되어 있는 성분이므로 유리는 흙과 재로부터 나온다고 해도 무방하다. 유리의 기본적인 성질은 무색투명하고 산과 알칼리에도 강하다. 지금으로부터 약 3500년 전인 기원 전 1500년경부터 만들어져 왔다고 한다.

7.1.2 자동차에 사용되는 유리

창에 사용하기 위해 판 모양으로 만든 유리를 판유리라고 한다. 판유리에는 표면 정도나 제조법의 차이로 보통판유리, 연마 유리, 전면 유리 등 세 가지 종류로 나눌 수 있다. 자동차 전반부 유리에는 표면이 완전한 평면에 가까운 연마 유리, 그 외 부분에는 보통 유리가 사용되고 있다. 자동차 유리에는 '안전유리'를 사용하는 것이 의무화되어 있다. 이것은 잘 깨어지지 않고, 만일 깨어졌을 때에도 사람에게 상처를 주지 않아야 하며, 어느 정도의 시야가 확보되어야 하는 등의 조건을 충족시키는 유리로 강화 유리와 마충 유리 두 종류가 이용되고 있다.

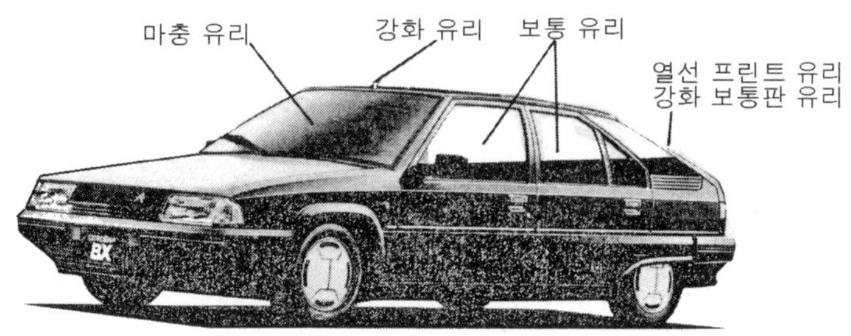

그림 7-1 자동차에 사용되는 유리

요점 정리

- 유리는 SiO_2를 중심으로 NaO_2, CaO 등을 녹여 다시 굳혀서 만든다.
- 판유리에는 보통판유리, 연마 유리, 전면 유리 세 가지 종류가 있다.
- 자동차에는 안전유리가 사용되고 강화 유리와 마충 유리 두 종류가 있다.
- 강화 유리는 파손될 경우 둥그런 모양의 미세한 파편이 형성한다.
- 마춤 유리는 중간 막의 역할로 내충격성, 내관통성에 우수하며 전방 시야도 어느 정도 확보된다.

7.1.3 강화 유리와 마충 유리

강화 유리는 보통 판유리를 600℃ 정도까지 가열한 후 급냉하여 만든다. 이러한 처리에 따라 유리 내부에 강한 압축력이 남고, 충격을 받을 경우 당기는 힘을 없애는 역할을 한다.

강화 유리의 내충격성은 일반의 3~5배로, 시속 100km로 날아오는 3cm 정도의 작은 돌에도 아무런 손상을 받지 않으며, 양면의 온도차가 170℃ 정도가 되어도 깨어지지 않는다.

그리고 그 이상의 힘이 가해져 깨어졌다 해도 내부의 압축력이 해소되는 형태로 미세한 파편으로 깨어지며, 하나의 파편은 둥근 모양을 띠고 있기 때문에 인체에 피해가 가는 일은 거의 없다.

그러나 자동차 전면부 유리는 깨지기 쉬우면 앞이 보이지 않게 되어 버리기 때문에 운전자의 전면만 큰 파편으로 깨어지게 부분 강화 유리가 이용되고 있다.

우리 나라 차에는 전면부 윈도우에 마충 유리의 사용이 의무화되어 있다. 마충 유리는 두 장의 유리 사이에 폴리비닐 브티럴의 중간 막을 넣은 구조로 되어 있다. 이 유리는 만일 깨어졌을 경우에도 파편을 중간막이 방어하고 있기 때문에 파편이 튀지 않고 차 실 내외로부터의 충격물도 관통하기 어렵다. 즉 실외에서 무엇인가가 날아들어 오거나, 사람이 유리를 깨고 밖으로 나가는 일이 적다.

마충 유리 중에서도 중간 막의 두께가 두꺼운 것을 특히 HPR 마충 유리라고 부르며, 일반 마충 유리보다 높은 내충격성을 갖고 있다. 자동차에 사용되는 것은 물론 HPR 마충 유리이다.

7.1.4 그 외 자동차 유리

유리에 첨가되는 금속의 종류에 따라 본래 무색투명한 유리는 중후한 청색이나 녹색을 띤다. 인기가 좋은 브론즈 유리나 열선(적외선) 흡수 유리는 위와 같이 금속의 종류를 달리하는 방법으로 만들어진다.

또 마충 유리의 중간막 일부에 색이 들어간 착색 유리, 유리 표면에 열선이나 안테나선을 전도성 도료로 칠한 프린트 유리도 많이 이용되고 있다.

자동차 유리도 경량화로 현재 유리 무게의 50%에 불과한 폴리카보네이트(PC)가 사용되고 있으며 특징으로는 열전도율은 유리에 비해 약 20% 밖에 안 되어 단열효과가 좋으며 잘 파손되지 않는 장점이 있지만 굴절률과 내마모성이 떨어져 앞 유리에는 적용하기가 어렵다.

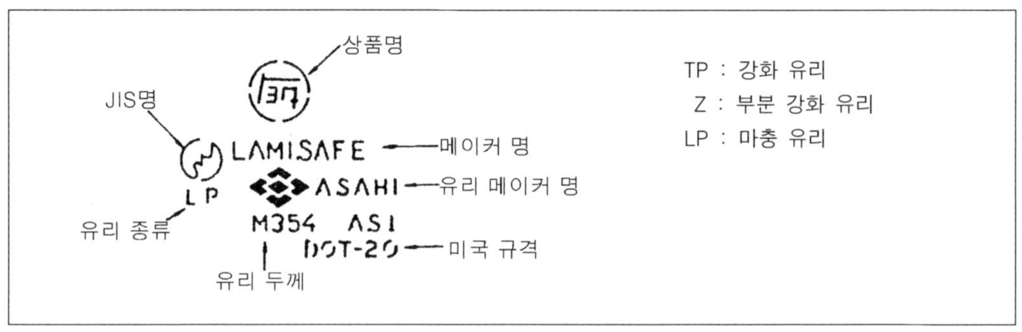

그림 7-2 유리 구별 방법

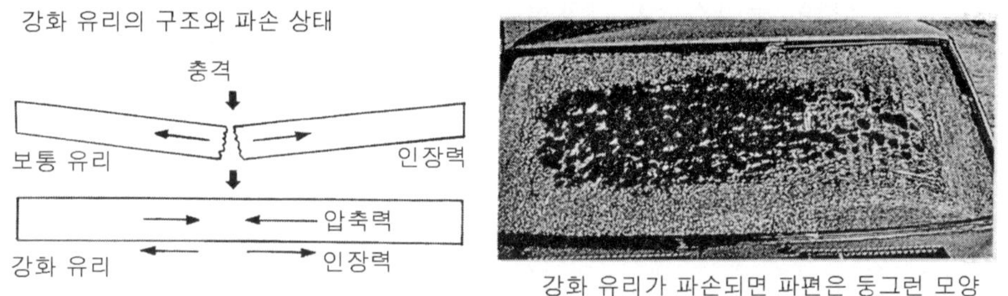

그림 7-3 강화 유리의 구조와 파손 상태

요점 정리

판유리의 종류

보통 판유리는 녹인 유리를 수직으로 당겨 올려 만든 것이다. 생산성은 좋지만 표면에 일그러짐이 생겨 유리 저쪽편이 삐뚤어지게 보일 때도 있다. 연마 유리는 보통 유리 표면을 평면이 될 때까지 연마한 것으로 표면 정도는 높지만 비용이 많이 들고 생산성이 낮다. 전면 유리는 녹인 금속에 녹인 유리를 뜨게 하여 만든다. 생산성이 높고 표면도 좋아서 전면부 유리에 많이 사용되고 있다.

7.2 부품 재료로서의 플라스틱

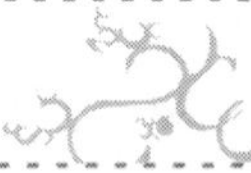

7.2.1 플라스틱이란?

자동차 분야에 한하지 않고 모든 산업 분야, 일상생활에서 넓은 용도로 사용하고 있는 플라스틱. 플라스틱이 없는 현대 생활은 생각할 수 없을 것이다. 플라스틱이란 원래 "가소적인" 즉, 자유롭게 원하는 형태로 할 수 있다는 의미로부터 왔다.

플라스틱의 특징은 원하는 형태의 제품을 만들 수 있는 것 외에 용도에 맞는 비용과 강도를 갖춘 것을 고를 수 있다는 것이다. 또 새로운 것을 만들 수 있고, 금속, 유리 등과 조합하여 복합 재료를 만들어 낼 수도 있다.

플라스틱은 자동차 내장재로 많은 부분에서 적용하고 있으며 일반적으로 철 패널의 비해 20~60% 가볍다.

자동차 소재로는 섬유강화 플라스틱이 대표적이지만 섬유강화 플라스틱의 단점을 보안 개발한 경량화된 사출 플라스틱 VMRP를 차체에 사용함으로 가공성이 좋고 패널에 도색 등이 잘되는 장점이 있다.

최근에는 엔진등 기능성 부품 외에 차체 패널의 도어 속의 사이드 임팩트 빔에도 적용하고 있다.

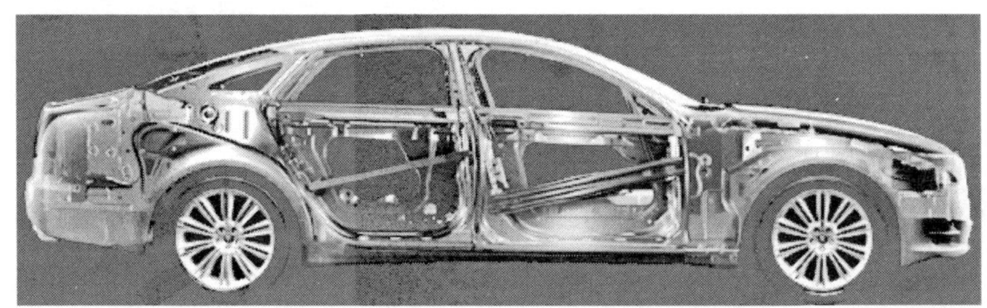

그림 7-4 도어 속 사이드 임팩드 빔 플라스틱 적용

7.2.2 합성수지의 분류

- 합성수지(合成樹脂)
  - 열가소성 수지(熱可塑性 樹脂)
  - 열경화성 수지(熱硬化性 樹脂)

① 열가소성 수지란?

열을 가하면 부드러워지고, 더욱 가열하면 용해되고(녹고), 차갑게 하면 굳는다. 이와 같은 상태의 변화를 몇 번이고 되풀이 할 수 있는 수지를 말한다.

즉, 상온에서는 가소성을 나타내지 않고 적당히 열을 가하면 가소성이 나타나는 재질이다.

② 열경화성 수지란?

가열하면 화학변화를 일으켜 굳어지는 수지로 굳어진 수지를 재가열(일반적으로 80℃ 이하) 해도 녹지 않게 된다. 이와 같이 열을 가하면 굳어져 경화해 버리는 수지를 말한다.

③ 수지의 특성(자동차에 사용되고 있는 수지는 합성수지이다)

- 경량(輕量)이다.
- 가공성이 양호하고 착색성(着色性)이 특히 좋다.
- 내식성이 뛰어나다.
- 유연성이 있고 충격에 강하다.
- 방음, 단열성이 있다.
- 금속에 없는 외관(색, 광) 및 좋은 촉감을 가지고 있다.

요점 정리

- 플라스틱에는 열가소성과 열경화성이 있다.
- 플라스틱 사용이 늘어난 것은 1970년 이후이다.
- 국산 승용차의 범퍼는 거의 플라스틱이며, 그 중에서도 PP제가 많다.

현재 사용되고 있는 플라스틱에는 열가소성과 열경화성이 있다. 열가소성 플라스틱은 온도를 올리면 서서히 부드러워지고 필요에 따라 모양을 바꿀 수도 있으며, 가공하는 것이 용이하다.

열경화성 플라스틱은 조금 뜨거워져도 변화되지 않으며, 수지의 종류에 따라 다르지만 대개 250~300℃ 정도가 되면 갑자기 녹기 시작한다.

초기 플라스틱은 열경화성 쪽이 많았지만 현재에는 열가소성 플라스틱이 주류를 이루고 있다.

■ 자동차에 사용되는 플라스틱의 종류와 특성

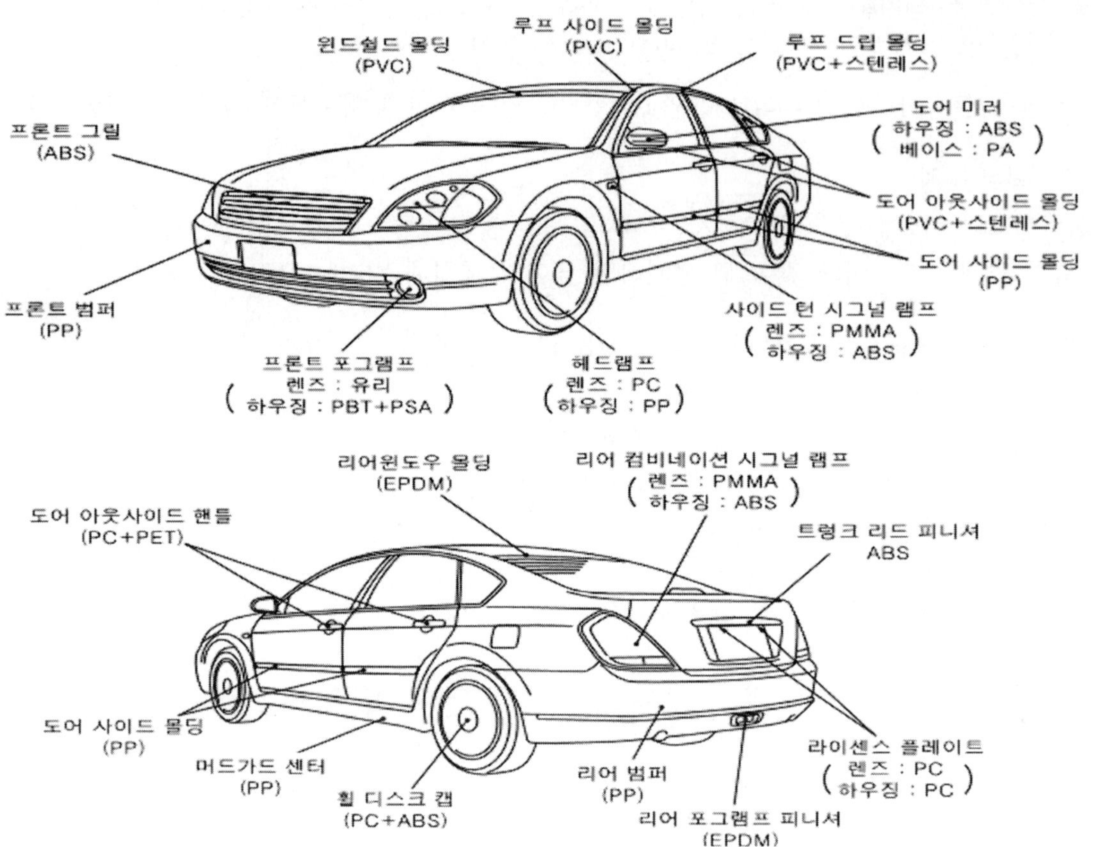

그림 7-5 자동차 플라스틱 종류

약호	명칭	소재, 별칭	TS/TP	주요 사용 부품	주요한 특성
PP	폴리프로필렌	TPO, EPDM	TP	범퍼, 트림, 몰딩	내약품성, 내후성에 우수, 자동차에도 넓은 범위에 걸쳐 사용. 범퍼 중심 소재
UR	폴리 우레탄	PRU, RIM	TS	범퍼, 쿠션재, 트림	2액 반응으로 만드는 수지, 제조 방법에 따라 거품, 딱딱한 형 등 여러 종류가 있다.
TPUR	열가소성 우레탄	TPU	TP	범퍼, 실재	고무 대용으로 사용되는 부드러운 재질이 특징
FRP	섬유 강화 플라스틱	SMC, BMC	TS	외판 판넬, 에어 로 파츠(aero parts)	폴리에스텔을 유리 섬유로 강화한 것이 대표적, 그 외 소재를 이용해서도 만들 수 있다.
PC	폴리카보네이트		TP	범퍼, 그릴, 헤드 램프	딱딱하고 투명한 수지, 용제는 약하다.

ABS	아크리로니트릴부탄, 앤스틸렌 공중합제	ASS, AES	TP	그릴, 오너먼트, 램프케이스, 밀러 하우징, 엔진룸	범용성이 높고 일반적으로 잘 알려져 있다. 자동차 부품으로 널리 사용되고 있다.
PPO	폴리페닐렌, 노리오, 옥사이드	노릴	TP	인스톨먼트 판넬, 휠캡	강도, 내열성, 형성성 등에 우수, 최근 사용 범위가 넓어지고 있다.
PA	폴리아미드	나일론	TP	팬, 기어, 와이어, 하네스	자동차 부품에서는 첨가물을 가해 강화시킨 형태로 이용
PMMA	폴리메틸, 메터아크릴, 레트	아크릴	TP	램프 렌즈, 메타 커버	도료의 원료로서도 많이 사용되며 투명하고 내후성이 우수한 수지
PE	폴리에칠렌		TP	팬더 라이너, 연료 탱크	성형성이 좋고 내약품성도 강하다.

7.3 플라스틱 부품의 수리 공정

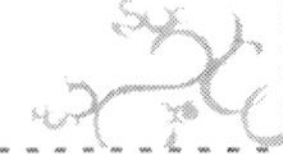

■ 플라스틱 부품의 수리 순서

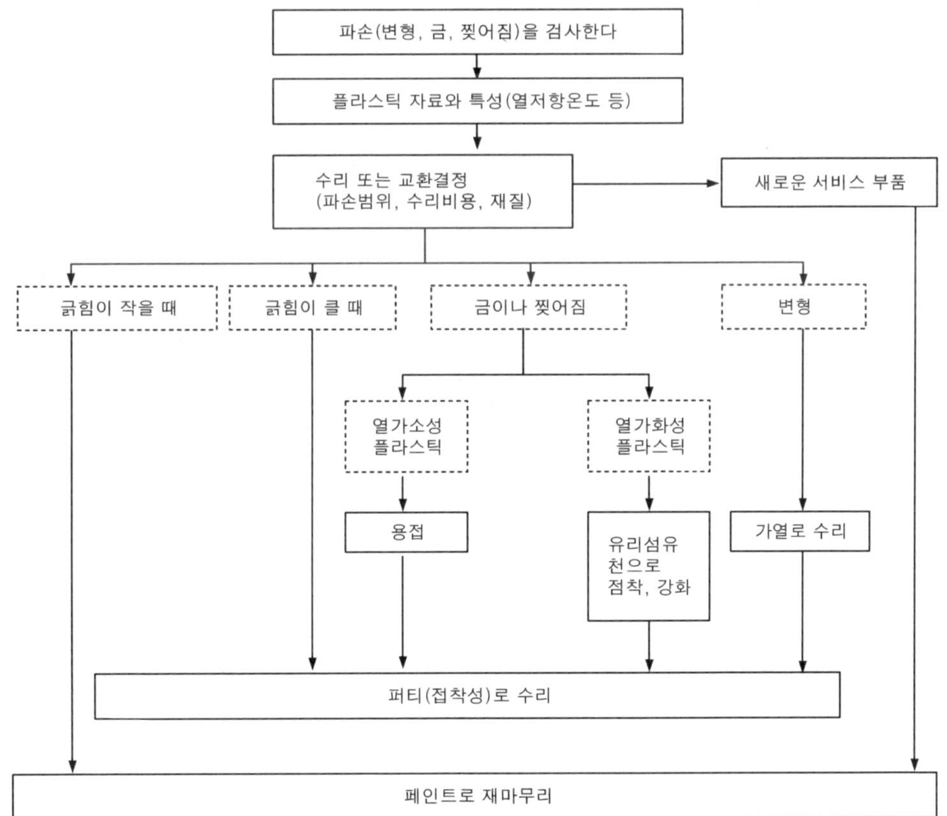

7.3.1 우레탄과 PP(폴리프로필렌) 수리

한 대의 자동차에는 많은 플라스틱이 사용되고 있고, 이 플라스틱도 여러 가지 종류로 나누어지지만 실제 바디 수리에서 취급하는 것은 거의 범퍼에 제한된다. 그리고 우리나라 차 대부분의 범퍼는 PP(폴리프로필렌)이나 UR(우레탄)이기 때문에 해당 수리 방법을 적용하여 플라스틱 수리를 하면 된다.

요점 정리

- 플라스틱 범퍼는 손상 정도에 따라 수리하는 일이 가능하다.
- 범퍼의 소재는 PP와 우레탄이 중심이 된다.
- 플라스틱 수리에는 가열 수정, 접착, 용접, 퍼티 정형 네 가지 방법이 있고 손상 정도에 따라 조화를 이루어 행한다.
- FRP는 유리 수지를 폴리에스텔 수지로 굳혀서 수리한다.

■ 각종 플라스틱 수리상의 포인트

약칭	명칭	주된 사용 부위	수리상의 포인트
ABS	아크리로니트릴부탄 앤스틸렌 공중합체	그릴, 오너먼트, 피니쉬	내용제성이 약하기 때문에 청소할 때는 알코올 또는 가솔린을 사용한다. 접착은 이 종류의 플라스틱에 맞는 전용 접착제를 사용한다.
PC	폴리카보네이트	범퍼, 그릴	
PPO	폴리페릴렌노리오 옥사이드	인스톨먼트 판넬, 휠캡	
PMMA	아크릴	램프, 렌즈, 피니셔	
PVC	폴리염화비닐	트림이나 시트의 표피, 몰딩, 메트가드	청소할 때 탈지제를 사용할 수 있다. 유연성이 높기 때문에 취급에 주의해야 한다. 접착에 전처리제는 불필요하지만 전용 접착제를 이용하는 경우도 있다.
PUR	열경화성 우레탄	범퍼, 쿠션제, 트림	
TPUR	열가소성 우레탄	범퍼, 스티어링 휠	
PP	폴리프로필렌	범퍼, 트림, 몰딩, 워샤 탱크, 인스톨먼트 판넬	내용제성이 강하지만 도료와의 밀착성이 나쁘기 때문에 접착제나 퍼티 도포 전에 전처리제(PP 프라이머 등)가 필요하다.

7.3.2 플라스틱 수리 방법

FRP를 제외한 플라스틱 수리 방법은 주로 네 가지로 나누어진다.

① 가열법 : 깨짐과 상처가 없고 단지 변형되어 있는 정도라면 힘을 너무 가하지 않고 신중하게 취급하면 원래 형태로 수정하는 것이 가능하다.

② 접착법 : 작은 깨짐, 일그러짐 정도라면 접착제로 붙이는 것이 가장 빠르다. 접착제에는 여러

종류가 있지만 플라스틱 소재에 맞는 것을 사용한다.

③ 용접법 : 고온의 열풍을 불어 내는 플라스틱 용접기로 깨진 부분을 용접하여 수리하는 방법이다. 용접 부분의 가공이나 정형 등 번거로움이 있지만 꽤 크게 깨진 부분의 수리도 가능하다.

④ 퍼티 정형 : 구멍, 도려낸 흔적, 용접이나 접착 후 정형 등을 퍼티를 바르고 연마한다. 단 이 퍼티는 바디 필러나 폴리 퍼티와 전혀 다른 것으로 에폭시계의 접착제가 주로 사용된다. 이러한 수리 방법은 단독으로 행하는 것이 아니라 ①→② 또는 ③→④의 순서로 합쳐서 행한다.

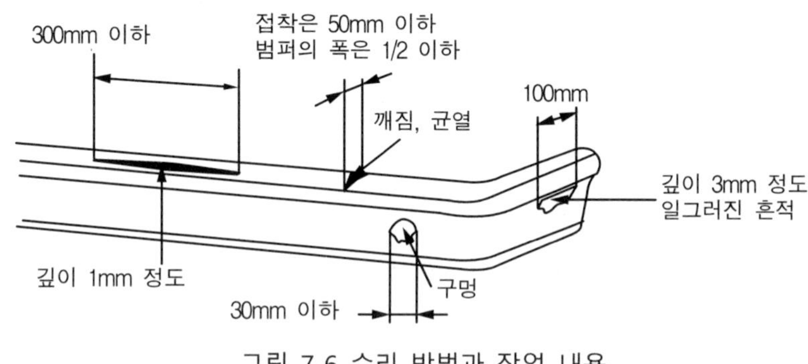

그림 7-6 수리 방법과 작업 내용

약 칭	가열법	접 착 법	용접법	퍼티 정형
수리범위	부분 또는 전체의 가벼운 변형	상처, 깨짐, 균열, 구멍 등	상처, 깨짐, 균열, 구멍 등	깊이 3mm 정도의 일그러진 부위, 작은 구멍 등
도구·재료	도장용 건조기기	접착제, 전처리제, 고정구, 커터	열풍 용접기, 용접봉, 고정구, 커터, 센더 페이퍼	전처리제, 알루미늄, 테이프, 센더 페이퍼
작업내용	건조기기로 60℃ 정도로 가열해 가볍게 힘을 가해가며 변형을 수정한다.	작업부분을 청소하고, 가늘게 쪼개진 것 등은 절단하고 나서 손상 상태에 따라 상처를 수정한다.	PP에서는 전 처리제를 도포 손상 부분을 V형 계곡 사이로 절단하고 용접기와 용접봉으로 용접한다. 용접 후는 디스크 센더와 #80 페이퍼로 수정한다.	작업 부분을 깨끗이 청소하고, 일그러진 부분이나 작은 구멍에 에폭시 계열 접착제로 전체 부위를 정형한다.

7.4 알루미늄 합금의 성질

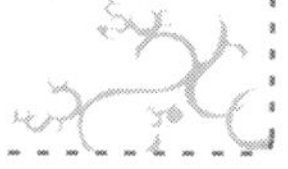

7.4.1 승용차에 알루미늄이 등장

알루미늄 합금의 경우 자동차 부품용 금속으로서는 예전부터 많이 사용되어 왔지만 그 주류가 엔진이나 서스펜션의 부분품이어서 판금, 도장 작업에 연관되는 일은 별로 없었다. 그러나 수입

자동차에서는 비교적 넓은 범위에 알루미늄 합금 패널을 사용하고 있다. 바디 패널의 일반적인 재료인 철과 알루미늄에 동이나 마그네슘, 크롬 등의 금속을 소량 첨가한 것으로 첨가하는 금속의 량과 종류에 따라 필요에 따른 여러 가지 성질이 나타나게 된다. 때문에 알루미늄은 성질이 상당히 다르고 수리 방법도 다르게 된다.

알루미늄 합금은 순수한 알루미늄에 동이나 마그네슘, 크롬 등의 금속을 소량 첨가한 것으로 첨가하는 금속의 량과 종류에 따라 필요에 따른 여러 가지 성질이 나타나게 된다. 때문에 알루미늄은 자동차에 제한되지 않고 여러 분야에서 합금으로서 이용되고 있다. 순수한 알루미늄은 상당히 부드럽지만, 장식품 등에는 사용할 수 없다. 알루미늄은 생산할 때 대량의 전기를 소비하고 비용이 많이 들기 때문에 수입에 의존하고 있다.

7.4.2 알루미늄이 자동차에 사용되는 이유

알루미늄 합금의 특성은 여러 가지가 있지만 자동차 부품에 이용되는 이유는 다음과 같다.

1) 가볍다

같은 부피로 비교하면 알루미늄은 철의 3분의 1의 무게이다. 단, 강도는 철보다 약하기 때문에 판 두께를 두껍게 하며 같은 강도로 한 경우에도 철에 비교하면 2분의 1 정도의 무게밖에 되지 않는다. 만약 알루미늄 합금의 본 네트, 휀더 등을 탈착해 보면 그 차이를 잘 알 수 있을 것이다.

지금 세계적으로도 알루미늄 합금제의 모노코크 바디에 상당히 많은 부분에 적용하고 있다. 현재 '현대 자동차'에서 알루미늄 합금을 차체 일부 패널 적용하고 있다.

2) 열이 전달되기 쉽다

알루미늄은 철의 약 3배의 열전도율, 즉 열을 전달하기 쉬운 성질을 갖고 있다. 이것만으로도 엔진의 실린더, 피스톤, 라디에이터 등에 적용이 적합하다. 또한 알루미늄 용접이 어려운 것도 이러한 성질 때문이다.

3) 자유로운 형태로 성형이 가능하다

녹은 상태의 알루미늄은 흐르기 쉽고, 복잡한 형태라도 자유롭게 만들 수 있다. 또 녹는 온도는 낮기 때문에(600℃ 전후, 철은 1500℃ 이상) 바로 녹일 수 있다. 그 외 녹이 잘 슬지 않고, 도장을 하지 않아도 외관이 좋은 특징이 자동차 부품에 이용되고 있다.

4) 내식성이 양호하다

공기와 접촉되어도 산화피막을 생성해 이 피막이 부식을 방지하는 효과가 있다.

5) 전기가 잘 통한다

전기전도율은 철이 약 2배이다.

6) 자기를 띠지 않는다

비자성체로서 자석에 달라붙지 않는다.

7) 수리상의 문제점

① 알루미늄은 열에 의한 색의 변화가 없기 때문에 가열 작업에서 온도 관리에 주의가 필요하다.

② 강판에 함께 조립 될 경우 강판에 직접 접속시키면, 전위작용에 의해(전위차에 의한 부식) 접촉면이 침해되기 때문에 플라스틱 와셔 등을 사용해서 직접 접촉되지 않도록 할 필요가 있다.

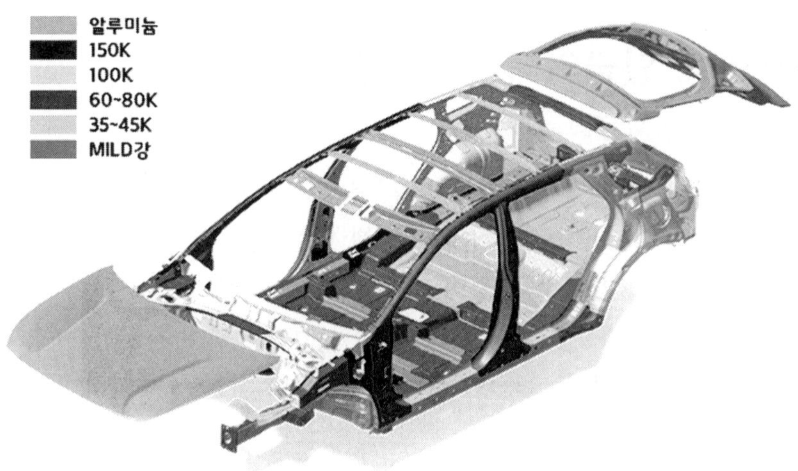

그림 7-7 알루미늄 합금 차체 적용

요점 정리

- 강판이나 알루미늄 합금 패널은 그 수리 방법이 다르다.
- 알루미늄은 타 금속을 소량 첨가한 합금으로서 이용된다.
- 같은 부품을 알루미늄으로 만들면 철과 비교해 약 절반의 무게가 된다.
- 알루미늄 합금이 자동차 부품에 이용되는 것은 가볍고, 열전달이 쉽고, 성형성이 좋은 이유이다.

요점 정리

알루미늄

화학식 Al 비중 2.7 원자 번호 13의 금속, 지구 표면을 만들고 있는 성질의 7.5%를 차지 금속으로서 많은(철은 4.7%) 현재의 연간 생산량 500만 톤을 넘었고 철 다음으로 중요한 금속으로 되어 있다.

■ 철과 알루미늄의 성질 차이

철을 1로서 비교		비고
녹는 온도	0.4	빨갛게 변색되지 않고 녹는다.
같은 체적의 무게	0.34	무게는 약 ⅓
열 전달	1.75	두 배 가깝게 열전달이 쉽다.
전기 전달	1.9	두 배 가깝게 전기가 통하기 쉽다.

7.5 알루미늄 합금의 용접 작업

알루미늄 합금은 철의 3배로 열을 전달하기 쉬운 성질을 갖고 있기 때문에 대량의 열을 급속하게 주지 않으면 용접이 잘되지 않는다. 그리고 열에 의한 팽창과 수축도 철의 2배로 용접에 의한 문제점이 발생하기 쉽다. 때문에 알루미늄 합금의 용접에는 전용 용접기와 고도의 기술이 필요하다.

알루미늄 용접은 알곤 가스를 사용하는 미그(MIG) 또는 티그(TIG) 용접기를 이용한다. 기술 습득을 위해 훈련이 필요하고 고도의 작업 기술이 요구된다. 그리고 스포트 용접은 정비공장에서 사용되고 있는 것과 같은 스포트 용접기로는 전기량의 부족으로 용접이 불가능할 정도이다.

■ 강판과 알루미늄 합금 보수 작업의 차이

작업 내용	강판	알루미늄 합금
해머 작업	판금 해머	나무 해머 또는 플라스틱 해머
워샤 용접	가능	불가능
가스 용접	가능	방법에 따라 가능
스포트 용접	가능	불가능
미그 용접	Co_2 가스로 가능	알곤 가스를 사용
도장	가능	방법에 따라 가능

• 보통 정비공장의 설비 수준을 기준으로 한 경우

요점 정리

- 연마 작업에 #100보다 거친 페이퍼는 사용하지 않는다.
- 힘을 가할 때는 가열한다.
- 해머 작업은 가능하면 플라스틱 또는 나무 해머를 사용한다.
- 용접에는 전용 도구와 고도의 기술이 필요하다. 스포트 용접 불가
- 퍼티의 건조 작업에는 열을 가하는 강제 건조는 하지 않는다.

제 8 장

내장, 트림, 몰딩

8.1 성급하게 하지 않는 것이 요령

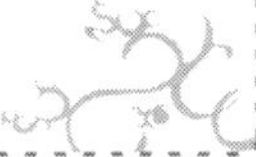

시트, 인스트루먼트 패널, 외장의 프로텍터, 피니셔, 가니쉬, 오너멘트, 앤트레임 등 차종과 메이커에 따라 부르는 이름도 여러 가지 있지만 가격이 높은 자동차일수록 이러한 내장재의 장식 종류는 많아진다.

이러한 종류의 부품은 그 자체 수리를 하는 것도 별로 없지만 각종 패널 수정, 탈착, 교환 작업에서 반드시 방해가 되기 때문에 탈착 작업을 항상 해야 한다.

특히 리어 주변 바디 수리에서는 트랭크 내의 트림, 리어 시트 등의 탈착에 힘들 때가 많다. 부착 방법도 여러 가지인 것이 이러한 종류의 부품의 특징이다.

볼트, 너트, 비스, 클립, 특수한 퍼스너, 접착 등 고정 방법도 여러 가지이다. 서두르지 않고 하나씩 신중하게 떼어내 가는 것이 가장 빠르고 중요하다.

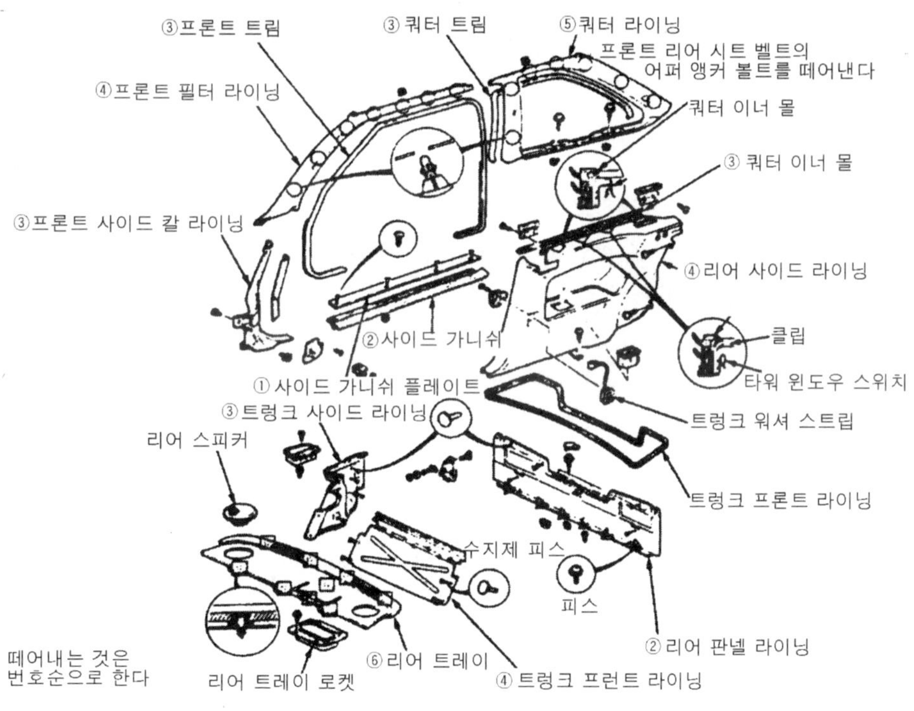

그림 8-1 내장 부착 순서와 고정 방법의 예

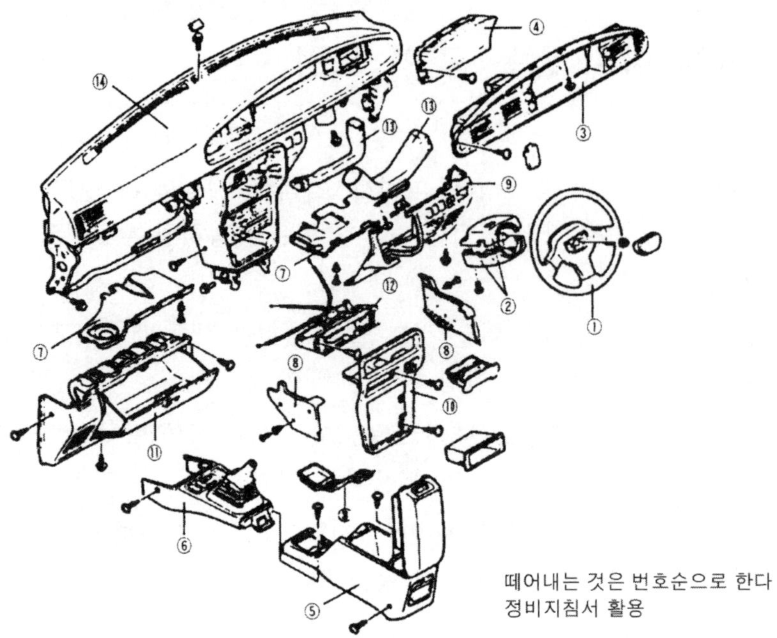

그림 8-2 인스트루먼트 패널의 떼어내는 순서와 구성 부품

요점 정리

- 내장 트림이나 시트는 하나하나 고정 위치를 확인해 가면서 조심스럽게 탈착한다.
- 필요 범위 보다 조금 넓게 해 주면 나중 작업이 편리하다.
- 인스트루먼트 패널은 일체(一體)로 탈착한다.
- 접착식 몰딩은 열을 가하면 깨끗하게 붙여지고 떼어지기도 한다.

8.2 수공구의 능숙한 사용 방법

8.2.1 익숙한 공구 종류

한 대의 자동차 바디를 수리하기 위해서는 각 공정과 목적에 따라 여러 가지 도구, 공구가 사용된다. 그 중에도 가장 기초적인 것은 드라이버, 스패너 등의 수공구이다. 이러한 종류의 공구는 바디 수리뿐만 아니라 다른 산업분야와 일상생활에도 많이 사용된다. 그렇다고 해서 이러한 공구들은 간단히 취급해서는 안 된다. 드라이버 한 개의 사용 방법도 익숙한 사람과 그렇지 않은 사람은 상당한 차이가 있고, 볼트 하나를 잠그는데도 숙련자와 비 숙련자는 신속성과 안정도에

서도 차이가 있다. 중요한 것은 그 공구의 사용 목적에 따라 사용하는 것이다.

8.2.2 드라이버의 종류와 사용 방법

드라이버는 수공구에서 가장 사용 빈도가 높은 것 중 하나로 여러 가지 종류가 있다. 여러 가지 크기의 (+)와 (-), 짧은 것과 긴 것, 휘어져 있는 것, 앞이 박스 렌치로 되어 있는 것 등 20여 종류는 넘을 것이다.

몇몇 안 되는 수의 드라이버를 사용하여 나사를 돌리는 것보다 가능한 많은 종류를 갖추어 효율적으로 사용하는 좋다. 나사 머리에 맞지 않는 드라이버를 사용하면 홈을 손상시키기도 하고 충분한 힘을 가할 수도 없다. 이와 같은 이유로 드라이버와 나사는 가능한 한 일직선으로 사용하는 것이 좋다. 잡는 방법에 대해서는 특별하게 말할 것은 없지만 잡기 쉽고, 돌리기 쉽게 잡으면 된다. 강한 힘을 가할 때와 뱅글뱅글 돌릴 때는 잡는 법이 같지 않다.

빨리 돌릴 때는 잡는 힘을 가하지 않고 축을 잡고 돌리는 것이 좋다. 드라이버 머리를 해머로 치면서 세게 잠근 나사를 풀 때도 있다. 이런 경우는 전용 쇼크 드라이버만을 사용해야 한다.

요점 정리

- 수공구는 목적에 맞는 것을 사용하는 것이 기본이다.
- 무리한 힘을 가하지 않는 것이 중요하다.
- 드라이버는 윤과 나사를 일직선으로 하여 사용한다.
- 나사 머리의 홈에 맞는 것을 사용한다.
- 플라이어류는 여러 가지 용도에 적당한 것을 골라 사용한다.

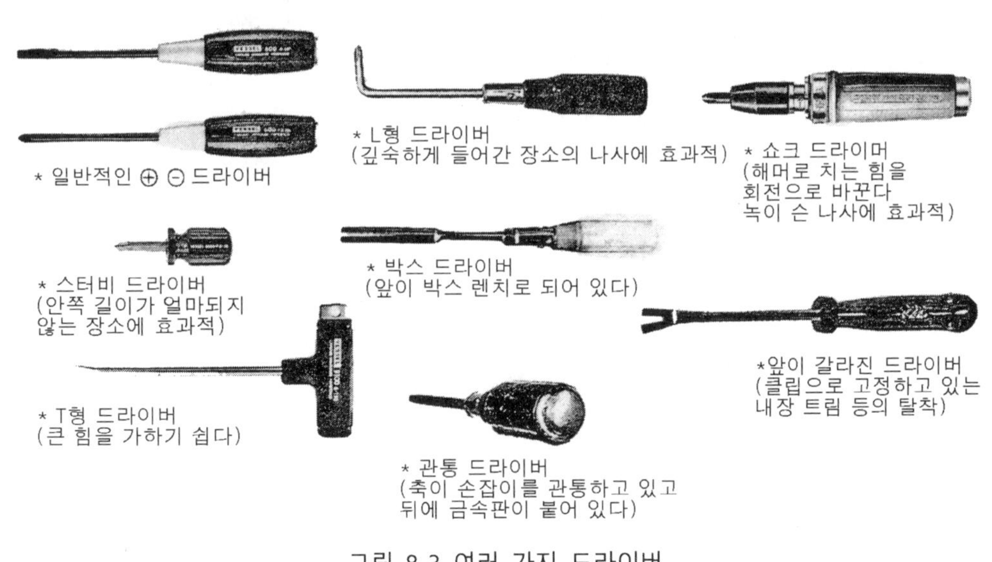

그림 8-3 여러 가지 드라이버

8.2.3 플라이어의 종류와 사용 방법

철선을 굽히거나 자르는 플라이어 중에는 일반적인 플라이어, 앞이 가늘고 긴 롱노즈 플라이어, 앞이 크고 넓은 플라이어, 절단 전용의 니퍼 등이 있다. 그 중 롱노즈 플라이어는 앞이 약하기 때문에 그다지 힘이 필요 없는 가는 부분 세공에 사용하고, 플라이어는 물건을 집거나 집어서 돌릴 때 사용하는 것이고 니퍼는 전선이나 플라스틱류를 자를 때 사용하고, 니퍼로 바늘 같은 강성류를 끊어서는 안 된다.

플라이어류는 지렛대의 원리를 이용해 집기도 하고 자르기도 하기 때문에 될 수 있으면 잡는 부분의 끝으로 하는 것이 충분한 힘을 가할 수 있는 방법이다. 플라이어류는 능력 이상으로 사용해서는 안 된다. 예를 들어 철판 등을 자르는데 사용하거나, 용접 작업에 사용해서 고열을 가하거나, 해머 대용으로 못을 치는 등 본래 목적 이외의 사용은 되도록 피하는 것이 좋다.

이러한 종류의 공구에는 잡는 부분에 여러 가지 방법이 있고 보다 큰 힘을 가할 수 있는 공구도 여러 가지 있지만 바디 수리에 주로 사용되는 것을 각 공정, 관련 공구의 설명에서 다시 하기로 하자.

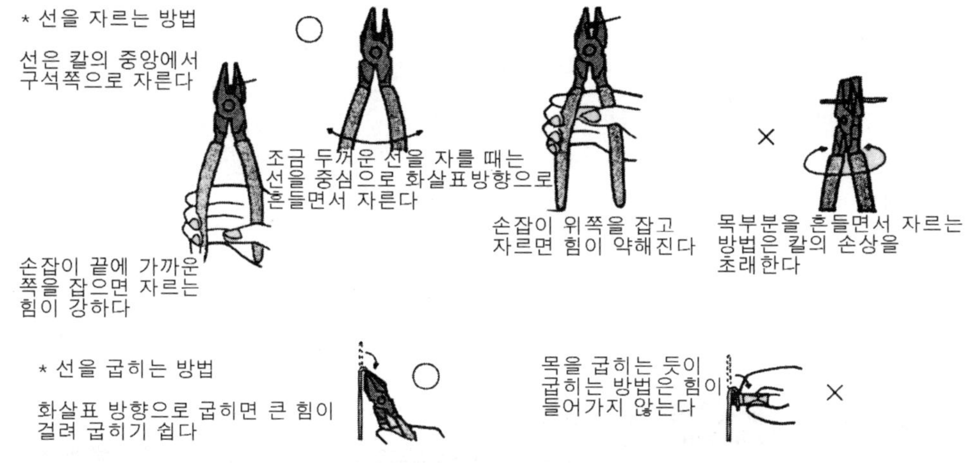

그림 8-4 플라이어의 사용 방법

8.2.4 사용 빈도가 높은 스패너, 렌치

드라이버와 같이 사용 빈도가 높은 것은 각종 스패너, 렌치이다. 이 공구들의 역할은 육각 볼트와 너트(다른 종류도 있음)를 잠그거나 풀 때 쓰인다. 그리고 볼트와 너트는 자동차에만 국한되어 사용하지 않고 모든 기계류 고정의 핵심이므로 스패너, 렌치의 사용 빈도는 높을 수밖에 없으며, 또한 사용 범위가 넓기 때문에 종류도 많다.

스패너의 수명은 볼트를 넣어 힘을 가하는 부분의 마모 상태가 결정한다. 스패너의 모양은 볼트 머리 측면 2면에 걸리는 것과 볼트 주위 전체에 걸리는 링형, 그리고 볼트를 완전히 덮어 버리는 박스형이 있다.

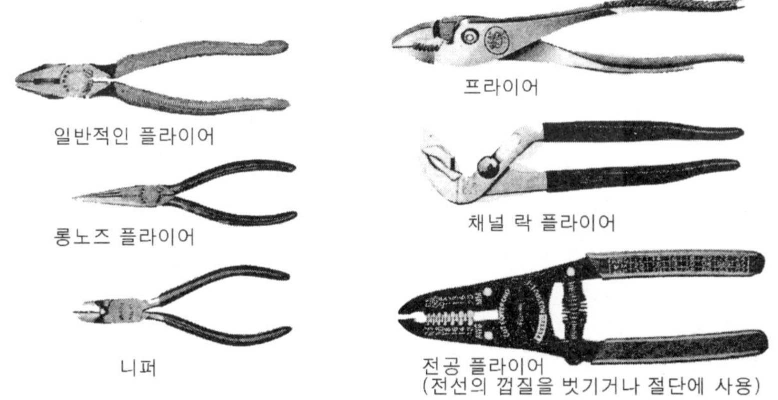

그림 8-5 여러 가지 플라이어

8.2.5 여러 가지 스패너

볼트 2면에 걸리는 타입은 "스패너"라고 불려진다. 스패너는 볼트 머리 치수에 맞는 것을 골라 사용한다. 스패너의 종류는 양끝 사이즈가 다른 것이 양구 스패너이고, 양구 스패너이면서 한쪽이 링 형태로 된 것을 편목 편구 스패너라 하고, 각도를 바꿀 수 있는 박스형의 플랙스 스패너 등이 주로 많이 사용된다. 또한 볼트의 크기에 따라 조절이 가능한 것을 몽키 스패너라고 하며, 여러 가지 크기의 볼트에 모두 사용이 가능하다는 장점이 있으나 큰 힘을 걸기 어렵고 흔들림 발생이 쉽다는 단점이 있다.

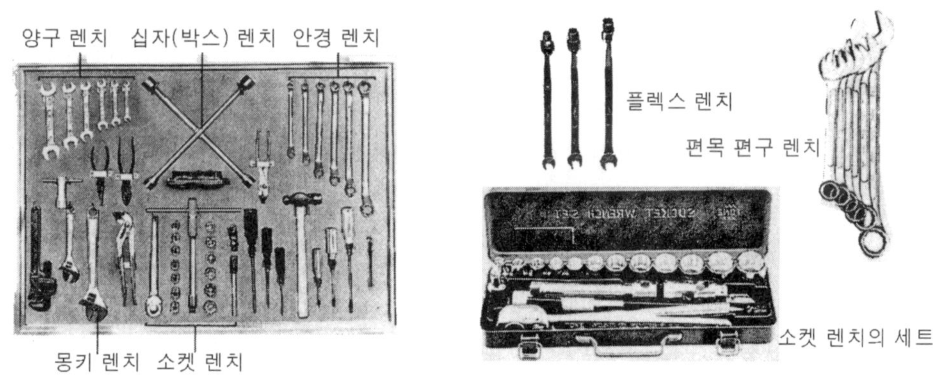

그림 8-6 여러 가지 스패너와 렌치

요점 정리

- 볼트, 너트를 잠그거나 풀 때는 렌치나 스패너를 사용한다.
- 스패너의 열림 부분은 렌치 사이즈로 볼트에 맞는 것을 사용해야 수명이 길어진다.
- 손잡이를 멀리서 잡거나, 발로 밟아 사용해서는 안 된다.
- 스패너, 안경 렌치, 박스 렌치의 순으로 큰 힘을 걸 수 있다.

8.2.6 안경 렌치

볼트에 걸리는 부분이 링 형태로 된 타입을 안경 렌치라고 부른다. 스패너는 볼트의 2면에만 힘을 가하도록 만들어진 반면 안경 렌치는 볼트 육각 전체에 힘을 가하도록 만들어져 있어 큰 힘을 가해도 쉽게 미끄러지지 않는다. 양끝의 크기가 다른 것이 일반적이지만 손잡이 부분과 안경부분의 각도(off set)에 따라 여러 가지가 있다.

8.2.7 소켓 렌치

볼트를 완전히 덮는 타입을 박스 렌치라 부르며, 다른 크기의 박스 수십 개와 형태가 다른 손잡이 부분 여러 개가 한 세트로 되어 있는 것을 소켓 렌치라고 부른다.

소켓 렌치는 박스와 손잡이의 다양한 조합으로 상당히 넓은 범위까지 이용이 가능하므로 볼트로 고정된 부품의 탈착에는 핵심적으로 사용된다. 박스부 부착 사이즈는 두 종류가 있으며, 세트이므로 조합하기에 따라 두 종류가 결정된다.

8.2.8 스패너, 렌치의 사용 방법

볼트에 걸 수 있는 힘의 크기는 스패너, 안경 렌치, 박스 렌치의 순으로 커진다. 스패너와 안경 렌치는 볼트를 넣는 부분의 크기에 따라 손잡이 길이가 달라진다. 하지만 스패너나 렌치의 손잡이 길이를 파이프 등으로 마음대로 연장시키면 볼트에 맞는 힘을 적용시킬 수 없으므로 좋지 않다. 어떤 형태의 스패너나 렌치 사용 치수는 볼트 머리 치수에 맞게 사용하는 것이 원칙이다.

볼트, 너트에는 미리(mm) 규격과 인치(inch) 규격 두 가지가 있으며 스패너, 렌치도 이에 맞게 각각 사용해야 한다.

스패너, 렌치에 큰 힘을 줄 때는 원칙적으로 당기는 방향으로 회전시켜야 한다. 그러나 이렇게 할 수 없을 경우는 손잡이 부분을 잡지 말고 손바닥으로 누르는 방법을 이용한다. 만약 렌치가 미끄러지는 사고가 발생하더라도 손에 상처를 입지 않기 위함이다.

요점 정리

미리(mm) 규격과 인치(inch) 규격

볼트 머리의 서로 평행한 면끼리의 거리를 2면 폭이라 부르지만 이것은 단위가 아니다. 대개 볼트 너트는 미리(mm) 단위가 기본이고, 8mm, 10mm, 12mm, 14mm, 17mm 순으로 점점 커진다. 그러나 유럽이나 미국에서는 생산하는 자동차의 일부에는 인치(inch)를 기본으로 볼트, 너트가 사용되고 있고, 미리 규격과 인치 규격이 비슷한 것이 있기는 하나 똑같지 않기 때문에 미리 규격의 볼트에는 미리 규격 렌치를, 인치 규격의 볼트에는 인치 규격의 렌치를 반드시 구별해서 사용해야 한다. 또한, 소켓 렌치 부착 부분의 크기는 인치로 표시되는 일이 많지만 이것은 볼트의 2면 폭과는 관계가 없다.

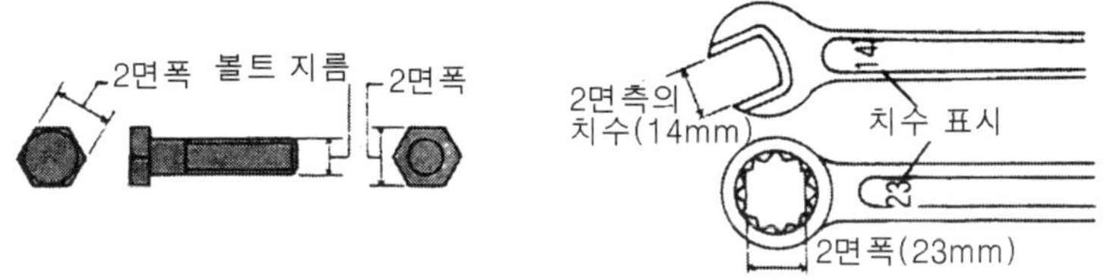

그림 8-7 볼트, 너트와 스패너의 치수

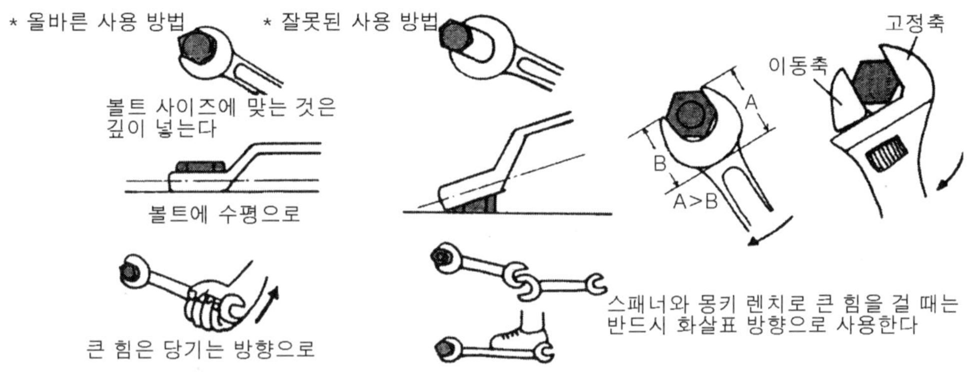

그림 8-8 스패너와 렌치의 사용 방법

8.2.9 차체볼트 취급 방법

① 풀리지 않는 볼트

연식이 오래된 차량의 볼트 중에 부식이 되어 풀리지 않는 경우가 있다. 이런 경우에 볼트 너트에 윤활유를 도포하거나 열을 가하면 풀기 쉽다.

볼트가 변형된 경우는 정을 사용하여 해머로 치는 방법이 있다.

② 부러진 볼트 풀기

만약 볼트가 부러져 있을 때 다음과 같은 방법을 사용한다.

a. 볼트가 패널 표면에 나와 있는 경우
   남아 있는 부분에 줄로 홈을 내고 (-) 드라이버로 풀어낸다. 풀기 전에 윤활유를 도포하여 침투하기를 기다린 후 작업한다.
b. 볼트가 패널 표면에 나와 있지 않은 경우 볼트의 센터에 펀치로 가격한 후 볼트의 지름보다 적게 홀을 내고 풀어낸다.

풀어낸 후에 너트는 탭을 이용하여 수정한다.

③ 재사용하지 않는 너트

프론트 서스펜션 및 리어 서스펜션 등의 회전부품은 주행 중의 안전을 위해 특별하게 풀리지 않게 록킹 너트를 사용한다.

이 너트는 상부가 오므라지는 형태로 그 부분이 볼트의 홈 부분을 조인 후 풀리는 것을 방지한다. 그러나 한번 사용한 부분은 늘어나기 때문에 잡아주는 효과가 떨어지게 되므로 재사용하지 않는다.

서스펜션 작업에서는 반드시 신품 너트를 사용한다.

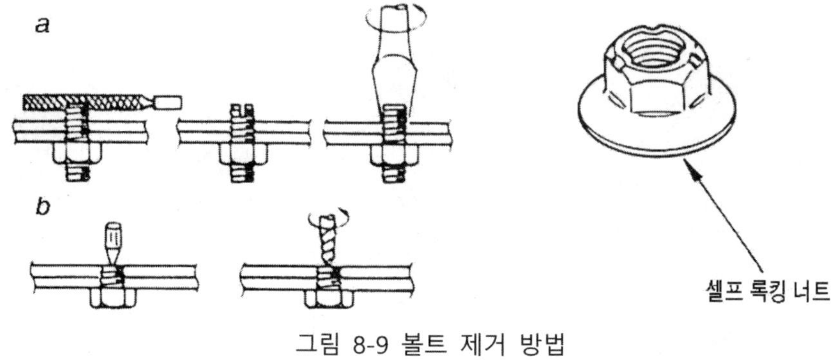

그림 8-9 볼트 제거 방법

8.3 탈부착 방법

8.3.1 슬라이드 클립방식 몰딩의 탈착

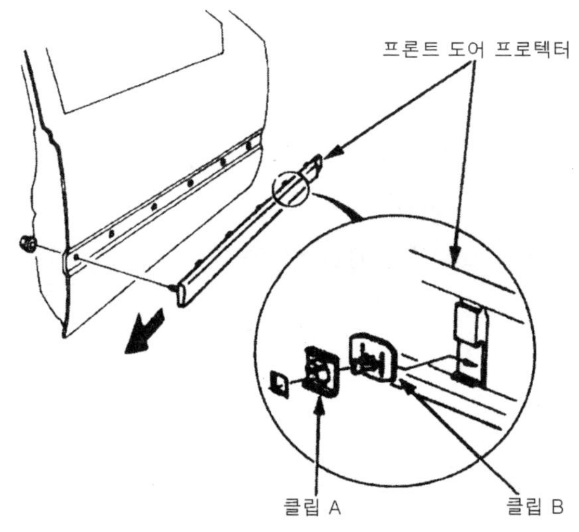

그림 8-10 슬라이드 클립방식 몰딩의 탈착

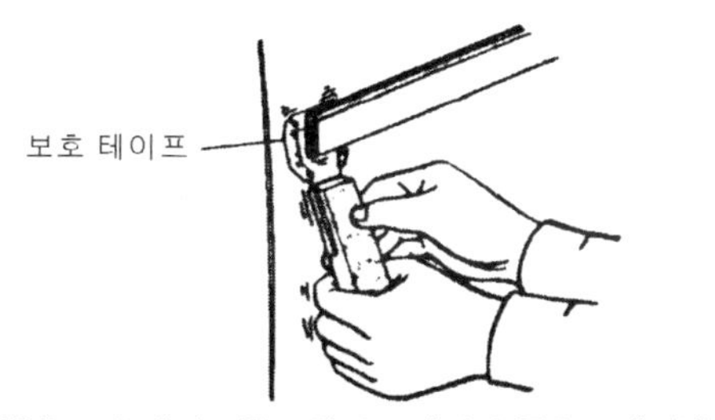

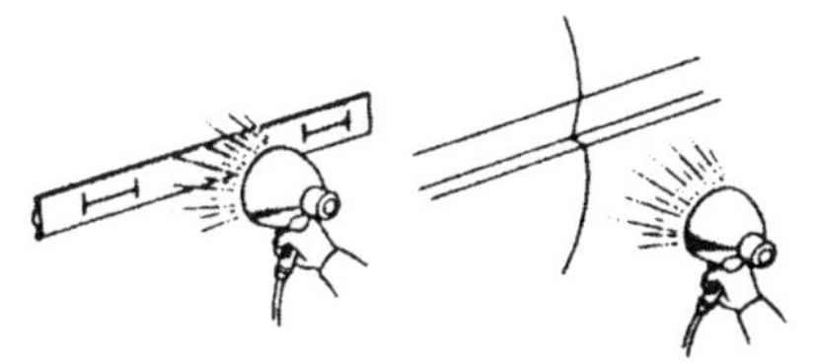

그림 8-11 접착식 몰딩의 탈착

뒷부분의 부착 너트 1개를 풀고 도어 프로텍터 전체를 화살표 방향으로 당겨 떼어낸다. 부착은 도어 안쪽에서 클립(A)를 넓혀 클립 몰딩을 떼어낸 후 클립 몰딩을 프로텍터에 붙인 상태로 끼워 넣는다.

8.3.2 차체 내장 탈착

탈착 작업 그 자체에는 특별한 기술이 필요 없지만 주의해야 할 것은 클립이나 특수한 클림을 사용하고 있는 경우 밖에서는 탈착 상황을 알기 어렵기 때문에 떼어낼 때 파손되는 경우가 많다. 그래서 이러한 종류의 부품은 항상 일정량의 많은 종류를 보유하고 있는 것도 좋을 것이다.

또 비스나 볼트, 너트도 보이지 않는 곳에 있을 때가 많기 때문에 자동차 메이커의 차체수리 매뉴얼을 사용한다.

8.3.3 인스트루먼트 패널의 부착

자동차 전면부분 쪽의 큰 손상은 인스트루먼트 패널이 관계될 때가 있다.

바디 내측에 부품이 가득 차 있으므로 차체수리 매뉴얼이 없으면 어디에서부터 시작해야 될지 조금 알기 어렵다.

단, 패턴은 대개 결정되어 있다. 먼저 스티어링 휠과 미터계기 주위 부품을 떼어내고 윗면 앞유리쪽 몇 곳, 글로브 박스 내, 아래면 뒤쪽 몇 곳의 볼트를 풀어낸 후 와이어 하네스, 케이블 등을 분리하면 된다.

8.3.4 외장 몰딩의 탈착

외장 몰딩과 엔드 프레임은 접착식과 슬라이드 클립식이 중심이나 접착식을 대개 당기면 떼어지지만 딱딱할 때는 히터나 드라이어 등으로 약간의 열을 가해주면 쉽게 떼어낼 수 있다.

떼어낸 흔적은 남은 접착제를 깨끗하게 제거하는 것도 빼놓을 수 없는 작업이다. 부착은 접착할 곳을 깨끗하게 청소하는 것이 중요하다. 또 접착한 곳과 몰딩을 가열하면서 작업을 하면 깨끗하게 붙일 수 있고 단 시간에 고정된다. 몰딩 탈착용 공구 세트도 시판되고 있다.

[제 9 장]

조향과 현가 얼라이먼트

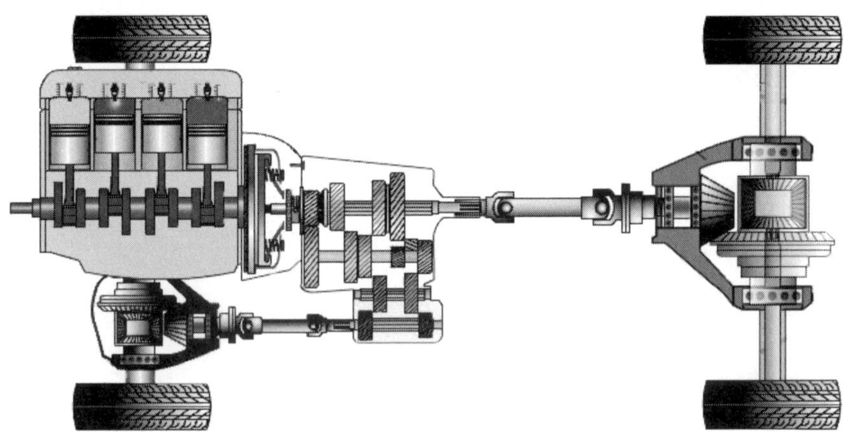

9.1 조향과 현가장치 정렬의 중요성

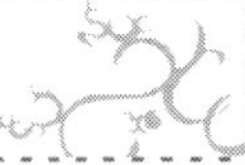

충돌 파손된 차체는 보기도 싫을 뿐 아니라 설계된 데로 제 기능을 하는 가도 의문이다. 이때의 기능은 좋은 핸들링과 브레이크, 쏠림이 없는 일정한 주행 안전성이다. 또한 타이어의 편 마모 방지도 고려해야 한다. 이것들은 올바른 조향 및 현가장치의 정렬이 있어야만 한다.

조향과 현가장치의 정렬은 때때로 휠 얼라인먼트와 착각을 하는데 휠 얼라인먼트는 토인, 캠버, 캐스트를 맞추는 것이다(마모된 현가 및 조향의 부품을 교환하는 작업도 포함된다).

올바른 현가 및 조향의 정렬이란 차체 수리 작업 동안 조향 및 현가장치 부품들이 바디에 올바른 위치에 정렬시키는 개념으로 바디 얼라이먼트라고도 할 수 있다.

조향과 현가장치 정렬은 프레임 차체 구조에 조향 및 현가장치의 부품들이 차체수리 매뉴얼의 기준 위치에 올바르게 정렬하는 작업이다.

이 작업은 자동차가 주행할 때 안전사고 유발의 원인으로 차체수리작업에서 중요한 역할을 함으로 반드시 맞추어야 한다.

조향과 현가장치 요소도 주행하지 않는 상태에만 점검을 하므로 때때로 주행 하에서 이들이 작동을 않는 경우가 있다. 조향과 현가장치정렬은 구조적인 면에서의 완벽한 차체수리와 프레임이나 구조의 완벽한 정렬로 바디 얼라이먼트가 정렬이 되면 조향과 현가장치 정렬도 자동으로 정렬이 된다.

구조와 프레임은 올바른 길이와 넓이, 높이를 확보해야 한다(그림 9-1 참조). 그렇지 않으면 현가장치의 정렬 및 조향 장치의 정렬은 가능하지 않다.

앞에서도 설명했지만 만일 조향과 현가장치가 제대로 정렬을 이루도록 판금 작업을 했다면 차체수리 매뉴얼의 차체 기준 수치와 동일해야 한다.

자동차 운행 중에 어떤 나쁜 핸들링 또는 어떤 심한 타이어의 마모 및 편 마모가 있어도 조향 및 현가장치정렬 즉 바디 얼라이먼트 정렬로 자동차 주행안전성을 확보할 수 있다.

현대의 차체는 모노코크이며, 스트럿 타워 방식이다. 랙과 피니언 조향이며, 전륜 구동이 주종이어서 조향과 현가장치의 부 정렬은 중요하게 분석되어야 한다. 그래서 차체가 한번 파손되면 조향과 현가장치의 정열을 충분히 해줘야 한다.

자동차 바디 얼라이먼트가 정렬이 되지 않으면 휠 얼라이먼트 정렬의 측정값은 부정확하고 토인, 캠버, 캐스터 등의 조정은 불가능하다.

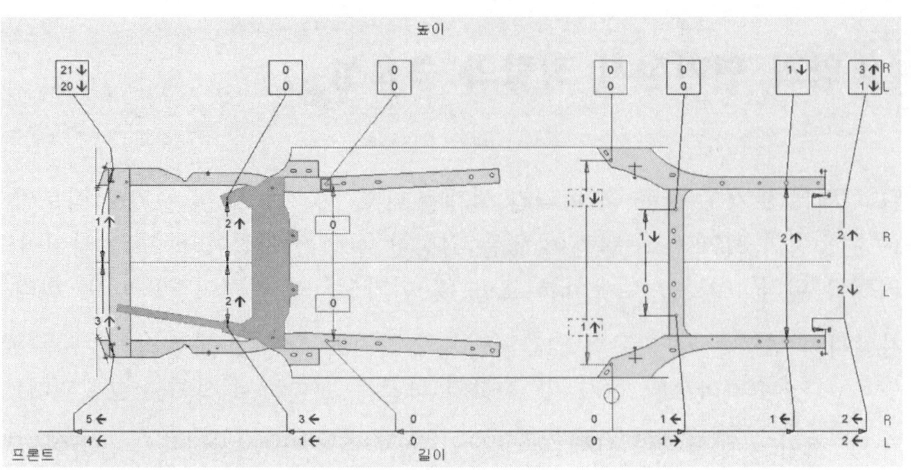

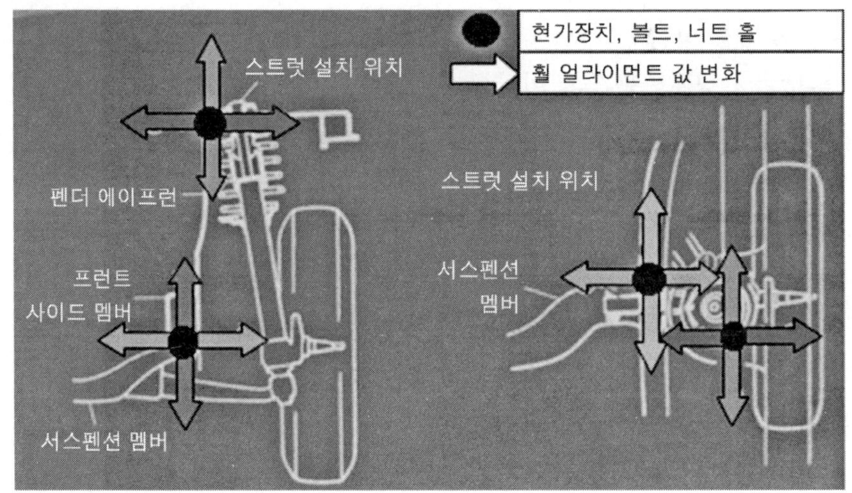

그림 9-1 바디 얼라이먼트와 휠 얼라이먼트 관계

9.2 휠 얼라이먼트

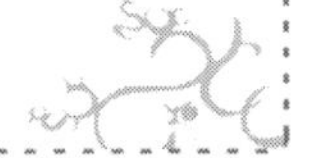

9.2.1 휠 얼라이먼트 요소

휠 얼라이먼트 요소에는 다섯 가지가 기본인데 이 중요성은 현가장치와 조향 설계에서 폭넓게 채택되기 때문이다. 이들 요소의 역할은 다음과 같다.

① 조향핸들의 조작을 확실하게 하고 안전성을 준다.

② 조향핸들에 복원성을 부여한다.

③ 조향핸들의 조작력을 가볍게 한다.
④ 타이어 마멸을 최소로 한다.

5가지 기본 각도는 아래와 같다.

① 킹핀 경사각(S.A.I)
② 캐스터(caster
③ 캠버(camber)
④ 토우(toe)
⑤ 회전 반경(터닝 레디어스 : turning radius)

킹핀 경사각과 캐스터의 위치는 각 바퀴의 조향 축에 있다. 캠버, 토우와 회전 반경들은 바퀴에 위치하는 각도이다.

9.2.2 킹핀 경사각

킹핀경사각은 상단 및 하단 피보트 지점과 조향 축과의 가상적인 선이다. 이 선은 상단 볼 조인트와 하단 볼 조인트를 잇는 선과 수직선과의 각도이다(그림 9-2 참조).

스트럿 형태 현가장치가 나오면서 조향 축은 스트럿의 상층부와 볼 조인트를 통과한다(그림 9-3).

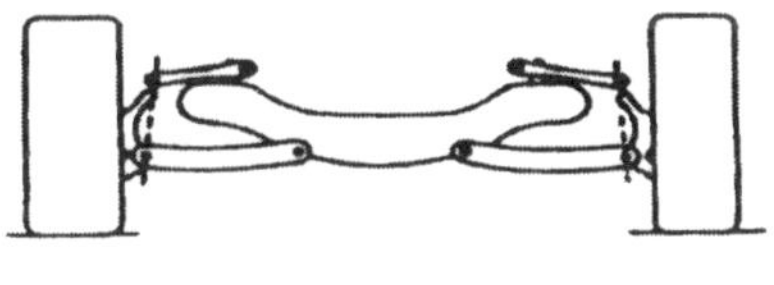

그림 9-2

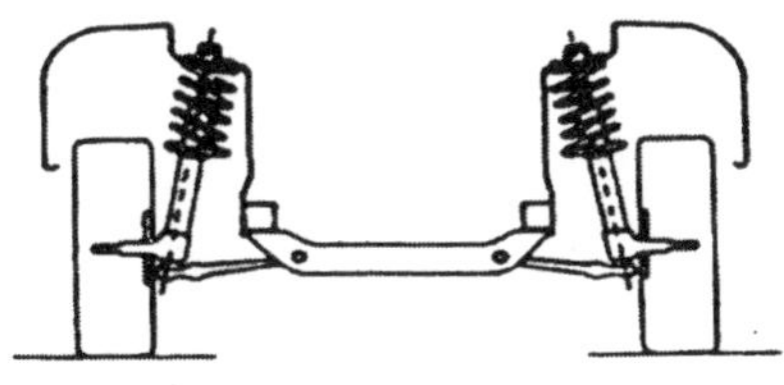

그림 9-3

킹핀 경사각은 조향 축 상층부에서 안쪽으로 기울어져 있다. 킹핀 경사각은 순수 수직 축과 조향축의 가상 선과의 각도이다(그림 9-4 참조).

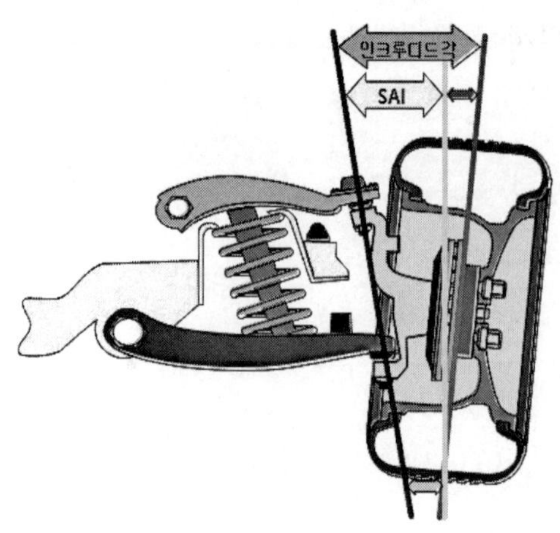

그림 9-4

이 각도는 수직축에서 안쪽으로 기운다. 이 킹핀 경사각은 현가장치에서 정해진 것으로 조정이 불가능하다. 그래서 킹핀 경사각의 부 정렬을 바로 잡는데는 킹핀 경사각을 결정짓는 피봇 포인트를 지지하는 구조물의 수정 작업 및 파손된 부분품의 교환 작업이 필요하다. 킹핀 경사각의 목적은 주행성 및 핸들링을 좋게 하기 위해서이다. 그러려면 아래의 두 특성을 만족해야 한다.

a. 일정한 조향
b. 차체 무게의 지면 전달 방식

일정한 조향은 바퀴가 회전하면서 떨림이 없이 일정한 방향으로 계속 가는 성질이다.

1) 하중 설계

자동차 메이커에서 차체를 설계할 때 현가장치에서 균등한 하중이 분포되도록 설계를 한다. 이 하중 설계는 타이어와 노면의 접촉면 내에서 바퀴가 밀리는 효과를 극소화하고 제동시, 가속시 불균등한 하중 분포 상태가 생겨 한쪽으로 쏠리는 현상을 극소화하고 타이어와 불균등 노면에서 하중 불균등이 생기면 이를 조정한다.

2) 일정한 방향성

킹핀 경사각의 각도는 차체가 전방으로 똑바로 주행하는 힘을 공급하기 위한 설계이다. 이때 현가장치의 스핀들이 회전하는데 하단 아크 내에서 회전하기 때문에 안정되게 일정한 방향으로 진행한다(그림 9-5, 그림 9-6 참조).

바퀴가 똑바른 위치에 있을 때, 스핀들은 상 아크 포인트에서 회전한다.

휠이 왼쪽이나 오른쪽으로 돌려져 있으면 이때 스핀들은 하단 아크 포인트에서 회전을 한다. 휠은 노면과 접촉을 하여 더 이상 내릴 수가 없다 그래서 차체가 회전을 할 때는 스핀들의 회전 하단 아크 선에서 회전하여 실질적으로 차체를 올리는 역할을 한다.

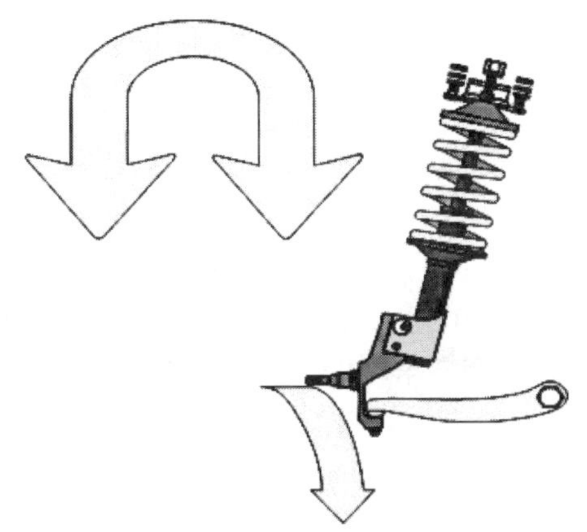

그림 9-5 스핀들 원호

현가장치에 반하여 차체의 무게는 스핀들을 상단 아크 포인트로 위치하게 하여 차가 곧바로 가게 된다. 이 간단한 작동은 회전이후 차가 직진을 할 때 스핀들이 상단으로 원상 복원하여 일정한 방향성을 유지한다. 킹핀 경사각이 크면 클수록 차체의 무게가 무거우면 무거울수록 이런 방향성의 조절력은 강해진다. 이 사항은 다음에 언급하도록 하자.

3) 하중 계획

차체의 하중 계획은 조향 축을 통해 노면으로 전달하는 하중의 분포 계획이다. 노면의 하중 계획 지점은 또한 휠 피봇 지점인데 이는 회전시 노면에 접하는 타이어의 지점이다.

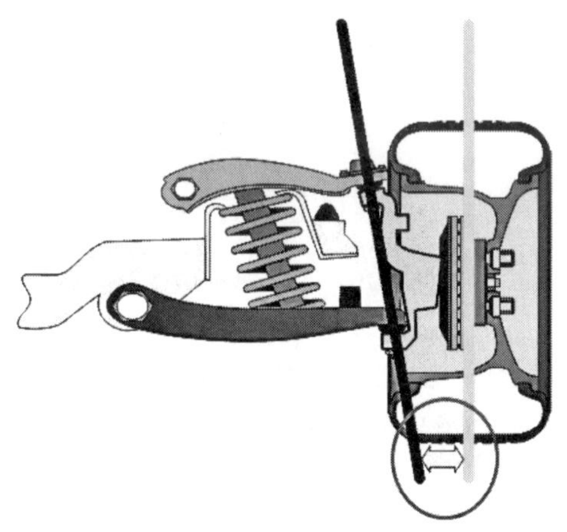

그림 9-6 스크러브 반경(킹핀 경사각)

4) 스크러브 반경

하중 계획은 스크러브 반경과 관계가 있는데, 스크러브 반경이란 하중 계획 지점간의 거리이다. 만약 조향 축과 노면의 투과 지점이 타이어 센터 라인 내부라면 이는 (+) 스크러브 반경이다

(그림 9-7 참조). 또한 타이어 센터 라인 바깥쪽으로 투과되면 이는 (+) 스크러브 반경이다(그림 9-8 참조).

만일 타이어 센터 라인과 동일하면 (0) 스크러브 반경이다.

> 주의 : 스크러브 반경은 각도가 아니다 이것은 노면에서 조향 축과 바퀴의 센터 라인 사이의 거리이다. 평균적인 후륜 구동의 설계는 킹핀 경사각이 7~8° 정도이다. 이 킹핀 경사각이 좋은 방향성을 유지하는데 이 설계는 항상 (+) 스크러브 반경을 유지하도록 되어 있다(그림 9-9 참조).

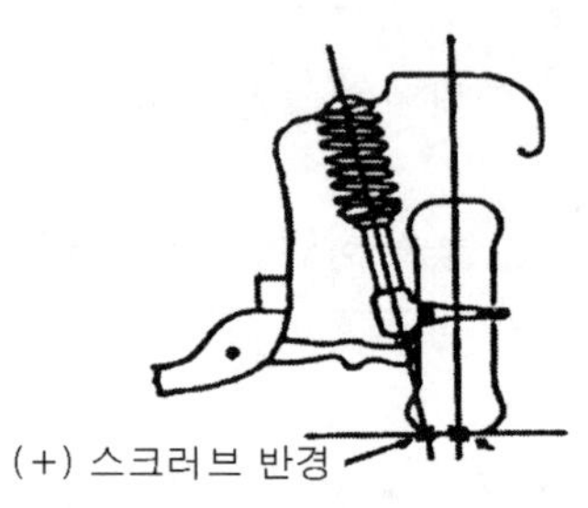

그림 9-7 (+) 스크러브 반경

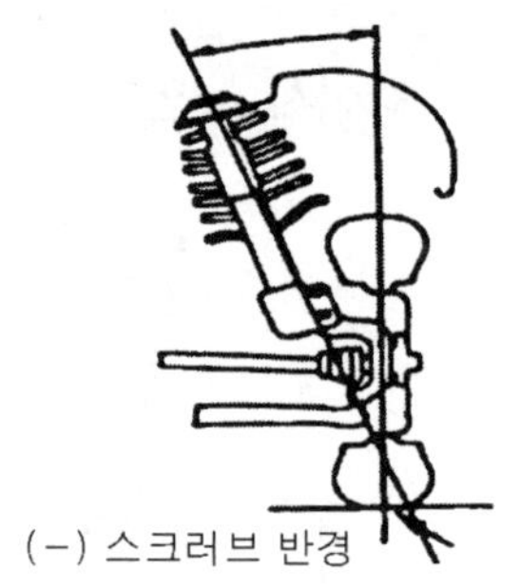

그림 9-8 (-) 스크러브 반경

그러나 전륜 구동은 상황이 다르다. 그래서 킹핀 경사각을 다시 조절해야 한다. 이 경우 킹핀 경사각은 타이어 센터 라인과 일치하는, 즉 (0) 스크러브 반경을 이루어야 한다(그림 9-10 참조).

당연히 킹핀 경사각이 증가한다(약 13°~15°). 그래서 하중 계획점이 좀 더 밖으로 쏠리고 바퀴의 센터 라인이 안쪽으로 쏠리게 하여 (0) 스크러브 반경이 생기는 것이다. 하지만 보통 스크러브 반경은 미세하게 (+)이거나 (-)인 것이 일반적이다. 특수한 자동차일수록 더더욱 그러하다. 그 외에 정확한 스크러브 반경의 고려 없이는 통상적으로 스크러브 반경은 (0) 상태이어야 한다. 주된 이유는 축 방향에서 주행 시 좌, 우측으로 쏠리는 것을 방지하기 위해서이다.

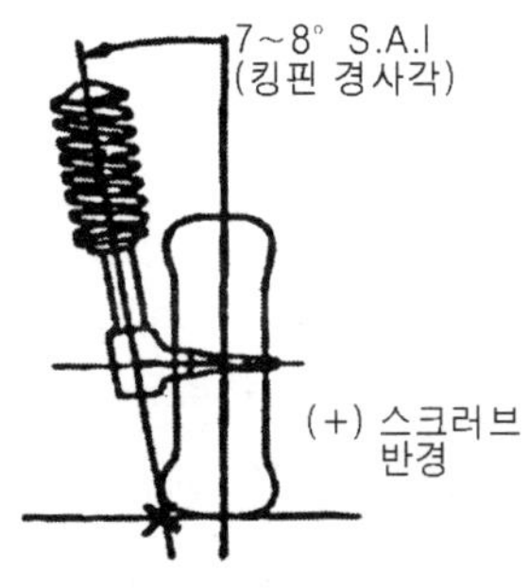

그림 9-9 후륜 구동

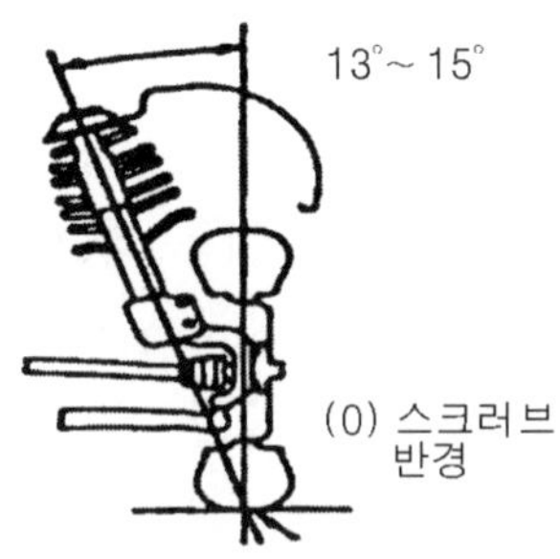

그림 9-10 전륜 구동

주의 : 킹핀 경사각의 차이가 (0) 스크러브를 못 맞출 때는 가속 및 제동 시에 옆으로 쏠리는 경우가 있다. 하지만 일정한 속도 및 별 변동이 없을 때는 문제가 없다. 올바른 킹핀 경사각은 전륜 구동에서 중요한 역할을 한다. 이것은 기본으로 고정되는 각도이며 조절이 불가능하다. 그래서 자동차 사고가 나면 근원적 차체수리 작업에서 바디 얼라이먼트를 측정 조정해야 한다.

9.2.3 캐스터

캐스터는 킹핀 경사각과 같아서 조향축의 위치와 중요한 관계가 있다. 캐스터는 조향축의 위치인데 수직축과의 각도이다. 측면에서 봤을 때 캐스터 각도는 조향축의 상단부가 수직축 뒤에 있을 때 (+)이다. 조향축의 상단부가 수직축 앞에 있을 때 (-)이다.

만약 조향축의 상단부가 수직축과 일치하면 캐스터 각은 (0)이다(그림 9-11 참조).

a. 하중 계획에 의해 트레일링 효과가 발생된다.
b. 스핀들 아크의 회전 효과 때문이다.

그림 9-11 캐스터

1) 트레일링 효과

캐스터 조향축의 피봇 포인트의 위치에 의해 트레일 링 효과가 일어난다. 이 트레일 링 효과란 유지에는 관계없이 하중 계획 지점에 의해 휠을 미는 역할을 한다. 이는 그림 9-12의 쇼핑 마차의 캐스터를 보면 알 수 있다. 방향에 관계없이 카트를 밀면 바퀴는 항상 적절히 따라온다. 이러한 트레일링 효과는 조향 축에서 쉽게 비교할 수 있다. 그림 9-13을 보는 것 같이 자전거 휠을 볼 수가 있다.

그림 9-12 쇼핑 카트 캐스터

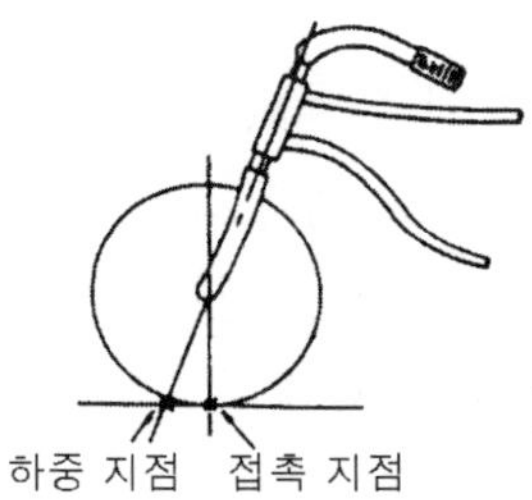

그림 9-13 자전거 캐스터

조향축이 뒤로 기울어졌는데 이때 (+) 캐스터 각도라 할 수 있다. 이것은 자전거가 전방으로 곧게 가는 기능을 부여한다.

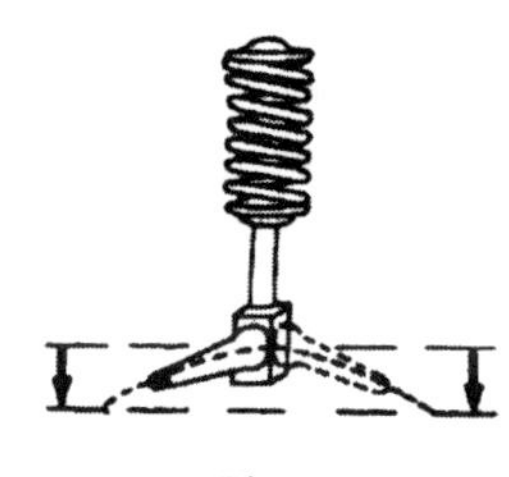

그림 9-14

그림 9-15 자동차 캐스터

만약 적절한 균형이 유지되면 손을 놓고 자전거를 탈 수가 있다. 이것은 자동차 조향 장치(그림 9-15)에 적용되는 것과 같은 이치이다. 보통 자동차는 약 (+)15°의 캐스터가 일상적 캠버 수치이다. 대부분 자동차 현가장치는 (+) 캐스터가 되어 있다. 그래서 트레이닝 효과는 방향성 유지를 증가시키기 위해서 조향 장치에 응용된다.

2) 회전 효과

킹핀 경사각은 핸들 원복 효과

이 전면 바퀴의 반대급부 효과는 일정한 방향을 이루게 되는 것이다. 킹핀 경사각과 캐스터는 좋은 핸들링 특성을 가지는 것이다.

이 두 개의 캐스터와 킹핀 경사각의 효과는 차체 무게에도 좌우된다. 무거운 차일수록, 킹핀 경사각과 캐스터의 영향을 많이 받는다. 많은 가벼운 차(전륜 구동)는 캐스터의 효과가 감소한다. 그래서 전륜 구동 차량은 킹핀 경사각도가 큰 경향이 있다. 캐스터가 하나의 중요한 요인임에도 불구하고 킹핀 경사각이 조향성의 조절을 많이 좌우한다.

캐스터 각도는 조향축의 고정 포인트가 전면이나 후면으로 기울어져 있는 특성에 의해 조절된다. 많은 차량이 스트럿 현가장치를 써서 캐스터의 조절이 필요 없다. 그래서 수리하는 동안 올바른 캐스터를 유지하기 위해 조향축의 고정 포인트를 바로 잡아야 한다. 많은 차량의 캐스터가 조절 불가함으로 올바른 캐스트는 조향축의 고정 포인트의 올바른 수정은 차체수리 과정에서 바디 얼라이먼트로 측정 조정해서 정확한 위치로 바디를 수정하면 된다.

주의 : 만일 캐스터가 프론트 휠에서 서로서로 다르다면 직진 주행에서 옆으로 쏠린다. 캐스터는 타이어가 닿는 각도가 아니다. 때때로 조절 가능한 캐스터의 차량이 있는데 우측 바퀴를 노면의 곡면을 고려해 조금씩 더 조절해 준다.

9.2.4 캠버

캠버는 전면에서 봤을 때 바퀴의 상단이 좌측이냐 우측이냐를 규정하는 각도이다. 즉 지면의 수직선과 바퀴의 중심선과의 각도가 예각인가, 둔각인가를 규정하는 것이다. 그래서 (-) 캠버는 예각인 상태(바퀴의 상단이 좌측인 상태)이며 (+) 캠버는 둔각인 상태(바퀴의 상단이 우측인 상태)이다(그림 9-16 참조). (0) 캠버는 각도가 0인 상태(바퀴의 상단이 수직선과 동일)이다.

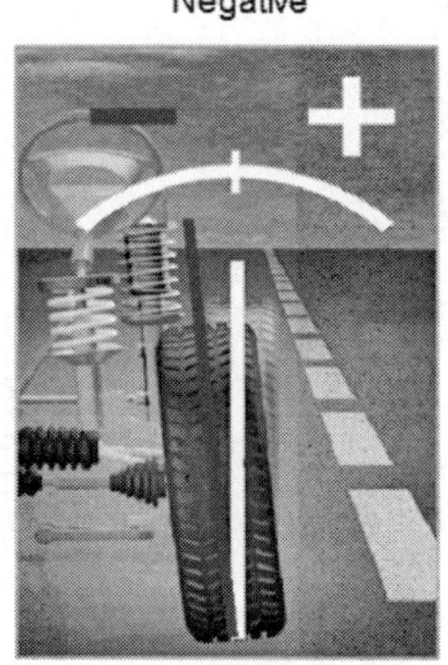

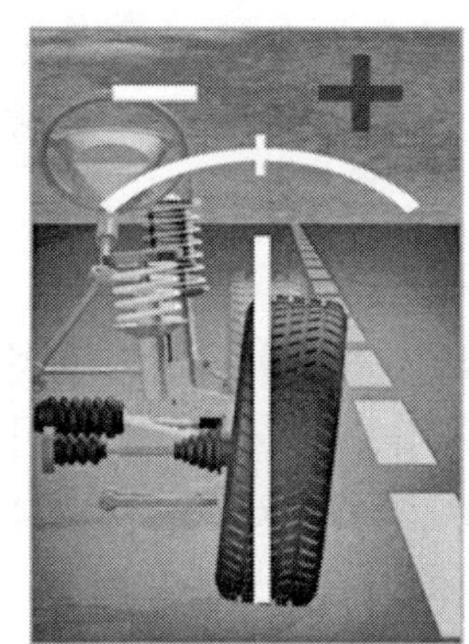

그림 9-16 캠버

캠버의 기본 기능은 노면과 타이어를 가장 접촉 면적이 많게 하는 것이다. 노면 접촉이 클수록 타이어의 최적 상태 유지를 해주어서 모든 주행 조건을(증속, 제동, 직진) 원활히 해주는 것이다. 사실 노면과 캠버의 각도가 (0)이면 접촉면적이 제일 넓게 될 것이다. 그러나 실질적으로 기본 수치가 (+1°) 정도로 지정하는 이유는 현가장치의 마모가 있거나 현가장치의 유격을 보충해주기 위해서이다.

올바르지 못한 캠버는 타이어의 편 마모 및 마모 주행시 측면으로 쏠린다.

그림 9-17은 (+) 캠버 상태를 과장되게 그려 놓았는데 회전시 내측 귀퉁이의 반경은 외측 귀퉁이의 반경보다 일반적으로 큰 경향이 있다. 이때 반경이 적은 쪽으로 쏠리는 힘이 형성된다. 이 측방향의 쏠림은 운전자가 다시 직진을 함으로써 없어진다. 이 직진 도로를 따라가면서 타이어 외측의 적은 반경 때문에 외측 모서리에 닿는 타이어의 면적은 적다. 물론 양쪽 모서리의 접촉 면적을 똑같게 할 수가 없어서 바깥 모서리는 접촉이 안쪽 모서리에 비해 지속적이다. 이러한 이유로 과도한 캠버는 (+)이든(-)이든 타이어를 닳게 만든다.

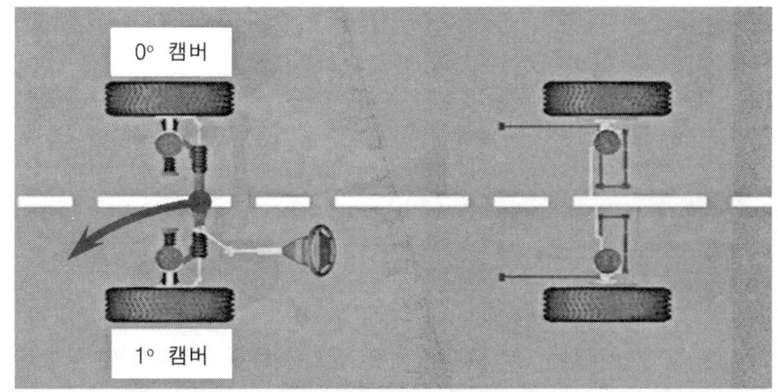

플러스 캠버가 더 큰 쪽으로 차가 쏠리게 할 수 있다.

그림 9-17

캠버는 대부분 차체에서 조절 가능하다. 그러나 프레임 교정 작업이 잘못되면 한계점이 있다. 반드시 판금 작업할 때 한계 오차 내에 (0) 캐스트에 근접하게 작업을 한다.

그 다음 범위 내에서 (+)캠버로 조절한다.

주의 : 부 적절한 캠버는 쏠림 및 타이어 편마모를 불러일으킨다. 원칙적인 캠버는 (0°)이어야 한다.

9.2.5 토우

토우는 앞바퀴의 직진 조향에 중요한 역할을 한다. 그래서 토우는 직선측정으로 인치 및 밀리 단위를 쓴다.

토우는 타이어의 중심과 중심간의 거리이며 전방 타이어의 간격이 좁으면 "토우 인"이며 뒷면의 간격이 좁으면 "토우 아웃"이다(그림 9-18 참조).

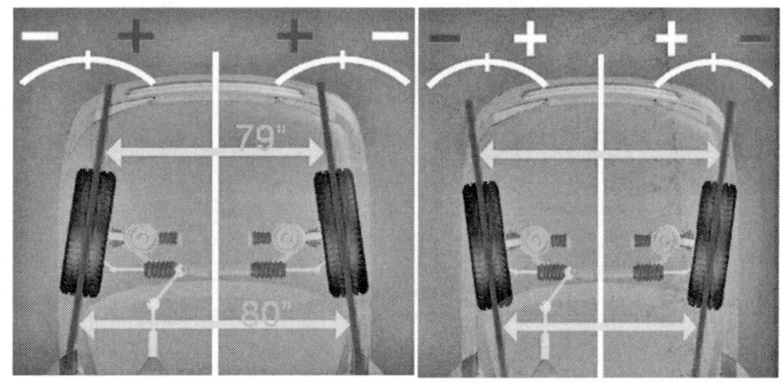

그림 9-18

이론적으로, 바퀴는 전방으로 똑바로 놓여 져야 직진을 할 것이다. 그러나 조향 링크의 느슨함 등이 주행 중 약간 타이어가 멀어진다. 많은 전륜 구동 차량은 약간 토우 아웃 상태로 있으며 조향 링크의 유격이 조금씩 토우 인 상태로 만든다.

부적절한 토우는 과도한 타이어의 마모가 형성되는데 과도한 토우인은 타이어 바깥 모서리의 과도한 마모를 형성시키고 과도한 토우 아웃은 타이어 안쪽 모서리의 과도한 편마모를 형성시킨다.

> 주의 : 토우는 방향성 및 핸들링과는 관계없지만 만일, 과도한 토우 아웃이 되면 차를 떨게 한다. 토우 인은 그림에서 볼 수 있듯이 차체의 수리와 직접 관계가 있다.

9.2.6 회전 반경각

회전 반경각은 조향 각도인데 회전시 각 바퀴의 회전량을 이야기하는 것이다. 앞바퀴가 회전하는 동안 앞바퀴는 토우 인 상태가 되어야 한다. 하지만 실질적으로는 회전시 약간의 토우 아웃과 같은 상태가 된다.

그림 9-19는 회전시 규격 수치만큼 회전을 한다는 것을 이야기한다. 그래서 차체는 출발점에서 완벽한 원을 그릴 것이다. 각 바퀴의 회전선들은 틀리지만 중심은 동일하다. 이것이 회전 반경각의 개념이다.

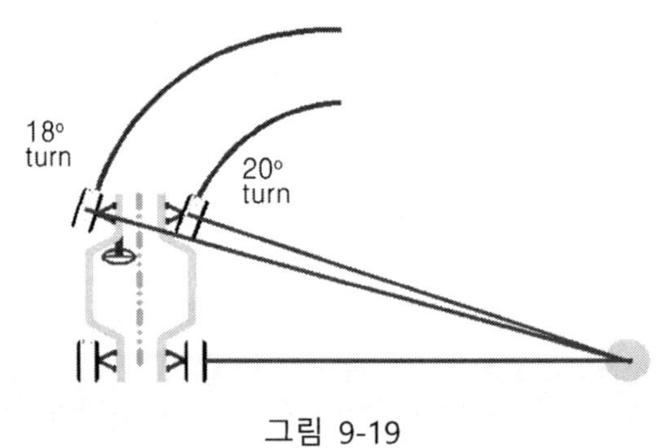

그림 9-19

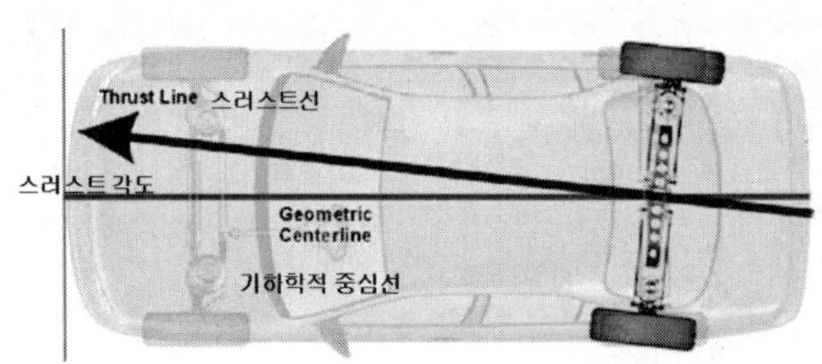

그림 9-20

그림 9-20은 스러스트 각으로 가하학적 중심선과 스러스트 선(후륜 전체 토우의 이등분선)이 만나 이루는 각이다. 스러스트 선은 후륜이 자동차를 밀고 있는 방향이라고 정의한다.

이때 타이어의 조기 마모가 형성될 것이다. 회전 반경 각이 틀리면 타이어의 마모는 토우가 맞지 않을 때와 유사한 형태의 타이어 마모가 형성될 것이다.

주의 : 회전 반경은 조정 불가능한 각도이다. 바퀴의 올바른 위치와 조향 링크의 위치는 프레임 수리를 할 때 정확히 해야 올바른 회전 반경 각을 유지할 수 있다. 휘거나 파손된 조향 요소들로는 회전 반경각이 옳게 되지 않는다.

회전 반경각의 효과는 소형 차량에는 큰 영향이 없다. 좁은 차량은 앞바퀴의 간격이 별로 넓지 않아서 회전시 회전 반경각이 적다. 이 경우 타이어가 닳는 효과는 차체가 가벼울수록 감소한다.

9.3 현가장치

9.3.1 기본적인 현가장치의 설계

현가장치 설계에 있어서는 많은 것이 있는데, 각 설계는 규칙적인 수치가 있으며, 어떤 설계들은 경량 차량에 좋고, 어떤 차량은 무거운 트럭에 알맞고, 어떤 것은 대형 승용차 및 경트럭에 맞는 것이 있다. 또한 레이스카나 특수 차량, 상업용 차량에 맞는 매우 특수한 현가장치가 있다. 이 장에서는 네 가지의 주요 유형이 있는데 아래와 같다.

1) 일체형 차축(straight axle)
2) "I" 빔형(twin I-beam)
3) 컨트롤 암(control arm)
4) 스트럿-타입(strut type)

위와 같은 현가장치 타입에서 일체형 차축을 제외하고 나머지는 독립 현가장치이다.

9.3.2 일체형 차축

이 설계는 일체형 차축은 한개로 되어 있는 엑셀로서 차체 폭이 엑셀 폭과 같다. 스핀들이 킹핀 및 볼 조인트에 직접 연결되어 있다.

판 스프링 혹은 코일 스프링으로 연결되어 있다.

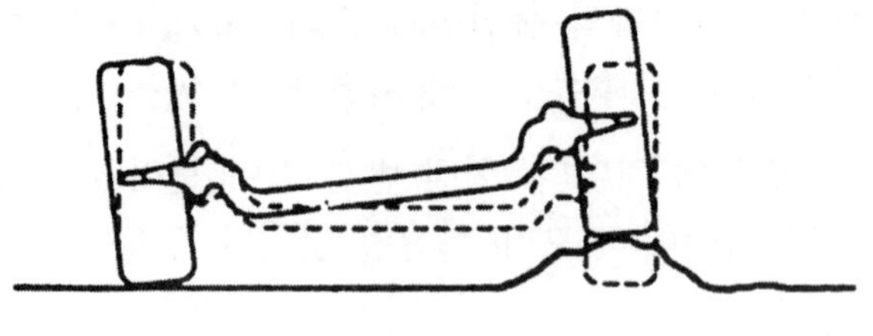

그림 9-21

이 현가장치의 장점은 강도가 강한 것이다. 이러한 이유로 이 차체가 굉장히 무거워 산업용 대형 트럭에 사용된다. 이 현가장치의 단점은 아래 두 가지이다.

a. 승차감이 매우 딱딱하다.
b. 거치 노면에서 캠버 체인지로 타이어의 마모가 심하다.

그림 9-21에서 타이어 한 면만 요철 위로 지나가는데도 캠버 체인지가 심하다. 또한 다른 바퀴는 지나친 (+) 캠버로 타이어가 빨리 닳는다.

요철 위로 가는 바퀴는 지나친 (-) 캠버로 타이어 안쪽이 닳는다. 무거운 트럭을 위하여 만든 현가장치인데 때로는 4륜 구동의 경트럭에도 많다.

결론적으로 일체형 차축(straight axle)은 대형 트럭의 현가장치를 위해서 만들어졌다. 그래서 독립 현가장치보다 타이어가 빨리 닳는다.

9.3.3 I 빔 형태

I 빔 형태는 포트, 경트럭에 많이 볼 수 있는데 일체형 차축의 장점인 로드 베어링(load bearing)과 독립 현가장치(independent suspension system)의 장점을 혼합한 것이다.

I 빔 형태의 설계는 두 개의 솔리드 빔(일자 빔)으로 이루어져서 스핀들 어셈블리가 엑셀의 바퀴 끝에 접촉되어 있고 킹핀 장치가 연결되어 있다. 엑셀은 차체 밑에 통과하게 되어 있고 피보트와 함께 반대편 구조에 붙어 있다(그림 9-22 참조).

그림 9-22

이것은 각 바퀴가 독립적인 운동을 하여 두 개의 바퀴 사이는 아무런 연결이 없다. 각 휠은 다른 휠과의 영향을 전혀 미치지 않는다. 무거운 하중을 견디는 강도와 부드러운 승차감을 동시에 가지고 있다.

현가장치의 수직 유격이 일정한 캠버를 유지시킨다.

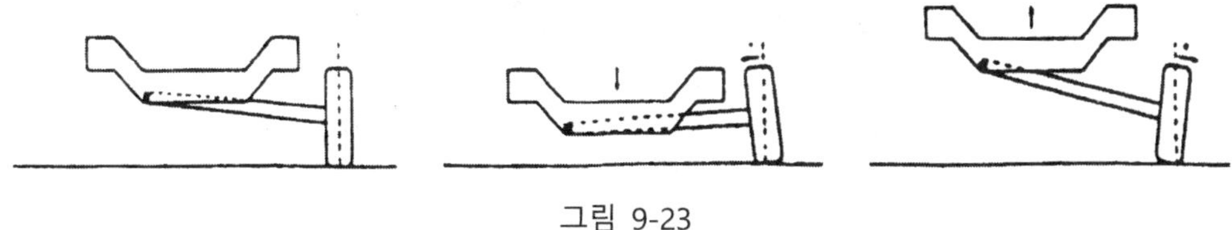

그림 9-23

I 빔 현가장치를 수리할 때는 빔의 끝에 부착된 크로스 멤버 지역이 파손된 상태를 반드시 파악해야 한다. 라디어스 암의 브라케트와 프레임의 접촉이 있는데 이때 파손을 견디는 역할을 한다. 하지만 때때로 수리하거나 교환하여야 한다. 이 설계에서 캠버를 점검할 때는 주행 높이가 고려되어야 한다. 그리고 스프링이 약해지면 주행 높이가 낮아져서 (-) 캠버를 유발시킨다.

주행 높이는 프레임 레일의 하단으로부터 엑셀의 상층까지 측정한다. 만약 주행 높이가 너무 낮으면 트럭은 (-) 캠버의 상태가 심각해진다. 이 결과 타이어가 안쪽 귀퉁이의 조기 마모가 예상된다.

9.3.4 컨트롤 암 현가장치

컨트롤 암 현가장치는 매우 일반적인 것이며 독립 현가장치라서 상대적으로 강하고 믿을 만하다. 승차감이 좋은 편이며 경트럭이나 대형 승용차에도 많이 쓰인다. 컨트롤 암 현가장치는 롱암(긴 팔), 숏암(짧은 팔) 현가장치로 불려지기도 한다.

이는 이 설계의 주된 특성인데 주행 중 숏암이 상단부, 롱암이 하단부에 있어서 바퀴의 캠버를 조절해 준다(그림 9-24 참조).

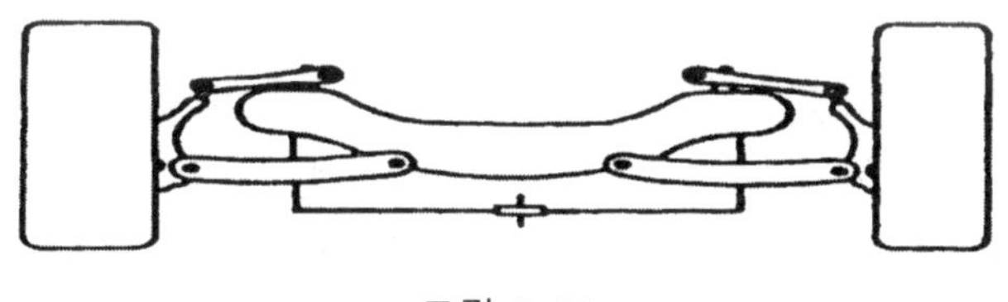

그림 9-24

이러한 길고 짧은 암이 타이어의 마모를 조정해 주는 이유로 많이 보급이 되어 있다. 만약 두 개의 암이 평행하거나 서로의 길이가 같다면 일정한 캠버가 유지되고 노면이 불규칙할 때 캠버 조절이 불가능해져서 타이어의 마모가 심해진다.

두 개의 숏암, 롱암이 상단부에 붙어서 타이어의 노면 굴곡에 따라 조절을 해줌으로 캠버 체인지를 적게 해주고 그래서 타이어 마모 효과가 극소화된다. 그림 9-25는 차량에 적재 하중 시 불규칙 노면에서 컨트롤 암 현가장치의 작동을 볼 수 있다.

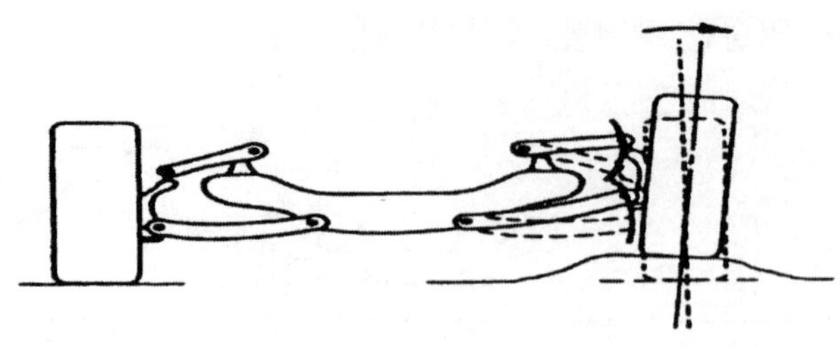

그림 9-25

하단 암이 움직여 주어서 옆으로 쏠리는 현상을 방지하고 상단 암은 타이어 상단 방향으로 움직여서 이때 (+) 캠버가 증가한다. 요철면의 주행은 타이어 마모가 많이 된다. 이때마다 약간의 캠버 체인지 및 측면 이동이 필요하다.

그림 9-26은 현가장치의 다른 면을 보여 준다. 이때는 웅덩이가 파져 있을 때인데 적재 하중시의 캠버 체인지를 주시하라. 이때는 (-) 캠버 상태이다. 다시 한번 하단 바의 측면 이동으로 옆으로 미끄러짐을 방지한다. 이때는 타이어가 웅덩이에 빠진 상태이므로 바퀴 자체의 마모는 심각하지 않아서 (-) 캠버가 문제되지 않는다.

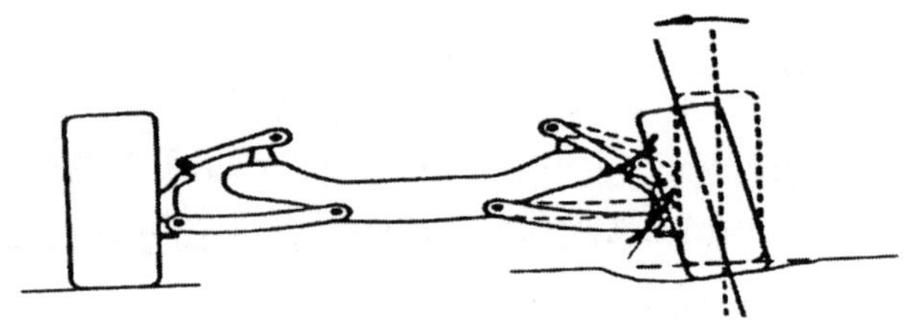

그림 9-26

9.4.5 스트럿 현가장치(strut tower suspension)

스트럿 현가장치는 또 다른 독립 현가장치의 한 분야로써 때때로 '맥퍼슨 스트럿 타워'라고 부른다. 통상 소형 승용차에 사용되는데 이 설계의 장점은 많은 공간을 축소하고 중량(weight)을 감소시킨다. 킹핀 경사각이 조향 요소로 중요하게 작용하는데 장점은 핸들링이 좋다. 그림 9-27은 스트럿 현가장치의 몇몇 다른 형태이다.

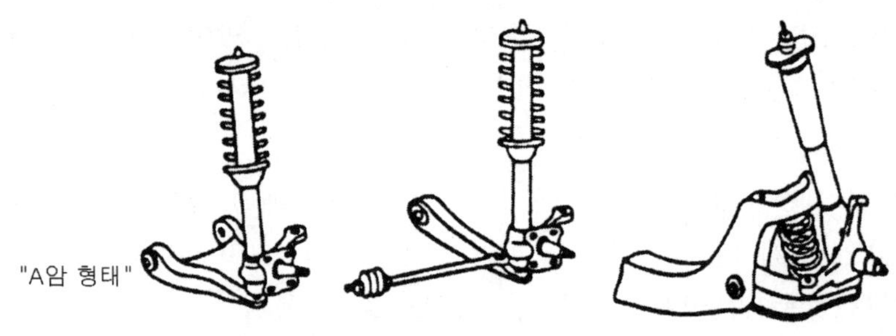

그림 9-27 스트럿 현가장치

좌측 첫 번째 그림은 'A' 암 형태의 하단 컨트롤로 두 개의 접촉 부분이 있다. 두 번째는 하단 컨트롤 암에 1개의 접촉 포인트가 있는 형태인데 이 하단 컨트롤 암의 전면 위치를 조정하는 것은 어떤 라이어스 로드에 있는 것이다. 첫 번째, 두 번째 그림은 스트럿 타워의 상층부에 접촉하는 것이다. 두 가지는 주된 원리가 있는데 '코일 오버(coil over)' 스타일이라고 한다. 스프링이 타워 상층부와 접촉해 있기 때문이다. 그래서 '메인로드 베어링'이 스트럿 타워 상층부에 있다. 세 번째 그림은 교정된 맥퍼슨 스트럿 타워이다. 물론 '코일 오버'가 아니라 스프링은 크로스 멤버와 컨트롤 암 사이에 있다. 스트럿이 간단히 조향의 위치를 조절한다.

스트럿 현가장치는 캠버 체인지의 기복이 심하지 않다. 그리고 스트럿 타입이 무게가 가벼워 대부분 측면 쏠림이 생기기도 하는데 현가장치에 무게가 실리지 않기 때문이다.

스트럿 현가장치의 목적하는 기능은 위 아래로 유격이 가능하다는 것이다. 조향축의 상단 피보트 포인트는 고정된 상태이고 하단 피보트 포인트는 컨트롤 암 볼 조인트가 아크에서 움직인다.

현가장치가 무적재에서 적재된 상태로 옮겨질 때 컨트롤 암은 아크의 바깥 쪽 근처에서 상하로 움직인다. 그래서 캠버 체인지가 없다. 그리고 측면 쏠림이 형성된다. 현가장치가 비하중일 때, 하단 컨트롤 암이 조향 축 하단 피보트 포인트에서 차체의 중앙으로 옮겨간다. 이것이 타이어를 닳는 효과를 줄인다(그림 9-28 참조).

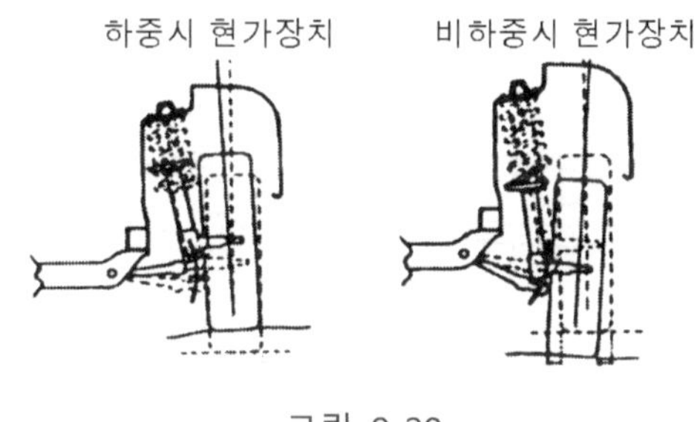

그림 9-28

대부분 스트럿은 캠버를 조정하게 되어 있는데 이 캠버에 이상이 있으면 킹핀 경사각에도 이상이 있다. 만일 킹핀 경사각이 올바르고 캠버가 올바르지 않다면 스트럿이 휘고 다른 연관된 파트가 비슷하게 휠 것이다.

캠버를 조절함으로써 휘어진 부분을 조금은 보강할 수 있다(그림 9-29 참조).

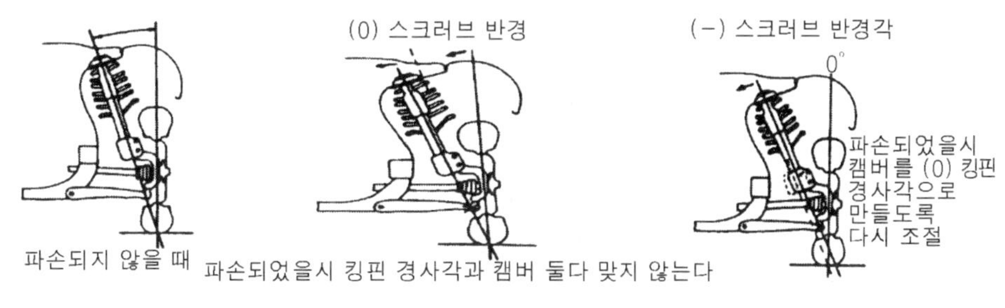

그림 9-29

9.4 전면 현가장치의 점검

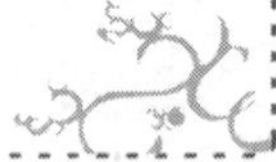

전면 현가장치가 설계된 데로 기능을 부여하기 위해서, 현가장치가 구조체에 접촉한 지점을 반드시 적정한 위치로 조정해야 한다. 이들 현가장치의 접촉 지점을 때때로 컨트롤 포인트라고 부른다. 이 컨트롤 포인트는 킹핀 경사각, 캐스터, 캠버를 결정할 뿐 아니라 올바른 토우와 조향 반경 각을 교정할 올바른 조향 링크의 기능을 결정한다. 간단히 말해서, 현가장치 컨트롤 포인트의 위치는 현가장치의 올바른 기능과 조향에 있어서 중요하다.

한번 컨트롤 포인트를 올바르게 위치시키면 마모된 부품이나 파손된 부품에 의한 기능상 문제도 해결이 될 것이다.

이 장에서 현가장치의 규격에 대한 점검 및 학습을 함으로써 현가장치와 관련된 문제를 결정지을 수 있을 것이다.

9.4.1 컨트롤 암 현가장치의 점검

제일 먼저 점검해야 할 사항은 크로스 멤버의 넓이다(그림 9-30 참조).

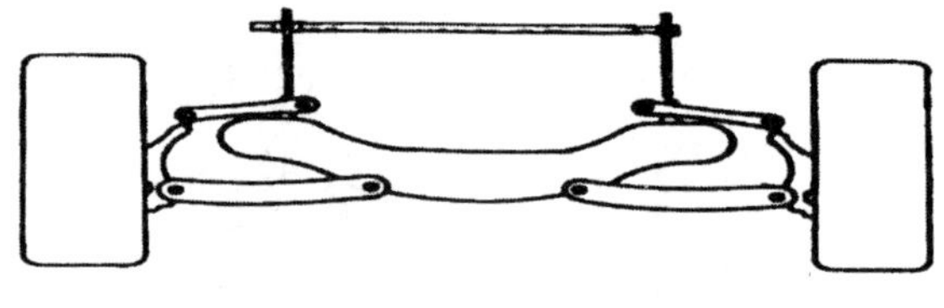

그림 9-30

이 측정치는, 트램 측정을 하는 것인데, 데이터 북의 수치를 보고 올바른 캠버를 조절할 수 있도록 휠의 수치를 확립한다. 올바른 캐스터의 허용 유격을 확보하기 위해, 하단 컨트롤 암의 볼 조인트 측면을 중심선의 기점으로 좌우 대칭이다(그림 9-31 참조). 이것은 측면 쏠림 작용을 막기 위해서 양 앞바퀴의 서로 다른 캐스터를 조절해 주어야 한다. 크로스 멤버 지역에서(cross member area) 또한 수정이 이루어져야 한다. 그래야 현가장치의 부하 하중 분포를 균등히 할 수 있다.

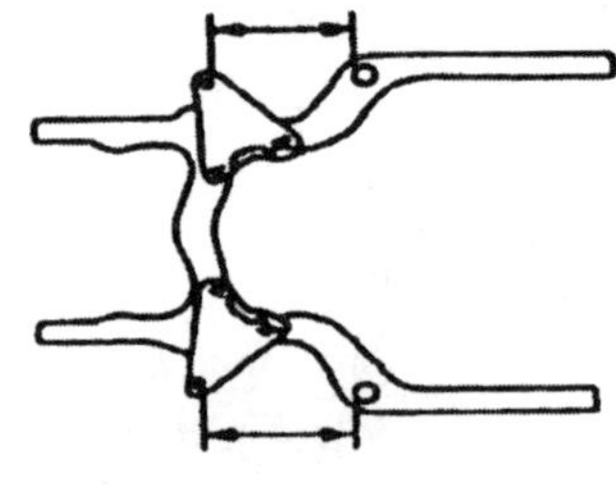

그림 9-31

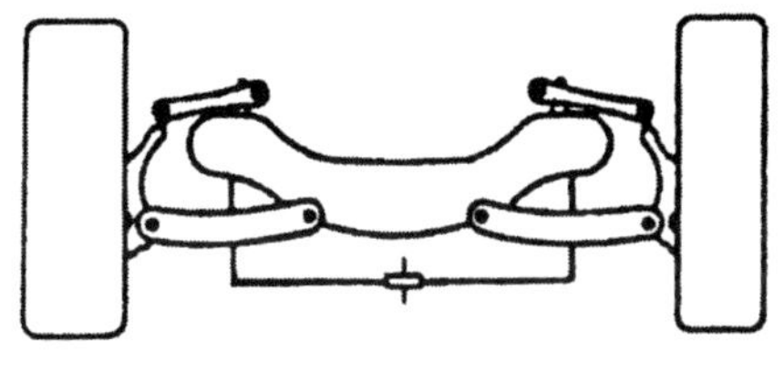

그림 9-32

9.4.2 스트럿 현가장치의 점검

스트럿 현가장치는 차체 상층 구조의 중요한 곳이어서 신중히 점검해 주어야 한다. 그래서 먼저 스트럿 타워의 넓이를 점검해야 한다. 이때 데이터 북의 수치를 수평 바에 포인트를 장입해야 한다.

나머지 게이지가 조립되면서 스트럿 타워는 수평 상태를 파악할 수 있다. 그래서 하중이 고루 분포되는 상태로 확보할 수 있다.

스트럿 타워의 센터 라인이 나머지 센터링 게이지의 센터라인과 일치해야 올바른 킹핀 경사각과 캠버를 확보할 수 있다.

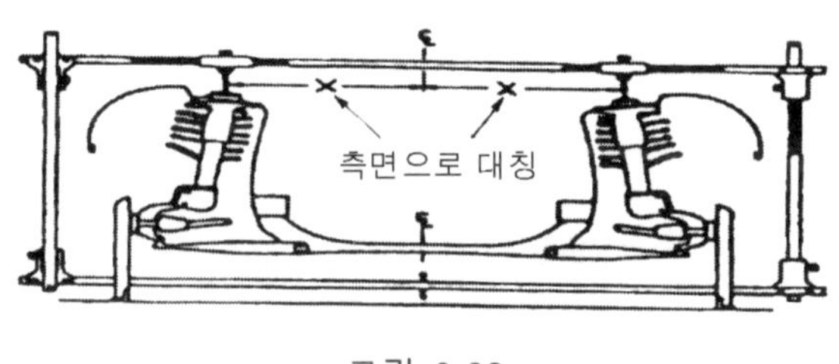

그림 9-33

스트럿 타워는 최종 수치 점검을 해 주어야 하는데 먼저 측면으로 대칭이 되어야 하겠고(비대칭형 차량 제외) 그러기 위해 하단 볼 조인트의 위치 및 수치를 확인해야 하고, 캐스터를 조절하고 상단 스트럿 피보트 지점의 위치를 카울탑 판넬의 한 지점과 비교해서 둘다 일치해야 한다(그림 9-34 참조).

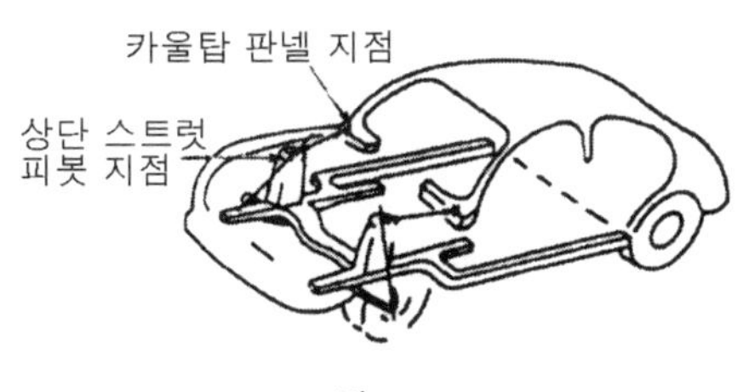

그림 9-34

상단 스트럿의 데이터 수치가 완벽히 맞게 조정되면, 하단 컨트롤 암 위치는 자동적으로 맞는다. 컨트롤 암 현가장치의 위치가 올바르게 되면서 캠버, 캐스터가 결과적으로 맞게 된다.

그림 9-35처럼 캐스터를 맞추기 위해 필요한 각 곳의 측정치가 같아야 한다.

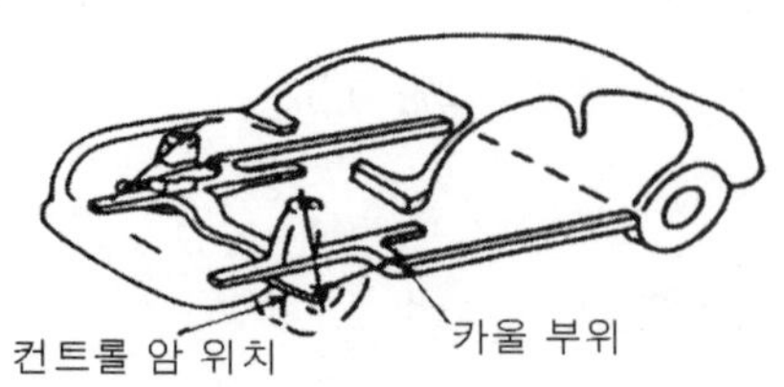

그림 9-35

현가장치 부위도 센터라인이 맞아야 한다.

지금 그림에서 센터 라인 정열 상태를 볼 수가 있다(그림 9-36 참조).

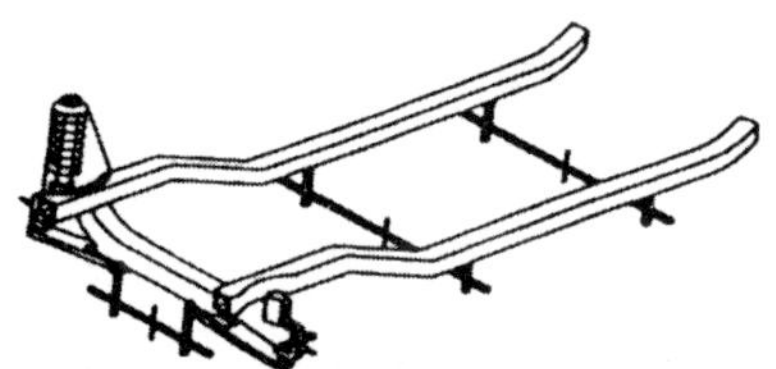

그림 9-36

이 계측기는 현가장치에 하중 분포를 균등히 하는데 중요한 수평 평형 상태를 바로 알고 바디 수정에 응용할 수 있다.

센터 라인이 교정된 후, 스트럿 게이지의 센터 핀으로부터 측정하거나 하단 컨트롤 암의 볼 조인트에서부터 센터 핀까지 측정을 하든지 중앙으로부터 볼 조인트까지 동일한 거리가 산출되어야 한다. 그래야 올바른 킹핀 경사각이 나온다(그림 9-37 참조).

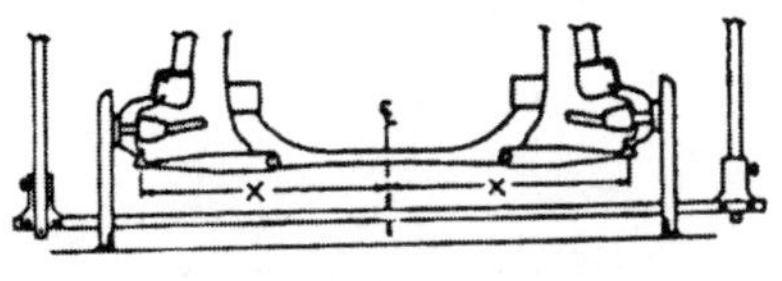

그림 9-37

아래의 그림은 현가장치 점검의 중요성을 재삼 강조한 것이다. 스트럿 현가장치의 차량은 스트럿 타워가 올바르게 위치되었을 때는 만약 센터 라인이 1/4인치 측면 이격이 있다면 캠버가 각 바퀴에서 1/2인치 씩 차이가 난다(그림 9-38 참조).

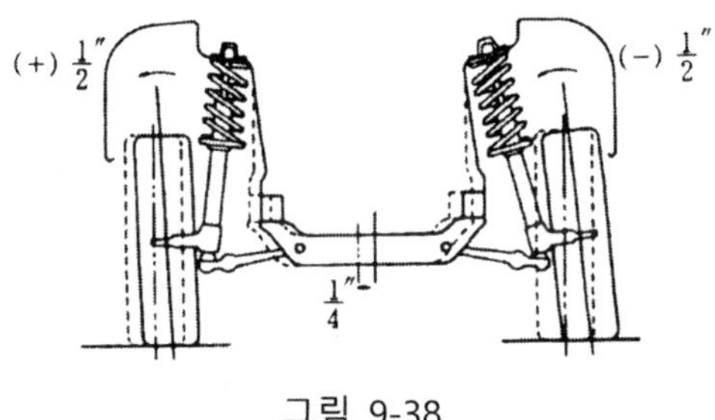

그림 9-38

한 바퀴에서 (-) 캠버가 더 심해지고 다른 바퀴에서 (+) 캠버가 더 심해진다. 그래서 이때 한 방향으로 측면 쏠림이 형성된다. 만약 킹핀 경사각에서 현가장치 컨트롤 포인트가 잘 확보됨에도 불구하고 캠버의 변화가 있다면 스트럿이나 조향 너클 어셈블리가 휘었다.

이런 조향 너클의 휨을 점검하기에는 너클과 브레이크 디스커까지 거리를 측정하여 그 반대 면의 측정치와 비교한다. 만약 30mm 이상 차이가 나면 조향 너클이 파손된 것이다(그림 9-39 참조).

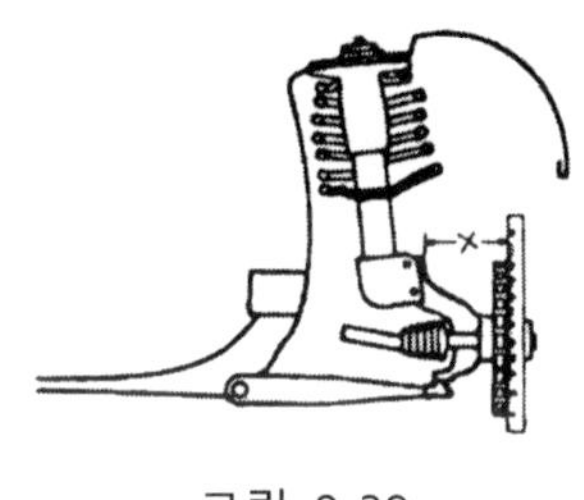

그림 9-39

만약 조향 너클이 파손되지 않았으면, 스트럿을 점검해야 한다. 스트럿이 휘었을 때 점검 방법은 캠버를 조절해 보는 것인데, 차체에서 양쪽 바퀴의 조절이 다 잘되어 있으면 로트와 스프링의 바로 하단부 지점과의 거리를 측정한다. 그리고 이러한 측정치를 한쪽 면과 다른 면과 비교한다(그림 9-40 참조).

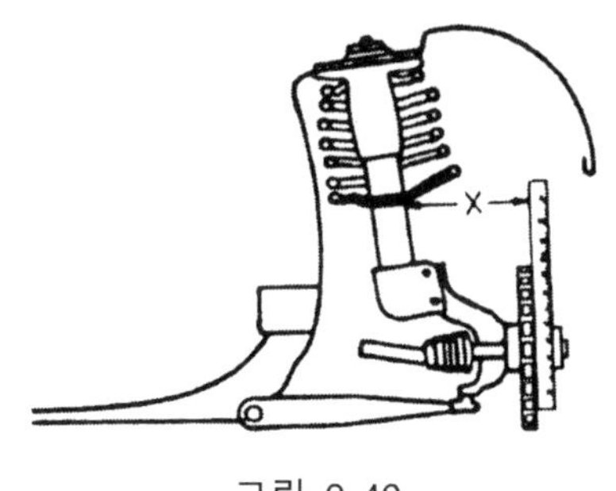

그림 9-40

이때 측정치가 서로서로 같지 않으면 스트럿의 휨이 형성된 것이다. 측정치가 같지 않으면 스트럿 샤프트를 점검하라. 스트럿 타워의 상층부를 통해서 스트럿 샤프트의 고정 너트를 풀어야 한다.

이 너트를 풀고 샤프트 끝부분을 살며시 돌리면 바퀴가 안팎으로 움직이는데 이때 샤프트가 휜 것이다(그림 9-41 참조).

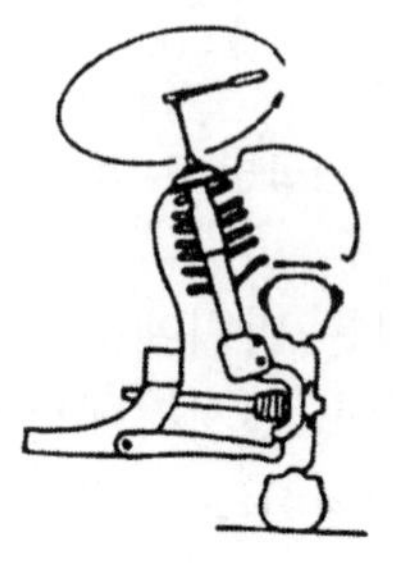

그림 9-41

권영신 바디라이너 대표, 자동차정비 기능장
김운섭 대한민국 산업현장 교수, 자동차정비 기능장
유창배 신성대학교 자동차계열 교수
이윤기 조선이공대학교 자동차과 교수

차체정비 공학개론

지 은 이	권영신 · 김운섭 · 유창배 · 이윤기
펴 낸 이	김형근
펴 낸 곳	도서출판 기한재
주 소	경기도 파주시 회동길 56 (파주출판도시)
전 화	031)955-0900~2
팩 스	031)955-0100
등 록	1990년 3월 15일 제2-968호
발 행	2026년 2월 20일 1판 5쇄
정 가	19,000원

Published by Kihanjae Co.
ISBN 978-89-7018-787-7
http://www.kihanjae.com
E-mail : kihanjae@daum.net